实例30

实例12

实例32

实例35

实例37

实例38

实例36

实例46

实例58

实例50

实例65

实例76

1

实例80

实例66

实例77　　　　实例86

实例112

实例85

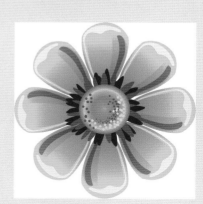

实例68

实例111

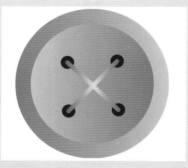

实例67

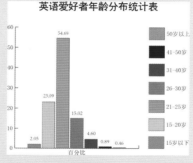

实例105

实例106

实例116

实例122

实例126

实例120

实例125

鹏藝非達 PENGYIFEIDA
婚 纱·写 真 视 觉 摄 影 馆

付鹏 摄影师

地址：山东潍坊市潍城区东风大街20号　电话：0536-7964916　手机：15006668371
E-mail：335969471@168.com　QQ:335969471

实例128

实例124

3

实例127

实例133

实例132

实例131

实例130

实例129

实例184

实例134

实例137

实例135

实例138

实例187

实例136

实例139

实例144

实例145

实例146

实例147

实例148

实例149

实例150

实例152

实例153

实例154

实例155

实例156

实例157

实例158

实例160

实例161

实例163

实例164

实例165

实例166

实例167

实例169

实例171

实例175

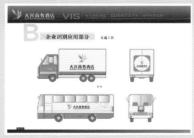

实例176

实例178

实例180

实例181

实例182

实例183

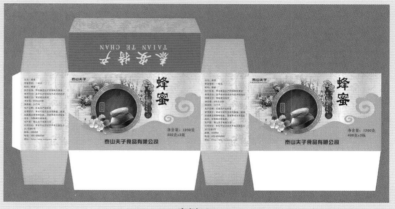

实例185

实例190

实例191

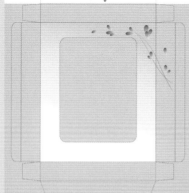

实例192

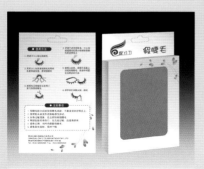

实例186

实例189

实例188

实例195

实例193

实例194

实例196

实例197

实例199

实例198

实例200

设计师梦工厂

从入门到精通

Illustrator CS6中文版
图形设计实战
从入门到精通

Ai

崔建成◎编著

人民邮电出版社
北京

图书在版编目（CIP）数据

Illustrator CS6中文版图形设计实战从入门到精通
/ 崔建成编著. -- 北京：人民邮电出版社，2014.2（2018.1重印）
（设计师梦工厂. 从入门到精通）
ISBN 978-7-115-33545-6

Ⅰ. ①I… Ⅱ. ①崔… Ⅲ. ①图形软件 Ⅳ.
①TP391.41

中国版本图书馆CIP数据核字(2013)第258752号

内 容 提 要

　　本书是一本Illustrator工具和命令全面通的实例操作内容图书，以Illustrator CS6版本的应用技巧为主线，通过200个典型实例由浅入深地介绍了Illustrator CS6软件的使用技巧。每个实例都包含学习目的、实例分析、操作步骤和实例总结等四项内容，实例的安排力求简单实用，并把软件的各个功能都具体表现出来，方便读者快速掌握Illustrator CS6的功能和命令。

　　全书共分16章，每一个工具和菜单命令都利用最简洁实用的案例进行了介绍，对于复杂的工具和相关的设计理论知识，也都利用穿插知识点的方式进行了详细的讲解。通过对本书的学习，使读者达到熟练运用Illustrator CS6，胜任平面设计工作的目的。

　　本书内容详实，结构清晰，讲解简洁流畅，可供图案设计、地毯设计、服装效果图绘制、平面广告设计、工业设计、CIS企业形象策划、产品包装设计、网页制作、印刷制版等行业的工作人员以及电脑美术爱好者参考阅读，可作为培训学校的理想培训教材，也可作为高等院校的自学教材和参考资料。

◆ 编　　著　崔建成
　　责任编辑　郭发明
　　责任印制　方　航

◆ 人民邮电出版社出版发行　　北京市丰台区成寿寺路11号
　　邮编　100164　　电子邮件　315@ptpress.com.cn
　　网址　http://www.ptpress.com.cn
　　固安县铭成印刷有限公司印刷

◆ 开本：787×1092　1/16
　　印张：27.5　　　　　　　彩插：4
　　字数：898 千字　　　　　2014 年 2 月第 1 版
　　印数：4 201－4 500册　　2018 年 1 月河北第 4 次印刷

定价：59.00 元（附 1DVD ）
读者服务热线：(010)81055410　印装质量热线：(010)81055316
反盗版热线：(010)81055315
广告经营许可证：京东工商广登字 20170147 号

前　言
Preface

Illustrator CS6 中文版图形设计实战从入门到精通

关于本系列图书

感谢您翻开本系列图书。在茫茫的书海中，或许您曾经为寻找一本技术全面、案例丰富的计算机图书而苦恼，或许您为担心自己是否能做出书中的案例效果而犹豫，或许您为了自己应该买一本入门教材而仔细挑选，或许您正在为自己进步太慢而缺少信心……

现在，我们就为您奉献一套优秀的学习用书—"从入门到精通"系列，它采用完全适合自学的"教程+案例"和"完全案例"两种形式编写，兼具技术手册和应用技巧参考手册的特点，随书附带的 DVD 或 CD 多媒体教学光盘包含书中所有案例的视频教程、源文件和素材文件。希望通过本系列书能够帮助您解决学习中的难题，提高技术水平，快速成为高手。

■　自学教程。书中设计了大量案例，由浅入深、从易到难，可以让您在实战中循序渐进地学习到相应的软件知识和操作技巧，同时掌握相应的行业应用知识。

■　技术手册。一方面，书中的每一章都是一个专题，不仅可以让您充分掌握该专题中提到的知识和技巧，而且举一反三，掌握实现同样效果的更多方法。

■　应用技巧参考手册。书中把许多大的案例化整为零，让您在不知不觉中学习到专业应用案例的制作方法和流程；书中还设计了许多技巧提示，恰到好处地对您进行点拨，到了一定程度后，您就可以自己动手，自由发挥，制作出相应的专业案例效果。

■　老师讲解。每本书都附带了 CD 或 DVD 多媒体教学光盘，每个案例都有详细的语音视频讲解，就像有一位专业的老师在您旁边一样，您不仅可以通过本系列图书研究每一个操作细节，而且还可以通过多媒体教学领悟到更多的技巧。

本系列图书包括三维艺术设计、平面艺术设计和产品辅助设计三大类，近期已推出以下品种。

三维艺术设计类	
22076　3ds Max 2009 中文版效果图制作从入门到精通（附光盘）（附光盘）	30488　Maya 2013 从入门到精通（附光盘）
25980　3ds Max 2011 中文版效果图制作实战从入门到精通（附光盘）	23644　Flash CS5 动画制作实战从入门到精通（附光盘）
29394　3ds Max 2012/VRay 效果图制作实战从入门到精通（附光盘）	30092　Flash CS6 动画制作实战从入门到精通（附光盘）
29393　会声会影 X5 DV 影片制作/编辑/刻盘实战从入门到精通（附光盘）	33800　SketchUp Pro 8 从入门到精通（全彩印刷）
33845　会声会影 X6 DV 影片制作/编辑/刻盘实战从入门到精通	22902　3ds Max+VRay 效果图制作从入门到精通全彩版（附光盘）
31509　After Effects CS6 影视后期制作实战从入门到精通（附光盘）	27802　Flash CS5 动画制作实战从入门到精通（全彩超值版）（附光盘）
30495　Premiere Pro CS6 影视编辑剪辑制作实战从入门到精通	27809　3ds Max 2011 中文版/VRay 效果图制作实战从入门到精通（全彩超值版）（附光盘）
29479　3ds Max 2012 中文版从入门到精通（附光盘）	31312　3ds Max 2012+VRay 材质设计实战从入门到精通（全彩印刷）（附光盘）

Illustrator CS6 中文版
图形设计实战从入门到精通

平面艺术设计类	产品辅助设计类
22966　Photoshop CS5 中文版从入门到精通（附光盘）（附光盘）	30047　AutoCAD 2013 中文版辅助设计从入门到精通（附光盘）
29225　Photoshop CS6 中文版从入门到精通（附光盘）	21518　AutoCAD 2013 中文版机械设计实战从入门到精通（附光盘）
33545　Illustrator CS6 中文版图形设计实战从入门到精通	30760　AutoCAD 2013 中文版建筑设计实战从入门到精通（附光盘）
27807　Photoshop CS5 平面设计实战从入门到精通（全彩超值版）（附光盘）	30358　AutoCAD 2013 室内装饰设计实战从入门到精通（附光盘）
32449　Photoshop CS6 中文版平面设计实战从入门到精通（附光盘）	30544　AutoCAD 2013 园林景观设计实战从入门到精通（附光盘）
29299　Photoshop CS6 照片处理从入门到精通（全彩印刷）（附光盘）	31170　AutoCAD 2013 水暖电气设计实战从入门到精通（附光盘）
33812　RAW 格式数码照片处理技法从入门到精通	33030　UG 8.5 产品设计实战从入门到精通（附光盘）
30953　DIV+CSS 3.0 网页布局实战从入门到精通（附光盘）	29411　Creo 2.0 辅助设计从入门到精通（附光盘）
32481　Photoshop+Flash+Dreamweaver 网页与网站制作从入门到精通（附光盘）	26639　CorelDRAW 现代服装款式设计从入门到精通（附光盘）
29564　PPT 设计实战从入门到精通（附光盘）	33369　高手速成：EDIUS 专业级视频与音频制作从入门到精通
	33707　Cubase 与 Nuendo 音乐编辑与制作从入门到精通
	33639　JewelCAD Pro 珠宝设计从入门到精通

● 内容安排

本书具体篇章内容，安排如下。
第 1 章：初识 Illustrator CS6
第 2 章：文档管理与参数设置
第 3 章：基本绘图工具
第 4 章：对象的基本操作
第 5 章：填充和描边
第 6 章：复杂图形的绘制
第 7 章：路径的绘制与编辑
第 8 章：文字应用
第 9 章：符号、图表和样式
第 10 章：图层、动作和蒙版
第 11 章：混合和封套
第 12 章：效果应用
第 13 章：VI 设计—企业识别基础系统
第 14 章：VI 设计—企业识别应用系统
第 15 章：包装设计
第 16 章：平面设计综合应用

本书由崔建成编著，由于编者编写水平有限，书中难免有错误和疏漏之处，恳请广大读者批评、指正。
读者在学习的过程中，如果遇到问题，可以联系作者（电子邮件 nvangle@163.com），也可以与本书策划编辑郭发明联系交流（guofaming@ptpress.com.cn）。

编者
2014 年 1 月

目　录
Contents

Illustrator CS6 中文版图形设计实战从入门到精通

第1章 初识 Illustrator CS6

Illustrator 是 Adobe 公司开发的集图形绘制、设计、文字编辑、制作、多媒体及图形高品质印刷输出等于一体的矢量图软件。它被广泛应用于平面广告设计、网页美工设计及艺术效果处理等诸多领域。无论您是为印刷出版物制作图稿的设计师、插图绘制人员、多媒体图形制作的美工，还是网页或在线编辑制作人员，Adobe Illustrator 都向您提供了制作专业级作品的所需工具，让您在工作中得心应手。

鉴于 Illustrator 软件的许多特性，本书将以实例操作的方式来向大家介绍 Illustrator CS6 软件的众多常用的功能，使读者在边做边练中快速掌握该软件的使用方法。本章首先来学习有关 Illustrator CS6 软件的基础知识。

本章实例

- 实例 1 认识矢量图与位图
- 实例 2 认识颜色模式
- 实例 3 认识像素和分辨率
- 实例 4 认识文件格式
- 实例 5 安装 Illustrator CS6
- 实例 6 启动 Illustrator CS6
- 实例 7 退出 Illustrator CS6
- 实例 8 初识工作界面
- 实例 9 设置画板的显示比例
- 实例 10 设置绘图模式
- 实例 11 设置屏幕模式
- 实例 12 设置作品显示效果
- 实例 13 设置快捷键
- 实例 14 设置工作界面颜色

Example 实例 **1** 认识矢量图与位图

学习目的

通过本实例的学习，读者应掌握矢量图与位图的概念和特点。

实例分析

素材路径	素材\第 01 章\卡通形象.ai、菊花.jpg
视频路径	视频\第 01 章\认识矢量图与位图.avi
知识功能	认识什么是矢量图、什么是位图，掌握矢量图和位图的特性
学习时间	10 分钟

操 作 步 骤

步骤 ① 启动 Illustrator CS6 软件。

步骤 ② 执行菜单中的"文件/打开"命令，在弹出的"打开"对话框中选择随书光盘中"素材\第 01 章\卡通图形.ai"文件，单击 打开 按钮，将其打开，如图 1-1 所示。

提示

"卡通图形.ai"文件是利用 Illustrator 软件绘制的，我们称其为矢量图形。

步骤 ③ 选取工具箱中的"缩放工具" 🔍 ，在左边卡通图形的头部位置按下鼠标左键向右下方拖曳鼠标，如图 1-2 所示。

步骤 ④ 松开鼠标后图形被放大显示，此时查看图形填充的颜色以及图形的边缘依然非常清晰，并没有发生任何变化，这就是矢量图形的特性，如图 1-3 所示。

图 1-1　打开的矢量图形　　　　图 1-2　拖曳鼠标状态　　　　图 1-3　放大显示后的图形

相关知识点——矢量图

矢量图，又称向量图，由线条和图块组成。将矢量图放大后，图形仍能保持原来的清晰度，且色彩不失真。矢量图具有以下特点。

● 文件小。由于图形保存的是线条和图块信息，所以矢量图形与分辨率和图形大小无关，只与图形的复杂程度有关，图形越简单所占的存储空间越小。

● 图形大小可以无级缩放。在对图形进行大小缩放、角度旋转或扭曲变形操作时，图形仍保持原有的显示和印刷质量。

● 适合高分辨率输出。矢量图形文件可以在输出设备及打印机上以最高分辨率打印输出。

步骤 5 在工具箱中双击"抓手工具"，将放大后的图形画板适合窗口大小来显示。

步骤 6 执行"文件/置入"命令，在弹出的"置入"对话框中选择随书光盘中"素材\第 01 章\菊花.jpg"文件，单击 置入 按钮，将其置入到当前文档中，如图 1-4 所示。

> **提示**
>
> "菊花.jpg"文件是利用数码相机拍摄的，用相机拍摄的照片都是位图，我们称其为位图图像。

步骤 7 选取工具箱中的"缩放工具"，将菊花图像放大显示。当放大到一定比例后可以看到很多的颜色块，这就是位图的性质，如图 1-5 所示。

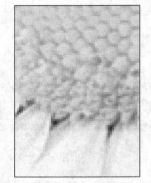

图 1-4　置入的位图　　　　　　图 1-5　放大显示后的位图

相关知识点——位图

位图，也叫光栅图，是由无数个小色块一样的颜色网格（即像素）组成的图像。位图中的像素由其位置值与颜色值表示，也就是将不同位置上的像素设置成不同的颜色，即组成了一幅图像。位图图像分辨率降低或放大到一定的倍数后，看到的便是一个个方形的色块，整体图像也会变得模糊、粗糙。位图具有以下特点。

● 文件所占的空间大。用位图存储高分辨率的彩色图像需要较大储存空间，因为像素之间相互独立，所以占的硬盘空间、内存和显存都比较大。

● 会产生锯齿。位图是由最小的色彩单位"像素"组成的，所以位图的清晰度与像素的多少有关。位图放大到一定的倍数后，看到的便是一个个的像素，即一个个方形的色块，整体图像便会变得模糊且会产生锯齿。

● 文件小。由于图形保存的是线条和图块信息，所以矢量图形与分辨率和图形大小无关，只与图形的复杂程度有关，图形越简单所占的存储空间越小。

● 图形大小可以无级缩放。在对图形进行大小缩放、角度旋转或扭曲变形操作时，图形仍保持原有的显示和印刷质量。

● 适合高分辨率输出。矢量图形可以在输出设备及打印机上以最高分辨率打印输出。

实例总结

通过本实例的学习，读者可以掌握什么是矢量图、什么是位图，以及矢量图形和位图图像各自的属性及特点。

Example 实例 2 认识颜色模式

学习目的

通过本实例的学习，读者应当认识颜色模式以及 RGB 颜色模式和 CMYK 颜色模式的区别。

实例分析

视频路径	视频\第 01 章\认识颜色模式.avi
知识功能	认识什么是 RGB 颜色模式、什么是 CMYK 颜色模式，掌握这两种颜色模式的区别
学习时间	10 分钟

操 作 步 骤

步骤 ① 启动 Illustrator CS6 软件。执行"文件/新建"命令，弹出"新建文档"对话框，在此对话框中各选项和参数都按照默认来设置。单击面板左下方"高级"左侧的 ▶ 按钮，显示更多选项，然后将"颜色模式"选项设置为"RGB"，如图 1-6 所示。

步骤 ② 单击 确定 按钮，新建一个颜色模式为"RGB"的文件。

步骤 ③ 选取工具箱中的"矩形"工具，在页面中按下鼠标左键拖曳绘制出如图 1-7 所示的矩形图形。

图 1-6 "新建文档"对话框

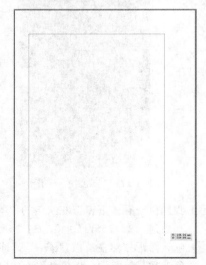
图 1-7 绘制矩形

步骤 ④ 执行"窗口/颜色"命令，将"颜色"面板显示在窗口的左上角位置，如图 1-8 所示。

步骤 ⑤ 在"颜色"面板中单击如图 1-9 所示的位置。

图 1-8　显示的"颜色"面板

图 1-9　单击位置

步骤 ⑥ 弹出的选项中选取如图 1-10 所示的"显示选项"命令，此时将显示 RGB 颜色设置条。

步骤 ⑦ 刚才绘制的矩形依然在选取状态，图形周围有 8 个空心小矩形即为选取状态。通过拖曳颜色条下面的小三角形滑块，把其中的"G"颜色参数调整为"0"，如图 1-11 所示。

图 1-10　选取命令

图 1-11　调整滑块参数

步骤 ⑧ 观察一下文件中的矩形图形被填充上了紫颜色，该颜色非常明亮，如图 1-12 所示。

步骤 ⑨ 执行"文件/文档颜色模式/CMYK 颜色"命令，这样就把 RGB 颜色模式的文档转换成了 CMYE 颜色模式了，再观察一下刚才被填充紫色后的图形，大家可以发现图形中的紫色不再那么鲜艳和明亮了，如图 1-13 所示。

图 1-12　填充颜色后的图形

图 1-13　转换颜色模式后的图形

步骤 ⑩ 我们再查看一下窗口左上角的"颜色"面板中的参数，如图 1-14 所示。颜色参数也发生了变化，不再是（R：255，G：0，B：255）的颜色参数，而变成了（R：171，G：84，B：156）参数了。

步骤 ⑪ 确认图形依然在选取状态，我们把颜色参数再调整成（R：255，G：0，B：255），对比发现颜色参数虽然相同，但仍然没有 RGB 颜色模式文档填充的紫颜色鲜艳和明亮，如图 1-15 所示。这就是 RGB 颜色模式和 CMYK 颜色模式的区别。

图 1-14 颜色参数

图 1-15 重新设置颜色后的图形

相关知识点——颜色模式

颜色模式是指同一属性下的不同颜色的集合，它决定用来显示、印刷或打印文档的色彩模型，可以使用户在进行相应处理时，不必进行颜色重新调配而直接进行转换和应用。计算机软件系统为用户提供的颜色模式有 10 余种，常用的有 RGB、CMYK、Lab、GrayScale、Bitmap 以及 Index 模式等，各颜色模式之间可以根据需要相互转换。

● RGB 模式：就是常说的三原色，R 代表 Red（红色），G 代表 Green（绿色），B 代表 Blue（蓝色）。之所以称为三原色，是因为在自然界中肉眼所能看到的任何色彩都可以由这三种色彩混合叠加而成，因此也称为加色模式。RGB 模式又称 RGB 色空间，它是一种色光表色模式，它广泛应用于我们的生活中，如电视机、计算机显示屏、投影仪、幻灯片等都是利用光来呈现色彩的。

● CMYK 模式：也称为四色印刷色彩模式，C 代表青色；M 代表洋红色；Y 代表黄色；K 代表黑色，印刷的图像是由这四种颜色叠加印刷而成。因为在实际应用中，青色、洋红色和黄色很难叠加形成真正的黑色，最多不过是深褐色。因此才引入了表示黑色的 K，黑色的作用是强化暗调，加深暗部色彩。

● Lab 模式：也称为标准色模式，是由 RGB 模式转换为 CMYK 模式的中间模式。其特点是在使用不同的显示器或打印设备时，它所显示的颜色都相同。

● Bitmap 模式：也称为位图模式，其图像是由黑、白两种颜色组成，所以又称黑白图像。

● GrayScale 模式：也称为灰度模式，其图像是由具有 256 级灰度的黑白颜色构成的，图像中的色相和饱和度被去掉而产生的灰色图像模式。一幅灰度的图像在转变为 CMYK 模式后，可以增加彩色。如果将 CMYK 模式的彩色图像转变为灰度模式后，则颜色不能恢复。

● Index 模式：即索引模式，又称为图像映射颜色模式，图像最多使用 256 种颜色，像素只有 8 位。索引模式可以减小文件大小，但是可以保持视觉上的品质基本不变，常应用于网页和多媒体动画制作。其缺点是使用这种模式时，某些软件中的很多工具和命令无法使用。

实例总结

通过本实例的学习，读者可以掌握 RGB 颜色模式和 CMYK 颜色模式的区别，以及它们的颜色组成，同时还介绍了一些常用的颜色模式和它们各自的特性。

Example 实例 3 认识像素和分辨率

学习目的

通过本实例的学习，读者应当掌握分辨率对图像品质的作用，并认识图像是由像素点组成的。

实例分析

素材路径	素材\第 01 章\菊花.jpg
视频路径	视频\第 01 章\认识像素和分辨率.avi
知识功能	认识什么是分辨率、什么是像素，分辨率和像素对图像的品质有什么作用
学习时间	5 分钟

操 作 步 骤

步骤 ① 启动 Illustrator CS6 软件。执行"文件/新建"命令，弹出"新建文档"对话框，在此对话框中将"栅格效果"右侧的选项参数设置为"屏幕（72 ppi）"，如图 1-16 所示。单击 ▢ 确定 按钮，新建名称为"未标题-1"文件。

步骤 ② 再次执行"文件/新建"命令，在"新建文档"对话框中将"栅格效果"右侧的选项参数设置为"高（300 ppi）"，如图 1-17 所示。单击 ▢ 确定 按钮，新建名称为"未标题-2"文件。

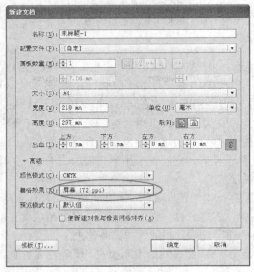

图 1-16　"新建文档"对话框

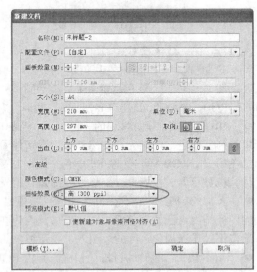

图 1-17　"新建文档"对话框

步骤 ③ 执行"文件/置入"命令，在弹出的"置入"对话框中选择随书光盘中"素材\第 01 章\菊花.jpg"文件，单击 ▢ 置入 按钮，将其置入到当前"未标题-2"文档中，然后利用"文字"工具 ▢T 在图片上面输入"菊花"文字，如图 1-18 所示。

步骤 ④ 执行"文件/导出"命令，在弹出的"导出"对话框中选择"TIFF"保存类型，如图 1-19 所示。保存的位置随意设置，只要打开时能找到即可。

图 1-18　输入的文字

图 1-19　"导出"对话框

步骤 5 单击 保存(S) 按钮,弹出"TIFF 选项"对话框,如图 1-20 所示。按照默认的选项直接单击 确定 按钮将图片和文字导出。

步骤 6 选取"选择"工具 ,在图片的左上角位置按下鼠标左键,向右下方拖曳鼠标将图片和文字同时选取, 如图 1-21 所示。

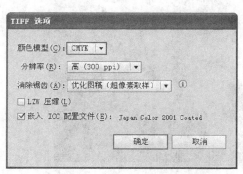

图 1-20　"TIFF 选项"对话框

图 1-21　框选图片

步骤 7 执行"编辑/复制"命令,将图片和文字复制。

步骤 8 在绘图窗口左上角位置单击"未标题-1"文件标签,如图 1-22 所示,将"未标题-1"文件设置为工作文件。

步骤 9 执行"编辑/粘贴"命令,将图片和文字粘贴到"未标题-1"文件中。

步骤 10 执行"文件/导出"命令,在弹出的"导出"对话框中选择"TIFF"保存类型,文件名为"72PPI"。

步骤 11 在"TIFF 选项"对话框中,把"分辨率"选项设置为"屏幕(72ppi)",如图 1-23 所示。单击 确定 按钮将图片和文字导出。

图 1-22　单击文件标签

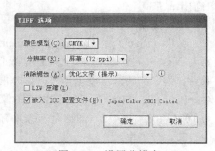

图 1-23　设置分辨率

步骤 12 在 Photoshop 软件中把刚才导出的两个文件分别打开,观察这两个文件,可以看出这两个文件的大小以及清晰度是不同的,如图 1-24 所示。

步骤 13 利用 Photoshop 软件中的"缩放"工具 🔍,将图片放大来查看,可以看到图片是由很多的小颜色块组成的，如图 1-25 所示，这些颜色块就是像素点。

图 1-24　图片对比

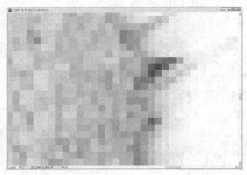

图 1-25　显示的像素点

相关知识点——像素和分辨率

　　像素与分辨率是图像印刷输出时最常用的两个概念，对它们参数的高低设置，决定了文件的大小及图像的输出品质。

　　一、像素

　　像素（Pixel）是 Picture 和 Element 这两个单词字母的缩写，是用来计算数字影像的一种单位。一个像素的大小不好衡量，它实际上只是屏幕上的一个光点。在计算机显示器、电视机、数码相机等的屏幕上都使用像素作为它们的基本度量单位，屏幕的分辨率越高，像素就越小。像素也是组成数码图像的最小单位，比如对一幅标有 1024 像素×768 像素的图像而言，就表明这幅图像的横向有 1024 像素，纵向有 768 像素，其总数为 1024×768=786432，即这是一幅具有近 80 万像素的图像。

　　二、分辨率

　　分辨率（Resolution）是数码影像中的一个重要概念，它是指在单位长度中，所表达或获取像素数量的多少。图像分辨率使用的单位是 PPI（Pixel per Inch），意思是"每英寸所表达的像素数目"。另外还有一个概念是打印分辨率，它的使用单位是 DPI（Dot per Inch），意思是"每英寸所表达的打印点数"。

　　PPI 和 DPI 这两个概念经常会出现混用的现象。从技术角度说 PPI 只存在于屏幕的显示领域，而 DPI 只出现于打印或印刷领域。对于初学图像处理的用户来说难于分辨清楚，这需要一个逐步理解的过程。

　　对于高分辨率的图像，其包含的像素也就越多，图像文件的长度就越大，能非常好地表现出图像丰富的细节，但也会增加文件的大小，同时也就需要耗用更多的计算机内存（RAM）资源，存储时会占用更大的硬盘空间等。而对于低分辨率的图像来说，其包含的像素也就越少，图像会显示得比较粗糙，在排版打印后，打印出的效果会比较模糊。所以在图像处理过程中，必须根据图像最终的用途决定使用合适的分辨率，在能够保证输出质量的情况下，尽量不要因为分辨率过高而占用一些计算机的系统资源。

实例总结

　　通过本实例的学习，读者可以掌握分辨率的作用，并认识了什么是像素点，同时还介绍了分辨率和像素的概念及特性。

Example 实例 **4** 认识文件格式

学习目的

　　通过本实例的学习，读者应掌握存储和导出文件时文件的格式选择。

实例分析

素材路径	素材\第 01 章\菊花.jpg
视频路径	视频\第 01 章\认识像素和分辨率.avi
知识功能	认识文件格式
学习时间	5 分钟

操 作 步 骤

步骤 1 启动 Illustrator CS6 软件。执行"文件/新建"命令，按照默认的选项和参数新建名称为"未标题-1"文件。

步骤 2 执行"文件/置入"命令，在弹出的"置入"对话框中选择随书光盘中"素材\第 01 章\菊花.jpg"文件，单击 置入 按钮，将其置入到新建文件中。

步骤 3 执行"文件/存储"命令，弹出"存储为"对话框，如图 1-26 所示。

步骤 4 在"保存类型"选项右侧默认是文件存储格式为"Adobe Illustrator（*.AI）"，该格式是 Illustrator软件的专用文件格式。单击右边的选项框会弹出存储文件的其他格式列表，如图 1-27 所示。

图 1-26　"存储为"对话框

图 1-27　弹出的其他格式列表

步骤 5 在该格式选项列表中可以根据后期文件编辑的需要选取其他格式来存储文件，这样可以保证文件能够在其他软件中打开。比如"*.PDF"格式为电子文件格式，这种文件格式与操作系统平台无关，不管是 Windows Unix 还是苹果公司的 Mac OS 操作系统，文件都能够在它们的平台上打开。

步骤 6 设置文件格式后单击 保存(S) 按钮，即可将该文件按照选择的格式存储。

步骤 7 执行"文件/导出"命令，在弹出的"导出"对话框中的"保存类型"选项列表中也包含了一些文件的存储格式。这些文件格式既包含 AutoCAD 软件专用的"*.DWG"格式，也包含 Flash 软件专用的"*.SWF"格式，以及一些常用的位图图像格式，如"*.JPG"、"*.PSD"、"*.TIFF"等。

相关知识点——文件格式

在平面设计中，了解和掌握一些常用的文件格式，对图像编辑、输出、保存以及文件在各软件之间的转换有很大的帮助。下面来介绍平面设计软件中常用的几种图形、图像文件格式。

● AI 格式。此格式是一种矢量图格式，在 Illustrator 中经常用到。在 Photoshop 中可以将保存了路径的图像文件输出为"*.AI"格式，然后在 Illustrator 和 CorelDRAW 中直接打开它并进行修改处理。

● CDR 格式。此格式是 CorelDRAW 专用的矢量图格式，它将图片按照数学方式来计算，以矩形、线、文本、弧形和椭圆等形式表现出来，并以逐点的形式映射到页面上，因此在缩小或放大矢量图形时，原始数据不会发生变化。

● PSD 格式。此格式是 Photoshop 的专用格式。它能保存图像数据的每一个细节，包括图像的层、通道等信息，确保各层之间相互独立，便于进行修改。PSD 格式还可以保存为 RGB 或 CMYK 等颜色模式的文件，但唯一的缺点是保存的文件比较大。

● BMP 格式。此格式是微软公司软件的专用格式，也是 Photoshop 最常用的位图格式之一，支持 RGB、索引颜色、灰度和位图颜色模式的图像，但不支持 Alpha 通道。

● EPS 格式。此格式是一种跨平台的通用格式，可以说几乎所有的图形图像和页面排版软件都支持该文件格式。它可以保存路径信息，并在各软件之间进行相互转换。另外，这种格式在保存时可选用 JPEG 编码方式压缩，不过这种压缩会破坏图像的外观质量。

● JPEG 格式。此格式是较常用的图像格式，支持真彩色、CMYK、RGB 和灰度颜色模式，但不支持 Alpha 通道。JPEG 格式可用于 Windows 和 MAC 平台，是所有压缩格式中最卓越的。虽然它是一种有损失的压缩格式，但在文件压缩前，可以在弹出的对话框中设置压缩的大小，这样就可以有效地控制压缩时损失的数据量。JPEG 格式也是目前网络可以支持的图像文件格式之一。

● TIFF 格式。此格式是一种灵活的位图图像格式。TIFF 在 Photoshop 中可支持 24 个通道，是除了 Photoshop 自身格式外唯一能存储多个通道的文件格式。

● PDF 格式。此格式是 Adobe 公司开发的电子文件格式。这种文件格式与操作系统平台无关，也就是说，PDF 文件不管是在 Windows Unix 操作系统，还是在苹果公司的 Mac O S 操作系统中都是通用的。

● GIF 格式。此格式是由 CompuServe 公司制定的，能存储背景透明化的图像格式，但只能处理 256 种色彩。常用于网络传输，其传输速度要比传输其他格式的文件快很多。并且可以将多张图像存成一个文件而形成动画效果。

● PNG 格式。此格式是 Adobe 公司针对网络图像开发的文件格式。这种格式可以使用无损压缩方式压缩图像文件，并利用 Alpha 通道制作透明背景，是功能非常强大的网络文件格式，但较早版本的 Web 浏览器可能不支持。

实例总结

通过本实例的学习，读者可以掌握存储和导出文件时，文件格式的选择，同时还介绍了平面设计中常用的一些文件格式的概念和特性。

Example 实例 5 安装 Illustrator CS6

学习目的

学习 Illustrator CS6 软件的安装和破解方法。

实例分析

视频路径	视频\第 01 章\安装 Illustrator CS6 软件. avi
知识功能	安装 Illustrator CS6 软件，破解软件
学习时间	15 分钟

 操 作 步 骤

步骤 ① 假定用户手里有 Illustrator CS6 的安装光盘，或有在网上下载的 Illustrator CS6 安装文件。

步骤 ② 在安装文件夹中找到 📁 文件，双击该文件出现如图 1-28 所示的"遇到了以下问题"提示对话框，单击 忽略(I) 按钮，出现如图 1-29 所示的"正在初始化安装程序"对话框。

图 1-28 "遇到了以下问题"提示对话框

图 1-29 "初始化安装程序"对话框

步骤 ③ 稍等片刻出现如图 1-30 所示的"欢迎"对话框。单击"试用"出现如图 1-31 所示的"Adobe 软件许可协议"对话框。

图 1-30 "欢迎"对话框

图 1-31 "Adobe 软件许可协议"对话框

步骤 ④ 单击 接受 按钮，出现如图 1-32 所示的"需要登录"对话框。

步骤 ⑤ 单击 登录 按钮，出现如图 1-33 所示的"登录"对话框。

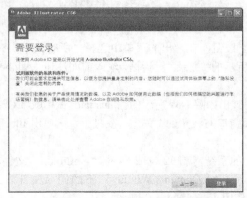
图 1-32 "需要登录"对话框

图 1-33 "登录"对话框

步骤 6 单击 [创建 Adobe ID] 长按钮，用自己的电子邮箱注册申请，如图 1-34 所示。

步骤 7 单击 [创建] 按钮，出现如图 1-35 所示的"选项"对话框。

图 1-34 "创建 Adobe ID"对话框

图 1-35 "选项"对话框

> **提示**　此处用电子邮箱申请注册，必须在计算机联网状态，才可以通过申请，且电子邮箱在这里只能注册一次。当下次再安装 Adobe Illustrator CS6 文件的时候，就无须再创建 Adobe ID 了，直接在图 1-33 中输入电子邮箱和密码即可提交注册完成。

步骤 8 单击 [安装] 按钮，出现如图 1-36 所示的"安装进度"对话框。稍等片刻安装完成，出现如图 1-37 所示的"安装完成"对话框。

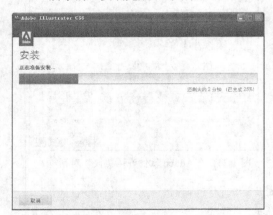

图 1-36 "安装进度"对话框

图 1-37 "安装完成"对话框

步骤 9 单击 [关闭] 按钮，关闭该对话框。

步骤 10 单击 Windows 桌面左下角任务栏中的 [开始] 按钮，在弹出的菜单中选择"所有程序/ Adobe Illustrator CS6"命令，启动软件，弹出如图 1-38 所示的"登录"对话框，输入前面注册"Adobe ID"时的邮箱和密码。

步骤 11 单击 [登录] 按钮，启动 Illustrator CS6 软件，同时弹出如图 1-39 所示的"Illustrator 试用版"对话框。

步骤 12 单击 [继续试用] 按钮，关闭该对话框，然后单击界面窗口右上角的"关闭"按钮 ✕ 退出 Illustrator CS6 软件。

步骤 13 在安装光盘中或在网上下载破解文件，根据用户的系统复制 32 位或 64 位"amtlib.dll"文件，将其粘贴覆盖 Illustrator CS6 安装文件夹 Support Files\Contents\Windows 下的同名文件。此时 Illustrator CS6 软件就可以不再以 30 天的试用版使用了。

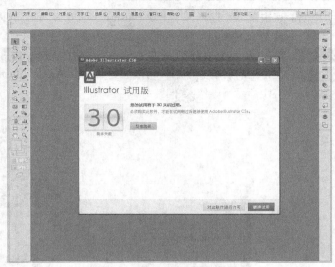

图 1-38 "登录"对话框　　　　　　　图 1-39 "Illustrator 试用版"对话框

实例总结

通过本实例的学习，读者可以掌握 Illustrator CS6 软件的安装和破解方法。

Example 实例 6　启动 Illustrator CS6

学习目的

通过本实例的学习，读者应掌握启动 Illustrator CS6 软件，并学会创建快捷启动图标的方法。

实例分析

视频路径	视频\第 01 章\启动 Illustrator CS6 软件.avi
知识功能	启动 Illustrator CS6 软件，创建快捷启动图标
学习时间	3 分钟

操 作 步 骤

步骤 1 若计算机中已安装了 Illustrator CS6 软件，单击 Windows XP 桌面左下角任务栏中的 开始 按钮。

步骤 2 在弹出的启动菜单中选择"程序/ Adobe Illustrator CS6"命令，如图 1-40 所示。

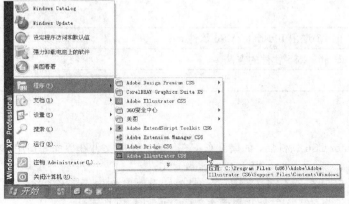

图 1-40 启动菜单

步骤 ③ 点击鼠标左键屏幕上出现 Illustrator CS6 启动画面，停留 3～5 秒钟，即可启动 Illustrator CS6 软件，看到 Illustrator CS6 界面窗口。

步骤 ④ 单击 Windows XP 桌面左下角任务栏中的 开始 按钮。

步骤 ⑤ 在弹出的启动菜单中移动鼠标到"程序/ Adobe Illustrator CS6"命令上，单击鼠标右键，弹出如图 1-41 所示下一级菜单。

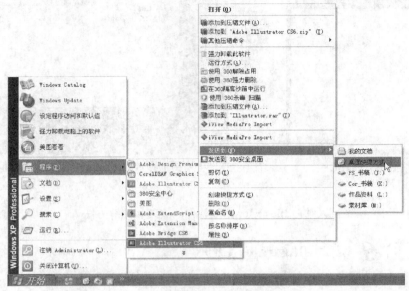

图 1-41　程序菜单

步骤 ⑥ 继续移动鼠标到"发送到/桌面快捷方式"命令上单击鼠标左键，这样就在 Windows XP 桌面中创建了一个 Illustrator CS6 软件的快捷启动图标。

步骤 ⑦ 在桌面上直接双击快捷启动图标 ，可以快速地启动 Illustrator CS6 软件。

实例总结

通过本实例的学习，读者可以掌握如何启动 Illustrator CS6 软件，并学会创建快捷启动图标的方法。

Example 实例 7　退出 Illustrator CS6

学习目的

通过本实例的学习，读者应掌握退出 Illustrator CS6 软件的方法。

实例分析

视频路径	视频\第 01 章\退出 Illustrator CS6 软件.avi
知识功能	退出 Illustrator CS6 软件的方法
学习时间	3 分钟

操 作 步 骤

步骤 ① 启动 Illustrator CS6 软件后，如果没有正在编辑的绘图文件在界面窗口中，单击界面窗口右上角的"关闭"按钮 × ，即可退出 Illustrator CS6。

步骤 ② 执行"文件/退出"命令或按 Ctrl+Q 快捷键也可以退出 Illustrator CS6。

步骤 ③ 假定有正在编辑的绘图文件在界面窗口中，如图 1-42 所示。

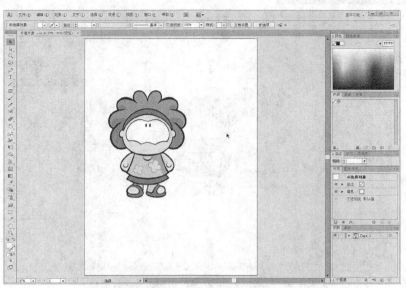

图 1-42   正在编辑的绘图文件

步骤 4 单击界面窗口右上角的"关闭"按钮 ✕ ，会弹出如图 1-43 所示的"Adobe Illustrator"提示对话框。

图 1-43   "Adobe Illustrator"提示对话框

步骤 5 单击 是 按钮，可以存储当前正在编辑的绘图文件并退出软件；单击 否 按钮，不存储当前正在编辑的绘图文件并退出软件；单击 取消 按钮，可以取消退出软件的操作。

实例总结

通过本实例的学习，读者应掌握如何退出 Illustrator CS6 软件。

Example 实例 8 初识工作界面

学习目的

通过本实例的学习，读者应认识 Illustrator CS6 软件的工作界面，熟悉各部分的名称和功能。

实例分析

视频路径	视频\第 01 章\退出 Illustrator CS6 软件.avi
知识功能	认识 Illustrator CS6 软件工作界面，工作界面各部分的功能和作用
学习时间	30 分钟

操 作 步 骤

步骤 1 启动 Illustrator CS6 软件。

步骤 2 执行菜单中的"文件/打开"命令，在弹出的"打开"对话框中选择随书光盘中"素材\第 01 章\卡通图形.ai"文件，单击 打开 按钮，将其打开，如图 1-44 所示。

图 1-44　Illustrator CS6 界面窗口及各部分名称

相关知识点——软件窗口介绍

Illustrator CS6 的界面按其功能可分为菜单栏、控制栏、工具箱、状态栏、滚动条、控制面板、页面打印区域和工作区等几部分。下面介绍各部分的功能和作用。

一、菜单栏

菜单栏主要包括运用此软件进行工作时使用的编辑、修改以及窗口的设置和帮助等命令，包括"文件"、"编辑"、"对象"、"文字"、"选择"、"效果"、"视图"、"窗口"和"帮助"9个菜单。单击任意一个菜单，会弹出相应的下拉菜单，其中包含若干个子命令，选择任意一个子命令即可执行相应的操作。

- "文件"菜单：主要用来对绘制或编辑的图形文件进行管理，包括新建、打开或保存等命令。
- "编辑"菜单：主要用来对当前的图形文件进行编辑操作，包括图形图像的剪切、复制和粘贴等命令。
- "对象"菜单：主要用于对当前文件中选择的图形进行变换、调整、组合、锁定、显示、隐藏、栅格化、网格、切片制作、路径编辑、效果编辑、扭曲变形等操作。
- "文字"菜单：主要用于对输入的文字进行处理，包括字体、字号、文本块编辑，文本绕图，文字的查找、更改、拼写检查，行、列设置以及文字方向设置等命令。
- "选择"菜单：主要用于对当前文件中的图形或文字进行选择的命令。
- "效果"菜单：主要包括两部分命令，上面的一部分命令主要是对矢量图形进行特殊效果处理的命令，下面的一部分命令主要是对位图图像进行特殊效果处理的命令。
- "视图"菜单：主要是用来控制图形或图像的显示形态的操作，其中包括图形或图像的叠印预览、校样设置、放大、缩小、隐藏、显示、参考线、网格和新视图等命令。
- "窗口"菜单：主要用于对打开窗口的管理，包括新建窗口、窗口的排列及各控制面板的调用等命令。
- "帮助"菜单：主要用于提供 Illustrator 软件系统的联机在线帮助，包括如何使用 Illustrator 软件系统及新版本的新增功能讲解等命令。

> **提示** 菜单栏中有些命令后面有省略号，表示选取此命令后会弹出相应的对话框；有些命令后面有向右的黑色三角形符号，表示此命令后面还有下一级子菜单；另外，菜单栏中的命令除了显示为黑色以外，还有一部分命令显示为灰色，表示这些命令暂时不可使用，只有满足一定的条件后才可执行此命令。系统还为大部分常用的菜单命令都设置了快捷键，熟悉并掌握这些快捷键，可以大大提高工作效率。在后面的案例制作过程中，会随时向大家讲解这些工具和命令的快捷键。

在菜单栏左边显示的是软件图标 ，单击该图标会弹出如图 1-45 所示的选项菜单，用来控制窗口界面的大小。在"帮助"菜单的右边单击 ▥ 按钮，可以切换到 Bridge 窗口；单击 ▥▾ 按钮，弹出如图 1-46 所示的选项面板，可以设置打开的绘图文件的排列方式。菜单栏右侧有一个 基本功能 ▾ 按钮，单击该按钮会弹出如图 1-47 所示的基本功能设置下拉菜单，用来打开功能控制面板。

图 1-45　选项菜单

图 1-46　选项面板

图 1-47　基本功能设置下拉菜单

菜单栏最右边有 3 个按钮 ▬ ▯ ✕ ，▬ ▯ 两个按钮用于控制界面的显示大小，✕ 按钮用于退出 Illustrator CS6 软件。

● 单击"窗口最小化"按钮 ▬ ，可以使 Illustrator CS6 窗口处于最小化状态，此时界面中的 Illustrator CS6 窗口在 Windows 的任务栏中显示。

● 单击"恢复"按钮 ▯ ，可使 Illustrator CS6 窗口变为标准化窗口显示，此时 ▯ 按钮将变为"最大化"按钮 ▢ ，单击此按钮，可以使当前 Illustrator CS6 窗口处于最大化状态，此时 ▢ 按钮又变为 ▯ 按钮。

● 单击"关闭"按钮 ✕ ，可以关闭 Illustrator CS6 窗口，退出应用程序。

> **提示** 无论 Illustrator 界面当前是最大化显示还是恢复状态显示，只要将鼠标指针放置在标题栏上双击鼠标左键，同样可以在窗口的最大化和恢复之间进行切换。Illustrator 界面当前为恢复显示时，将鼠标指针放置在窗口的任意一边或者边角处，按下鼠标左键拖曳可以将恢复后的窗口进行任意大小的调整。将鼠标指针放置在菜单栏的灰色区域按下鼠标左键并拖曳，可以将恢复后的窗口进行任意位置的移动。

二、控制栏

在控制栏中包含一些常用的控制选项及参数设置，用于快速地执行相应的操作。当选择不同的工具按钮时，弹出的选项参数也各不相同。

三、工具箱

工具箱的默认位置位于界面窗口的左侧，包含各种选取工具、绘图工具、文字工具、编辑工具、符号工具、图表工具、效果工具、前景色和背景色设置以及更改屏幕模式设置等。

将鼠标指针放置在工具箱上方的灰色条区域内，按下鼠标左键并拖曳即可移动工具箱在工作区中的位置。单击工具箱中最上方的 ▸▸ 按钮，可以将工具箱转换为单列或双列显示。

当鼠标指针移动到工具箱中的任一工具上时，该工具将变为高亮凸出显示，如果鼠标指针在工具上停留一段时间，鼠标指针的右下角会显示该工具的名称，如图 1-48 所示。单击工具箱中的任一工具可将其选择。另外，绝大多数工具的右下角带有黑色的小三角形，表示该工具是个工具组，还有其他隐藏的同类工具。将鼠标指针放置在有黑色小三角形的工具上，按下鼠标左键不放隐藏的工具即可显示出来，如图 1-49 所示。移动鼠标到展开工具组中的任意一个工具上松开鼠标，即可将工具选择。

图 1-48　显示的工具名称

图 1-49　弹出的隐藏工具

工具箱及所有隐藏的工具如图 1-50 所示。

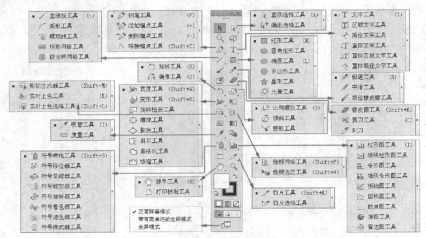

图 1-50　工具箱及所有隐藏的工具

> **提示**　　如果某组工具经常使用，可以将鼠标移动到相应的工具按钮上按下鼠标不放，然后将鼠标指针移动到工具组右侧的 位置，释放鼠标后，该组工具即作为一个单独的工具栏显示在工作区中。

四、状态栏

状态栏位于文件窗口的底部，左边 94% 表示页面当前显示的缩放比例，此数值与当前文件标题栏中的缩放比例是一致的。比例参数可以直接输入数值也可以单击右侧的倒三角按钮，在弹出的下拉菜单中选择一个适当的缩放比例。

单击状态栏长按钮 选择 右侧的 ▼ 按钮，在弹出的菜单中选择"显示"命令，弹出如图 1-51 所示的菜单，选择不同的命令，在该按钮中会显示不同的状态信息。

图 1-51　状态栏菜单

● 　"画板名称"选项。选择此选项，在长按钮上将显示当前画板的名称。当在新建文档时创建了多个画板时才能看出效果。

● 　"当前工具"选项。选择此选项，长按钮将显示当前所选用工具的名称。

● 　"日期和时间"选项。选择此选项，长按钮将显示系统设定的当前日期和时间。

● 　"还原次数"选项。选择此选项，长按钮将显示在操作过程中的操作步数及操作过程中使用了多少次还原操作。

● 　"文档颜色配置文件"选项。选择此选项，长按钮将显示当前文件的信息及色彩模式等。

五、滚动条

在绘图窗口的右下角和右侧各有一条滚动条，单击滚动条两端的三角按钮或直接拖曳中间的滑块可以移动打印区域和图形在工作区中的显示位置。

六、控制面板

Illustrator CS6 软件系统中提供了各种控制面板，它们的默认位置位于工作区的最右侧，按住任一控制面板上方的选项卡区域拖曳，可以将其拖离控制面板区，并以独立面板的形式移动至工作区中的任意位置，如图 1-52 所示。

利用控制面板可以辅助工具或菜单命令对操作对象进行控制和编辑，不同的控制面板在实际操作过程中发挥着不同的作用，随着其功能的不断改进和完善，控制面板已成为运用 Illustrator 编辑对象不可缺少的重要操作。

将控制面板拖至工作区后，会发现有些控制面板的右下角显示 符号，标有 符号的控制面板通过拖曳右下角或各边缘，可以改变控制面板的大小，如图 1-53 所示。

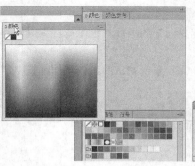

图 1-52　移动控制面板示意图

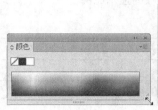

图 1-53　调整控制面板大小状态

为了最大程度地利用工作区的空间，更多地观察操作对象，还可以通过单击控制面板右上角的■■按钮，将控制面板折叠起来，只显示控制面板的图标，如图 1-54 所示。

将鼠标指针放置到如图 1-55 所示的位置按下并向右拖曳，还可以显示控制面板的名称，如图 1-56 所示。

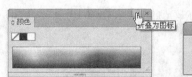

图 1-54　折叠为图标状态及效果　　　图 1-55　鼠标指针放置的位置　　　图 1-56　显示的面板名称

> **提示**　执行"窗口"菜单中的相应命令，可以隐藏或显示控制面板和工具箱。除此之外，按键盘中的 Tab 键，可以将工具箱和控制面板全部隐藏，再次按 Tab 键，隐藏的工具箱及控制面板将再次显示；按键盘中的 Shift+Tab 键，可以只将控制面板隐藏，再次按 Shift+Tab 键，可将隐藏的控制面板显示。

七、页面打印区域

页面打印区域是位于界面中间的一个矩形区域，可以在上面绘制图形、编辑文本或排版等。作品如果要打印输出，只有页面打印区以内的内容才可以完整地输出，页面打印区以外的内容将不会被打印。

> **提示**　在新建文件时，默认的打印区大小为 210mm×297mm，也就是常说的 A4 纸张大小。在广告设计中常用的文件尺寸有 A3（297mm×420mm）、A4（210mm×297mm）、A5（148mm×210mm）、B5（182mm×257mm）和 16 开（184mm×260mm）等。

八、工作区

工作区是指 Illustrator CS6 工作界面中的大片灰色区域，工具箱和各种控制面板都在工作区内。

实例总结

本实例向读者介绍了 Illustrator CS6 系统默认的工作界面，其中包括对菜单栏、工具箱、控制面板以及文件窗口的认识。

Example 实例 9 设置画板的显示比例

学习目的

通过本实例的学习，读者应掌握画板显示比例的设置方法，包括如何利用缩放工具放大或缩小画板的显示比例，如何利用快捷键以及"导航器"面板放大或缩小画板的显示比例。

实例分析

素材路径	素材\第 01 章\金鱼.ai
视频路径	视频\第 01 章\画板显示比例.avi
知识功能	"缩放工具" 🔍 的使用，利用快捷键缩放画板的显示比例，利用"导航器"面板缩放画板的显示比例
学习时间	10 分钟

操 作 步 骤

步骤 1 启动 Illustrator CS6 软件。

步骤 2 执行"文件/打开"命令，在弹出的"打开"对话框中选择随书光盘中"素材\第 01 章\金鱼.ai"文件，单击 打开 按钮，将文件打开，如图 1-57 所示。

图 1-57 打开的文件

步骤 3 选取工具箱中的"缩放工具" 🔍，将鼠标指针移动到金鱼图形位置，光标变为 🔍 形状，连续单击鼠标左键，可以按照一定比例将图形放大显示，如图 1-58 所示。

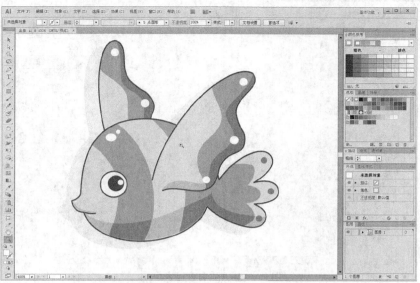

图 1-58   放大显示的图形

提 示   利用"缩放"工具 将图形放大后，只是图形放大显示了，其本身并没有变化。

步骤 4 按住 Alt 此时光标变为 形状，连续单击鼠标左键，可以按照一定比例将图形缩小显示，如图 1-59 所示。

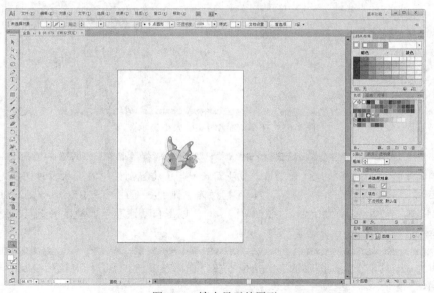

图 1-59   缩小显示的图形

步骤 5 双击工具箱中的"抓手"工具 或按键盘中的 Ctrl+0 键，可以使画板适合窗口大小来显示，如图 1-60 所示。

步骤 6 双击工具箱中的 工具，或者按 Ctrl+1 键 ，可以按 100%比例的实际大小来显示图形，如图 1-61 所示。

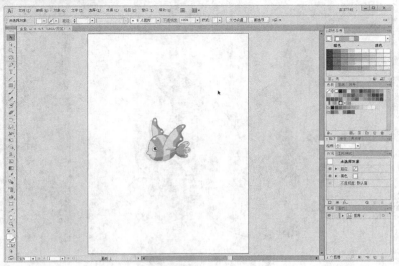

图 1-60　画板适合窗口大小显示

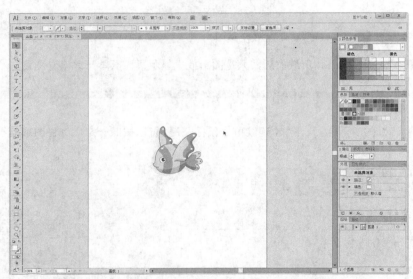

图 1-61　按 100%比例实际大小显示图形

> 无论当前工具箱中选择的是什么工具，按住 Ctrl 键，可将当前使用的工具暂时切换为"选择"工具 ；按键盘上的空格键，可将当前工具暂时切换为"抓手"工具 ；按 Ctrl++键，可放大显示图形；按 Ctrl+-键，可缩小显示图形；按 Ctrl+0 键，可将图形自动适配至屏幕显示。但在使用这些快捷键时必须确保当前的输入法为英文输入法。

步骤 7 选取 工具，在金鱼图形的左上角位置按下鼠标左键向右下方拖曳鼠标绘制出一个虚线框，如图 1-62 所示。

步骤 8 松开鼠标后金鱼图形被放大显示，如图 1-63 所示，利用该方法可以灵活地把图形的局部放大显示，是最简单实用的方法。

步骤 9 单击文件窗口状态栏中的"百分比数值框" 94% 右边的 按钮，弹出如图 1-64 所示的缩放比例选项，可以选取需要的缩放比例来显示图形，也可以直接输入数值后按 Enter 键来设置图形的缩放比例。

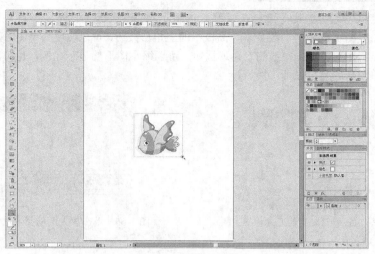

图 1-62　绘制虚线框

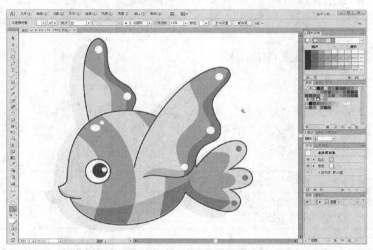

图 1-63　放大显示的图形

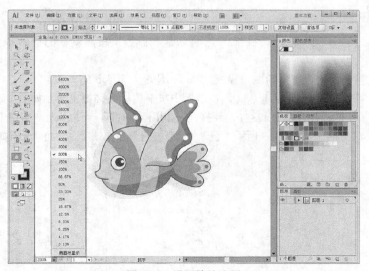

图 1-64　设置缩放比例

步骤⑩ 执行"窗口/导航器"命令，打开如图 1-65 所示的"导航器"面板。

步骤⑪ 通过单击如图 1-66 所示"导航器"面板中的三角形按钮，可以按照每单击一次放大 100 倍的比例来放大显示图形。单击左边的三角形按钮，可以缩小图形的显示比例，也可以通过拖曳中间的滑块来调整图形的缩放显示比例。

图 1-65　"导航器"面板

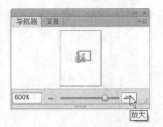

图 1-66　单击放大图形显示比例

实例总结

通过本实例的学习，读者应掌握利用"缩放工具"🔍、快捷键以及使用"导航器"面板等功能来放大或缩小图片显示比例的操作。

Example 实例 **10** 设置绘图模式

学习目的

在 Illustrator CS6 工具箱下面提供了 3 种绘图模式，如图 1-67 所示。通过本实例的学习，读者应掌握这 3 种绘图模式的功能。

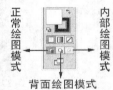

图 1-67　3 种绘图模式

实例分析

视频路径	视频\第 01 章\设置绘图模式.avi
知识功能	打开色板，图形填充颜色，选择图形，删除图形，"正常绘图"模式，"背面绘图"模式，"内部绘图"模式，剪切蒙版的建立和释放
学习时间	20 分钟

操 作 步 骤

步骤① 启动 Illustrator CS6 软件。执行"文件/新建"命令，按照默认的选项和参数新建名称为"未标题-1"文件。

步骤② 查看工具箱下面的"正常绘图"模式按钮🔲是否为激活状态。

步骤③ 选取工具箱中的"矩形"工具🔲，在画板中按下鼠标左键拖曳绘制如图 1-68 所示的矩形线框。

步骤④ 查看"色板"面板是否在工作区中已经打开。如果没有打开，可以执行"窗口/色板"命令，该命令前面没有"√"符号，如图 1-69 所示，当"色板"被打开后，该命令前面就带有如图 1-70 所示的符号。

图 1-68　绘制的矩形

图 1-69　"色板"菜单

图 1-70　"色板"菜单

步骤 5 在"色板"中单击如图 1-71 所示的红色块，即可把该颜色填充到回执的矩形线框中，如图 1-72 所示。

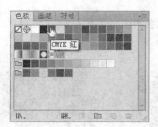

图 1-71 "色板"面板

图 1-72 图形填充颜色效果

步骤 6 利用 □ 工具再绘制一个矩形并填充上黄色，可以看到黄色矩形压住了刚才绘制的红色矩形，如图 1-73 所示。

步骤 7 继续绘制一个绿色矩形，可以看到绿色矩形把刚才绘制的黄色矩形和红色矩形都压住了，如图 1-74 所示。

图 1-73 绘制的黄色矩形

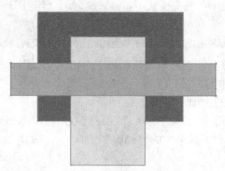

图 1-74 绘制的绿色矩形

> **提示** "正常绘图"模式为默认的系统绘图模式。用户可以在该模式下进行任意的图形编辑和绘图，图形的绘制先后顺序是先绘制的图形在最下面，后绘制的图形在上面。

步骤 8 选取工具箱中的"选择"工具 ▶，在三个图形的左上方按下鼠标左键向右下方拖曳，如图 1-75 所示。

步骤 9 释放鼠标后可以把这三个图形同时选择，如图 1-76 所示。

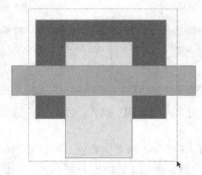

图 1-75 框选图形状态

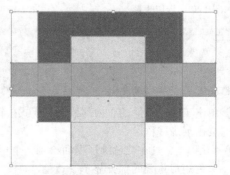

图 1-76 图形被选择状态

步骤 10 按键盘中的 Delete 键，把这三个图形删除。

步骤 11 单击工具箱下面的"背面绘图"模式按钮 ▣，设置为"背面绘图"模式。

步骤 12 利用 □ 工具绘制一个矩形，填充上红色，如图 1-77 所示。

步骤⑬ 利用▢工具绘制一个矩形，填充上黄色，如图 1-78 所示。可以看到绘制的黄色矩形是在红色矩形的后面。

步骤⑭ 再绘制一个绿色矩形，如图 1-79 所示，绿色矩形被绘制在了黄色图形的后面。

 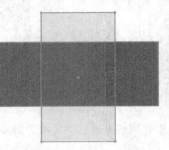 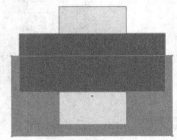

图 1-77　绘制的红色矩形　　　图 1-78　绘制的黄色矩形　　　图 1-79　绘制的绿色矩形

> **提示** 在"背面绘图"模式下，如果没有选取任何图形，图形的绘制先后顺序是先绘制的图形在最上面，后绘制的图形在所有图形的下面。

步骤⑮ 利用▶工具在红色矩形上单击，把该图形选择，如图 1-80 所示。

步骤⑯ 利用▢工具绘制一个矩形，填充上蓝色，可以看到蓝色矩形绘制在了红色矩形的后面，黄色矩形的上面，如图 1-81 所示。

步骤⑰ 利用▶工具把这 4 个图形选取后按 Delete 键删除。

步骤⑱ 选取工具箱中的"椭圆"工具◯，按住 Shift 键绘制一个蓝色圆形，如图 1-82 所示。

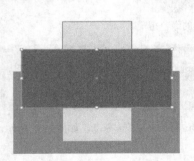 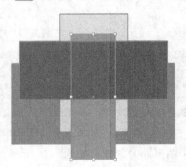 

图 1-80　选取矩形　　　　　图 1-81　绘制的蓝色矩形　　　图 1-82　绘制的蓝色圆形

> **提示** 如果选取了图形，设置"背面绘图"模式后绘制新图形，则会直接在被选取的图形下面来绘制新的图形。

步骤⑲ 单击工具箱下面的"内部绘图"模式按钮◉，设置为"内部绘图"模式，此时蓝色圆形图形周围会出现虚线框。

步骤⑳ 利用▢工具在蓝色圆形上面绘制一个矩形，如图 1-83 所示，填充上黄色，可以看到蓝色圆形和黄色矩形重叠的部分显示了黄色，而没有重叠的部分则被屏蔽了，如图 1-84 所示。该模式是在选取的图形内部绘制新的图形，设置该模式可以减少对图形复杂的编辑操作，就像直接在建立的剪切蒙版中绘图一样。

步骤㉑ 使用"内部绘图"模式的前提是先选取图形。当在该模式下绘制了新的图形后，利用▶工具选择生成的新图形，如图 1-85 所示。

图 1-83　绘制的矩形线框

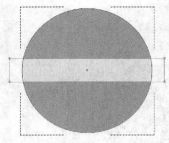
图 1-84　"内部绘图"模式图形

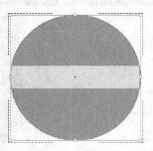
图 1-85　选择图形

步骤 22 执行菜单栏中的"对象/剪切蒙版/释放"命令，可以把在"内部绘图"模式下绘制的图形在剪切蒙版中释放，并把内部图形放置在其他图形的后面，如图 1-86 所示。

步骤 23 使用"内部绘图"模式所建立的剪切蒙版会保留剪切路径上图形的外观，这与直接将选取的两个图形执行菜单栏中的"对象/剪切蒙版/建立"命令所建立的剪切蒙版效果是不同的，如图 1-87 所示。

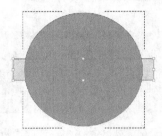
图 1-86　释放剪切蒙版后的图形

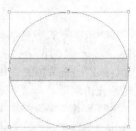
图 1-87　菜单命令建立的剪切蒙版

> **提示**　如果要切换各种绘图模式，单击工具箱下面相应的绘图模式按钮即可。用户也可以通过按 Shift+D 快捷键来快速切换各种绘图模式。

实例总结

通过本实例的学习，读者应掌握打开色板、关闭色板的方法，如何给图形填充颜色，选择图形以及删除图形的操作，剪切蒙版的建立和释放命令以及 4 种绘图模式的应用（"正常绘图"模式、"背面绘图"模式、"内部绘图"模式）。

Example 实例 **11** 设置屏幕模式

学习目的

通过本实例的学习，读者应掌握工具箱下面 3 种屏幕显示模式的转换方法。

实例分析

视频路径	视频\第 01 章\屏幕模式设置.avi
知识功能	介绍"正常屏幕模式"、"带有菜单栏的全屏模式"和"全屏模式"，按 Tab 键及 Shift+Tab 键的作用
学习时间	3 分钟

操 作 步 骤

步骤 1 启动 Illustrator CS6 软件。执行"文件/打开"命令，打开随书光盘中"素材\第 01 章\海报.ai"文件，如图 1-88 所示。

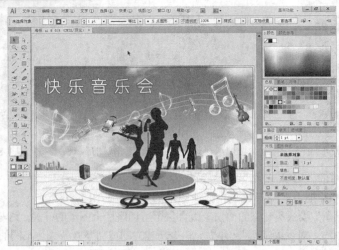

图 1-88　打开的"海报.ai"文件

　　图 1-88 显示的是屏幕的正常显示模式。在工具箱中提供了 3 种屏幕显示模式，分别为"正常屏幕模式"、"带有菜单栏的全屏模式"和"全屏模式"，它们的快捷键为 F，依次按键盘上的 F 键，可在这 3 种模式之间进行切换。

步骤 2　单击工具箱下面的　　按钮，弹出如图 1-89 所示屏幕模式转换菜单，选取"带有菜单栏的全屏模式"，此时文件的标题栏会被隐藏，如图 1-90 所示。

图 1-89　屏幕转换模式菜单　　　　　　　　图 1-90　"带有菜单栏的全屏模式"

步骤 3　单击工具箱下面的　　按钮，在弹出的屏幕模式转换菜单中选取"全屏模式"选项，此时屏幕中将会把工具箱、菜单栏、标题栏以及控制面板全部隐藏，只显示状态栏及画板中的画面内容，如图 1-91 所示。

步骤 4　在全屏模式下按 Tab 键，可以把隐藏的工具箱、控制面板以及菜单栏显示出来，如图 1-92 所示。再次按 Tab 键，又可以把工具箱、控制面板以及菜单栏隐藏。

步骤 5　在正常模式下按 Tab 键，可以把工具箱和控制面板隐藏，如图 1-93 所示，再次按 Tab 键，又可以把工具箱和控制面板显示出来。

步骤 6　按 Shift+Tab 键，可以把控制面板隐藏，如图 1-94 所示，再次按 Tab 键，又可以将其显示出来。

图 1-91　"全屏模式"

图 1-92　显示工具箱和控制面板及菜单栏

图 1-93　隐藏工具箱和控制面板

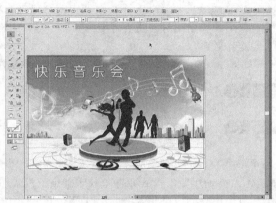

图 1-94　隐藏控制面板

实例总结

通过本实例的学习，读者应掌握"正常屏幕模式"、"带有菜单栏的全屏模式"和"全屏模式"3 种屏幕显示模式的转换方法，以及利用快捷键快速转换屏幕模式的操作。

Example 实例 **12**　设置作品显示效果

学习目的

通过本实例的学习，读者应掌握设置作品显示效果命令，这样可以有效地提高工作效率并确保作品绘制完成后输出时的质量。

实例分析

视频路径	视频\第 01 章\设置作品显示效果.avi
知识功能	介绍"轮廓"命令、"预览"命令、"叠印预览"命令以及"像素预览"命令
学习时间	3 分钟

操作步骤

步骤 ① 启动 Illustrator CS6 软件。执行"文件/打开"命令，打开随书光盘中"素材\第 01 章\儿童画.ai"文件，如图 1-95 所示。

步骤 ② 执行"视图/轮廓"命令（快捷键为 Ctrl+Y 键），可以把当前的视图转换为轮廓模式显示，效果如图 1-96 所示。

图 1-95　打开的文件

图 1-96　轮廓模式显示

> 提示　　在系统的默认状态下，页面中的对象是以填充颜色显示的，即预览模式。但执行"视图/轮廓"命令后，会隐藏对象的所有填充颜色，只显示构成图形的轮廓线，这样可以加快系统的运行速度，提高工作效率。

步骤 3 执行"轮廓"命令后（快捷键为 Ctrl+Y 键），此时该命令将会自动变为"预览"命令，再次执行此命令，可使对象恢复为预览模式。

步骤 4 执行"视图/叠印预览"命令（快捷键为 Alt+Shift+Ctrl+Y 键），可以将当前视图转换为叠印预览模式。在该模式下可以直观地预览叠印的效果，使用户更有信心去进行设计。

> 提示　　"叠印预览"模式即打印或印刷预览模式。在该模式下会显示图形的所有颜色细节，色彩的显示与打印出来的效果非常接近。但该模式下占用的系统内存比较大，如果图形结构比较复杂，显示或刷新的速度会很慢，影响作图的工作效率。

步骤 5 执行"视图/像素预览"命令（快捷键为 Alt+Ctrl+Y 键），可以将当前视图转换为像素预览模式。在该模式下所看到的是矢量图形转换成位图后的效果，如图 1-97 所示。

图 1-97　像素预览模式及放大后的效果

> 提示　　"像素预览"模式是把矢量图转换为位图来显示的。这样可以有效地检查和控制图形打印或印刷输出时的质量。在不改变图形尺寸的情况下，使用缩放工具把图像放大后显示，会看到位图的像素点。

实例总结

通过本实例的学习，读者应掌握作品在"轮廓"命令，"预览"命令，"叠印预览"命令以及"像素预览"

命令下的各种显示效果。灵活掌握这些命令的使用，可以有效地提高工作效率和保证作品的高质量输出。

 Example 实例 **13** 设置快捷键

学习目的

　　灵活运用快捷键可以大大提高工作效率。在 Illustrator 软件中，除了默认的快捷键外，还可以按照自己的习惯设置相应的快捷键。本案例将带领读者来学习快捷键的设置。

实例分析

视频路径	视频\第 01 章\设置快捷键.avi
知识功能	利用"编辑/键盘快捷键"命令设置快捷键
学习时间	5 分钟

操 作 步 骤

步骤 ① 启动 Illustrator CS6 软件。执行"编辑/键盘快捷键"命令，弹出如图 1-98 所示的"键盘快捷键"对话框。

步骤 ② 在"键盘快捷键"对话框中单击 工具 ▼ 选项，在弹出的下拉列表中选择"菜单命令"选项。

步骤 ③ 在下方的快捷键列表中单击"文件"前面的 ▶ 图标，展开菜单栏下的命令，然后拖曳列表窗口右侧的滑块，使"置入"命令在列表中显示。

步骤 ④ 单击列表窗口中的"置入"命令将其选择，然后在"快捷键"一栏快捷键输入框位置单击，如图 1-99 所示。

图 1-98 "键盘快捷键"对话框

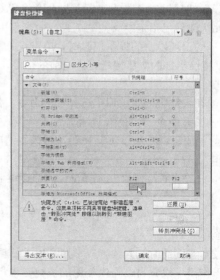

图 1-99 单击"快捷键"输入框

步骤 ⑤ 在键盘上按需要指定快捷键，如 Ctrl+9 键，此时快捷键出现在了输入框中，如图 1-100 所示。

　　在设置快捷键时要确定当前的输入法为英文输入法，且设置的菜单快捷键中必须包含 Ctrl 键。

步骤 6 设置快捷键后，单击对话框右上角的 按钮，弹出"存储键集文件"对话框，在此对话框的文本输入框中输入设置快捷键的名称，如图 1-101 所示。

步骤 7 单击 确定 按钮，关闭"存储键集文件"对话框，然后单击"键盘快捷键"对话框中的 确定 按钮，快捷键即设置完成。设置快捷键后的菜单命令如图 1-102 所示。

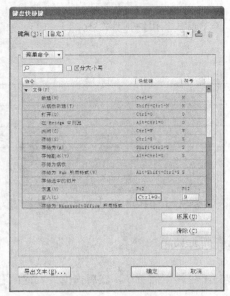

图 1-100　输入的快捷键　　图 1-101　"存储键集文件"对话框　　图 1-102　设置快捷键后的菜单命令

相关知识点——"键盘快捷键"对话框介绍

在设置快捷键时，如为"置入"命令设置 Ctrl+1 键，对话框的底部将出现如图 1-103 所示的提示信息，即表示此快捷键已指定给其他的工具或命令使用了，需要用户重新指定。

● 　如出现以上的提示信息时，单击设置面板底部的 转到冲突处(G) 按钮，可以将已指定的快捷键指定给当前的命令，原来已指定的命令，其快捷键消失。

图 1-103　设置快捷键的提示信息

● 　在快捷键列表窗口中选择任一命令，然后单击 清除(C) 按钮，可以将其快捷键清除。

● 　选择命令的快捷键被清除后，单击 还原(U) 按钮，可以恢复命令的快捷键。此时此命令显示为 重做(R) 按钮，再次单击此按钮，将恢复清除命令。即单击 还原(U) 和 重做(R) 按钮，可以重复刚才的操作。

● 　在"设置"窗口中选择设置的快捷键名称，然后单击右侧的 清除(C) 按钮，可以将自定义的快捷键删除。

● 　单击右侧的 导出文本(E)... 按钮，可以将当前快捷键列表窗口中的内容以记事本的形式输出。

实例总结

通过本实例的学习，读者应掌握利用"编辑/键盘快捷键"命令设置快捷键的操作，这样用户就可以根据自己的工作需求设置自己习惯使用的快捷键了。

Example 实例 **14** 设置工作界面颜色

学习目的

刚安装完成的 Illustrator CS6 软件工作界面以及所有的控制面板都是黑色的，黑颜色界面使用起来容易造成使用者的视觉疲劳，大多数用户也不习惯使用黑色界面。本案例讲解如何更改工作界面的颜色。

实例分析

视频路径	视频\第 01 章\更改界面颜色.avi
知识功能	学习利用"编辑/首选项/用户界面"命令更改工作界面颜色
学习时间	2 分钟

 操 作 步 骤

步骤 ❶ 刚安装完成的 Illustrator CS6 软件工作界面以及所有的控制面板都是黑色的，如图 1-104 所示。

图 1-104　黑色工作界面

步骤 ❷ 执行"编辑/首选项/用户界面"命令，打开如图 1-105 所示的"首选项"对话框。

步骤 ❸ 单击"亮度"选项右边的 中等深色 按钮，在弹出的下拉选项中选取"浅色"选项，工作界面及控制面板即可变为浅色，如图 1-106 所示。

图 1-105　"首选项"对话框

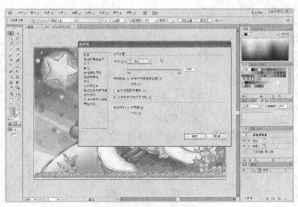

图 1-106　浅色工作界面

步骤 ❹ 单击 确定 按钮，关闭"首选项"对话框，下次再启动 Illustrator CS6 软件时，工作界面同样还是浅色的。

实例总结

通过本实例的学习，读者应掌握更改 Illustrator CS6 软件工作界面颜色的方法。

第 2 章　文档管理与参数设置

本章通过 14 个案例主要来讲解有关文档的管理与参数设置功能，以及命令的使用操作技巧。其中包括新建文档、打开、存储、关闭、恢复以及置入等，对于如何把矢量图转换成位图、切换文件窗口、排列文件窗口、如何给文件添加标尺、添加参考线与网格、设置个性化界面以及设置画板等功能，在本章都通过案例做了详实的讲解。

本章实例

Example 实例 15　新建文档

学习目的

本实例通过新建一个名称为"封面"，尺寸大小为"宽度 390mm"、"高度 260mm"，出血为"3mm"，分辨率为"300dpi"，颜色模式为"CMYK"的文件为例，使读者掌握新建文档操作。

实例分析

视频路径	视频\第 02 章\新建文档.avi
知识功能	新建文档，设置出血，从模板新建文件
学习时间	5 分钟

操 作 步 骤

步骤 ① 启动 Illustrator CS6 软件。执行"文件/新建"命令，弹出如图 2-1 所示的"新建文档"对话框。

步骤 ② 在"名称"选项右侧输入"封面设计"、"单位"选项右侧设置"毫米"、"宽度"选项右侧输入"390"、"高度"选项右侧输入"260"、"出血"右侧的四个选项分别输入"3"，单击"高级"左边的 ▶ 按钮，显示高级选项，确认"颜色模式"右侧选择"CMYK"、"栅格效果"右侧选择"高（300 ppi）"，如图 2-2 所示。

图 2-1　"新建文档"对话框

图 2-2　"新建文档"对话框参数设置

步骤 单击 确定 按钮，即可按照设置的参数新建一个名称为"封面设计"的文档，如图 2-3 所示。

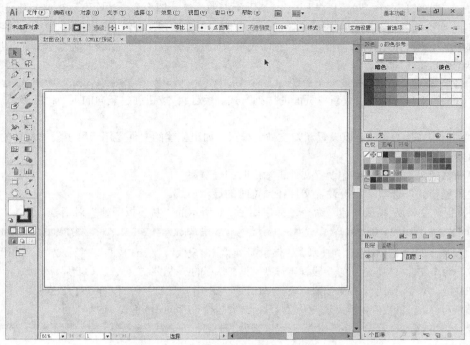

图 2-3　新建的文档

相关知识点——"新建文档"对话框

在如图 2-4 所示的"新建文档"对话框中有些选项需要读者认识和掌握，下面分别来介绍。

● "名称"选项：设置新建文件的名称，默认情况下为"未标题-1"。

● "配置文件"选项：用于设置不同应用目的的文件，如打印、网站、视频胶片等。

● "画板数量"选项：用于设置新建文件在同一工作区内画板的数量，该数值最多可设置为 100。设置"2"及以上的数值后，其后的按钮及下方的"间距"和"列数"选项才可用。单击不同的按钮可设置画板的排列方式；"间距"用于设置两个画板之间的距离；"列数"用于设置画板在工作区中所排的列数。

● "大小"选项：用于设置新建文档的尺寸，如 A4、A3、B5 等。

● "宽度"和"高度"选项：决定新建文件的宽度和高度值，可以在右侧的文本框中输入数值进行自定义设置。

● "单位"选项：决定文件所采用的单位，系统默认的单位为"毫米"。

图 2-4　"新建文档"对话框

● "出血"选项：用于设置文件的出血线。激活右侧的"使所有设置相同"按钮，可使新建文档的四面出血设置的数值相同。否则，可在文件的四面分别设置不同的出血数值。

> **提示** 出血，是指排版时作品的内容超出了版心即页面的边缘。图像的一边在页面边缘叫作一面出血，图像的两边在页面的边缘叫作两面出血。但这两种情况很少用到，经常用到的是图像的三面或者四面在页面的边缘，即三面出血或四面出血。在印刷排版时需要将设计的作品版面边缘超出成品尺寸 3 毫米，作为印刷后的成品裁切位置。

- "取向"选项：用于设置新建页面的排列方式。激活 按钮创建竖向的页面；激活 按钮创建横向的页面。
- "颜色模式"选项：可以设置新建文件的模式，如果创建的文件是用于网上发布文件的色彩模式应该选择 RGB 颜色。
- "栅格效果"选项：用于设置文件再输出时的分辨率。
- "预览模式"选项：用于设置文件在预览时的显示模式。

步骤 4 执行"文件/从模板新建"命令，弹出如图 2-5 所示的"从模板新建"对话框。

> **提示** 在"模板"文件夹下面包含"技术"、"俱乐部"、"空白模板"、"扭曲皮肤"、"日式模板"和"影片" 6 个文件夹。每个文件夹里面包含众多设计工作中常见并常用的一些设计文件，比如名片、信纸、网站、促销海报、CD 盒、标签、册子、各类按钮、菜单、礼券等等，用户在工作中可以直接打开这些文件作为模板使用，如适合自己设计的内容，就无须再设置尺寸，只要替换相应的图片和文字内容即可。

步骤 5 双击"日式模板"文件夹，在弹出的下一级文件夹中双击"卡片"文件夹，此时即可看到该文件夹下面所包含的文件，选取"日式_提醒卡"文件，单击 新建(N) 按钮，即可新建如图 2-6 所示的卡片模板文件。

图 2-5　"从模板新建"对话框

图 2-6　新建的卡片模板文件

实例总结

通过本实例的学习，读者可以掌握如何按照作品的设计要求创建新文档，并介绍了"新建文档"对话框中的各选项的功能，其中出血的概念和文档设置出血的目的是需要掌握的重点内容。

Example 实例 **16** 存储文件

学习目的

通过本实例的学习，读者应掌握存储文件的 4 个命令，分别为"存储"命令、"存储为"命令、"存储副本"命令和"存储为模板"命令。

实例分析

视频路径	视频\第 02 章\存储文件.avi
知识功能	"存储"命令，"存储为"命令，"存储副本"命令，"存储为模板"命令
学习时间	5 分钟

 操 作 步 骤

步骤 ① 上接案例 15 步骤 3，执行"文件/存储"命令（快捷键为 Ctrl+S），弹出"存储为"对话框。

步骤 ② 在"保存在"右边单击 ▼ 按钮，在下拉列表中选择一个本地磁盘，最好不要选择 C 盘，在弹出的新对话框中单击"新建文件夹"按钮 ，创建一个新文件夹，如图 2-7 所示。

步骤 ③ 在创建的新文件夹中输入名称，本例以"封面方案"作为文件夹名称。

步骤 ④ 双击刚创建的"封面方案"文件夹将其打开，如图 2-8 所示。

图 2-7 创建的新文件夹   图 2-8 打开的文件夹

步骤 ⑤ 单击 保存(S) 按钮，弹出如图 2-9 所示的"Illustrator 选项"对话框，单击 确定 按钮，即可把文件存储在计算机的硬盘中。

> **提示** 如果是新建的"为标题-1"文件，可以在"存储为"对话框的"文件名"右边的文字框中输入文件名称后单击 保存(S) 按钮，这样就可以给文件命名后存储。

打开的文件做了修改后，或刚刚存储过的文件又做了修改后需要存储，但又不想替换掉原有的文件，此时可以利用"存储为"命令来重新命名存储文件。

步骤 ⑥ 执行"文件/存储为"命令（快捷键为 Shift+Ctrl+S），弹出"存储为"对话框，在"文件名"右边的文字框中输入"封面设计方案（二）"文件名称，单击 保存(S) 按钮，这样可以在同一个文件夹中给文件重新命名后存储，存储的文件如图 2-10 所示。

步骤 ⑦ 执行"文件/存储副本"命令（快捷键为 Alt+Ctrl+S），弹出"存储副本"对话框，此时在"文件名"右边的文件名称后面会自动出现"_复制"，如图 2-11 所示。

步骤 ⑧ 单击 保存(S) 按钮，这样可以在同一个文件夹中把文件存为副本文件。

步骤 ⑨ 执行"文件/存储为模板"命令，弹出"存储为"对话框，该对话框文件的存储路径会直接打开到 Illustrator CS6 软件自带的"模板"文件夹下面，如图 2-12 所示。

步骤 ⑩ 单击 保存(S) 按钮，这样可以把文件存储成默认的模板格式类型（*.AIT）文件。

图 2-9 "Illustrator 选项"对话框

图 2-10 存储的文件

图 2-11 "存储副本"对话框

图 2-12 "存储为"对话框

实例总结

通过本实例的学习,读者可以掌握如何正确安全地存储文件,重点掌握"存储"命令和"存储为"命令的区别。

Example 实例 **17** 存储为 **Web** 所用格式文件

学习目的

除了能够在 Photoshop 中存储 Web 所用格式的图片文件之外,在 Illustrator CS6 中也可以进行 Web 特性图片的优化存储,本案例学习如何把设计的网页存储为 Web 所用格式文件。

实例分析

视频路径	视频\第 02 章\存储为 Web 所用格式文件.avi
知识功能	"存储为 Web 所用格式"命令,优化网页图片,切片的应用
学习时间	10 分钟

操作步骤

步骤 ① 执行"文件/打开"命令，打开附盘中"素材\第 02 章\美食网页.ai"文件，如图 2-13 所示。

步骤 ② 执行"文件/存储为 Web 所用格式"命令，弹出如图 2-14 所示的"存储为 Web 所用格式"对话框。

图 2-13　打开的美食网页

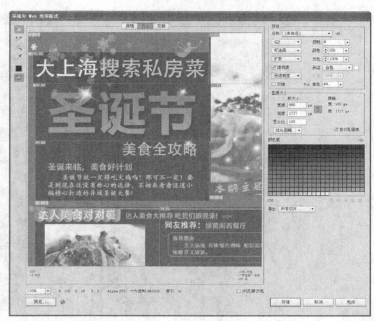

图 2-14　"存储为 Web 所用格式"对话框

步骤 ③ 在对话框顶部有 3 个按钮。单击 原稿 按钮，则显示的是图片未进行优化的原始效果。单击 优化 按钮，则显示的是图片优化后的效果。单击 双联 按钮，则可以同时显示图片的原稿和优化后的效果。

步骤 ④ 在对话框左侧有 6 个工具按钮，当对话框中的图片被放大显示之后，利用"转手"工具 在画面中按下鼠标左键拖曳，可以平移图像窗口来查看图像的其他部分，如图 2-15 所示。

步骤 ⑤ 利用"切片选择"工具 可以选取画面中的切片，切片被选取后图片会显示原色，图片周围的线框会由蓝色变成黄色，如图 2-16 所示。

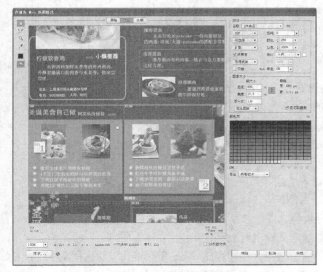

图 2-15　平移图像窗口

图 2-16　选择切片

步骤 6 利用"缩放"工具 🔍 在窗口中单击可以放大窗口视图；按住 Alt 键单击，可以缩小窗口视图。

步骤 7 利用"吸管"工具 🖉 在窗口中的图像上单击可以来查看图像的颜色信息，在窗口右边的"颜色表"中即可显示该颜色，并在窗口下边的提示栏中显示该颜色的详细信息，如图 2-17 所示。当利用 🖉 工具拾取颜色后在工具箱中的"吸管颜色"按钮 ▢ 上即可显示拾取的颜色。

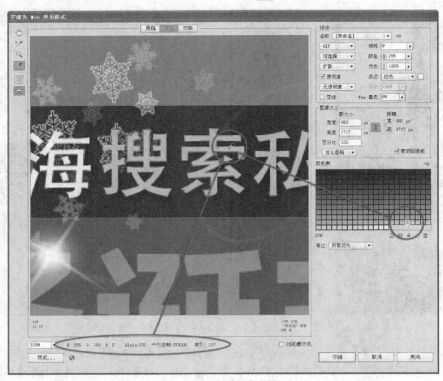

图 2-17　查看颜色信息

步骤 8 单击"切换切片可视性"工具 ▭，可以隐藏图像中的切片，再次单击可以显示切片。

步骤 9 对话框的右侧为进行优化设置的区域。在"预设"列表中可以根据对图片质量的要求设置不同的优化格式，设置不同的优化格式之后，其下的优化设置选项也会不同，如图 2-18 所示分别为设置"GIF"格式和"JPEG"格式所显示的不同优化设置选项。

步骤 10 对于"GIF"格式的图片来说，可以适当设置"损耗"和减小"颜色"数量来得到较小的文件，一般设置不超过"10"的损耗值即可；对于"JPEG"格式的图片来说，可以适当降低图像的"品质"来得到较小的文件，一般设置为"40%"左右即可。如果图像文件是删除了"背景"层而包含有透明区域的图层，在"杂边"右侧可以设置用于填充图像透明图层区域的背景色。

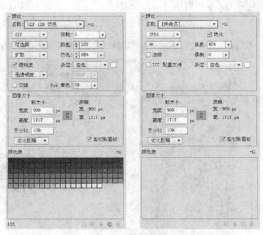

图 2-18　优化设置选项

步骤 11 在"图像大小"选项中，可以根据需要自定义输出网页图像的大小。

步骤 12 所有选项如果设置完成，可以通过浏览器查看效果。在"存储 Web 所用格式"对话框左下角设置好"缩放级别"选项后单击 预览... 按钮，即可在浏览器中浏览该优化后的网页图像，如图 2-19 所示。

图 2-19　在浏览器中浏览图像效果

步骤 13 关闭该浏览器，单击 存储 按钮，弹出"将优化结果存储为"对话框，单击 保存(S) 按钮，即可把所有的图像切片优化后存储成单个切片图像，如图 2-20 所示。

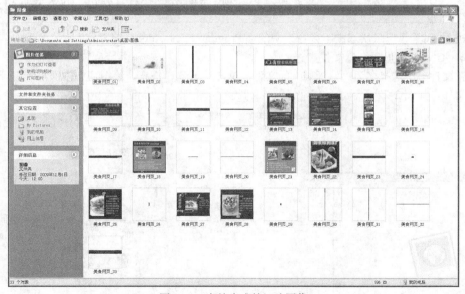

图 2-20　存储生成的切片图像

步骤 14 在打开的网页文件中创建了切片并选取了切片后，执行"存储选中的切片"命令，可以把文件中的切片按照默认的优化参数直接将其存储为切片文件。

实例总结

通过本实例的学习，读者可以掌握如何把设计的网页文件优化后存储为 Web 所用的切片图片文件。

Example **实例** **18** 打开文件

学习目的

执行"文件/打开"命令，会弹出"打开"对话框，利用该对话框可以打开计算机中存储的 AI、PDF、TIFF、JPEG、PSD、PNG、CDR 和 EPS 等多种格式的图形或图像文件。在打开文件之前，首先要知道文件的名称、格式和存储路径，这样才能顺利地打开文件。本实例学习打开文件的步骤，并掌握"打开"对话框中的各按钮功能。

实例分析

视频路径	视频\第 02 章\打开文件.avi
知识功能	利用"打开"命令打开文件，利用"在 Bridge 中浏览"命令打开文件，"打开"对话框中各按钮功能
学习时间	10 分钟

操 作 步 骤

步骤① 启动 Illustrator CS6 软件。执行"文件/打开"命令（快捷键为 Ctrl+O 键），弹出如图 2-21 所示的"打开"对话框。直接在工作区中双击鼠标左键，也可以弹出"打开"对话框。

> **提示** 当执行了"文件/打开"命令后，读者的计算机中弹出的"打开"对话框会与本例给出的图不同。因为该对话框是上一次打开图形时所选的文件夹目录。

步骤② 在"打开"对话框中的"查找范围"选项右侧单击 按钮，弹出下拉列表选项，然后选取"C"盘。

步骤③ 进入"C"盘，依次双击下方窗口中的"\Program Files \Adobe\Adobe Illustrator CS6\其他精彩内容\zh_CN\模版\俱乐部"文件夹。

步骤④ 在文件夹中选择名为"信纸.ai"的文件，单击 打开 按钮，绘图窗口中即显示打开的信纸图形文件，如图 2-22 所示。

图 2-21 "打开"对话框

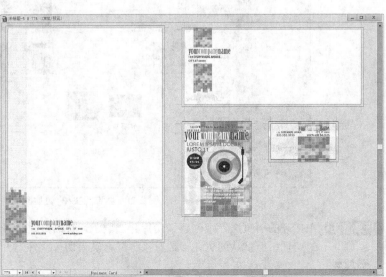

图 2-22 打开的文件

如打开的文件中使用了系统之外的字体，且所用的字体在本计算机中没有安装，系统会弹出如图 2-23 所示的"字体问题"提示面板，单击 打开 按钮，即可将文件继续打开，但所使用的字体会被相似的字体替换。

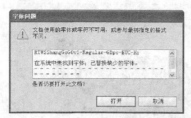

图 2-23　"字体问题"面板

> **提示** 如果想打开计算机中所存储的图形文件，首先要确定想要打开的图形文件确实存储在计算机中，并且还要知道文件名称以及文件存储的路径，即在计算机硬盘的哪一个分区中、分区硬盘的哪一个文件夹内，这样才能够顺利地打开存储的图形文件。

步骤 5 执行"文件/ 在 Bridge 中浏览"命令（快捷键为 Alt+Ctrl+ O 键）打开"Bridge"窗口，与执行"打开"命令一样，在"Bridge"窗口中找到需要打开的文件夹将其打开，即可显示文件夹中的所有文件内容，如图 2-24 所示。

图 2-24　"Bridge"窗口

步骤 6 在预览区窗口中选择要打开的文件，然后按 Enter 键，即可在 Illustrator CS6 窗口中打开该文件，如图 2-25 所示，直接在选择的文件上双击鼠标左键也可以将文件打开。

步骤 7 如果想打开最近存储的文件，执行"文件/最近打开的文件"命令，从列表中找到需要的文件单击即可。

Illustrator CS6 中文版
图形设计实战从入门到精通

图 2-25　打开的文件

相关知识点——"打开"对话框

● "转到访问的上一个文件夹"按钮 。单击此按钮，可以回到上一次访问的文件夹，如果刚执行了"打开"命令还没有访问过任何文件夹时，此按钮不可用。

● "向上一级"按钮 。单击此按钮，可以按照搜寻过的文件路径依次返回到上一次访问的文件夹中，当"查找范围"选项窗口中显示为"桌面"选项时，此按钮不可用。

● "创建新文件夹"按钮 。单击此按钮，可在当前目录下新建一个文件夹。

● "查看"菜单按钮 。单击此按钮，可以设置文件或文件夹在对话框选项窗口中的显示状态，包括大图标、小图标、列表、详细资料和缩略图等。

实例总结

通过本实例的学习，读者可以掌握如何利用"打开"命令以及"在 Bridge 中浏览"命令打开文件。重点掌握利用快捷键 Ctrl+O 来打开文件。

Example 实例 19　关闭文件

学习目的

关闭文件是作品设计完成或关闭计算机之前的必要操作，本实例可以使读者掌握正确关闭文件的方法。

实例分析

视频路径	视频\第 02 章\存储文件.avi
知识功能	"文件/关闭"命令，文件标题栏右边的"关闭"按钮
学习时间	3 分钟

操 作 步 骤

步骤① 执行"文件/打开"命令，打开附盘中"素材\第 02 章\儿童画 02.ai"文件，如图 2-26 所示。

步骤② 执行"文件/关闭"命令（快捷键为 Ctrl+W 键），可以直接把文件关闭。也可以直接单击文件标题栏右边的"关闭"按钮 ✕ ，把文件关闭。

步骤③ 假设对文件做了修改，如图 2-27 所示把儿童画的背景修改成了橘黄色。

图 2-26　打开的文件

图 2-27　修改了颜色

步骤④ 执行"文件/关闭"命令，或单击文件标题栏右边的"关闭"按钮 ✕ ，弹出如图 2-28 所示的关闭提示对话框。

步骤⑤ 在该对话框中单击 是 按钮，会直接存储文件并覆盖原文件；单击 否 按钮，可以不存储文件而把文件直接关闭；单击 取消 按钮，会取消"关闭"命令操作。

图 2-28　关闭提示对话框

实例总结

通过本实例的学习，读者可以掌握关闭文件操作。

Example 实例 **20** 恢复文件

学习目的

学习如何把打开的文件修改后，重新恢复到文件刚打开时的状态。

实例分析

视频路径	视频\第 02 章\恢复文件.avi
知识功能	"文件/恢复"命令
学习时间	2 分钟

操 作 步 骤

步骤① 执行"文件/打开"命令，打开附盘中"素材\第 02 章\儿童画 02.ai"文件，如图 2-29 所示。

步骤② 利用 ▶ 工具选取背景，按 Delete 键把背景删除，如图 2-30 所示。

步骤③ 执行"文件/恢复"命令，弹出如图 2-31 所示的恢复文件提示对话框。

步骤④ 单击 恢复 按钮，会直接把文件恢复到刚打开时的状态。单击 取消 按钮，会取消"恢复"命令操作。如果在编辑过程中保存过图形文件，执行此命令将恢复到最近一次保存文件时的形态。

图 2-29　打开的文件

图 2-30　删除背景

图 2-31　恢复文件提示对话框

实例总结

通过本实例的学习，读者可以掌握恢复文件操作。

Example （实例）21　置入文件

学习目的

通过本实例学习，读者可以掌握如何在页面中置入图片文件。

实例分析

视频路径	视频\第 02 章\置入文件.avi
知识功能	"文件/置入"命令
学习时间	3 分钟

操 作 步 骤

步骤 ① 执行"文件/打开"命令，打开附盘中"素材\第 02 章\美食网页版式.ai"文件，如图 2-32 所示。

步骤 ② 执行"文件/置入"命令，弹出"置入"对话框，选择随书所附光盘"素材\第 02 章\食品图片.psd"
文件，如图 2-33 所示。

图 2-32　打开的美食网页版式

图 2-33　选择图片文件

步骤③ 将对话框左下角的"链接"选项勾选取消，单击 ▭置入▭ 按钮，弹出如图 2-34 所示的"Photoshop 导入选项"对话框，设置选项后单击 ▭确定▭ 按钮，图片即出现在当前页面的中心位置，如图 2-35 所示。

图 2-34　"Photoshop 导入选项"对话框

图 2-35　导入的图片

步骤④ 导入的该图片文件为"*.psd"格式文件，且文件中包含有 13 张分层的图片，导入后图片是被编组在一起的。执行"对象/取消编组"命令，将图片编组取消，这样就可以利用 ▭ 工具把图片分开放置到相应的位置，如图 2-36 所示。排版编排后的图片如图 2-37 所示。

图 2-36　分开后的图片

图 2-37　排版编排后的图片

相关知识点——"置入"对话框

与"打开"命令相同，利用"置入"对话框可以置入计算机中存储的 AI、PDF、TIFF、JPEG、PSD、PNG、CDR 和 EPS 等多达 27 种格式的图形。图像文件置入到 Illustrator 软件中，文件还可以以嵌入或链接的形式被置入，也可以作为模板文件置入。

- "链接"选项。选择此选项，被置入的图形或图像文件与 Illustrator 文档保持独立，最终形成的文件不会太大，当链接的原文件被修改或编辑时，置入的链接文件也会自动修改更新；若不选择此选项，置入的文件会嵌入到 Illustrator 文档中，该文件的信息将完全包含在 Illustrator 文档中，形成一个较大的文件，并且当链接的文件被编辑或修改时，置入的文件不会自动更新。默认状态下此选项处于被选择状态。
- "模板"选项。选择此选项，将置入的图形或图像创建为一个新的模板图层，并用图形或图像的文件名称为该模板命名。

● "替换"选项。如果在置入图形或图像文件之前，页面中具有被选取的图形或图像，选择此选项，可以用新置入的图形或图像替换被选取的原图形或图像。页面中如没有被选取的图形或图像文件，此选项不可用。

实例总结

通过本实例的学习，读者可以掌握如何在文件中置入图片。

Example 实例 22 将矢量图转换成位图

学习目的

利用"文件/导出"命令，可以将矢量图转换为位图，在实际工作过程中，经常需要将矢量图转换成位图，然后再进行效果处理。转换位图的方法有两种，一种是利用"文件/导出"命令，另一种是利用"对象/栅格化"命令，本案例来学习这两种转换位图的方法。

实例分析

视频路径	视频\第 02 章\将矢量图转换成位图.avi
知识功能	"文件/导出"命令，"对象/栅格化"命令
学习时间	5 分钟

操 作 步 骤

步骤① 执行"文件/打开"命令，打开附盘中"素材\第 02 章\儿童画 04.ai"文件，如图 2-38 所示。

步骤② 执行"文件/导出"命令，将弹出"导出"对话框。

步骤③ 在"导出"对话框中将"保存类型"设置为"JPEG（*.JPG）"，将"文件名"设置为"矢量图转换为位图"，然后单击"保存在"选项后面的 按钮，在弹出下拉菜单选项中设置合适的存储路径，如图 2-39 所示。

图 2-38 打开的文件

图 2-39 "导出"对话框

步骤④ 单击 保存(S) 按钮，弹出如图 2-40 所示的"JPEG 选项"对话框。根据导出图片的应用目的，在该对话框中设置必要的选项，包括"颜色模型"、"品质"以及"分辨率"等。

步骤⑤ 设置需要的选项和参数后，单击 确定 按钮，矢量图即被转换成位图。启动 Photoshop 等位图处理软件，就可以对转换后的位图进行各种效果的添加和处理了，如图 2-41 所示为在 Photoshop软件中打开的被导出的儿童画文件。

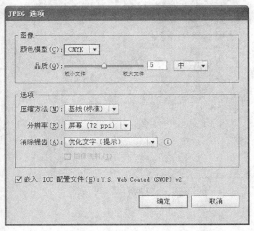

图 2-40　"JPEG 选项"对话框

图 2-41　在 Photoshop 软件中打开的导出文件

相关知识点——"Photoshop 导出选项"对话框

执行"文件/导出"命令，弹出"导出"对话框，利用此对话框可以把绘制或打开的文档导出为多达 13 种其他格式的文件，以便于在其他软件中打开进行编辑处理。

> **提示**　Illustrator 导出文件最常用的文件格式有"*.DWG"格式、"*.JPG"格式、"*.PSD"格式和"*.TIF"格式等。

在"导出"对话框的"保存类型"选项中设置 Photoshop（*.PSD）格式，单击 保存(S) 按钮，弹出如图 2-42 所示的"Photoshop 导出选项"对话框。

● "颜色模型"选项。在此下拉列表中可以设置输出文件的模式，其中包括 RGB、CMYK 和灰度 3 种颜色模式。

● "分辨率"选项。在此选项中可以设置输出文件的分辨率，来决定输出后图形文件的清晰度。

● "平面化图像"选项。设置此选项，输出的图形文件将把 Illustrator 中的图层合并。

● "写入图层"选项。设置此选项，输出的图形文件将保留图形在 Illustrator 软件中原有的图层。

● "消除锯齿"选项。设置此选项，输出的图形边缘较为清晰，不会出现粗糙的锯齿效果。

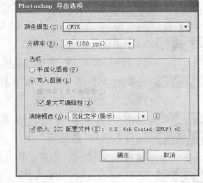

图 2-42　"Photoshop 导出选项"对话框

下面再来学习将矢量图转换成位图的另一种方法。

步骤 ① 确认"儿童画 03.ai"文件处于打开状态。

步骤 ② 选取 ▶ 工具，按 Ctrl+A 键将打开的图形全部选取，如图 2-43 所示。

步骤 ③ 执行"对象/栅格化"命令，弹出如图 2-44 所示的"栅格化"对话框。

步骤 ④ 在弹出的"栅格化"对话框中，设置颜色模型和分辨率选项后，单击 确定 按钮，即可将矢量图转换成位图。

实例总结

通过本实例的学习，读者可以掌握两种把矢量图转换成位图的方法。如果在 Illustrator 软件建立了图层，在导出文件时选择"*.PSD"格式，可以把图层保留，导出分层的 Photoshop 文件。在"Photoshop 导出选项"对话框要注意掌握"写入图层"选项的功能。

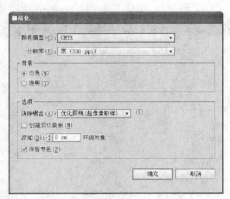

图 2-43　选择后的状态　　　　　　　　　　　图 2-44　"栅格化"对话框

Example　实例　23　文件窗口切换

学习目的

在绘制图形时如果创建了多个文件，并且在多个文件之间需要交换绘制的图形，此时就会遇到文件窗口的切换问题，本例来学习文件窗口的切换操作，以及怎样把其中一个文件中的图形复制粘贴到另一个文件中。

实例分析

视频路径	视频\02 章\切换文件窗口.avi
知识功能	切换文件窗口，复制和粘贴图形
学习时间	5 分钟

操 作 步 骤

步骤 ① 启动 Illustrator CS6 软件。执行"文件/打开"命令，在弹出的"打开"对话框中选择附盘中"素材\第 02 章"文件夹，双击将其打开。

步骤 ② 将鼠标指针移动到"玻璃杯.ai"文件名称上单击将其选择，然后按住 Ctrl 键单击"葡萄.ai"文件，将两个文件同时选择。

步骤 ③ 单击 打开 按钮，即可将选择的两个文件同时打开，当前显示的为"玻璃杯.ai"文件。

步骤 ④ 执行"窗口/葡萄.ai"命令，将"葡萄.ai"文件设置为工作状态。也可以在绘图窗口中直接单击"葡萄.ai"文件的标题栏，可以快速地将其设置为工作文件，如图 2-45 所示。

步骤 ⑤ 选择 工具，选择文件中的葡萄，如图 2-46 所示。

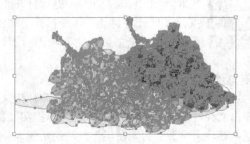

图 2-45　设置为工作文件　　　　　　　　　　图 2-46　选择的图形

步骤 6 执行"编辑/复制"命令，将选择的葡萄图形复制。

步骤 7 在文件的标题栏中单击"玻璃杯.ai"文件，将其设置为工作文件，如图 2-47 所示。

提示 如果创建或打开了多个文件，每一个文件名称都会罗列在"窗口"菜单下，选择相应的文件名称可以切换文件。另外，更简单的操作是直接在工作窗口上边罗列的文件标题栏中单击，同样可以切换文件窗口。

步骤 8 执行"编辑/粘贴"命令，即可将复制的图形粘贴至当前页面中，如图 2-48 所示。

图 2-47　设置为工作文件

图 2-48　粘贴的图形

步骤 9 执行"文件/存储为"命令，在弹出的"存储为"对话框中选择合适的存储路径，然后将"文件名"设置为"玻璃杯与葡萄.ai"存储。

实例总结

通过本实例的学习，读者应掌握快速切换文件窗口的操作以及在两个文件之间复制和粘贴图形的方法。

Example 实例 24 排列文件窗口

学习目的

在 Illustrator CS6 默认状态下，打开的文件或新建的文件都会以全屏模式来显示。但在实际工作中经常需要同时在多个文件中工作，比如在各个文件之间复制粘贴图形或相同的素材内容，此时全屏模式就不是很方便了。通过本实例的学习，读者应掌握利用窗口菜单中的命令来更改文件窗口的显示方式，以便提高工作效率。

实例分析

视频路径	视频\02 章\排列文件窗口.avi
知识功能	窗口菜单下的所有排列命令，菜单栏右边的"排列文档"选项
学习时间	5 分钟

操 作 步 骤

步骤 1 执行"文件/打开"命令，打开附盘"素材\第 02 章"文件夹中的"儿童画 01.ai"、"儿童画 02.ai"、"儿童画 03.ai"、"儿童画 04.ai"文件，打开的多个文件窗口以合并排列形式显示，如图 2-49 所示。

步骤 2 执行"窗口/排列/平铺"命令，这 4 个文件的窗口以平铺形式显示，如图 2-50 所示。

图 2-49　打开的文件　　　　　　　　　　　图 2-50　窗口平铺显示

步骤 ③ 单击菜单栏右边的"排列文档"按钮 ，弹出如图 2-51 所示的"排列文档"选项。通过单击不同的按钮，可以把窗口中的文档按照不同的方式来排列。

步骤 ④ 执行"窗口/排列/在窗口中浮动"命令，此时当前工作状态的"儿童画 03.ai"文件以完整的窗口来显示，如图 2-52 所示。

步骤 ⑤ 执行"窗口/排列/全部在窗口中浮动"命令，此时打开的所有文件窗口都变成浮动显示，如图 2-53 所示。

图 2-51　"排列文档"选项

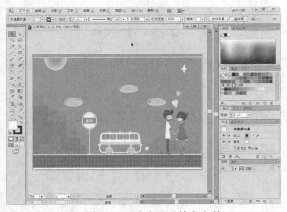

图 2-52　浮动显示单个文件　　　　　　　　图 2-53　全部浮动显示

步骤 ⑥ 当窗口浮动显示后，就可以通过拖曳文件的标题栏来移动文件在工作区中的位置，如图 2-54 所示。

步骤 ⑦ 如果需要使用被遮挡的图形文件，只需单击文件中的标题栏或任意位置即可将其设置为当前工作文件，如图 2-55 所示。

步骤 ⑧ 执行"窗口/排列/层叠"命令，此时打开的所有文件窗口变为前后层叠的显示方式，如图 2-56所示。

步骤 ⑨ 执行"窗口/排列/合并所有窗口"命令，此时的所有文件窗口又变为合并排列的显示方式，如图 2-57 所示。

> **提示** 当创建或打开多个图形文件，且文件都以浮动窗口的形式在工作区中显示时，"合并所有窗口"命令才可用。

图 2-54　移动文件在工作区中的位置

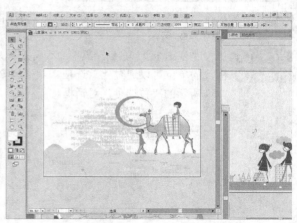

图 2-55　设置工作文件

图 2-56　层叠排列

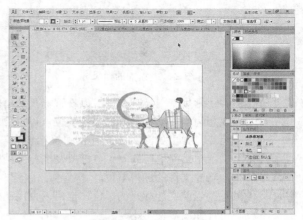

图 2-57　设置工作文件

实例总结

　　通过本实例的学习，读者应掌握文件窗口的多种排列形式，这样可以学会灵活地操作打开的多个文件，以便提高工作效率。

Example 实例 **25** 设置标尺

学习目的

　　标尺的用途是用于度量图形的尺寸，同时对图形进行辅助定位，使图形的设计工作更加方便、准确，本案例来学习标尺的设置方法。

实例分析

视频路径	视频\02 章\设置标尺.avi
知识功能	添加标尺，隐藏标尺，创建标尺新坐标原点，恢复坐标原点
学习时间	5 分钟

步骤 ① 启动 Illustrator CS6 软件。新建一个尺寸大小为"宽度 390mm"、"高度 260mm"，出血为"3mm"、分辨率为"300dpi"、颜色模式为"CMYK"的文件。

Illustrator CS6中文版
图形设计实战从入门到精通

步骤② 执行"视图/标尺/显示标尺"命令（快捷键为Ctrl+R），在文件页面窗口的左边和上边添加标尺，如图2-58所示。

步骤③ 执行"视图/标尺/隐藏标尺"命令可把标尺隐藏。

步骤④ 标尺的单位可以通过"首选项"对话框来进行设置，执行"编辑/首选项/单位"命令，弹出如图2-59所示的"首选项"对话框。

图2-58 添加的标尺

图2-59 "首选项"对话框

步骤⑤ 在"常规"下拉列表中可以设置标尺的单位，其下还可以设置"描边"和"文字"的单位。如果仅想为当前文档设置标尺的单位，可以通过"文档设置"对话框来设置，执行"文件/文档设置"命令，弹出如图2-60所示的"文档设置"对话框。

步骤⑥ 在"单位"下拉列表中可以改变当前文档标尺的单位，通过该对话框设置的标尺单位不会影响下次新建文件的标尺单位。

步骤⑦ 更改当前文件标尺的单位，也可以直接在标尺上单击鼠标右键，在弹出的快捷菜单中选择单位即可，如图2-61所示。

步骤⑧ 在水平与垂直标尺上标有"0"处相交点的位置称为标尺的坐标原点，系统默认情况下标尺坐标原点的位置在可打印页面的左上角，如图2-62所示。

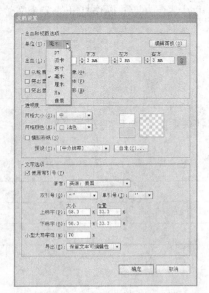
图2-60 "文档设置"对话框

图2-61 右键单位菜单

标尺坐标原点

图2-62 标尺坐标原点

步骤⑨ 如果需要，用户可以自己定义坐标原点的位置。在水平标尺与垂直标尺的交点位置按住鼠标左键

Illustrator CS6

并移动指针位置，释放鼠标左键后，即可将标尺坐标原点设置在该处，如图 2-63 所示。

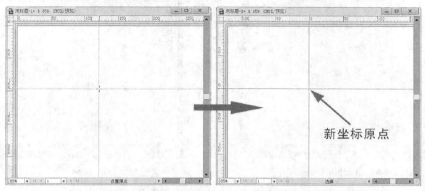

新坐标原点

图 2-63　创建新坐标原点

步骤 ⑩ 标尺的坐标原点被调整后，双击文件左上角的标尺交叉点就可以恢复标尺原点的位置。

实例总结

通过本实例的学习，读者应掌握如何给文件添加标尺、隐藏标尺以及创建标尺新坐标原点位置的方法。

Example 实例 **26** 设置参考线与网格

学习目的

参考线和网格的作用是用来辅助对齐对象，使图形的绘制和操作更加灵活方便。本案例通过给一个尺寸大小为"宽度 390mm"、"高度 260mm"的文件添加参考线，来介绍参考线的添加、删除以及设置方法。因为文件是一个图书的封面印刷文件，图书封面的成品为 185mm×26mm，书脊的厚度为 20mm，所以需要在垂直方向的 185mm、205mm 位置添加垂直参考线。

实例分析

视频路径	视频\02 章\设置参考线和网格.avi
知识功能	添加参考线，显示和隐藏参考线，锁定参考线，清除参考线，建立参考线，释放参考线，智能参考线以及参考线和网格的属性设置等
学习时间	10 分钟

操 作 步 骤

步骤 ① 执行"文件/打开"命令，打开附盘中"素材\第 02 章\封面设计.ai"文件。

步骤 ② 执行"视图/标尺/显示标尺"命令，给页面添加标尺。

步骤 ③ 如果需要向页面中添加参考线，可以将鼠标指针移动到水平或垂直标尺上按下鼠标左键向页面中拖曳，即可添加水平或垂直的参考线，如图 2-64 所示。

步骤 ④ 执行"视图/参考线/锁定参考线"命令（快捷键为 Alt+Ctrl+;），可以将参考线锁定在页面中，锁定后参考线就无法进行选取和移动。参考线被锁定后，再次执行"视图/参考线/锁定参考线"命令，即可取消参考线的锁定。

步骤 ⑤ 执行"视图/参考线/隐藏参考线"命令（快捷键为 Ctrl+;），可将页面中的参考线隐藏；若再执行"视图/参考线/显示参考线"命令，即可使隐藏的参考线再次显示在页面中。

步骤 ⑥ 在参考线没有被锁定的状态下，选择 ▶ 工具，将鼠标指针移动到参考线上，按下鼠标左键，拖曳鼠标指针位置可以移动参考线，如图 2-65 所示。

图 2-64 添加的参考线

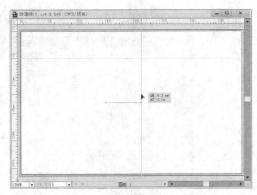
图 2-65 移动参考线位置

步骤 7 执行"视图/参考线/清除参考线"命令,可将页面中的参考线清除。

> 提
> 示 　若要清除参考线,首先要确认参考线没有在锁定状态下,然后用 🔳工具将参考线选择,按 Delete
> 键或直接将其拖曳回标尺上,可将选择的参考线清除。

步骤 8 如果需要设置参考线的颜色和样式,执行"编辑/首选项/参考线和网格"命令,弹出如图 2-66 所示的"首选项"对话框。

步骤 9 在"颜色"选项右侧单击 ▼ 按钮,弹出如图 2-67 所示的颜色列表,可以用来设置参考线的颜色。当选择"自定"选项时,会弹出"颜色"面板,可以根据颜色参数来设置参考线的颜色,如图 2-68 所示。

图 2-66 "首选项"对话框

图 2-67 颜色列表

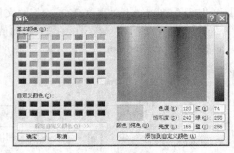
图 2-68 "颜色"面板

步骤 10 在"样式"选项右侧的下拉选项中包括"直线"和"点线"两个选项,用于设置参考线的线型样式。

步骤 11 用户可以根据需要,将任意的图形或路径转换为参考线,从而得到多种类型的参考线。其制作方法为,首先在页面中选择需要转换为参考线的图形或路径,如图 2-69 所示,然后执行"视图/参考线/建立参考线"命令(快捷键为 Ctrl+5),被选择的图形或路径即被转换为参考线,如图 2-70 所示。

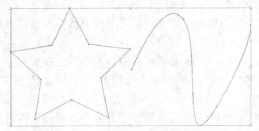
图 2-69 选择的图形

图 2-70 转换成参考线

步骤 12 没有被锁定的参考线选取后,执行"视图/参考线/释放参考线"命令(快捷键为 Ctrl+Alt+5 键),

则被选择的参考线即可转换为可执行旋转、扭曲、缩放等操作的对象，如图 2-71 所示。

步骤 ⑬ 因为本案例要在垂直方向的 185mm、205mm 位置添加垂直参考线，但当前的标尺上面没有显示出 185mm 和 205mm 位置的刻度来，选择 🔍 工具，然后将鼠标指针移动到标尺显示的 150mm～200mm 位置，按下鼠标左键向右下方拖曳出一个很小的虚线框，如图 2-72 所示。

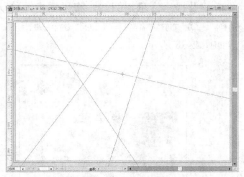

图 2-71　释放后的参考线

图 2-72　放大状态

步骤 ⑭ 释放鼠标左键，页面放大显示，标尺刻度显示出了 184mm 和 186mm 位置的刻度，如图 2-73 所示。

步骤 ⑮ 再次放大显示标尺的刻度，即可把 185mm 位置的标尺刻度显示出来。在左边的垂直标尺上按下鼠标左键向页面中拖曳，在 185mm 的标尺刻度位置释放鼠标，即可添加参考线，如图 2-74 所示。

图 2-73　显示出的标尺刻度

图 2-74　添加的参考线

步骤 ⑯ 按住键盘中的空格键，此时鼠标指针变成 ✋ 形状，按下鼠标左键向左拖曳显示出 205mm 位置，然后添加垂直参考线。

步骤 ⑰ 按 Ctrl+0 键，使画板适合窗口大小来显示，此时查看添加的参考线，如图 2-75 所示。

步骤 ⑱ 执行"文件/置入"命令，弹出"置入"对话框，置入随书所附光盘"素材\第 02 章\国画封面.jpg"文件，如图 2-76 所示。

图 2-75　查看添加的参考线

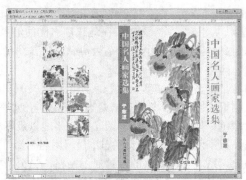

图 2-76　置入的图片

步骤 ⑲ 执行 "文件/存储" 命令，将文件命名为 "封面.ai" 存储。

相关知识点——智能参考线与网格

一、智能参考线

执行 "视图/智能参考线"（快捷键为 Ctrl+U 键）命令，可以显示智能参考线。智能参考线与普通参考线的区别在于，智能参考线可根据当前执行的操作及状态显示参考线及提示信息。例如，将鼠标指针移动到图形中任一位置，智能参考线以高亮显示，并显示提示信息，如图 2-77 所示。在对图形进行旋转操作时，智能参考线将高亮显示旋转轴、旋转角度及相关的操作提示信息，如图 2-78 所示。

图 2-77　智能参考线高亮显示

图 2-78　执行旋转操作时高亮显示

执行 "编辑/首选项/智能参考线" 命令，弹出如图 2-79 所示的对话框。

● "颜色" 选项：用于设置智能参考线的颜色。

● "对齐参考线" 选项：选择此选项，在绘制和移动对象时将对齐添加的参考线。

● "对象突出显示" 选项：选择此选项，在指针围绕对象拖曳时，可以高亮显示光标下的对象。

● "变换工具" 选项：选择此选项，在变换对象时，将得到相对于操作基准点的参考信息。

● "锚点/路径标签" 选项：选择此选项，且确保 "视图/智能参考线" 命令处于选择状态，将鼠标光标移动到对象的任意位置，可以在智能辅助线周围显示文本提示信息。

图 2-79　"智能参考线" 对话框

● "度量标签" 选项：选择此选项，在移动对象时，将显示度量值。

● "结构参考线" 选项：在此选项右侧的输入框中选择或设置的角度，将确定智能参考线在什么角度显示提示。

● "对齐容差" 选项：在此选项右侧的输入框中输入的数值，用于定义智能参考线起作用的距离，即当光标距离对象的点数小于这个数值时，将自动显示智能参考线。

二、网格

网格是由显示在屏幕上的一系列相互交叉的灰色线所构成的，其间距可以在 "首选项" 对话框中设置。执行 "编辑/首选项/参考线和网格" 命令，弹出如图 2-80 所示的 "首选项" 对话框，在该对话框中可以设置网格的颜色、样式、网格线间距、次分格线以及网格置后等。

当设置了网格后，执行 "视图/显示网格" 命令，在页面中将显示设置的网格线。如果没有自定义进行网格线设置，系统将按默认的设置显示网格。当页面中显示有网格时，执行 "视图/隐藏网格" 命令，即可将网格隐藏。如果再执行 "视图/对齐网格" 命令，用户在绘制或移动对象时，系统会自动捕捉对象周围最近的一个网格点并与之对齐。

- ● "颜色"和"样式"选项：与参考线选项中的选项相同。
- ● "网格线间距"选项：用于设置每隔多少距离生成一条坐标线。
- ● "次分隔线"选项：用于设置坐标线之间再分隔的数量。
- ● "网格置后"选项：选择此选项，则网格位于图像的后面，反之，位于图像之上。如图 2-81 所示为选择与不选择此选项，网格在图像下方或上方时的效果。

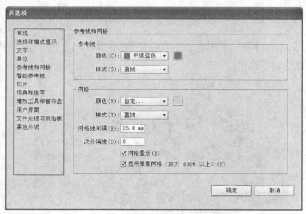

图 2-80　"首选项"对话框

图 2-81　网格不同位置的显示

实例总结

　　通过本实例的学习，读者应掌握如何给文件添加参考线和网格，以及显示、隐藏、锁定、清除和智能参考线等知识内容，重点要掌握如何设置参考线的准确位置。

Example 实例 **27**　设置个性化界面

学习目的

　　用户根据自己的使用习惯可以设置自己的个性化界面及参数，在每次改动 Illustrator CS6 软件的工作环境后，当下次运行时，系统会自动记录这些个性化参数设置。通过本实例的学习，用户可以掌握如何给图形添加裁切标记以及"首选项"对话框中的"常规"面板参数设置及应用。

实例分析

视频路径	视频\02\设置个性化界面.avi
知识功能	"对象/创建裁切标记"命令，"效果/裁剪标记"命令，"首选项"对话框"常规"选项面板各选项的含义和功能
学习时间	10 分钟

操 作 步 骤

步骤 ❶ 执行"文件/打开"命令，打开附盘中"素材\第 02 章\ pop 挂旗.ai"文件。然后利用 工具将图形选择，如图 2-82 所示。

步骤 ❷ 执行"对象/创建裁切标记"命令，在选择图形的四周就会出现如图 2-83 所示的裁切线。创建裁切标记的目的是确定打印或印刷后图像被裁剪的位置。

步骤 ❸ 除了添加默认的剪裁线以外，还可以添加日文剪裁标志。执行"编辑/首选项/常规"命令，在弹出的"首选项"对话框中勾选"使用日式裁剪标记"选项，如图 2-84 所示。

图 2-82　选取图形

图 2-83　创建的裁切标记

步骤 ④ 单击 `确定` 按钮，选取需要添加剪裁标记的对象，再执行"对象/创建裁切标记"命令，选择对象的四周即显示如图 2-85 所示的日式裁切标记。

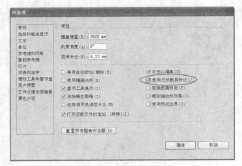

图 2-84　"首选项"对话框

图 2-85　创建的日式裁切标记

步骤 ⑤ 除了可以使用"对象/创建裁切标记"命令给图形创建裁切标记外，执行"效果/裁剪标记"命令，也可以创建裁剪标记。

> **提示** 这两个命令创建的裁切标记是有区别的，利用"效果/裁剪标记"命令，给图形创建裁切标记后，放大或缩小图形时，裁切标记会跟随图形的缩放大小而变动位置，而利用"对象/创建裁切标记"命令创建的裁切标记不跟随图形的大小变化而变动位置。

相关知识点——"首选项"对话框选项介绍

在"首选项"对话框中有很多选项，下面来介绍这些选项及参数设置的功能，这对用户设置自己的个性化界面有很大的帮助。

● "键盘增量"选项。此选项用于控制每次按键盘上的方向键，被选对象在画面中移动的距离。

● "约束角度"选项。在此选项右侧的输入框中输入数值，可以使绘制出的对象在未做旋转操作的情况下，与水平轴有一定的夹角。如果在"约束角度"选项输入框中输入数值，在绘制图形或输入文字时，其 X 轴都自动相对于水平线成指定的夹角，如图 2-86 所示。

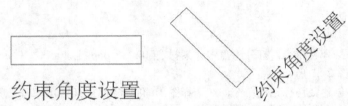

图 2-86　不设置"约束角度"与设置 45°约束角后绘制的图形及输入的文字

● "圆角半径"选项。在选项右侧的文本框中输入数值，可以定义利用"圆角矩形"工具 绘制矩形时圆角半径的大小。

> 提示　此选项数值与工具对话框中的"圆角半径"选项具有连动关系，例如将"圆角半径"选项设置为 10mm，则在使用工具绘制圆角矩形时，此矩形的圆角半径也为 10mm。

- "停用自动添加/删除"选项。取消此选项的选择，即取消"钢笔"工具所具有的自动改变为"添加锚点"工具或"删除锚点"工具的特性。也就是说"钢笔"工具在绘制图形时，不能随意添加或删除节点。
- "使用精确光标"选项。选择此选项，可以将绘图工具的外观设置为"十"字形，以进行精确的定位绘制。

> 提示　在使用工具绘图前，按键盘上的 Caps Lock 键，也可以将工具光标的外观改为"十"字形，再次按键盘上的 Caps Lock 键，可还原工具的外观。

- "显示工具提示"选项。此选项处于选择状态时，将鼠标光标移动到工具箱中各工具按钮上，鼠标的右下角将显示工具名称提示。
- "消除锯齿图稿"选项。选择此选项，在绘制矢量图时，可以得到更为光滑的边缘。
- "选择相同色调百分比"选项。选择此选项，在利用"选择"菜单下的命令选择对象时，可选择相同的色彩百分比。
- "打开旧版文件时追加[转换]"选项。当打开低版本的 Illustrator 存储的文件时，会将文件中存储的格式和添加的样式效果自动转换成新版本的格式和样式效果。
- "双击以隔离"选项：设置该选项在图形上双击鼠标左键，即可进入图层的隔离模式。
- "使用日式裁剪标记"选项。选择此选项，在利用"效果/裁剪标记"命令为位图添加裁剪标记时，将建立日式的裁剪标志。
- "变换图案拼贴"选项。选择此选项，在变换有填充的图形时，可以使填充图案与图形同时变换，不选择此选项，填充图样将不随图形的变换而变换。
- "缩放描边和效果"选项。选择此选项，在缩放图形时，图形的外轮廓线将与图形等比例缩放。
- "使用预览边界"选项：选择此选项，当在画面中选择对象时，对象的边界框就会显示出来，如果要变换对象，只需拖拉对象周围的把柄即可。
- 重置所有警告对话框(D) 按钮。单击此按钮，可以复位所有的警告对话框。

实例总结

通过本实例的学习，读者应掌握如何利用"对象/创建裁切标记"命令和"效果/裁剪标记"命令给图形添加裁切标记的方法，同时还介绍了"首选项"对话框中"常规"选项面板下各选项的含义和功能，其中的"缩放描边和效果"选项是重点要掌握的功能。

Example 实例 28 设置画板

学习目的

画板就是文件的页码，一个文件可以包含多个画板，在文件打印输出时，只有在画板中的图形内容才能够被打印输出。灵活掌握好画板的设置和操作，对于多页面内容的文件排版是非常重要的，本案例主要学习如何创建多个画板、编辑画板等操作技巧。

实例分析

视频路径	视频\02 章\设置画板.avi
知识功能	画板的新建、存储、排列、方向设置、大小调整、移动位置、复制、命名、删除
学习时间	20 分钟

操 作 步 骤

步骤 1 执行"文件/新建"命令，弹出"新建文档"对话框，根据排版文件的需要设置画板的数量，如图 2-87 所示。

步骤 2 单击 确定 按钮，即可新建多画板文件，如图 2-88 所示。

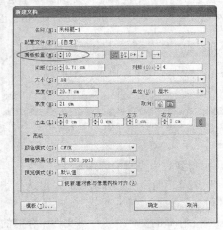

图 2-87　设置画板数量

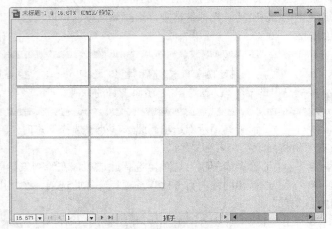

图 2-88　新建的多画板文件

步骤 3 执行"窗口/画板"命令，在"画板"面板中会显示当前文件所包含画板的数量，如图 2-89 所示。

步骤 4 将新建的这个多画板文件关闭。执行"文件/打开"命令，打开附盘中"素材\第 02 章\大兴酒店 VI.ai"文件，这是一个包含 10 个画板的 VI 作品文件，如图 2-90 所示。

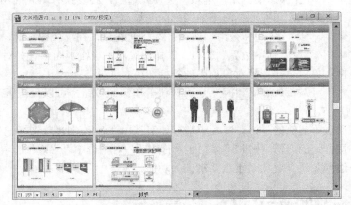

图 2-89　"画板"面板

图 2-90　打开的 VI 作品文件

步骤 5 执行"文件/存储为"命令，在弹出的"存储为"对话框中选择文件的存储位置，并重新命名，如图 2-91 所示。

步骤 6 单击 保存(S) 按钮，弹出"Illustrator 选项"对话框，勾选"将每个画板存储为单独的文件"选项，如图 2-92 所示。

步骤 7 单击 确定 按钮，即可把这个文件中的每一个画板存储成单独的文件，同时保存一个合并在一起的文件。执行"文件/打开"命令，打开刚才存储的文件，如图 2-93 所示。

步骤 8 取消"打开"对话框。执行"对象/画板/重新排列"命令，弹出如图 2-94 所示的"重新排列画板"对话框。

图 2-91 "存储为"对话框

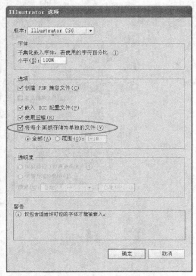

图 2-92 "Illustrator 选项"对话框

图 2-93 "打开"对话框

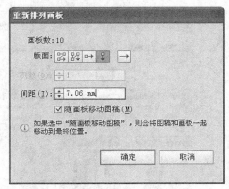

图 2-94 "重新排列画板"对话框

步骤 9 在"版面"右边有 5 个按钮,用来设置画板的排列方式,如图 2-95 所示是设置各按钮不同的画板排列方式。

步骤 10 当设置 → 按钮后,可以更改画板从右向左或从左向右来排列。

步骤 11 设置"间距"选项的参数,可以定义画板和画板之间的距离。

步骤 12 勾选"随画板移动图稿"选项,当设置画板新的排列方式后,画板中的作品会跟随画板位置的变化而变化。如果不设置该选项,当画板重新排列位置后,作品内容不会跟随画板的变化而发生变化,如图 2-96 所示。

步骤 13 在工具箱中选取"画板"工具 □ (快捷键为 Shift+O),即可切换到画板编辑模式,如图 2-97 所示。

步骤 14 将鼠标放置在画板边缘位置按下鼠标拖曳画板框的大小,可以修改画板的大小,如图 2-98 所示。

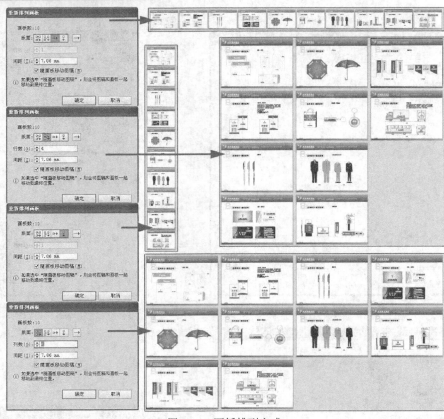

图 2-95　画板排列方式

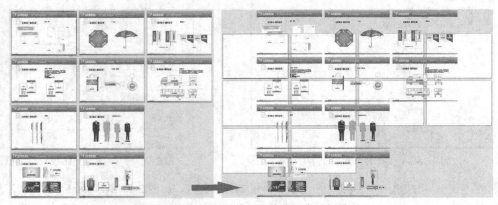

图 2-96　画板重新排列而作品没有重新排列

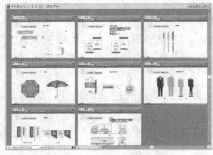

图 2-97　画板编辑模式

图 2-98　调整画板大小

步骤 ⑮ 选取"画板"工具 后，在控制栏中列出了有关编辑调整画板的选项及参数设置，如图 2-99 所示。单击"预设"右边的倒三角形按钮 ▼，在弹出的下拉列表菜单中可以选取预设的画板尺寸。

图 2-99　"画板"工具控制栏

步骤 ⑯ 单击 按钮，可以设置画板的方向为纵向还是横向。

步骤 ⑰ 选取文件中的画板后单击 按钮，然后在工作区中单击，可以复制画板，如图 2-100 所示。

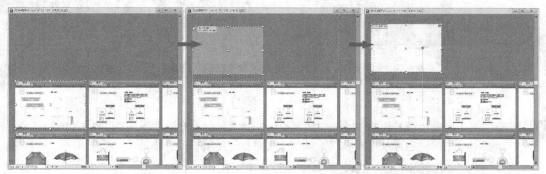

图 2-100　复制画板

步骤 ⑱ 如果要创建多个复制的画板，可按住 Alt 键单击多次，直到获得所需的数量。

步骤 ⑲ 如果要复制带作品内容的画板，激活控制栏中"移动/复制带画板的图稿"按钮 ，按住 Alt 键，再在带有作品内容的画板上按下鼠标左键拖曳，即可复制带有作品的画板，如图 2-101 所示。

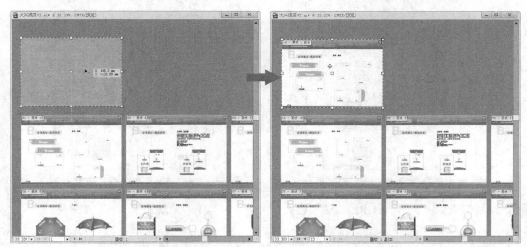

图 2-101　复制带作品内容的画板

步骤 ⑳ 单击控制栏中的 按钮，可以将选择的画板删除。在"名称"右边的文本输入框中可以给选取的画板命名，命名后即可显示在选取画板的左上角位置，如图 2-102 所示。

步骤 ㉑ 在控制栏中还可以给选取的画板设置显示中心标记、显示十字线、显示视频安全区域以及利用参数设置画板大小等。

步骤 ㉒ 如果要创建新画板，可以直接利用 工具，在页面的工作区中按下鼠标左键拖曳即可，如图 2-103 所示。

步骤 ㉓ 如果要使用预设画板，双击 工具或单击控制栏中的"画板选项"按钮 ，弹出的"画板选项"对话框如图 2-104 所示。在该对话框中大部分的选项和参数设置与控制栏中的相同，用户可以自己试验一下。

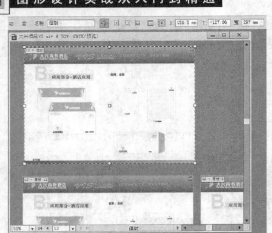

图 2-102　画板命名

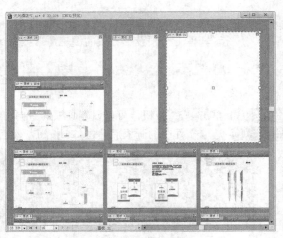

图 2-103　创建的新画板

步骤 24 除了利用控制栏以及辅助按键来完成画板的新建、复制、删除之外，在如图 2-105 所示的"画板"面板中通过按钮也可以来完成以上操作，用户自己使用一下看看。

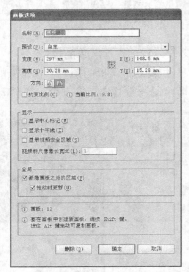

图 2-104　"画板选项"对话框

图 2-105　"画板"面板

步骤 25 画板编辑完成后，要退出画板编辑模式，可单击工具箱中的其他工具或按 Esc 键。

实例总结

通过本实例的学习，读者应掌握画板的新建、存储、排列、方向设置、移动位置、大小调整、复制、命名、删除等功能的多个操作技巧。

第3章　基本绘图工具

本章通过 10 个案例来讲解 Illustrator CS6 软件中基本绘图工具的使用，其中包括"矩形"工具▣、圆角矩形"工具▣、"椭圆"工具◉、"多边形"工具◉、"星形"工具★以及"光晕"工具◉等。

本章实例

Example 实例 **29**　矩形工具——基本应用

学习目的

通过本实例的学习，读者应掌握利用"矩形"工具▣绘制矩形的操作。

实例分析

视频路径	视频\第 03 章\矩形工具.avi
知识功能	"矩形"工具▣，结合按键绘制矩形，"矩形"工具▣对话框
学习时间	5 分钟

操 作 步 骤

步骤 ① 启动 Illustrator CS6 软件，执行"文件/新建"命令，按照默认的选项和参数建立一个新文件。

步骤 ② 选取工具箱中的"矩形"工具▣（快捷键为 M），在页面中按下鼠标左键拖曳，释放鼠标后即可绘制出如图 3-1 所示的矩形。

步骤 ③ 选取▣工具，按住 Shift 键，再按住鼠标左键拖曳，释放鼠标后可以绘制出由鼠标按下点为起点的正方形，如图 3-2 所示。

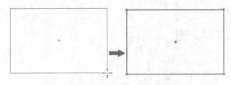

图 3-1　绘制的矩形图形

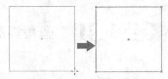

图 3-2　绘制正方形

步骤 ④ 选取▣工具，按住 Alt 键，再按住鼠标左键拖曳，释放鼠标后可以绘制出由鼠标按下点为中心向两边延伸的矩形，如图 3-3 所示。

步骤 ⑤ 选取▣工具，按住 Shift+Alt 键，再按住鼠标左键拖曳，释放鼠标后可以绘制出由鼠标按下点为中心向四周延伸的正方形，如图 3-4 所示。

步骤 ⑥ 选取▣工具，按住～键，再按住鼠标左键拖曳，释放鼠标后可以绘制出由鼠标按下点为起点的多个大小递增的矩形，如图 3-5 所示。

步骤 ⑦ 选取▣工具，按住 Alt+～键，再按住鼠标左键拖曳，释放鼠标后可以绘制出由鼠标按下点为中心向两边延伸的多个大小递增的矩形，如图 3-6 所示。

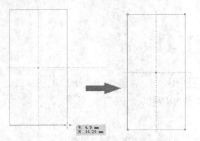
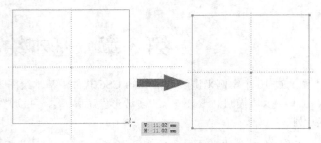

图 3-3　绘制以鼠标按下点为中心的矩形　　　　图 3-4　绘制以鼠标按下点向外延伸的正方形

步骤 8 选取 ▣ 工具，按住 Shift+ Alt+～键，再按住鼠标左键拖曳，释放鼠标后可以绘制出由鼠标按下点为中心向四周延伸的多个大小递增的正方形，如图 3-7 所示。

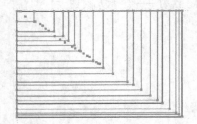
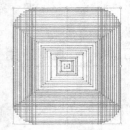
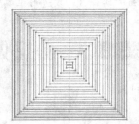

图 3-5　绘制的递增矩形　　　　　　图 3-6　绘制的递增矩形　　　　　　图 3-7　绘制的递增矩形

提示 　　在利用 ▣ 工具绘制矩形时，如果按住键盘中的空格键，即可停止正在绘制的矩形，此时移动鼠标可以将正在绘制的矩形一起移动，释放鼠标后，即可在释放鼠标的位置确定矩形。

步骤 9 如果要绘制精确的矩形图形，选取 ▣ 工具，在页面中单击鼠标左键，弹出如图 3-8 所示的"矩形"工具对话框。在"宽度"和"高度"选项中分别输入数值，可以按照定义的大小绘制矩形。

实例总结

通过本实例的学习，读者应掌握如何利用 ▣ 工具绘制矩形的操作，重点掌握结合按键来绘制矩形的技巧。

图 3-8　"矩形"工具对话框

Example 实例 **30** 圆角矩形工具——绘制按钮

学习目的

通过本实例的学习，读者应掌握利用"圆角矩形"工具 ▣ 绘制圆角矩形的操作，同时还会学习到图形的复制和粘贴操作，如何给图形填充渐变颜色，给图形制作投影以及绘制箭头图形等。

实例分析

	作品路径	作品\第 03 章\按钮.ai
	视频路径	视频\第 03 章\按钮.avi
	知识功能	"圆角矩形"工具 ▣、图形的复制和粘贴、给图形填充渐变颜色、制作投影、绘制箭头图形
	学习时间	15 分钟

步骤 ① 启动 Illustrator CS6 软件，执行"文件/新建"命令，按照默认的选项和参数建立一个新文件。

步骤 ② 在工具箱中选取"圆角矩形"工具 ，在画板空白处单击鼠标左键，弹出"圆角矩形"对话框。

步骤 ③ 在对话框中设置参数，如图 3-9 所示，单击 确定 按钮，此时画板中生成一个圆角矩形，如图 3-10 所示。

步骤 ④ 同时按住 Shift 键单击控制栏中的"填充颜色"按钮 ，在弹出的"颜色"面板中输入颜色值，如图 3-11 所示。

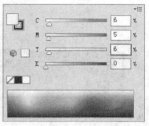

图 3-9 "圆角矩形"对话框　　　　图 3-10 生成的圆角矩形　　　　图 3-11 输入的颜色值

步骤 ⑤ 按 Enter 键给图形填充设置的颜色，如图 3-12 所示。单击控制栏中的"描边"按钮 ，在弹出的"颜色"面板中选取"无"选项 ，如图 3-13 所示，去掉描边后的图形如图 3-14 所示。

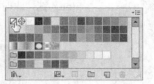

图 3-12 设置填充色后的图形　　　　图 3-13 "颜色"面板　　　　图 3-14 去掉描边后的图形

步骤 ⑥ 执行菜单栏"编辑/复制"命令（快捷键为 Ctrl+C），将圆角矩形复制一份。然后执行菜单栏"编辑/贴在后面"命令（快捷键为 Ctrl+B），将复制的图形在图形后面原位置粘贴。

步骤 ⑦ 在"颜色"面板中将复制出的圆角矩形填充色设置为黑色，然后通过按键盘上的"向右"、"向下"方向键将图形向右下方移动位置，移动位置后的图形如图 3-15 所示。

步骤 ⑧ 利用 工具在画板中再次单击鼠标左键，弹出"圆角矩形"对话框，设置如图 3-16 所示的参数。单击 确定 按钮生成一个圆角矩形。

步骤 ⑨ 利用 工具将刚创建的圆角矩形图形放置到如图 3-17 所示的位置。

图 3-15 移动位置后的图形　　图 3-16 "圆角矩形"对话框　　　图 3-17 组合圆角矩形

步骤 ⑩ 执行菜单栏"窗口/渐变"命令，调出"渐变"面板，如图 3-18 所示。

步骤 ⑪ 在面板中单击"类型"选项后面的 按钮，在弹出的选项中选择"线性"。此时颜色条上出现两个渐变滑块，图形中被填充上了由白色到黑色的渐变颜色，如图 3-19 所示。

步骤 ⑫ 将"角度"参数设置为"90"，按 Enter 键，修改后的渐变色如图 3-20 所示。

步骤 ⑬ 在"渐变"面板中双击左边的渐变滑块，弹出如图 3-21 所示的"颜色"面板。

图 3-18 "渐变"面板

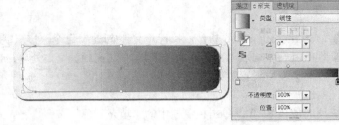

图 3-19 图形填充的渐变色

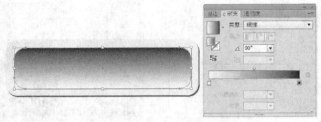

图 3-20 设置渐变角度

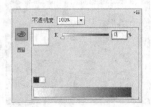

图 3-21 "颜色"面板

步骤 (14) 单击面板右上角的 ▼≡ 按钮,在弹出的菜单中选择"CMYK",将颜色模式从灰度模式设置为 CMYK 模式,如图 3-22 所示。

步骤 (15) 在"颜色"面板中分别设置颜色参数,按 Enter 键,此时图形中的渐变颜色发生了变化,如图 3-23 所示。然后将鼠标指针移动到如图 3-24 所示的位置。

图 3-22 "颜色"面板

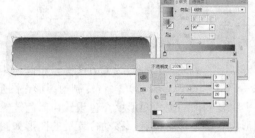

图 3-23 "颜色"面板参数设置

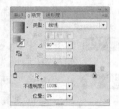

图 3-24 鼠标位置

步骤 (16) 单击鼠标左键添加一个渐变颜色滑块,设置"位置"参数为 12%,如图 3-25 所示。

步骤 (17) 双击添加的渐变颜色滑块,然后设置颜色参数,图 3-26 所示。

步骤 (18) 再双击右边的渐变颜色滑块,然后设置颜色参数,如图 3-27 所示。

图 3-25 添加的渐变颜色滑块

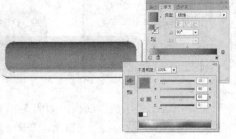

图 3-26 设置渐变颜色

图 3-27 设置渐变颜色

步骤 (19) 按 Enter 键,修改后的渐变色如图 3-28 所示。

步骤 (20) 执行菜单栏"效果/风格化/投影"命令,弹出"投影"对话框,在对话框中设置参数,如图 3-29

所示。单击 确定 按钮，添加的投影效果如图 3-30 所示。

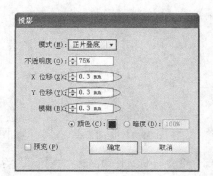

图 3-28 修改后的渐变色 图 3-29 "投影"对话框 图 3-30 添加的投影效果

步骤 ㉑ 选取 ▣ 工具，在画板中单击鼠标左键，弹出"矩形"对话框，设置如图 3-31 所示的参数。单击 确定 按钮，生成一个线条矩形。

步骤 ㉒ 在属性栏中设置矩形填充色为暗红色（C：35，M：100，Y：95），然后利用 ▶ 工具将线条矩形移动放置到如图 3-32 所示的位置。

步骤 ㉓ 利用操作步骤 6 相同的复制方法，将线条矩形复制并将填充颜色设置为（M：10，Y：10），稍微移动线条矩形的位置，效果如图 3-33 所示。

图 3-31 "矩形"对话框 图 3-32 线条矩形放置的位置 图 3-33 线条矩形的位置

步骤 ㉔ 选取工具箱中的"文字"工具 T，单击控制栏中的 字符 按钮，在弹出的"字符"面板中设置文字字体和字号，如图 3-34 所示。

步骤 ㉕ 按 Enter 键结束"字符"面板设置，然后在图形上输入英文单词"Download"，如图 3-35 所示。

步骤 ㉖ 选取工具箱中的"直线段"工具 ╱（快捷键为\），绘制一条竖向的短线，如图 3-36 所示。

图 3-34 "字符"面板 图 3-35 输入的文字 图 3-36 绘制的短线

步骤 ㉗ 执行菜单栏"窗口/描边"命令（快捷键为 Ctrl+F10），在调出的"描边"面板中设置选项和参数如图 3-37 所示，此时的短线变成箭头，如图 3-38 所示。

步骤 ㉘ 利用 ▣ 工具在黑色箭头图形下面绘制两个黑色小矩形，如图 3-39 所示。

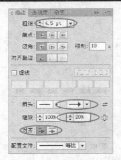

图 3-37　"描边"面板　　　　图 3-38　添加的箭头　　　　图 3-39　绘制的黑色矩形

步骤 29 执行菜单栏"文件/存储"命令，将文件命名为"按钮.ai"存储。

实例总结

通过本实例的学习，读者应掌握 ▣ 工具的使用方法、图形的复制和粘贴操作、如何给图形填充渐变颜色、制作投影以及绘制箭头图形等操作，使用参数绘制圆角矩形是本案例需要掌握的重点内容。

Example 实例 31　椭圆工具——绘制光盘

学习目的

通过本实例的学习，读者可以掌握"椭圆"工具 ◉ 的使用方法，并学会图形的修剪操作，图形前后位置的调整以及如何给图形设置填充色及轮廓色。

实例分析

	作品路径	作品\第 03 章\光盘.ai
	视频路径	视频\第 03 章\光盘.avi
	知识功能	"椭圆"工具 ◉ 、修剪图形、"对象/排列/置于底层"命令、"颜色"面板
	学习时间	10 分钟

操作步骤

步骤 1 启动 Illustrator CS6 软件，执行"文件/新建"命令，按照默认的选项和参数建立一个新文件。

步骤 2 选取工具箱中的"椭圆"工具 ◉ （快捷键为 L），在页面中按下鼠标左键拖曳，释放鼠标后即可绘制出如图 3-40 所示的椭圆。

步骤 3 选取 ◉ 工具，按住 Shift 键，再按住鼠标左键拖曳，释放鼠标后可以绘制出由鼠标按下点为起点的圆形，如图 3-41 所示。

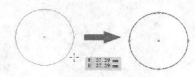

图 3-40　绘制椭圆　　　　　　　　　　　　　　　　　　　图 3-41　绘制圆形

步骤 4 选取 ◉ 工具，按住 Alt 键，再按住鼠标左键拖曳，释放鼠标后可以绘制出由鼠标按下点为中心向两边延伸的椭圆形，如图 3-42 所示。

步骤 5 选取 ◉ 工具，按住 Shift+Alt 键，再按住鼠标左键拖曳，释放鼠标后可以绘制出由鼠标按下点为中心向四周延伸的圆形，如图 3-43 所示。

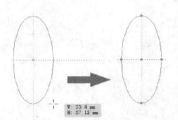

图 3-42　绘制以鼠标按下点为中心的椭圆形　　图 3-43　绘制以鼠标按下点为中心向外延伸的圆形

步骤 6 选取 ◯ 工具，按住～键，再按住鼠标左键拖曳，释放鼠标后可以绘制出由鼠标按下点为起点的多个大小递增的椭圆形，如图 3-44 所示。

步骤 7 选取 ◯ 工具，按住 Alt+～键，再按住鼠标左键拖曳，释放鼠标后可以绘制出由鼠标按下点为中心向两边延伸的多个大小递增的椭圆形，如图 3-45 所示。

步骤 8 选取 ◯ 工具，按住 Shift+ Alt+～键，再按住鼠标左键拖曳，释放鼠标后可以绘制出由鼠标按下点为中心向四周延伸的多个大小递增的圆形，如图 3-46 所示。

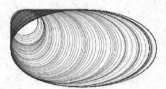

图 3-44　绘制的递增椭圆形

图 3-45　绘制的递增椭圆形

图 3-46　绘制的递增圆形

提示 在利用 ◯ 工具绘制矩形时，如果按住键盘中的空格键，即可停止正在绘制的椭圆形，此时移动鼠标可以将正在绘制的矩形一起移动，释放鼠标后，即可在释放鼠标的位置确定椭圆形。

下面通过绘制光盘，深入学习 ◯ 工具的应用。

步骤 9 确认工具箱下面的"填色"和"描边"为 ⬚ 设置状态。

步骤 10 选取 ◯ 工具，在页面中单击鼠标左键，弹出"椭圆"工具对话框。在"宽度"和"高度"选项中分别输入数值，如图 3-47 所示。单击 确定 按钮，创建出如图 3-48 所示的圆形。

步骤 11 将圆形选取，执行"编辑/复制"命令（快捷键为 Ctrl+C），再执行"编辑/贴在前面"命令（快捷键为 Ctrl+F），即可在图形原位置的前面复制出一个图形。

步骤 12 执行"窗口/变换"命令（快捷键为 Ctrl+F8），打开"变换"面板，输入参数后按 Enter 键，确认图形变换，如图 3-49 所示。

图 3-47　"椭圆"工具对话框

图 3-48　创建的圆形

图 3-49　复制出的圆形

步骤 13 将圆形选取，按 Ctrl+C 键复制圆形，再按 Ctrl+F 键粘贴圆形，然后在"变换"面板输入参数后按 Enter 键，确认图形变换，如图 3-50 所示。

步骤 14 将圆形选取，按 Ctrl+C 键复制圆形，再按 Ctrl+F 键粘贴圆形，然后在"变换"面板输入参数后按 Enter 键，确认图形变换，如图 3-51 所示。

步骤 15 利用 工具将外侧的大圆形选择，如图 3-52 所示。

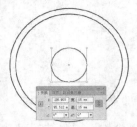 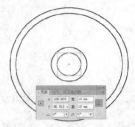 

图 3-50　复制出的圆形　　　　图 3-51　复制出的圆形　　　　图 3-52　选择圆形

步骤 16 执行"窗口/颜色"命令（快捷键为 F6）打开"颜色"面板，单击右上角的 按钮，如图 3-53 所示。

步骤 17 在弹出的选项菜单中选取"显示选项"命令，"颜色"面板变为如图 3-54 所示形态。分别设置颜色参数，如图 3-55 所示。

 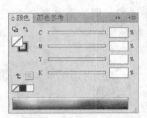 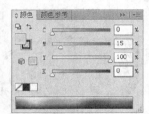

图 3-53　单击位置　　　　图 3-54　显示的颜色面板　　　　图 3-55　设置的参数

步骤 18 给图形设置黄颜色后的效果如图 3-56 所示。然后按住 Shift 键再单击最内侧的小圆形将其同时选择，如图 3-57 所示。

步骤 19 执行"窗口/路径查找器"命令（快捷键为 Shift+Ctrl+F9）打开"路径查找器"面板，单击面板中的"减去顶层"按钮 ，如图 3-58 所示。

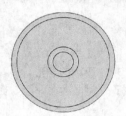 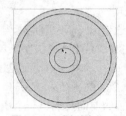 

图 3-56　填充颜色效果　　　　图 3-57　选择图形　　　　图 3-58　单击按钮

步骤 20 修剪后的图形如图 3-59 所示。然后执行"对象/排列/置于底层"命令（快捷键为 Shift+Ctrl+[）将修剪后的图形调整到下面，如图 3-60 所示。

步骤 21 按键盘中的 X 键，将"颜色"面板中的"描边"选项设置为工作状态，如图 3-61 所示。

  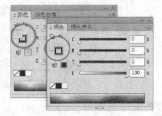

图 3-59　修剪后的图形　　　　图 3-60　调整位置后的图形　　　　图 3-61　设置"描边"为工作状态

步骤 22 在"颜色"面板中单击如图 3-62 所示的按钮，把图形的描边去除，去除后的形态如图 3-63 所示。

步骤 23 按住 Shift 键选取剩下的两个圆形轮廓图形，如图 3-64 所示。

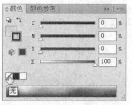
图 3-62　单击位置

图 3-63　去除轮廓

图 3-64　选取轮廓图形

步骤 24 在"颜色"面板中给选取的轮廓图形设置轮廓颜色参数，如图 3-65 所示，效果如图 3-66 所示。

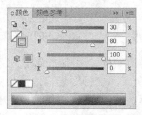
图 3-65　设置颜色

图 3-66　设置的颜色效果

步骤 25 按 Ctrl+S 键，将文件命名为"光盘.ai"存储。

实例总结

通过本实例的学习，读者应掌握"椭圆"工具 的使用方法，并学会了图形的修剪操作，图形前后位置的调整以及如何给图形设置填充色及轮廓色等操作，其中按照数值调整图形大小是本案例学习的重点。

Example **实例 32** 综合练习——绘制壁纸

学习目的

通过本实例的学习，读者应进一步掌握 工具的使用方法，并学会按照比例缩放复制图形操作，缩小并移动位置后复制图形的操作，以及合并图形和给图形创建剪切蒙版等操作方法。

实例分析

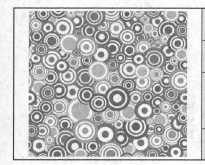

作品路径	作品\第 03 章\壁纸.ai	
视频路径	视频\第 03 章\壁纸.avi	
知识功能	"比例缩放"对话框、"分别变换"对话框、路径查找器、剪切蒙版	
学习时间	15 分钟	

操 作 步 骤

步骤 1 启动 Illustrator CS6 软件。执行"文件/新建"命令，在弹出的"新建文档"对话框中设置各选项及参数，如图 3-67 所示。单击 确定 按钮，新建一个文件。

步骤 2 选取"椭圆"工具 ，按住 Shift 键的同时在画板空白处按住鼠标左键不放向右下方拖曳鼠标，拖曳到合适位置后释放鼠标左键，绘制一个圆形，该圆形不需要绘制得太大，如图 3-68 所示。

步骤 3 执行"窗口/颜色"命令（快捷键为 F6）调出"颜色"控制面板，在面板中设置圆形的填充色为橙色（C：15，M：60，Y：80），如图 3-69 所示。

图 3-67　"新建文档"对话框

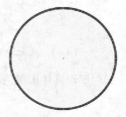

图 3-68　绘制的圆形

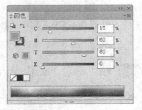

图 3-69　"颜色"面板

步骤 4　按快捷键 X，切换"颜色"面板中的"填色"和"描边"位置，将"描边"设置为工作状态，单击"颜色"面板左下角的"无"按钮，如图 3-70 所示，去掉圆形描边，如图 3-71 所示。

步骤 5　执行"对象/变换/缩放"命令，弹出"比例缩放"对话框，设置比例缩放参数及选项，如图 3-72 所示。

步骤 6　单击　复制(C)　按钮，在原位置缩小复制出一个圆形，然后为其填充上白色，效果如图 3-73 所示。

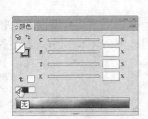

图 3-70　单击位置

图 3-71　去掉描边后的圆形

图 3-72　"比例缩放"对话框

步骤 7　利用缩放复制的相同方法，在"比例缩放"对话框中将缩放比例设置为"85%"，再次缩小复制出一个圆形并填充上橙色（C：15，M：60，Y：80），如图 3-74 所示。

步骤 8　将缩放比例设置为"80%"，再次缩小复制出一个圆形填充上白色，如图 3-75 所示。

步骤 9　按照"50%"的比例继续缩小复制出一个圆形，为其填充橙色（C：15，M：60，Y：80），如图 3-76 所示。

图 3-73　缩小复制出的圆形

图 3-74　缩小复制出的圆形

图 3-75　缩小复制出的圆形

图 3-76　缩小复制出的圆形

步骤 10　利用缩小复制操作分别再绘制出一排圆形，图形的填充色以及图形的缩放比例大小可以自由地来控制，无具体数值约束，效果如图 3-77 所示。

步骤 11　利用　工具，分别将每一组圆形选取后执行"对象/编组"命令（快捷键为 Ctrl+G），将这些圆形分别进行编组，这样可方便后面的操作时的选取。

步骤 12　将所有圆形选取，然后执行"对象/变换/分别变换"命令（快捷键为 Ctrl+Alt+Shift+D），弹出"分别变换"对话框，在对话框中设置如图 3-78 所示的参数和选项。

13.　单击　复制(C)　按钮，将图形向右移动位置后缩小复制，如图 3-79 所示。

步骤⑭ 连续按两次 Ctrl+D 组合键，重复执行"再次变换"命令，缩小复制得到如图 3-80 所示的小圆形。

步骤⑮ 利用 ▶ 工具将圆形选取后按住 Alt 键移动鼠标，可以快速地来复制图形，分别复制出如图 3-81 所示圆形。

步骤⑯ 继续利用移动复制以及缩放操作，自由排列组合复制得到如图 3-82 所示的很多个圆形堆叠的效果。

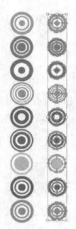

图 3-77　绘制出的圆形　　　　图 3-78　"分别变换"对话框　　　　图 3-79　缩小复制出的圆形

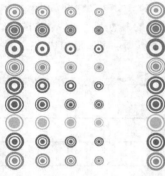
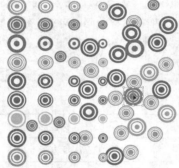

图 3-80　缩小复制出的圆形　　　　图 3-81　移动复制出的圆形　　　　图 3-82　复制得到的圆形

步骤⑰ 按 Ctrl+A 组合键选取所有圆形，执行"窗口/路径查找器"命令（快捷键为 Ctrl+Shift+F9），调出"路径查找器"控制面板，在面板中单击"合并"按钮 🔳，将图形合并。

步骤⑱ 选取 ▣ 工具，绘制一个矩形，如图 3-83 所示。

步骤⑲ 按 Ctrl+A 组合键选取所有图形，执行"对象/剪切蒙版/建立"命令（快捷键为 Ctrl+7），建立剪切蒙版后的图形，如图 3-84 所示。

图 3-83　绘制的矩形　　　　图 3-84　建立剪切蒙版后的图形

步骤 ⑳ 按 Ctrl+S 键将文件命名为"壁纸.ai"存储。

实例总结

通过本实例的学习，读者掌握了按照比例缩放复制图形、缩小并移动位置后复制图形的操作，图形的合并方法以及如何给图形建立剪切蒙版等操作，其中按住 Alt 键复制图形并进行自由组合是本案例学习的重点。

Example 实例 **33** 多边形工具——绘制多边形

学习目的

利用"多边形"工具 ◉ 可以绘制任意边数的多边形图形。如果要绘制精确的多边形图形，选择该工具，在页面中单击鼠标左键，可在弹出的"多边形"对话框中按照设置的边数来绘制多边形。如图 3-85 所示为利用该工具绘制的多边形图形。本章通过案例的形式来学习"多边形"工具的使用方法。

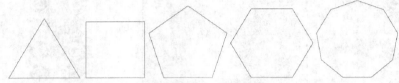

图 3-85　绘制出的多边形图形

> 提示　在绘制多边形图形时，按下鼠标左键并拖曳鼠标的同时可旋转绘制的多边形；如按住 Shift 键，可以使绘制的多边形的底边与水平对齐；如按键盘中的向上方向键，可以增加多边形的边数；如按向下方向键，可以减少多边形的边数。

实例分析

	作品路径	作品\第 03 章\多边形.ai
	视频路径	视频\第 03 章\多边形.avi
	知识功能	"多边形"工具 ◉
	学习时间	5 分钟

操 作 步 骤

步骤 ❶ 启动 Illustrator CS6 软件。执行"文件/新建"命令，在弹出的"新建文档"对话框中设置参数，新建一个 200mm×200mm 的文件。

步骤 ❷ 选取工具箱中的"多边形"工具 ◉，在画板中单击鼠标左键，弹出"多边形"对话框，如图 3-86 所示。单击 确定 按钮，生成一个八边形，如图 3-87 所示。

步骤 ❸ 在控制栏中设置八边形的填充色为蓝色（C：100），设置描边宽度为"6pt"，描边颜色为蓝色（C：85，M：50），效果如图 3-88 所示。

步骤 ❹ 执行菜单栏"对象/变换/比例缩放"命令，弹出"比例缩放"对话框，设置比例缩放参数，如图 3-89 所示。单击 复制(C) 按钮，复制出的图形如图 3-90 所示。

步骤 ❺ 将复制出的图形填充色设置为黄色（M：20，Y：100），描边设为无，然后利用 ▶ 工具调整其位置，将其放置在大八边形的角上，如图 3-91 所示。

步骤 ❻ 同时按住 Alt 键，利用 ▶ 工具按下鼠标左键来移动复制小多边形，分别在大多边形的每一个角位置复制上一个小多边形，如图 3-92 所示。

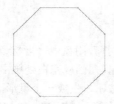

图 3-86 "多边形"对话框   图 3-87 生成的八边形   图 3-88 设置填充和描边后的图形

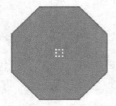

图 3-89 "比例缩放"对话框   图 3-90 复制出的图形   图 3-91 调整位置后的图形   图 3-92 复制出的图形

步骤 7 按 Ctrl+S 键将文件命名为"多边形.ai"存储。

实例总结

通过本实例的学习,读者掌握了 ⬛ 工具的使用方法,重点掌握结合按键来绘制多边形的操作技巧。

Example 实例 **34** 星形工具——绘制星形

学习目的

利用"星形"工具 ☆ 可以绘制不同形状的星形图形。如果要绘制精确的星形图形,选择该工具,在页面中单击鼠标左键,可在弹出的"星形"对话框中按照设置的参数来绘制星形图形。如图 3-93 所示为利用该工具绘制的星形图形。本章通过案例的形式来学习"星形"工具的使用方法。

图 3-93 绘制出的星形图形

提示 在绘制星形图形时,如按键盘中的向上方向键,可以增加星形的边数,按向下方向键,可以减少星形的边数。

实例分析

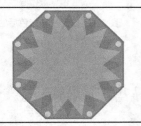

作品路径	作品\第 03 章\星形.ai
视频路径	视频\第 03 章\星形.avi
知识功能	"星形"工具 ☆ ,"透明度"对话框,"对象/变换/旋转"命令
学习时间	5 分钟

操 作 步 骤

步骤 1 执行菜单栏"文件/打开"命令，打开附盘中"素材\第 03 章\多边形.ai"文件。

步骤 2 选取工具箱中的"星形"工具，在画板空白处单击鼠标左键，弹出"星形"对话框，参数设置如图 3-94 所示。单击 确定 按钮，生成一个星形，如图 3-95 所示。

步骤 3 在控制栏中设置星形的填充色为橙色（C：20，M：60，Y：100），设置描边为无，效果如图 3-96 所示。

图 3-94 "星形"对话框　　　　图 3-95 生成的星形　　　图 3-96 设置填充和描边后的图形

步骤 4 利用工具把绘制的星形放置到打开的多边形图形的中心位置，如图 3-97 所示。

步骤 5 执行菜单栏"窗口/透明度"命令，弹出"透明度"对话框，在对话框中设置图形"混合模式"，如图 3-98 所示，效果如图 3-99 所示。

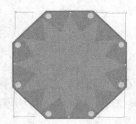

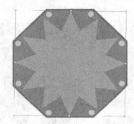

图 3-97 组合后的图形　　　图 3-98 "透明度"对话框　　图 3-99 设置混合模式后的效果

步骤 6 执行菜单栏"对象/变换/旋转"命令，弹出"旋转"对话框，在对话框中设置旋转角度，如图 3-100 所示。单击 复制(C) 按钮，复制出的图形如图 3-101 所示。

步骤 7 在控制栏中单击"填充颜色"按钮，在弹出的"颜色"面板中选取颜色，如图 3-102 所示，设置填充色后的图形效果如图 3-103 所示。

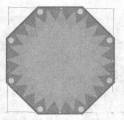
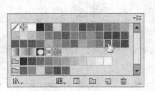
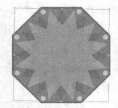

图 3-100 "旋转"对话框　　图 3-101 复制出的图形　　图 3-102 选取的颜色　　图 3-103 设置填充色后的图形

步骤 8 按 Ctrl+S 键，将文件命名为"星形.ai"存储。

实例总结

　　通过本实例的学习，读者掌握了"星形"工具的使用方法，重点掌握了"星形"对话框中各参数的设置以及利用"对象/变换/旋转"命令旋转复制图形的操作技巧。

Example 实例 **35**　光晕工具——绘制光晕

学习目的

　　利用"光晕"工具 可以表现灿烂的日光、镜头光晕等效果。本章通过案例的形式来学习"光晕"工具的使用方法。

实例分析

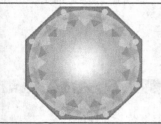

作品路径	作品\第 03 章\光晕.ai
视频路径	视频\第 03 章\光晕.avi
知识功能	"光晕"工具 、"光晕工具选项"对话框
学习时间	15 分钟

操 作 步 骤

步骤 ❶　执行菜单栏"文件/打开"命令，打开附盘中"素材\第 03 章\星形.ai"文件。

步骤 ❷　选取工具箱中的"光晕"工具 ，在画板空白处按住鼠标左键不放，然后向右下方拖曳，拖曳到合适位置后释放鼠标左键，拖曳时的状态如图 3-104 所示，拖曳后生成的光晕图形如图 3-105 所示。

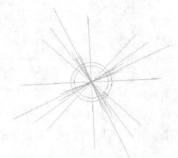
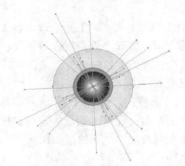

　　　　图 3-104　拖曳时的状态　　　　　　　　　　图 3-105　生成的光晕

步骤 ❸　选取工具箱中的"直接选择"工具 ，选中光晕上如图 3-106 所示的锚点，然后按 Delete 键删除，删除锚点后的效果如图 3-107 所示。

步骤 ❹　再把其他 3 个锚点选取后按 Delete 键删除，效果如图 3-108 所示。

　图 3-106　选中的锚点　　　图 3-107　删除锚点后的效果　　　图 3-108　删除锚点后的效果

步骤 ❺　利用 工具将光晕图形选取后放置到打开的星形图形中，调整大小后放置到如图 3-109 所示的位置。

步骤 ❻　打开"透明度"对话框，在对话框中设置图形混合模式为"强光"，如图 3-110 所示，设置混合模式后的光晕效果如图 3-111 所示。

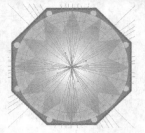

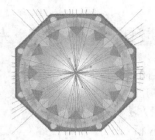

图 3-109　光晕图形放置的位置　　　图 3-110　"透明度"对话框　　　图 3-111　设置混合模式后的光晕

步骤 ⑦ 按 Ctrl+S 键，将文件命名为"光晕.ai"存储。

相关知识点——光晕工具

一、控制面板

如果要按照定义的参数绘制光晕效果，可以通过双击 🔍 工具、按 Enter 键或在页面中单击鼠标左键，可弹出如图 3-112 所示的"光晕工具选项"对话框。

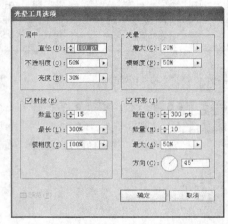

- "居中"选项：设置"直径"选项参数，可用来控制光晕效果的整体大小；设置"不透明度"选项参数，可用来控制光晕效果的透明度；设置"亮度"选项参数，可用来控制光晕效果的亮度。

- "光晕"选项：设置"增大"选项参数，可用来控制光晕效果的发光程度；设置"模糊度"选项参数，可用来控制光晕效果中光晕的柔和程度。

- "射线"选项：设置"数量"选项参数，可用来控制光晕效果中放射线的数量；设置"最长"选项参数，可用来控制光晕效果中放射线的长度；设置"模糊度"选项参数，可用来控制光晕效果中放射线的密度。

图 3-112　"光晕工具选项"对话框

- "环形"选项：设置"路径"选项参数，可用来控制光晕效果中心与末端的距离；设置"数量"选项参数，可用来控制光晕效果中光环的数量；设置"最大"选项参数，可用来控制光晕效果中光环的最大比例；设置"方向"选项参数，可用来控制光晕效果的发射角度。

二、使用方法

选取 🔍 工具，将鼠标光标移动到页面中，按下鼠标并拖曳确定光晕效果的整体大小，释放鼠标后，移动鼠标至合适位置，确定光晕效果的长度，确定后，单击鼠标即可完成光晕效果的绘制。如图 3-113 所示为绘制光晕过程示意图。

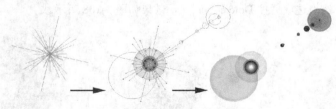

图 3-113　绘制光晕过程示意图

> **提示**　按住 Alt 键，在页面中拖曳鼠标，可一步完成光晕效果的绘制。在绘制光晕效果时，按住 Shift 键，可以约束放射线的角度；按住 Ctrl 键，可以改变光晕效果的中心点与光环之间的距离；按键盘中的向上方向键，可以增加放射线的数量，按向下方向键，可以减少放射线的数量。

三、编辑光晕效果

对已经绘制完成的光晕效果还可以进行编辑修改，以使其更加符合设计需要。

● 　如需要修改光晕的参数，可先将光晕选中，然后双击工具箱中的光晕按钮，在弹出的"光晕工具选项"对话框修改相应的参数即可。

● 　如需要修改光晕的中心至末端的距离或光晕的旋转方向等，可先将光晕选中，然后激活工具箱中的 按钮，再将鼠标光标移动到光晕效果的中心位置或末端位置，当鼠标光标显示为"⊹"形状时，拖曳鼠标即可。编辑光晕效果状态如图 3-114 所示。

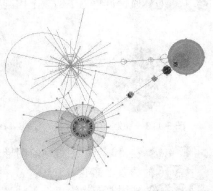

图 3-114　编辑光晕效果时的状态

实例总结

通过本实例的学习，读者掌握了"光晕"工具 的使用方法，同时还了解了"光晕工具选项"对话框中各选项的功能以及光晕的绘制方法和编辑方法等知识内容，重点掌握编辑光晕效果的操作方法。

Example (实例) **36** 综合练习——绘制苹果图标

学习目的

本实例的学习，可以使读者复习"椭圆"工具 ⬭ 的使用方法，并初步学习利用"钢笔"工具 ✐ 和"转换锚点"工具 ⌐ 绘制图形的操作方法。

实例分析

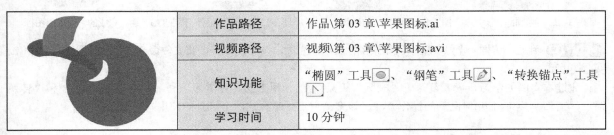

	作品路径	作品\第 03 章\苹果图标.ai
	视频路径	视频\第 03 章\苹果图标.avi
	知识功能	"椭圆"工具 ⬭ 、"钢笔"工具 ✐ 、"转换锚点"工具 ⌐
	学习时间	10 分钟

操作步骤

步骤 ① 启动 Illustrator CS6 软件。执行"文件/新建"命令，按照默认的选项和参数新建一个文件。

步骤 ② 选取 ⬭ 工具，按 F6 键打开"颜色"面板，设置颜色参数如图 3-115 所示。

步骤 ③ 按住 Shift 键，绘制一个红色的圆形，如图 3-116 所示。

步骤 ④ 在"颜色"面板中将填色设置为黑色，如图 3-117 所示。

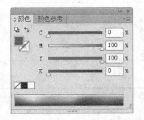

图 3-115　"颜色"面板参数设置

图 3-116　绘制的圆形

图 3-117　设置黑色

步骤 ⑤ 在工具箱中选取"钢笔"工具 ✐ ，在圆形图形上绘制如图 3-118 所示的图形。

步骤 6 在工具箱中选取"转换锚点"工具 ，然后在图形中的锚点上按下鼠标左键拖曳，出现两条控制柄，如图 3-119 所示。

步骤 7 通过调整每个锚点上控制柄的长短和方向，把图形调整成如图 3-120 所示的形状。

图 3-118　绘制的图形　　　图 3-119　调整控制柄　　　图 3-120　调整后的图形　　　图 3-121　设置颜色

步骤 8 在"颜色"面板中给图形设置如图 3-121 所示的深褐色。

步骤 9 选取"钢笔"工具 ，再绘制出如图 3-122 所示的图形。

步骤 10 利用"转换锚点"工具 ，把图形调整成如图 3-123 所示的形状。

步骤 11 在"颜色"面板中给图形设置如图 3-124 所示的绿色。

步骤 12 使用相同的颜色设置及图形绘制方法，在圆形图形上再绘制出如图 3-125 所示白色图形。

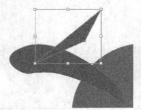   

图 3-122　绘制的图形　　　图 3-123　调整出的形状　　　图 3-124　设置颜色　　　图 3-125　绘制完成的卡通苹果图标

步骤 13 到此，这样一个漂亮的卡通苹果图标就绘制完成，按 Ctrl+S 键，将文件命名为"苹果图标.ai"存储。

实例总结

通过本实例的学习，读者复习了"椭圆"工具 的使用方法，并学习了利用"钢笔"工具 和"转换锚点"工具 绘制非几何图形的操作方法，该案例重点是掌握这两个工具的使用。

Example **实例** **37** 综合练习——绘制花朵图形

学习目的

通过本实例的学习，读者可以学习利用"直接选择"工具 调整图形中锚点的操作方法。

实例分析

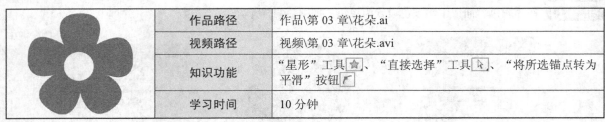

	作品路径	作品\第 03 章\花朵.ai
	视频路径	视频\第 03 章\花朵.avi
	知识功能	"星形"工具 、"直接选择"工具 、"将所选锚点转为平滑"按钮
	学习时间	10 分钟

操 作 步 骤

步骤 1 启动 Illustrator CS6 软件。执行"文件/新建"命令，按照默认的选项和参数新建一个文件。

步骤 2 选取 工具，在"颜色"面板中设置颜色参数如图 3-126 所示。

步骤 ③ 绘制一个洋红色五角星图形，如图 3-127 所示。

步骤 ④ 选取"直接选择"工具，在五角星上点选如图 3-128 所示的锚点。

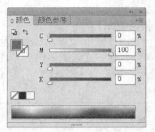
图 3-126　设置颜色

图 3-127　绘制的图形

图 3-128　点选锚点

步骤 ⑤ 在控制栏中单击"将所选锚点转为平滑"按钮，将锚点转换为平滑锚点，如图 3-129 所示。

步骤 ⑥ 按住 Shift 键，分别点选其他的 4 个锚点，将其选取，如图 3-130 所示。

步骤 ⑦ 在控制栏中单击按钮，将这 4 个锚点转换为平滑锚点，如图 3-131 所示。

图 3-129　转换成平滑锚点

图 3-130　选取锚点

图 3-131　转换成平滑锚点

步骤 ⑧ 再点选其中的一个锚点，在锚点两边出现两条控制柄，拖曳控制柄调整图形的形状，如图 3-132 所示。

步骤 ⑨ 分别调整每个锚点两边的控制柄，将图形调整成如图 3-133 所示的形状。

步骤 ⑩ 选取工具工具，在图形中间位置绘制一个白色的圆形图形，至此一个简单的花朵图形绘制完成，如图 3-134 所示。

图 3-132　调整控制柄

图 3-133　调整成的形状

图 3-134　绘制完成的花朵图形

步骤 ⑪ 到此，花朵图形绘制完成，按 Ctrl+S 键，将文件命名为"花朵.ai"存储。

实例总结

　　通过本实例的学习，读者学习了如何把星形图形调整成花朵图形，其中"直接选择"工具以及控制栏中的"将所选锚点转为平滑"按钮是重点掌握的内容。

Example (实例) 38　综合练习——绘制几何图案

学习目的

　　通过本实例的学习，读者可以复习本章所学习的工具和命令的综合使用技巧，并学习"直接选择"工具、"钢笔"工具、"转换锚点"工具、"吸管"工具和"旋转"工具的使用。

实例分析

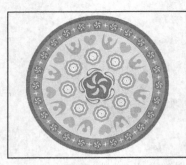

作品路径	作品\第 03 章\几何图案.ai
视频路径	视频\第 03 章\几何图案.avi
知识功能	"视图/智能参考线"命令、"直接选择"工具、"钢笔"工具、"转换锚点"工具、"吸管"工具和"旋转"工具
学习时间	45 分钟

操 作 步 骤

步骤 ① 启动 Illustrator CS6 软件，执行"文件/新建"命令，新建一个"宽度"为 200mm、"高度"为 200mm 的新文件。

步骤 ② 执行"视图/标尺/显示标尺"命令，给文件添加标尺。

步骤 ③ 分别在垂直和水平标尺上按下鼠标左键向工作区中的 100mm 标尺位置拖曳出两条参考线，如图 3-135 所示。

步骤 ④ 执行"视图/智能参考线"命令（快捷键 Ctrl+U），启动智能参考线功能。

步骤 ⑤ 选取 ◯ 工具，将鼠标指针移动到两条参考线的交叉位置，智能参考线会提示交叉位置，按 Shift+Alt 键向右下方拖曳鼠标绘制出如图 3-136 所示的圆形。

图 3-135　建立的参考线

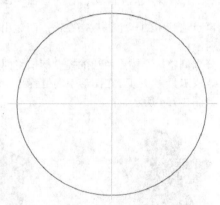

图 3-136　绘制的圆形

步骤 ⑥ 按快捷键 F6 打开"颜色"面板，将图形选取后给图形填充绿色（C：60，M：20，Y：80），再将轮廓色填充为深绿色（C：76，M：50，Y：80，K：10）。

步骤 ⑦ 执行"窗口/描边"命令（快捷键为 Ctrl+F10）打开"描边"对话框，设置选项和参数如图 3-137 所示，此时的圆形图形如图 3-138 所示。

步骤 ⑧ 将圆形选取，执行"对象/变换/缩放"命令，弹出"比例缩放"对话框，设置参数如图 3-139 所示。

步骤 ⑨ 单击 复制(C) 按钮，缩小并复制出一个图形。利用"颜色"面板把复制出的圆形填充色重新填充为（C：20，Y：30），描边颜色设置为（C：75 M：50 Y：85），利用"描边"对话框把"描边"粗细设置为 1.5pt，效果如图 3-140 所示。

步骤 ⑩ 在画板中垂直和水平方向上再添加两条参考线，选择工具箱中"星形"工具，在参考线交叉点上单击，弹出"星形"对话框，参数设置如图 3-141 所示，单击 确定 按钮，创建的图形如图 3-142 所示。

图 3-137　"描边"对话框

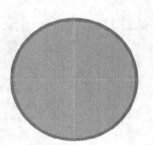
图 3-138　圆形效果

图 3-139　"比例缩放"对话框

图 3-140　复制出的圆形

图 3-141　"星形"对话框

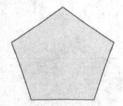
图 3-142　创建的图形

步骤 11 选取"吸管"工具 ✎，在如图 3-143 所示的大圆形上面单击，复制该图形的填充色及描边属性，复制后的效果如图 3-144 所示。

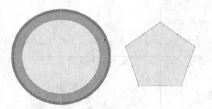
图 3-143　单击位置

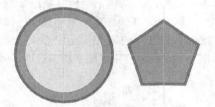
图 3-144　复制的属性

步骤 12 利用"颜色"面板把多边形的填充色重新填充为（C：80，M：25，Y：90）。

步骤 13 选取"转换锚点"工具 ↖，将鼠标指针放置在多边形的锚点上按下鼠标左键拖曳出现两条控制柄，如图 3-145 所示。

步骤 14 通过拖曳控制柄，可以把锚点两边的部分调整成如图 3-146 所示的形状。

步骤 15 依次对其他锚点进行调整，调整出类似花瓣形状的图形，如图 3-147 所示。

图 3-145　调整锚点状态

图 3-146　调整出的形状

图 3-147　调整出的形状

步骤 16 选取 ▢ 工具，在画板空白处绘制一个矩形，颜色填充为黄色（C：10，Y：84），无描边。

步骤 17 选取"钢笔"工具 ✎（快捷键为 P），将鼠标指针移动到矩形图形的右下角位置的锚点上，鼠标指针上显示减号时单击删除该锚点，如图 3-148 所示。

步骤 18 选取 ↖ 工具调整锚点，如图 3-149 所示。选取"直接选择"工具 ↘，在锚点上按下鼠标左键拖曳，可以移动锚点位置，如图 3-150 所示。

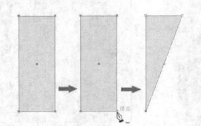

图 3-148　删除锚点　　　　　　　　图 3-149　调整图形　　　图 3-150　移动锚点

步骤 ⑲ 利用 △ 工具把图形调整成月牙形状，然后移动放置到如图 3-151 所示的花瓣图形上面。

步骤 ⑳ 选取 ⟳ 工具，将鼠标指针定位在水平和垂直参考线相交的位置如图 3-152 所示。

步骤 ㉑ 按住 Alt 键单击，弹出"旋转"对话框，参数设置如图 3-153 所示。

图 3-151　图形放置位置　　　　图 3-152　鼠标指针定位位置　　　图 3-153　"旋转"对话框

步骤 ㉒ 单击 复制(C) 按钮，旋转复制出如图 3-154 所示的图形。

步骤 ㉓ 按三次 Ctrl+D 键，重复旋转复制出如图 3-155 所示的图形。

步骤 ㉔ 选取 ◯ 工具，在花瓣图形中心位置绘制一个深绿色（C：76，M：54，Y：90，K：18）圆形，如图 3-156 所示。将这几个图形选取，然后按快捷键 Ctrl+G 把图形编组。

图 3-154　复制出的图形　　　图 3-155　重复旋转复制的图形　　　图 3-156　绘制的圆形

步骤 ㉕ 再建两条交叉参考线，选取"星形"工具 ☆，在参考线交叉位置单击鼠标左键，弹出"星形"对话框，设置参数如图 3-157 所示。

步骤 ㉖ 单击 确定 按钮创建一个 8 边形，设置填充色为红色（C：10，M：55，Y：30），描边颜色为橙色（C：6，M：50，Y：94），粗细为 3pt，效果如图 3-158 所示。

步骤 ㉗ 选取 △ 工具，将 8 边形调整成如图 3-159 所示的红色花瓣形状。

图 3-157　"星形"对话框　　　图 3-158　创建的星形　　　图 3-159　红色花瓣图形

步骤 ㉘ 选取红色花瓣图形，执行"对象/变换/缩放"命令，在"缩放"对话框中设置参数，如图 3-160 所示。

步骤 ㉙ 单击 复制(C) 按钮，缩小并复制一份花瓣图形。把复制出的图形颜色重新填充为红色（C：12，M：60，Y：55），描边颜色为白色，效果如图 3-161 所示。

步骤 ㉚ 使用相同的缩小复制操作，再缩小复制出两个图形，其中一个填充色为黄色（C：10，Y：84），轮廓颜色为白色，最小的一个填充色为洋红色（C：20，M：86），轮廓颜色为白色，效果如图 3-162 所示。将这四个图形选取，然后按快捷键 Ctrl+G 编组。

图 3-160　"比例缩放"对话框　　图 3-161　缩小并复制的效果　　图 3-162　缩小复制出的图形

下面来绘制另一个素材图形。

步骤 ❶ 选取"钢笔"工具 ✎，在画板空白处绘制一个如图 3-163 所示的图形，颜色填充为红色（C：4，M：55，Y：50）。

步骤 ❷ 选取 ▷ 工具调整锚点，把图形调整成如图 3-164 所示的形状。

步骤 ❸ 利用 ⬭ 工具绘制一个圆形，颜色填充色为绿色（C：55，M：5，Y：50），无描边，放在如图 3-165 所示位置。将这两个图形选取，然后按快捷键 Ctrl+G 编组。

 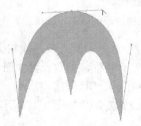 

图 3-163　绘制的图形　　　　图 3-164　调整出的图形　　　　图 3-165　绘制的圆形

步骤 ❹ 继续利用 ✎ 和 ▷ 工具绘制调整出如图 3-166 所示的图形，颜色填充为黄绿色（C：28，M：22，Y：80）。

步骤 ❺ 选取"星形"工具 ✬，在画板空白处单击，弹出"星形"对话框，参数设置如图 3-167 所示。

步骤 ❻ 单击 确定 按钮创建一个星形图形，填充颜色为淡黄色（C：4，M：2，Y：20），无描边，如图 3-168 所示。

  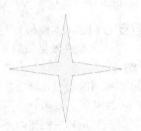

图 3-166　绘制的图形　　　　图 3-167　"星形"对话框　　　　图 3-168　绘制的星形

步骤 7 选取 ▭ 工具，绘制一个矩形，填充色为绿色（C：80，M：35，Y：75），无描边，然后利用 ▷ 和 ⊿ 工具把矩形调整成如图 3-169 所示的图形。

步骤 8 选取图形，按快捷键 Ctrl+C 复制图形，然后再按快捷键 Ctrl+F 粘贴复制的图形。把复制出的图形缩小然后填充上黄色（C：10，Y：50），效果如图 3-170 所示。

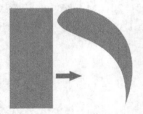

图 3-169　绘制的图形

图 3-170　复制出的图形

步骤 9 将这两个图形选取，然后按快捷键 Ctrl+G 编组。

　　到此，已经把几何图案中的所有素材元素绘制完成了。下面我们把这些素材组合成如图 3-171 所示的装饰图案。

步骤 10 把 2 号图形选取，按住 Alt 键拖曳鼠标，复制一份图形，调整大小后放置在圆形图形如图 3-172 所示的位置。

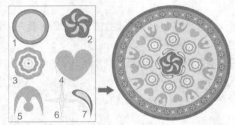

图 3-171　绘制完成的素材图形及组合后的效果

图 3-172　图形放置位置

步骤 11 选取 ↻ 工具，将鼠标指针定位在水平和垂直参考线相交的位置。

步骤 12 按住 Alt 键单击，弹出"旋转"对话框，参数设置如图 3-173 所示。

步骤 13 单击 复制(C) 按钮，旋转复制出一个图形。

步骤 14 连续按 22 次 Ctrl+D 键，重复旋转复制出如图 3-174 所示的图形。

图 3-173　"旋转"对话框

图 3-174　旋转复制出的图形

图 3-175　组合完成的图案

步骤 15 使用相同的旋转复制操作，把 3 号、4 号、5 号、6 号、7 号图形分别旋转复制，组合到几何图案中，最终效果如图 3-175 所示。

实例总结

　　通过本实例的学习，读者掌握了几何图案的绘制方法，同时还学习了"直接选择"工具 ▷、"钢笔"工具 ✎、"转换锚点"工具 ⊿、"吸管"工具 ✎ 和"旋转"工具 ↻ 的使用技巧，其中在使用 ↻ 工具时按住 Alt 键旋转复制图形是本案例学习的重点。

第 4 章　对象的基本操作

本章通过 20 个案例来讲解对象的基本操作，其中包括"选择"工具 🔺、"直接选择"工具 🔺、"编组选择"工具 🔺、"魔棒"工具 🔺、"套索"工具 🔺、"选择"菜单命令、对象的移动、复制、变换、旋转、镜像、缩放、倾斜、整形、"自由变换"工具 🔳、扭曲变形对象工具、排列对象、编组与取消编组、锁定与解锁、隐藏与显示、对齐与分布等命令和工具的使用方法。

本章实例

Example 实例 39 选择工具

学习目的

在 Illustrator 软件的工具箱中，"选择"工具 🔺 具有相当重要的作用。在对任何一个操作对象进行编辑之前，首先要保证该对象处于选择状态，对象不被选择就不能对其进行编辑。下面通过案例的形式来学习"选择"工具的使用。

实例分析

视频路径	视频\第 04 章\选择工具.avi
知识功能	利用"选择"工具点选对象，利用"选择"工具框选对象
学习时间	5 分钟

操 作 步 骤

步骤 ❶ 启动 Illustrator CS6 软件，打开附盘中"素材\第 04 章\花朵.ai"文件。

步骤 ❷ 选取"选择"工具 🔺（快捷键为 V），将鼠标指针放置到需要选择的对象上，当鼠标指针变为"🔺"形态时单击鼠标左键即可将该对象选择，如图 4-1 所示。

步骤 ❸ 选择一个对象后，按住 Shift 键，然后再单击花朵中的白色圆形对象，可以进行加选择，如图 4-2 所示。

步骤 ❹ 当对象被选择后，按住 Shift 键单击已经被选择的对象，可以把对象的选择状态取消，如图 4-3 所示。

图 4-1　选择对象

图 4-2　加选择对象

图 4-3　取消选择

> 在通常情况下，如果选择一个未填充的对象，可以用鼠标指针单击此对象的轮廓线条将其选择；如果选择一个已填充的对象，可以用鼠标指针单击其任何区域将其选择，但这种方法必须保证"首选项"对话框中的"仅按路径选择对象"选项未处于选择状态，否则对于一个已填充的对象，用户也必须单击其轮廓线条将其选择。执行"编辑/首选项/选择和锚点显示"命令，会弹出"首选项"对话框。

除了点选对象之外，对于文件中的多个对象，可以使用框选的方式来选择。

步骤⑤ 执行菜单栏"文件/打开"命令，打开附盘中"素材\第 04 章\鱼.ai"文件。

步骤⑥ 选取 工具，在页面中按下鼠标左键拖曳，此时页面中将出现一个矩形虚线框，如图 4-4 所示，释放鼠标后，位于虚线框内的所有对象均可被选择，如图 4-5 所示。利用框选的方法可以进行单个对象的选择也可以进行多个对象的选择。

图 4-4　拖曳出的矩形虚线框　　　　图 4-5　释放鼠标后选择的对象

实例总结

通过本实例的学习，读者掌握了利用 工具点选对象和框选对象的操作，重点掌握按住 Shift 键加选择对象和减选择对象的方法。

Example 实例 **40** 选择工具组

学习目的

除了"选择"工具 外，Illustrator 工具箱中还有一个选择工具组，包括"直接选择"工具 和"编组选择"工具 。这两种工具与上一案例讲解的"选择"工具性质不同，它们是用于选择群组对象中的某一个对象或复合路径中的某条路径。下面通过案例的形式来学习这两个工具的使用方法。

实例分析

视频路径	视频\第 04 章\选择工具组.avi
知识功能	"直接选择"工具 ，"编组选择"工具
学习时间	10 分钟

操 作 步 骤

步骤① 启动 Illustrator CS6 软件，打开附盘中"素材\第 04 章\金鱼.ai"文件。

步骤② 选取"选择"工具 ，在图形上单击所选择的是整个图形，如图 4-6 所示。因为这是一个编组后的图形，"选择"工具无法单独选择图形中的某一部分。

步骤③ 选取"直接选择"工具 （快捷键为 A），将鼠标指针移动到如图 4-7 所示的位置。

步骤④ 单击鼠标即可把编组后图形中的某一部分单独选择，如图 4-8 所示。

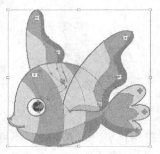

图 4-6　选择整个图形

图 4-7　鼠标指针位置

图 4-8　选择单独图形

步骤 5 在选择的图形上按下鼠标左键拖曳，可以移动图形的位置，如图 4-9 所示。

步骤 6 利用"直接选择"工具 ▷ 还可以选择路径或图形中的一部分，包括路径的锚点、曲线线段或直线线段，如图 4-10 所示。

图 4-9　移动图形位置

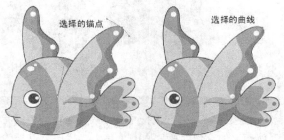

图 4-10　选择的锚点和曲线

步骤 7 当选择了锚点后，锚点显示为实心点，在锚点的两边会出现控制柄，通过调整控制柄的方向和长短，可以改变图形的形状，如图 4-11 所示。

步骤 8 在选择的锚点上按下鼠标左键并拖曳，可以移动锚点的位置，从而改变图形的形状，如图 4-12 所示。

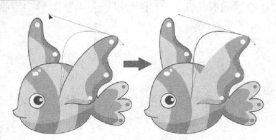

图 4-11　调整控制柄

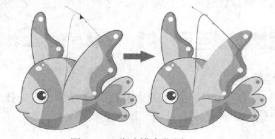

图 4-12　移动锚点位置

> **提示** 同"选择"工具 ▷ 的用法相同，利用"直接选择"工具 ▷ 选择路径中的一个锚点后，按住 Shift 键单击其他锚点可以加选择，单击选择的锚点可以减选择；另外也可以用框选的方法选择路径中的一个或多个锚点。只是利用 ▷ 工具选择的多个锚点可以属于不同的路径。利用 ▷ 工具选择对象时，如果在路径的线段上单击鼠标，则被选择的是该线段；若在整个路径中单击鼠标，则选择的是整个路径，包括路径中所有的锚点和线段。

步骤 9 选取"编组选择"工具 ▷⁺，在编组后的图形上单击，被点击的图形即被选择，如图 4-13 所示。

步骤 10 若再次单击鼠标，可将该图形所在的组选择，如图 4-14 所示。

步骤 11 如果群组图形属于多重群组，那么每多单击一次鼠标，即可多选择一组图形，如图 4-15 所示。

图 4-13　选择图形　　　　图 4-14　选择组图形　　　　图 4-15　选择的所有组中图形

步骤⑫ 利用"编组选择"工具![]同样可以移动组中图形的位置，如图 4-16 所示。但该工具不可以移动
图形的锚点，或图形中的某一部分，这也是与"直接选择"工具![]的不同所在。

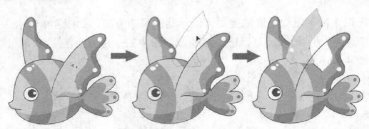

图 4-16　移动编组中的图形

> 提示　　不管当前使用的是哪种选择工具，只要在页面中的空白区域单击鼠标，即可取消对页面中所选对
> 象的选择状态。如果当前所使用的工具为选择工具以外的其他工具，按住 Ctrl 键，可切换回上一次所
> 使用的选择工具。

实例总结

通过本实例的学习，读者掌握了"直接选择"工具![]和"编组选择"工具![]在选择对象中的使用方法，
重点要掌握好这两个工具的不同之处，并灵活掌握好利用"直接选择"工具![]移动锚点并调整图形的方法。

Example 实例 **41**　魔棒与套索工具

学习目的

"魔棒"工具![]和"套索"工具![]是两个在选择图形时非常灵活的工具，它们有各自的属性和选择特点。
本案例向读者介绍这两个工具的使用方法。

实例分析

视频路径	视频\第 04 章\魔棒与套索工具.avi
知识功能	"魔棒"工具![]，"套索"工具![]，"魔棒"对话框
学习时间	10 分钟

操作步骤

步骤❶ 启动 Illustrator CS6 软件，打开附盘中"素材\第 04 章\鱼.ai"文件。

步骤❷ 选取"魔棒"工具![]（快捷键为 Y），执行"窗口/魔棒"命令，双击工具箱中的![]工具或按 Enter
键，都会弹出如图 4-17 所示的"魔棒"对话框。

步骤❸ 将鼠标指针放置在红色金鱼上面，如图 4-18 所示。

步骤❹ 单击鼠标左键后，与鼠标单击位置颜色相同的图形都被选择，如图 4-19 所示。

图 4-17 "魔棒"对话框

图 4-18 鼠标指针位置

图 4-19 选择相同颜色的图形

步骤 5 在"魔棒"对话框中把"填充颜色"选项勾选取消,然后勾选"描边颜色"选项,如图 4-20 所示。

步骤 6 选取"缩放"工具 🔍 (快捷键为 Z),在如图 4-21 所示位置按下鼠标左键拖曳,释放鼠标后把图形放大显示。

步骤 7 按快捷键 Y,然后将鼠标指针移动到如图 4-22 所示的位置。

图 4-20 设置选项

图 4-21 鼠标拖曳状态

图 4-22 鼠标指针位置

步骤 8 单击鼠标左键,即可把当前文件中与鼠标单击位置描边颜色相同的图形同时选择,按 Ctrl+0 组合键,把放大了的文件窗口缩小到适合窗口大小显示,此时即可看到被选择的图形,如图 4-23 所示。

步骤 9 选取"套索"工具 ⚲ (快捷键为 Q),该工具的使用方法非常简单,将鼠标指针移动到页面中,在需要选择的图形或路径上拖曳鼠标绘制选取范围,如图 4-24 所示。

步骤 10 释放鼠标后被选区所包含的区域中的图形都会被选择,如图 4-25 所示。

图 4-23 被选择的图形

图 4-24 绘制选择范围

图 4-25 被选择的图形

相关知识点——"魔棒"对话框

在"魔棒"对话框中有几个选项,下面介绍这几个选项的功能。

● "填充颜色"选项。择此选项,可以选择与当前单击对象具有相同或相似填色的对象。右侧的"容差"选项决定了其他选择对象与当前单击对象的相似程度，数值越小，相似程度越大，选择范围越小。

● "描边颜色"选项。选择此选项，可以选择与当前单击对象具有相同或相似描边的对象。同选择对象的相似程度由右侧的"容差"选项决定。

● "描边粗细"选项。选择此选项，可以选择描边宽度与当前单击对象相同或相似的对象。

● "不透明度"选项。选择此选项，可以选择与当前单击对象具有相同或相似透明度设置的对象。

● "混合模式"选项。选择此选项，可以选择与当前单击对象具有相同混合模式的对象。

单击"魔棒"对话框右上角的 按钮，在弹出的下拉菜单中选择"隐藏描边选项"命令或"隐藏透明选项"命令，系统将在对话框中隐藏相应的选项；选择"重置"命令，可以使"魔棒"对话框复位；选择"使用所有图层"命令，魔棒工具将作用于页面中的所有图层，若不选择此选项，魔棒工具仅应用于当前单击路径所在的图层。

实例总结

通过本实例的学习，读者掌握了"魔棒"工具 和"套索"工具 在选择对象中的使用方法，灵活掌握这两个工具的使用技巧，在绘图工作中可以帮助选择目标对象。

Example 实例 **42** 选择菜单的使用

学习目的

选择菜单下的命令主要是按照具有相同属性的对象来创建选择的，熟练掌握这些命令的使用方法是进行工作的关键。本章通过案例的形式向读者介绍选择菜单下常用命令的使用方法。

实例分析

视频路径	视频\第 04 章\选择菜单.avi
知识功能	"选择"菜单命令
学习时间	10 分钟

操 作 步 骤

步骤① 启动 Illustrator CS6 软件，打开附盘中"素材\第 04 章\网页设计.ai"文件。

步骤② 选取"选择"工具 ，在网页中选择如图 4-26 所示的文字。

步骤③ 执行"选择/对象/文本对象"命令，此时可以把网页中的所有可编辑文本同时选择，如图 4-27 所示。

图 4-26　选择文本

图 4-27　选择的所有可编辑文本

步骤 ④ 按 Delete 键删除,此时可以查看到刚才所选取的文本被全部删除了,如图 4-28 所示。而网页中没有被删除的"圣诞节"和"本期主题"文字,由于它们被转换成了曲线,所以就不属于文本属性了,就无法按照文本的属性进行选择。

步骤 ⑤ 按 Ctrl+Z 键,恢复刚才删除的文本,打开"颜色"面板,给文本颜色填充上(Y:100)的黄色,如图 4-29 所示。

图 4-28 删除文本

图 4-29 填充黄色

步骤 ⑥ 利用"选择"工具 ▶,在网页中选择如图 4-30 所示的轮廓线。

步骤 ⑦ 执行"选择/相同/描边粗细"命令,此时可以把网页中具有相同描边粗细的轮廓线选择,如图 4-31 所示。

步骤 ⑧ 在"颜色"面板中给选择的轮廓线填充上白色,如图 4-32 所示。

图 4-30 选择轮廓线

图 4-31 选择轮廓线

图 4-32 填充白色

步骤 ⑨ 使用"选择"菜单下的其他命令,可以按照相同的属性来选择网页中的其他对象内容,读者可以自己操作一下,在此不再做其他命令的操作应用。

实例总结

通过本实例的学习,读者掌握了"选择"菜单下两个选择命令的使用方法,在该菜单下面还有一些其他的选择功能和命令,读者可以自己练习使用。

Example 实例 **43** 移动对象

学习目的

移动所选择的对象的位置,是利用 Illustrator 软件工作必须要掌握的操作,通过本案例向读者介绍对象的几种移动操作方法。

实例分析

视频路径	视频\第 04 章\移动对象.avi
知识功能	利用"选择"工具移动对象、"键盘增量"参数设置、"移动"对话框、"变换"对话框
学习时间	10 分钟

操 作 步 骤

步骤① 启动 Illustrator CS6 软件,打开附盘中"素材\第 04 章\鱼.ai"文件。

步骤② 利用 ⬚ 工具点选如图 4-33 所示的鱼图形。按住鼠标左键拖曳,如图 4-34 所示。

图 4-33 选择对象

图 4-34 拖曳对象

步骤③ 释放鼠标左键后,对象被移动了位置,如图 4-35 所示。

步骤④ 当选择了对象后,按键盘中的方向键,可以按照默认的"键盘增量"参数 0.3528mm 微调对象的位置,如图 4-36 所示。

图 4-35 移动对象位置

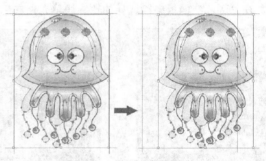

图 4-36 微调对象位置

步骤⑤ 如果按住 Shift 键再按方向键,可以按照默认"键盘增量"参数的 10 倍微调对象的位置。

步骤⑥ 执行"编辑/首选项/常规"命令,弹出"首选项"对话框,如图 4-37 所示,通过设置"键盘增量"参数可以确定对象每次微调的距离。

步骤⑦ 当对象在被选择状态下,按 Enter 键,弹出如图 4-38 所示的"移动"对话框。执行"对象/变换/移动"命令(快捷键为 Shift+Ctrl+M)同样可以弹出"移动"对话框。

步骤⑧ 通过该对话框可以设置对象"水平"或"垂直"移动的距离参数,如果设置"角度"参数还可以按照一定的角度来移动对象,如果单击 复制(C) 按钮,可以通过移动复制的形式来复制对象,单击 确定 按钮,即可完成对象的移动操作。

步骤⑨ 执行"窗口/变换"命令(快捷键为 Shift+F8),弹出"变换"对话框,如图 4-39 所示。

步骤⑩ 在该对话框中"X"和"Y"的参数显示的是当前被选择对象相对于画板的坐标值,当修改该参数后按 Enter 键,可以按照坐标参数移动对象的位置,如图 4-40 所示。

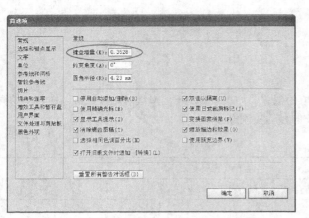

图 4-37 "首选项"对话框　　　　　图 4-38 "移动"对话框

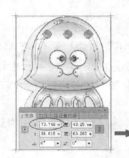

图 4-39 "变换"对话框　　图 4-40 按照坐标参数移动对象位置

相关知识点——"移动"对话框

在页面中选择需要移动的对象，双击 ▶ 工具或按 Enter 键，弹出如图 4-41 所示的"移动"对话框，在对话框中设置适当的参数，可以帮助用户按照精确的参数来移动对象。

● "水平"选项和"垂直"选项。这两个选项的参数决定了选择对象在页面中的坐标值。

● "距离"选项。该选项的参数决定了选择对象在页面中所要移动的距离。

● "角度"选项。该选项的参数决定了选择对象移动的方向与水平方向之间的角度。

图 4-41 "移动"对话框

提示 事实上，在上述 4 个选项中，两组数据是相互关联的，所以在设置时只需设置一组参数即可。

● "变换对象"选项。选择此选项，当系统对有填充图案的对象进行移动时，只有所选对象产生移动。
● "变换图案"选项。选择此选项，当系统对有填充图案的对象进行移动时，只有所选图案产生移动。
● 复制(C) 按钮。单击此按钮，系统会按对话框中当前的设置对选择对象进行移动，同时复制。
● 确定 按钮。单击此按钮，系统将对选择的对象按当前的设置进行移动，但不产生复制。
● 取消 按钮。单击此按钮，将取消对选择对象的移动操作。
● "预览"选项。选择此选项，可以在页面中对选择对象的移动位置进行预览。

实例总结

通过本实例的学习，读者掌握了利用 ▶ 工具移动对象的操作，重点掌握按方向键移动对象的操作方法。

Example 实例 **44** 复制对象

学习目的

利用"选择"工具 ⬆ 不只是能移动所选对象的位置，如果按住 Alt 键来移动对象，可以在移动的同时复制出相同的对象来，通过本案例向读者介绍对象的移动复制操作。

实例分析

视频路径	视频\第 04 章\复制对象.avi
知识功能	利用"选择"工具 ⬆ 结合按 Alt 键移动复制对象
学习时间	5 分钟

操 作 步 骤

步骤 **1** 启动 Illustrator CS6 软件，打开附盘中"素材\第 04 章\笑脸.ai"文件。

步骤 **2** 利用 ⬆ 工具点选如图 4-42 所示的图形。将鼠标指针移动到图形上，当指针显示为"▶"形态时，按下鼠标左键同时再按住 Alt 键，此时指针变为"▶"形态，拖曳鼠标来移动图形的位置，如图 4-43 所示。

步骤 **3** 拖曳到适当的位置后，释放鼠标和 Alt 键，即可将选择的图形复制，如图 4-44 所示。

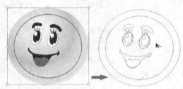

图 4-42　选择图形　　　　　　图 4-43　移动图形位置　　　　　图 4-44　复制出的图形

步骤 **4** 在图形上按下鼠标左键移动图形位置后，再同时按住 Shift 和 Alt 键，可以按照水平、垂直或倾斜的 45°角来移动复制图形，如图 4-45 和图 4-46 所示。

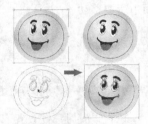

图 4-45　垂直向下移动复制图形　　　　　　　图 4-46　按照 45°角来移动复制图形

实例总结

通过本实例的学习，读者掌握了利用 ⬆ 工具结合按 Alt 和 Shift 键来移动复制对象的操作，希望读者熟练掌握该操作功能。

Example 实例 **45** 变换对象

学习目的

当利用"选择"工具 ⬆ 将对象选择后，再将鼠标指针放置到选择框的任何一个控制点上，鼠标指针变为"↔"、"↕"或"↘"形态时，按下鼠标左键拖曳，可改变选择对象的大小。本案例学习利用 ⬆ 工具变换对象的操作。

实例分析

视频路径	视频\第 04 章\变换对象.avi
知识功能	利用"选择"工具变换对象
学习时间	5 分钟

步骤 ① 启动 Illustrator CS6 软件，打开附盘中"素材\第 04 章\爱心树.ai"文件。

步骤 ② 选取"选择"工具 ，将打开的图形选择，将鼠标指针放置到选择框的任何一个控制点上，鼠标指针变为" "、" "或" "形态时，按下鼠标左键拖曳，可调整图形的大小，如图 4-47 所示。

图 4-47 缩小图形

步骤 ③ 若在拖曳鼠标的过程中按住 Shift 键，可以将选择的图形等比例缩放，如图 4-48 所示。

步骤 ④ 单击控制栏中的 变换 按钮，弹出如图 4-49 所示的"变换"面板，通过设置面板中的"宽"和"高"选项参数，按 Enter 键，可以按照定义的大小来变换图形。

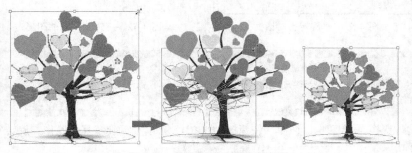

图 4-48 等比例缩放图形示意图

图 4-49 "变换"面板

实例总结

通过本实例的学习，读者掌握了利用 工具调整图形大小的操作，重点要掌握按住 Shift 键将选择的对象等比例缩放。

Example 实例 46 旋转对象

学习目的

利用"选择"工具 将对象选择后，将鼠标指针放置在变形框的任何一个控制点外侧，鼠标指针变为" "旋转符号时，按下鼠标左键并拖曳，即可旋转对象，本案例向读者介绍对象的旋转操作。

实例分析

作品路径	作品\第 04 章\旋转复制 02.ai	
视频路径	视频\第 04 章\旋转对象.avi	
知识功能	"旋转"工具 ⟳、"旋转"对话框、"对象/变换/再次变换"命令	
学习时间	5 分钟	

操 作 步 骤

步骤 ① 启动 Illustrator CS6 软件，打开附盘中"素材\第 04 章\郁金香.ai"文件。

步骤 ② 选取"选择"工具 ▶，在花朵图形上单击将花朵选择，如图 4-50 所示。

步骤 ③ 在工具箱中选取"旋转"工具 ⟳（快捷键为 R），按 Enter 键，弹出"旋转"对话框，在对话框中设置旋转角度，如图 4-51 所示。执行菜单栏中的"对象/变换/旋转"命令也可以弹出"旋转"对话框。

步骤 ④ 单击 复制(C) 按钮，旋转复制出的图形如图 4-52 所示。

图 4-50 图形被选择状态　　　　图 4-51 "旋转"对话框　　　　图 4-52 旋转复制出的图形

提示 按 Enter 键后，在弹出的"旋转"对话框中，系统默认的旋转中心是对象的中心点。

步骤 ⑤ 连续执行菜单栏"对象/变换/再次变换"命令（快捷键为 Ctrl+D），重复旋转复制操作，旋转复制出的图形如图 4-53 所示。

步骤 ⑥ 执行菜单栏"文件/存储为"命令（快捷键为 Ctrl+Shift+S），将文件命名为"旋转复制 01.ai"存储。

步骤 ⑦ 通过设置"旋转"对话框中的"角度"选项参数，可以按照设置的角度参数精确地旋转对象。若不需要精确地旋转操作图形，可以将鼠标指针定位在选择后图形定界框四个角的外侧，鼠标指针变为如图 4-54 所示的旋转符号。

步骤 ⑧ 按下鼠标左键拖曳，旋转到一定的角度后释放鼠标，即可完成图形的旋转操作，如图 4-55 所示。

步骤 ⑨ 按 Ctrl+O 键，重新打开附盘中"素材/第 04 章/郁金香.ai"文件。

步骤 ⑩ 将图形先选择后再选取工具箱中的"旋转"工具 ⟳，然后同时按住 Alt 键，在花朵图形的左下方单击鼠标左键以确定旋转轴心的位置，此时花朵图形按照默认的旋转角度自动进行了旋转，并同时弹出"旋转"对话框，在对话框中设置"角度"选项参数，如图 4-56 所示。

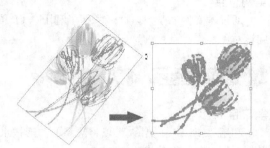

图 4-53　旋转复制出的图形　　　图 4-54　旋转符号　　　　　图 4-55　旋转图形

步骤 ⑪ 单击 复制(C) 按钮，复制出一个花朵图形，然后连续按 Ctrl+D 键，连续执行再次变换命令，多次旋转复制后的效果如图 4-57 所示。

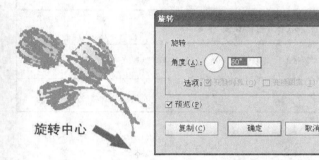

图 4-56　旋转后的图形和"旋转"对话框　　　　图 4-57　旋转复制出的图形

提示　　图形在旋转或旋转复制过程中，其旋转轴心的位置可以随意改变。在页面中的适当位置单击鼠标左键，即可将旋转轴心定义在单击鼠标的位置。在下面的镜像、缩放和倾斜变换操作过程中，其轴心都可以随意改变，方法与本提示中的相同。

步骤 ⑫ 在按住 Alt 键的同时单击不同位置以确定不同的旋转轴心后，最后旋转复制出的图形效果也不一样，如图 4-58 所示为以不同的旋转轴心旋转复制的效果。

步骤 ⑬ 执行菜单栏"窗口/变换"命令（快捷键为 Shift+F8），在弹出的"变换"面板中设置"角度"选项值 △ 0°，按 Enter 键确认，也可以按一定角度精确旋转对象，"变换"面板如图 4-59 所示。

图 4-58　以不同的旋转轴心旋转复制的图形　　　图 4-59　"变换"面板

步骤 ⑭ 按 Ctrl+Shift+S 键,将文件命名为"旋转复制 02.ai"存储。

实例总结

　　通过本实例的学习,读者掌握了利用 ▲ 工具旋转对象操作,重点要掌握旋转轴心的定位以及按住 Alt 键旋转对象操作。

Example 实例 47 镜像对象

学习目的

　　利用"镜像"工具 ▣ 可以将选择的图形按水平、垂直或任意角度进行镜像或镜像复制。通过本案例向读者来介绍对象的镜像操作。

实例分析

作品路径	作品\第 04 章\镜像对象.avi
视频路径	视频\第 04 章\镜像对象.avi
知识功能	"镜像"工具 ▣、"对象/变换/对称"命令
学习时间	5 分钟

操 作 步 骤

步骤 ① 启动 Illustrator CS6 软件,打开附盘中"素材\第 04 章\卡通.ai"文件。

步骤 ② 将图形选取,选取"镜像"工具 ▣,在页面中的适当位置单击鼠标左键,在单击的位置出现"✧"符号,该符号作为图形的镜像轴心,如图 4-60 所示。

步骤 ③ 将鼠标指针放置到图形上,并按下鼠标左键向右拖曳,即可对图形进行镜像,状态如图 4-61 所示。释放鼠标后完成图形的镜像操作,如图 4-62 所示。

图 4-60 设定镜像轴心　　　　图 4-61 镜像图形状态　　　　图 4-62 完成的镜像

提示 如果在拖曳鼠标镜像图形过程中,按住 Shift 键,可以将图形以 45° 或 45° 的倍数角方向进行镜像。

步骤 ④ 选择图形后执行"对象/变换/对称"命令,弹出如图 4-63 所示的"镜像"对话框。

步骤 ⑤ 设置"垂直"和"预览"选项,可以看到图形沿着垂直轴镜像后的形态,如图 4-64 所示。

步骤 ⑥ 设置"水平"和"预览"选项,可以看到图形沿着水平轴镜像后的形态,如图 4-65 所示。

步骤 ⑦ 设置角度后,可以看到图形沿着设置的角度轴镜像后的形态,如图 4-66 所示。

图 4-63 "镜像"对话框

图 4-64 垂直轴镜像

图 4-65 水平轴镜像

图 4-66 45°角镜像

下面来学习如何镜像复制图形。

步骤 8 重新设定镜像轴心点的位置,如图 4-67 所示。重新设定的目的是把镜像轴心点设定得离图形稍微拉开点距离,这样镜像复制出的图形不会和原图形重叠在一起。

步骤 9 按下鼠标左键拖曳,并在拖曳过程中按住 Alt 键,此时鼠标指针会变为" "形态,如图 4-68 所示。

步骤 10 释放鼠标后,即可将图形镜像复制,如图 4-69 所示。

图 4-67 设置镜像中心点　　　　图 4-68 鼠标拖曳状态　　　　图 4-69 镜像复制出的图形

步骤 11 按 Shift+Ctrl+S 键,将此文件命名为"镜像图形.ai"存储。

实例总结

通过本实例的学习,读者掌握了利用"镜像"工具 镜像对象操作。重点要掌握镜像轴心的定位以及按住 Alt 键镜像复制对象操作。

Example 实例 48 缩放对象

学习目的

除了直接利用 可以缩放对象之外,在工具箱中利用"比例缩放"工具 也可以将选择的图形进行缩放；配合键盘中的 Alt 键，还可以对图形进行缩放复制。本案例向读者介绍"比例缩放"工具的使用方法。

实例分析

作品路径	作品\第 04 章\缩放对象.avi
视频路径	视频\第 04 章\缩放对象.avi
知识功能	"比例缩放"工具、"比例缩放"对话框
学习时间	10 分钟

操 作 步 骤

步骤 ① 启动 Illustrator CS6 软件，打开附盘中"素材\第 04 章\汽车.ai"文件，如图 4-70 所示。

步骤 ② 将画面中的汽车选取，然后选取"比例缩放"工具，此时在图形的中心位置出现一个" "
图标，该图标所在的位置表示缩放时的轴心。

步骤 ③ 将鼠标指针放置到页面中，且在缩放轴心水平轴的上半部位置按下鼠标左键向上拖曳，可在垂直
方向上拉伸图形，如图 4-71 所示。

步骤 ④ 如果鼠标指针在缩放轴心水平轴的上半部位置，并按下鼠标左键向下拖曳，可在垂直方向上把图
形垂直翻转后再进行拉伸，如图 4-72 所示。

　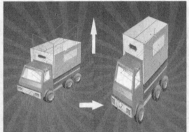　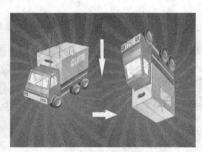

图 4-70　打开的图形　　　　图 4-71　垂直方向向上拉伸图形　　　图 4-72　垂直翻转后向下拉伸图形

步骤 ⑤ 将鼠标指针放置到页面中，且在水平方向上按下鼠标左键拖曳，可在水平方向上拉伸图形，如图
4-73 所示。

步骤 ⑥ 在确定了鼠标指针的位置后如果在水平方向上向相反的方向拖曳，可把图形水平翻转后拉伸，如
图 4-74 所示。

　　　　　　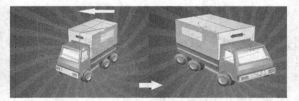

图 4-73　在水平方向上拉伸图形　　　　　　图 4-74　在水平方向上反向拉伸图形

步骤 ⑦ 将鼠标指针定位在图形的四个角位置上，在缩放图形的过程中，如果按住 Shift 键，可以将图形
等比例缩放。

步骤 ⑧ 对图形进行缩放时，向距离轴心远的方向拖曳鼠标，可以放大图形，如图 4-75 所示；向距离轴心
近的方向拖曳鼠标，可以缩小图形，如图 4-76 所示。

图 4-75　放大图形

图 4-76　缩小图形

下面来学习如何缩放复制图形。

步骤 9 接上例。把画面中的汽车图形选取，然后选取 工具，将鼠标指针定位在图形的右上角位置按下鼠标左键向缩放轴心拖曳，在拖曳过程中同时再按住键盘中的 **Alt** 键，此时鼠标指针变为" "的形态，如图 4-77 所示。

步骤 10 释放鼠标后，缩小复制出的图形如图 4-78 所示。

步骤 11 放大复制操作与缩小复制操作相同，只是向偏离缩放轴心的位置拖曳即可，在缩放时可以向任意方向拖曳鼠标操作，如图 4-79 所示为缩小镜像复制出的图形，该图为移动位置后的状态。

图 4-77　缩小复制图形状态

图 4-78　缩小复制出的图形

图 4-79　缩小镜像复制出的图形

步骤 12 按 **Shift+Ctrl+S** 键，将此文件命名为"缩放图形.ai"存储。

相关知识点——"比例缩放"对话框

在对图形进行缩放变换之前，按住 **Alt** 键，在页面中单击鼠标左键，双击 工具，按 **Enter** 键或执行"对象/变换/缩放"命令均会弹出如图 4-80 所示的"比例缩放"对话框，在此对话框中设置

适当的参数，可以帮助精确地控制缩放比例。

● "等比"选项。选择此选项，并设置其下的"比例缩放"值，即可对图形按当前的设置进行等比例缩放。当数值小于 100 时，图形缩小变形；当数值大于 100 时，图形放大变形。

● "不等比"选项。选择此选项，可以对其下的"水平"值和"垂直"值分别进行设置。"水平"与"垂直"选项右侧的参数值分别代表图形在水平方向和垂直方向缩放的比例。

● "比例缩放描边和效果"选项。选择此选项，对图形进行缩放的同时，图形的边线也随之进行缩放。

图 4-80　"比例缩放"对话框

实例总结

通过本实例的学习，读者掌握了利用"比例缩放"工具 自由缩放对象的操作。灵活掌握该工具以及"比例缩放"对话框的使用，可以为绘图工作带来很大的帮助。

Illustrator CS6 中文版
图形设计实战从入门到精通

Example 实例 **49** 倾斜对象

学习目的

利用"倾斜"工具 ⚏ 可以使图形倾斜，配合键盘中的 Alt 键可在倾斜过程中将图形复制。下面以实例的方式来学习该工具的使用方法。

实例分析

	作品路径	作品\第 04 章\倾斜对象.avi
	视频路径	视频\第 04 章\倾斜对象.avi
	知识功能	"对象/取消编组"命令、"对象/锁定/所选对象"命令、"倾斜"工具 ⚏
	学习时间	10 分钟

操 作 步 骤

步骤 ① 启动 Illustrator CS6 软件，按照默认的参数新建文件。

步骤 ② 执行"文件/置入"命令，弹出"置入"对话框，在附盘中选取"素材\第 04 章\圣诞节.psd"文件，如图 4-81 所示。

步骤 ③ 单击 置入 按钮，弹出如图 4-82 所示的"Photoshop 导入选项"对话框。

图 4-81 "置入"对话框

图 4-82 "Photoshop 导入选项"对话框

步骤 ④ 单击 确定 按钮，置入到新建文件中的圣诞节图片如图 4-83 所示。

> **提示** 该图片是一个 psd 格式的，由 3 个图层组成的分层文件，置入 Illustrator 软件后图层是编组在一起的，如果需要把图层中的图片进行单独编辑，需要把编组在一起的图片取消编组。

步骤 ⑤ 执行"对象/取消编组"命令（快捷键为 Ctrl+G），把编组取消，取消编组后就可以把每一个图层中的图片单独移动位置了，如图 4-84 所示。

步骤 ⑥ 按 Ctrl+Z 键，把图形恢复到原位置。

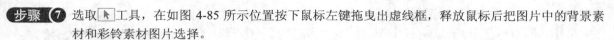

步骤⑦ 选取 🔲 工具，在如图 4-85 所示位置按下鼠标左键拖曳出虚线框，释放鼠标后把图片中的背景素材和彩铃素材图片选择。

图 4-83　置入的图片　　　　　　图 4-84　分别移动位置　　　　　　图 4-85　框选图片

步骤⑧ 执行"对象/锁定/所选对象"命令（快捷键为 Ctrl+2），把选择的背景和彩铃锁定位置，这样就可以只把中间的圆形图形作为可选择和编辑的对象了。

步骤⑨ 把圆形图形选择。选取"倾斜"工具 🔲，此时在图形的中心出现一个"✧"形状的图标，该图标所在的位置为倾斜的轴心。

步骤⑩ 将鼠标指针放置到页面中，并按下鼠标左键拖曳，即可将图形倾斜，形态如图 4-86 所示。

步骤⑪ 拖曳鼠标到合适的位置后释放鼠标左键，圆形被倾斜后的形态如图 4-87 所示。

图 4-86　倾斜时的形态　　　　　　　　　　图 4-87　倾斜后的形态

下面来学习如何倾斜复制图形。

步骤① 再次按下鼠标左键拖曳，并在拖曳过程中按住键盘中的 Alt 键，此时鼠标指针变为"⇝"的形态，如图 4-88 所示。

步骤② 释放鼠标后，复制出的倾斜图形与原倾斜图形的形态如图 4-89 所示。

步骤③ 按 Ctrl+S 键，将此文件命名为"倾斜图形.ai"存储。

图 4-88　复制倾斜形态　　　　　　　　　　图 4-89　倾斜复制后的形态

相关知识点——"倾斜"对话框

在对图形进行倾斜操作之前，按住 Alt 键，在页面中单击鼠标左键，双击 ⊿ 工具，按 Enter 键或执行"对象/变换/倾斜"命令均会弹出如图 4-90 所示的"倾斜"对话框，在此对话框中设置适当的参数即可对图形的倾斜进行精确控制。

● "倾斜角度"选项。此选项用于控制图形的倾斜角度，取值范围为-360～360 之间。

● "轴"选项。其下的选项及参数可以精确控制倾斜轴的方向。"水平"选项，表示图形在水平方向上倾斜；"垂直"选项，表示图形在垂直方向上倾斜；在"角度"选项右侧的数值窗口中设置角度值，可将图形按此角度的方向进行倾斜，取值范围为-360～360 之间。

图 4-90 "倾斜"对话框

实例总结

通过本实例的学习，读者掌握了利用"倾斜"工具 ⊿ 倾斜对象的操作。灵活掌握该工具的使用方法，可以在为图形制作透视、投影以及立体效果时带来帮助。

Example 实例 **50** 整形工具

学习目的

利用"整形"工具 ⤳ 可以移动路径上锚点，或在被选择的路径中添加锚点。本案例学习该工具的使用方法。

实例分析

	作品路径	作品\第 04 章\花朵.avi
	视频路径	视频\第 04 章\绘制花朵.avi
	知识功能	"整形"工具 ⤳ 、"将所选锚点转换为平滑"按钮 ⌐ 、"比例缩放"对话框
	学习时间	10 分钟

操 作 步 骤

步骤 ❶ 启动 Illustrator CS6 软件，按照默认的参数新建文件。

步骤 ❷ 利用 ⬤ 工具绘制如图 4-91 所示的六边形图形。

步骤 ❸ 将图形选择，选取 ⤳ 工具，依次在六边形每边的中间位置单击鼠标，为图形添加如图 4-92 所示的锚点。

步骤 ❹ 选取 ▷ 工具，在六边形其中一个角的锚点位置按下鼠标左键拖曳框选锚点，如图 4-93 所示。

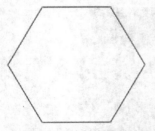
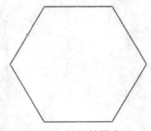
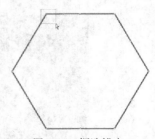

图 4-91 绘制的图形　　　　图 4-92 添加的锚点　　　　图 4-93 框选锚点

步骤 ❺ 按住 Shift 键，再将如图 4-94 所示的锚点框选。然后再把剩下的 4 个角上的锚点也同时选择，选择后的锚点变成蓝色实心的小方点，没被选择的锚点为空心小方点，如图 4-95 所示。

步骤 6 单击控制栏中的"将所选锚点转换为平滑"按钮 ，将选择的锚点变为平滑点，如图 4-96 所示。

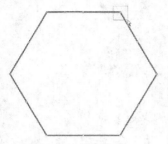

图 4-94　框选锚点

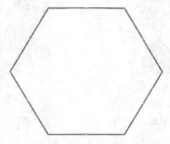

图 4-95　选择的锚点

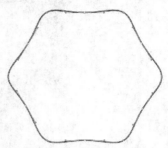

图 4-96　变为平滑锚点

步骤 7 按下鼠标左键，将如图 4-97 所示的锚点框选，然后再按住 Shift 键框选如图 4-98 所示的锚点。

步骤 8 双击 工具，弹出"比例缩放"对话框，设置选项和参数如图 4-99 所示。

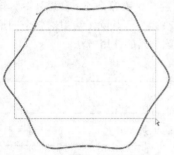

图 4-97　框选锚点

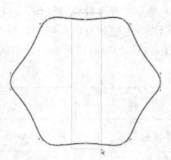

图 4-98　框选锚点

图 4-99　"比例缩放"对话框

步骤 9 单击 复制(C) 按钮，选取的锚点所组成的路径被放大复制，如图 4-100 所示。

步骤 10 在"颜色"面板中给复制出的路径填充橘红色（M：60，Y：100），效果如图 4-101 所示。

步骤 11 执行"对象/排列/后移一层"命令，将填充颜色后的图形放置到六边形的后面，如图 4-102 所示。

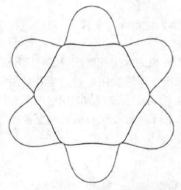

图 4-100　放大复制出的路径

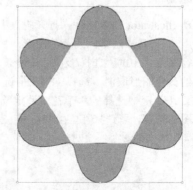

图 4-101　填充颜色效果

步骤 12 将六边形选择，然后填充上黄色（Y：100），效果如图 4-103 所示。

步骤 13 按 Ctrl+S 键，将此文件命名为"花朵.ai"存储。

实例总结

通过本实例的学习，读者掌握了利用"倾斜"工具 倾斜对象的操作。学会使用该工具，可以为路径添加锚点，从而顺利地编辑所绘制的图形形状。

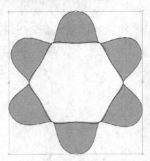

图 4-102   调整图形前后位置

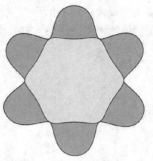

图 4-103   填充颜色效果

Example 实例 **51**   自由变换工具

学习目的

利用"自由变换"工具 可以对图形进行多种变换操作，包括缩放、旋转、镜像、倾斜和透视等。该工具与利用"选择"工具 直接对图形进行变换是有所不同的，利用"自由变换"工具除了可以对整个图形变换之外，还可以对选择的图形中的锚点或路径单独进行变换。本案例学习该工具的使用方法。

实例分析

	作品路径	作品\第 04 章\旋转图形.avi
	视频路径	视频\第 04 章\自由变换工具.avi
	知识功能	"选择/反向"命令、"自由变换"工具
	学习时间	10 分钟

操 作 步 骤

步骤 ① 启动 Illustrator CS6 软件，打开附盘中"素材\第 04 章\六边形.ai"文件。

步骤 ② 利用 工具点选中间的黄色图形，如图 4-104 所示。

步骤 ③ 执行菜单栏中的"选择/反向"命令，这样就把图形中外边的六个花瓣选择了，而刚才被选择的中间的黄色图形取消了选择。该反向选择命令在特殊情况下非常实用，希望读者灵活掌握该命令。

步骤 ④ 按 Ctrl+2 键把选择的六个花瓣锁定位置，此时就可以随意地来选择和编辑中间部分图形了。

步骤 ⑤ 将图形选择，再选择"自由变换"工具 ，此时可以按下鼠标左键自由地来变换图形的大小，如图 4-105 所示。

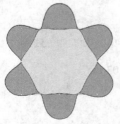

图 4-104   选择图形

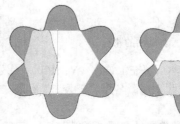

图 4-105   自由变换图形大小

步骤 ⑥ 利用 工具将图形中间的六个锚点选择，如图 4-106 所示。

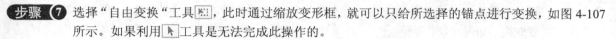

步骤 ⑦ 选择"自由变换"工具 ，此时通过缩放变形框，就可以只给所选择的锚点进行变换，如图 4-107 所示。如果利用 工具是无法完成此操作的。

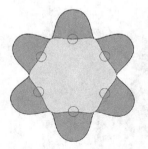
图 4-106　选择的锚点

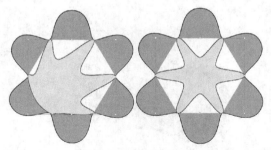
图 4-107　变换锚点

> **提示** 在将图形进行缩放时，按住 Shift 键，可将图形等比例缩放，按住 Alt 键，可将图形按中心进行缩放。

步骤 ⑧ 按 Ctrl+Z 键，还原到刚才选取锚点状态。将鼠标指针移动到图形边界框的外侧，当鼠标指针显示为" "图标时，按下鼠标拖曳，可以把选择的锚点旋转，如图 4-108 所示。

> **提示** 在将图形进行旋转时，按住 Shift 键，可将图形按 45° 或 45° 角的倍数进行旋转。

步骤 ⑨ 按 Shift+Ctrl+S 键，将此文件命名为"旋转图形.ai"存储。

利用 工具还可以对选择的对象进行镜像、倾斜以及透视操作，下面分别来讲解。

步骤 ⑩ 打开附盘中"素材\第 04 章\儿童画.ai"文件。

步骤 ⑪ 在页面中选择儿童画，选取 工具，将鼠标指针移动到图形边界框的控制点位置，当鼠标指针显示为" "、" "或" "图标时，按下鼠标同时向相反方向边拖曳，即可将图形镜像，如图 4-109 所示。

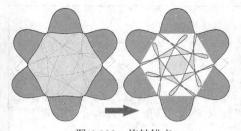
图 4-108　旋转锚点

图 4-109　镜像图形

步骤 ⑫ 在页面中选择儿童画，选取 工具，将鼠标指针移动到图形边界框的控制点位置按下鼠标，然后按住 Ctrl 键，当鼠标指针显示为" "、" "或" "图标时拖曳鼠标，即可将图形倾斜，如图 4-110 所示。

> **提示** 在利用 工具倾斜图形时，按住 Ctrl+Alt 键，可使图形以中心进行倾斜，即图形的两边同时进行倾斜变形。

步骤 ⑬ 在页面中选择儿童画，选取 工具，将鼠标指针移动到图形边界框的控制点位置按下鼠标，然后按住键盘上的 Shift+Ctrl+Alt 键，当鼠标指针显示为"▷"图标时拖曳鼠标，即可将图形进行透视变换，如图 4-111 所示。

图 4-110　图形倾斜变形

图 4-111　图形透视变形

实例总结

通过本实例的学习，读者掌握了"自由变换"工具▦的使用方法。重点要分清该工具与▸工具在使用中有什么不同。

Example 实例 52　扭曲变形对象

学习目的

Illustrator CS6 软件拥有一个功能强大的图形变形工具组，包括"宽度"工具▨、"变形"工具▨、"旋转扭曲"工具▨、"缩拢"工具▨、"膨胀"工具▨、"扇贝"工具▨、"晶格化"工具▨和"褶皱"工具▨，利用这些工具可以给图形进行各式各样的变形操作。它们的使用方法相同，即在工具箱中选取相应的工具后，将鼠标指针移动到对象上按下鼠标左键拖曳即可得到相应的效果。

在操作过程中，鼠标指针默认情况下显示为空心圆，其半径越大则操作中受影响的区域也就越大。按住 Alt 键，同时拖曳鼠标可以动态改变空心圆的大小及形态。如果需要精确控制每一种变形工具的操作参数，可双击该工具，然后在弹出的相应对话框中设置。本案例向读者介绍对象的扭曲变形操作。

实例分析

	作品路径	作品\第 04 章\扭曲图形.avi
	视频路径	视频\第 04 章\扭曲变形工具.avi
	知识功能	"宽度"工具▨、"变形"工具▨、"旋转扭曲"工具▨、"缩拢"工具▨、"膨胀"工具▨、"扇贝"工具▨、"晶格化"工具▨和"褶皱"工具▨
	学习时间	10 分钟

操作步骤

步骤 ① 启动 Illustrator CS6 软件，按照默认的参数新建文件。

步骤 ② 选取"钢笔"工具▨绘制如图 4-112 所示的曲线。

步骤 ③ 选取"宽度"工具▨，在路径上按下鼠标左键拖曳，如图 4-113 所示，释放鼠标后即可改变路径的宽度，如图 4-114 所示。

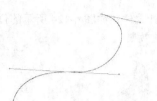
图 4-112　绘制的曲线

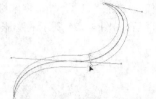
图 4-113　拖曳状态

图 4-114　改变宽度

步骤 4　选取"矩形"工具 ▣ 绘制如图 4-115 所示的矩形。

步骤 5　选取"变形"工具 ✍，在图形的边缘位置按下鼠标左键拖曳，如图 4-116 所示，释放鼠标后即可把矩形变形，如图 4-117 所示。

图 4-115　绘制的矩形

图 4-116　拖曳状态

图 4-117　变形效果

步骤 6　选取"多边形"工具 ◉ 绘制如图 4-118 所示的多边形。

步骤 7　选取"旋转扭曲"工具 ◎，在图形的边缘位置按下鼠标左键，如图 4-119 所示，鼠标不放即可生成旋转扭曲效果，如图 4-120 所示。

图 4-118　绘制的多边形

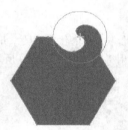
图 4-119　按下鼠标状态

图 4-120　旋转扭曲效果

步骤 8　执行"文件/置入"命令，置入附盘中"素材\第 04 章\金鱼.ai"文件。

步骤 9　选取金鱼图片，按住 Alt 键并拖曳复制出 4 个金鱼图片，为讲解下面的工具时使用。

步骤 10　选取"缩拢"工具 ❀，按 Enter 键弹出"收缩工具选项"对话框，设置参数，如图 4-121 所示。

步骤 11　将鼠标指针定位在如图 4-122 所示的位置，单击一次鼠标左键即可得到如图 4-123 所示缩拢后的效果。

图 4-121　"收缩工具选项"对话框

图 4-122　鼠标指针位置

图 4-123　缩拢后的效果

步骤⑫ 选取另一个金鱼图形，然后选取"膨胀"工具，将鼠标指针定位在如图 4-124 所示的位置，单击鼠标左键或按下不放，即可得到如图 4-125 所示的膨胀后的效果。

图 4-124 鼠标指针位置   图 4-125 膨胀效果

步骤⑬ 选取另一个金鱼图形，然后选取"扇贝"工具，在图形的边缘位置按下鼠标左键，如图 4-126 所示，鼠标不放即可产生向某一点聚集的扇贝扭曲效果，如图 4-127 所示。

图 4-126 鼠标指针位置   图 4-127 扇贝扭曲效果

步骤⑭ 选取另一个金鱼图形，然后选取"晶格化"工具，在图形的边缘位置按下鼠标左键，如图 4-128 所示，鼠标不放即可产生放射效果，如图 4-129 所示。

图 4-128 鼠标指针位置   图 4-129 晶格化效果

步骤⑮ 选取另一个金鱼图形，然后选取"褶皱"工具，在图形上按下鼠标左键并拖曳，如图 4-130 所示，可生成褶皱效果，如图 4-131 所示。

图 4-130 鼠标指针位置   图 4-131 褶皱效果

步骤 16 按 Ctrl+S 键，将此文件命名为"扭曲图形.ai"存储。

实例总结

通过本实例的学习，读者掌握了工具箱中扭曲变形工具组中各工具的使用方法和产生的效果。读者可以发挥自己的想象，利用这些工具制作出一些有创意的作品来。在学习使用这些工具时，读者需要注意，每一个变形工具都有控制面板，在使用时可以打开它们的控制面板设置相应的参数和选项。

Example 实例 **53** 排列对象

学习目的

对象的排列顺序是由绘制图形时的先后顺序决定的，后绘制的图形处于先绘制图形的上方，如绘制的图形有重叠的部分，后绘制的图形将覆盖到先绘制的图形。下面通过案例的形式向读者介绍如何排列对象的前后顺序。

实例分析

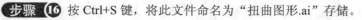	作品路径	作品\第 04 章\排列对象.ai
	视频路径	视频\第 04 章\排列对象.avi
	知识功能	"对象/排列/置于顶层"命令、"对象/排列/前移一层"命令、"对象/排列/后移一层"命令、"对象/排列/置于底层"命令
	学习时间	5 分钟

操 作 步 骤

步骤 1 启动 Illustrator CS6 软件，打开附盘中"素材\第 04 章\人物.ai"文件，如图 4-132 所示。这是由 4 个卡通人物按照前后顺序排列在一起的图形。

步骤 2 利用 工具将 1 号人物选择，执行"对象/排列/置于顶层"命令（快捷键为 Shift+Ctrl+]），可以把选择的人物排列在最前面，如图 4-133 所示。

步骤 3 利用 工具将 2 号人物选择，执行"对象/排列/前移一层"命令（快捷键为 Ctrl+]），可以把选择的 2 号人物向前移动一个位置，现在排列在了 3 号人物的前面，但还是在 1 号人物和 4 号人物的后面，如图 4-134 所示。

图 4-132　打开的图片　　　　图 4-133　排列在最前面　　　　图 4-134　前移一层

步骤④ 为了更直观地看出他们目前各自的位置，把他们重新组合一下，如图 4-135 所示。

步骤⑤ 利用 工具将 4 号人物选择，执行"对象/排列/后移一层"命令（快捷键为 Ctrl+[），可以把选择的 4 号人物向后移动一个位置，如图 4-136 所示。

步骤⑥ 利用 工具将 2 号人物选择，执行"对象/排列/置于底层"命令（快捷键为 Shift+Ctrl+[），可以把选择的 2 号人物移动到所有人物的后面，如图 4-137 所示。

图 4-135 重新排列　　　　图 4-136 后移一层　　　　图 4-137 排列在最后面

步骤⑦ 按 Shift+Ctrl+S 键，将此文件命名为"排列对象.ai"存储。

实例总结

通过本实例的学习，读者掌握了对象前后顺序的排列方法，重点掌握快捷键的使用。

Example 实例 **54** 对象编组与取消编组

学习目的

在实际工作过程中，经常需要将其中一部分对象进行整体移动、缩放、旋转和扭曲等操作，如果对每一个对象都单独进行这些操作，不但浪费时间，而且还不好控制，而利用菜单栏中的"对象/编组"命令可以先将这些对象组合，然后再进行操作，这样就避免了一些不必要的麻烦，另外，如操作完成后，还可以取消编组。本案例学习如何编组对象和取消对象编组操作。

实例分析

视频路径	视频\第 04 章\对象编组与取消编组.avi
知识功能	"对象/编组"命令，"对象/取消编组"命令
学习时间	5 分钟

操 作 步 骤

步骤① 启动 Illustrator CS6 软件，打开附盘中"素材\第 04 章\网页设计.ai"文件。在这个文件中的所有文本、图形以及素材图片都是没有进行编组独立存在的。

步骤② 执行"选择/对象/文本对象"命令，此时可以把网页中的所有可编辑文本同时选择，如图 4-138 所示。

步骤③ 执行"对象/编组"命令（快捷键为 Ctrl+G），这样就把所选择的所有文本都编组在一起了，当利用 工具点选文件中任何文本时，都会把编组在一起的所有文本选择。

步骤④ 选取 工具，在画板外单击，取消文本选择，如图 4-139 所示。

图 4-138　选择文本

图 4-139　取消选择

步骤⑤ 利用 ![](工具在文件中的任何文本位置单击,即可把刚才编组在一起的文本同时选择,如图 4-140 所示。

步骤⑥ 对于编组后的对象,虽然利用 ![](工具无法再单独选取编组中的某一个对象了,但利用"编组选择"工具 ![](就可以来单独选择编组中的对象,例如选取该工具在如图 4-141 所示编组后的文本位置单击,即可将单击位置的文本选择。

图 4-140　同时选择文本

图 4-141　选择编组中的对象

步骤⑦ 将编组后的对象选择,执行"对象/取消编组"命令(快捷键为 Shift+Ctrl+G),即可将成组的对象分离,使其还原为成组之前的独立形态。

实例总结

通过本实例的学习,读者掌握了对象的编组与取消编组操作,重点掌握快捷键的使用。

Example 实例 **55** 锁定与解锁对象

学习目的

利用锁定功能，可以使工作页面中的任何一个对象处于不可选择状态，在此状态下除解锁操作外，无法对锁定的对象进行任何操作。本案例学习如何锁定对象和解锁对象操作。

实例分析

视频路径	视频\第 04 章\锁定与解锁对象.avi
知识功能	"对象/锁定/所选对象"命令，"对象/锁定/上方所有图稿"命令，"对象/全部解锁"命令，"对象/锁定/其他图层"命令，"图层"面板
学习时间	10 分钟

操 作 步 骤

步骤 ① 启动 Illustrator CS6 软件，打开附盘中"素材\第 04 章\人物 02.ai"文件，如图 4-142 所示。

步骤 ② 在这个文件中如果利用 工具想同时选择 1 号人物和 3 号人物，读者所想到的最简单的办法应该是框选操作，如图 4-143 所示。

步骤 ③ 释放鼠标后，可以看到 2 号人物也被选择了，如图 4-144 所示。

图 4-142　打开的文件　　　　　图 4-143　框选图形　　　　　图 4-144　选择的人物

步骤 ④ 利用 工具通过点选先把 2 号人物选择，如图 4-145 所示。

步骤 ⑤ 执行"对象/锁定/所选对象"命令（快捷键为 Ctrl+2），此时就把 2 号人物给锁定了。

步骤 ⑥ 利用 工具同样还是通过框选的方式来选择 1 号人物和 3 号人物，如图 4-146 所示。

步骤 ⑦ 释放鼠标后，可以看到当前只选择了 1 号人物和 3 号人物，而 2 号人物却没有被选择，如图 4-147 所示。

步骤 ⑧ 我们把这 4 个人物重新排列一下位置，如图 4-148 所示。

步骤 ⑨ 利用 工具把 1 号人物选择，如图 4-149 所示。

步骤 ⑩ 执行"对象/锁定/上方所有图稿"命令，此时会把与该对象具有重叠关系的上方的所有对象锁定。

步骤 ⑪ 当具有锁定的对象时，执行"对象/全部解锁"命令（快捷键为 Ctrl+Alt+2），即可将页面中锁定的对象全部解锁。

步骤 ⑫ 执行"窗口/图层"命令，打开"图层"面板，如图 4-150 所示，可以看到这个文件中的 4 个人物是分别在不同的图层中的。

图 4-145　选择 2 号　　　　图 4-146　框选图形　　　　图 4-147　选择的人物

图 4-148　重新排列位置　　图 4-149　选择 1 号人物　　图 4-150　"图层"面板

步骤 ⑬ 在"图层"面板中当前的工作层为"图层 4"，利用 工具把 4 号人物选择。

步骤 ⑭ 执行"对象/锁定/其他图层"命令，此时会把"图层 1"中的 1 号人物、"图层 2"中的 2 号人物和"图层 3"中的 3 号人物锁定。

实例总结

通过本实例的学习，读者掌握了对象的锁定与解锁操作。灵活掌握好对象的锁定命令，可以给设计工作带来很大的方便，希望读者熟练掌握该命令。

Example 实例 **56** 对象的隐藏和显示

学习目的

当在工作页面中创建了很多个对象后，为了防止发生误操作，可以将暂且不用的一部分对象进行隐藏，以减少操作中的干扰因素，图稿设计完成后再将其显示。本案例学习如何隐藏和显示对象操作。

实例分析

视频路径	视频\第 04 章\对象的显示和隐藏.avi
知识功能	"对象/隐藏/所选对象"命令，"对象/隐藏/上方所有图稿"命令，"对象/显示全部"命令，"对象/隐藏/其他图层"命令
学习时间	5 分钟

操 作 步 骤

步骤 ① 启动 Illustrator CS6 软件，打开附盘中"素材\第 04 章\人物 02.ai"文件。

步骤 ② 利用 ▶ 工具把 2 号人物选择，如图 4-151 所示。

步骤 ③ 执行"对象/隐藏/所选对象"命令（快捷键为 Ctrl+3），此时就把 2 号人物隐藏了，如图 4-152 所示。

步骤 ④ 当具有隐藏的对象时，执行"对象/显示全部"命令（快捷键为 Ctrl+Alt+3），即可将页面中隐藏的对象全部显示，如图 4-153 所示。

图 4-151　选择的人物　　　　　　图 4-152　隐藏人物　　　　　　图 4-153　显示人物

步骤 ⑤ 我们把这 4 个人物重新排列一下位置。利用 ▶ 工具把 1 号人物选择，如图 4-154 所示。

步骤 ⑥ 执行"对象/隐藏/上方所有图稿"命令，此时会把与该对象具有重叠关系的上方的所有对象隐藏，如图 4-155 所示。

步骤 ⑦ 执行"对象/显示全部"命令，把隐藏的对象显示。

步骤 ⑧ 选择"图层 4"中的 4 号人物，执行"对象/隐藏/其他图层"命令，此时会把"图层 1"中的 1 号人物、"图层 2"中的 2 号人物和"图层 3"中的 3 号人物隐藏，如图 4-156 所示。

图 4-154　选择 1 号人物　　　　图 4-155　隐藏对象　　　　图 4-156　隐藏其他图层中的人物

实例总结

　　通过本实例的学习，读者掌握了对象的隐藏与显示。与上一个案例所学习的锁定与解锁命令相同，灵活掌握好对象的隐藏和显示操作，可以给设计工作带来很大的方便，希望读者熟练掌握该命令。

Example 实例 57　对齐与分布对象

学习目的

　　在实际工作过程中，经常需要将文件中的多个对象进行对齐与分布操作，如果只是靠参考线来对齐对象，很难精准地把对象对齐，且需要对齐的对象较多的话，工作量也会很大，而利用"窗口/对齐"命令会使该工作变得轻松快捷。本案例来学习如何把多个对象对齐和分布操作。

实例分析

视频路径	视频\第 04 章\对齐与分布对象.avi
知识功能	"窗口/对齐"命令
学习时间	10 分钟

操作步骤

步骤 ❶ 启动 Illustrator CS6 软件，按照默认参数新建一个"横向"文件。

步骤 ❷ 执行"文件/置入"命令，将附盘中"素材\第 04 章\菜.psd"文件置入到当前文件中，如图 4-157 所示。

步骤 ❸ 执行"对象/取消编组"命令，把置入的图片编组取消。

步骤 ❹ 执行"窗口/对齐"命令（快捷键为 Shift+F7），将"对齐"面板显示，如图 4-158 所示。

图 4-157　置入的图片

图 4-158　"对齐"面板

步骤 ❺ 利用 ▶ 工具把图片分布一下位置，如图 4-159 所示。

步骤 ❻ 按 Ctrl+A 键，把所有图片选择，点击"对齐"面板中的"水平左对齐"按钮 ▤，选择的图片将沿左边缘对齐，如图 4-160 所示。

图 4-159　分布图片位置

图 4-160　沿左边缘对齐

步骤 ⑦ 按 Ctrl+Z 键，恢复图片位置。

步骤 ⑧ 点击"对齐"面板中的"水平居中对齐"按钮，选择的图片将沿水平中心对齐，如图 4-161 所示。

步骤 ⑨ 按 Ctrl+Z 键，恢复图片位置。

步骤 ⑩ 点击"对齐"面板中的"水平右对齐"按钮，选择的图片将沿右边缘对齐，如图 4-162 所示。

图 4-161 沿水平居中对齐

图 4-162 沿右边缘对齐

步骤 ⑪ 利用工具把图片再重新分布一下位置，如图 4-163 所示。

步骤 ⑫ 点击"对齐"面板中的"垂直顶对齐"按钮，选择的图片将沿顶边缘对齐，如图 4-164 所示。

图 4-163 重新分布位置

图 4-164 沿顶边缘对齐

步骤 ⑬ 按 Ctrl+Z 键，恢复图片位置。

步骤 ⑭ 点击"对齐"面板中的"垂直居中对齐"按钮，选择的图片将沿垂直居中对齐，如图 4-165 所示。

步骤 ⑮ 按 Ctrl+Z 键，恢复图片位置。

步骤 ⑯ 点击"对齐"面板中的"垂直底对齐"按钮，选择的图片将沿底边缘对齐，如图 4-166 所示。

图 4-165 垂直居中对齐

图 4-166 沿底边缘对齐

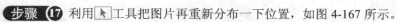

步骤 ⑰　利用 工具把图片再重新分布一下位置，如图 4-167 所示。

步骤 ⑱　点击"对齐"面板中的"水平居中对齐"按钮 和"垂直顶分布"按钮 ，选择的图片将在垂直方向上按顶端平均分布，如图 4-168 所示。

图 4-167　重新分布位置

图 4-168　按顶端平均分布

实例总结

通过本实例的学习，读者掌握了对象的对齐与分布操作。在"对齐"面板中的"分布对象"下面还有 5 个按钮，分别是"垂直居中分布"按钮 、"垂直底分布"按钮 、"水平左分布"按钮 、"水平居中分布"按钮 和"水平右分布"按钮 ，在工作过程中，读者可以自己练习一下剩下的 5 个按钮是怎么来分布的。

Example 实例 58　设计笔记本封面

学习目的

通过本实例的学习，读者可以掌握"编辑/复制"命令、"编辑/粘贴"命令、"对象/全部解锁"命令以及"对象/剪切蒙版/建立"命令，同时也对本章及前面章节所学习的内容做总结性练习，以便使读者对这些基本功能熟练应用。

实例分析

	作品路径	作品\第 04 章\笔记本封面.avi
	视频路径	视频\第 04 章\笔记本封面.avi
	知识功能	"编辑/复制"命令、"编辑/粘贴"命令、"对象/全部解锁"命令、"对象/剪切蒙版/建立"命令
	学习时间	15 分钟

操 作 步 骤

步骤 ①　启动 Illustrator CS6 软件，新建"宽度"为 210mm，"高度"为 297mm 的文件。

步骤 ②　选取 工具在页面中单击，弹出"矩形"对话框，把参数设置成标准 A4 大小，如图 4-169 所示。

步骤 ③　单击 确定 按钮，将设置的矩形对齐到绘图页面的可打印区域，然后给图形设置填充颜色，如图 4-170 所示。

步骤 ④　在矩形的顶部位置再水平绘制一个洋红色矩形，如图 4-171 所示。

步骤 ⑤　利用 工具，将两个矩形同时选取。按快捷键 Ctrl+2，将矩形锁定在原位置。

步骤 ⑥　选取 工具，在页面中单击，弹出"椭圆"对话框，参数设置如图 4-172 所示。

图 4-169　"矩形"对话框参数设置

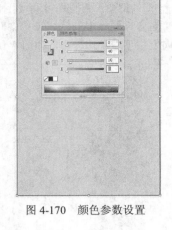

图 4-170　颜色参数设置

图 4-171　绘制的矩形

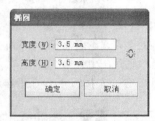

图 4-172　"椭圆"对话框参数设置

步骤 7　单击 确定 按钮，得到一个很小的圆形，给图形设置填充颜色参数，如图 4-173 所示。

图 4-173　绘制的小圆形

步骤 8　执行"对象/变换/移动"命令，弹出"移动"对话框，设置参数，如图 4-174 所示。注意勾选"预览"选项可以看到图形移动的位置。

步骤 9　单击 复制(C) 按钮，即可向右按照 30mm 的距离移动复制出一个小圆形，如图 4-175 所示。

图 4-174　"移动"对话框参数设置

图 4-175　移动复制出的小圆形

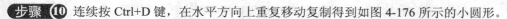

步骤 ⑩ 连续按 Ctrl+D 键，在水平方向上重复移动复制得到如图 4-176 所示的小圆形。

图 4-176　移动复制出的小圆形

步骤 ⑪ 利用 ⬆ 工具，将所有的小圆形框选，然后按快捷键 Ctrl+G 将圆形编组，这样可以方便整体选取圆形对齐操作。

步骤 ⑫ 按住 Alt 键，将鼠标指针移动到小圆形上面，按下鼠标左键向下拖曳小圆形，这样也可以移动复制图形，如图 4-177 所示。

图 4-177　移动复制小圆形

步骤 ⑬ 将两组小圆形同时选取，如图 4-178 所示。

图 4-178　选取圆形

步骤 ⑭ 按住 Alt 键向下移动复制得到如图 4-179 所示的圆形。

图 4-179　移动复制出的小圆形

步骤 ⑮ 打开附盘中"素材\第 04 章\花边.ai"文件，如图 4-180 所示。

图 4-180　打开的素材

步骤 ⑯ 将花边素材选取后执行"编辑/复制"命令，然后将刚才操作的文件设置成工作文件。

步骤 ⑰ 执行"编辑/粘贴"命令，将花边素材粘贴到当前页面中，填充白色后调整大小放置到如图 4-181 所示的位置。

图 4-181　图形放置的位置

步骤 ⑱ 执行"对象/全部解锁"命令，把刚才锁定的矩形解锁，然后再绘制一个矩形，如图 4-182 所示。

图 4-182　绘制的矩形

步骤 ⑲ 利用 工具，框选如图 4-183 所示的图形。

图 4-183　框选图形

步骤 ⑳ 由于图形是全部解锁状态，此时框选会把下面的背景图形同时选择，按住 Shift 键在背景上单击，取消背景选择，只选择下面的长条形洋红色图形、小圆形、花边图形以及刚绘制的白色长条图形，如图 4-184 所示。

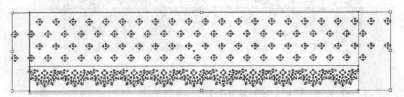

图 4-184　选择的图形

步骤 ㉑ 执行"对象/剪切蒙版/建立"命令，把前面的 3 个图形和刚绘制的白色图形建立剪切蒙版，这样在背景图形外边多余的部分就会被遮挡起来，效果如图 4-185 所示。

步骤 ㉒ 打开附盘中"素材\第 04 章\花朵.ai"文件，如图 4-186 所示。

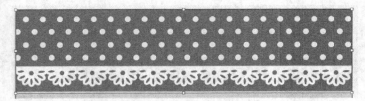

图 4-185　建立蒙版后效果

图 4-186　打开的文件

步骤 ㉓ 将打开的花朵复制到当前文件中，修改花朵的颜色，通过移动复制等操作以及"建立蒙版"命令，在笔记本封面的背景中制作出如图 4-187 所示平铺效果的图案。

步骤 ㉔ 利用 工具及移动复制操作，在画面中绘制出如图 4-188 所示洋红色和白色交错平铺的竖条图形。

步骤 ㉕ 打开附盘中"素材\第 04 章\卡通猫.ai"文件。

步骤 ㉖ 将卡通猫复制到当前画面中，调整大小放置到如图 4-189 所示的位置。

步骤 ㉗ 选取 工具，在页面中单击，在弹出的"圆角矩形"对话框中设置参数，如图 4-190 所示。

步骤 ㉘ 单击 确定 按钮，得到一个圆角矩形，给图形设置填充颜色参数，如图 4-191 所示。

图 4-187　制作的平铺图案

图 4-188　绘制的竖条图形

图 4-189　卡通猫图形位置

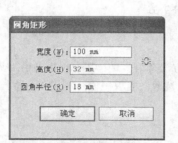

图 4-190　"圆角矩形"对话框

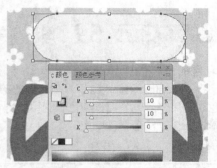

图 4-191　填充颜色参数设置

步骤 **29**　选取 T 工具，在圆角矩形上面输入如图 4-192 所示的文字。

步骤 **30**　打开附盘中"素材\第 04 章\苹果图标.ai"文件。

步骤 **31**　将苹果图标复制到当前画面中，调整大小后放置到如图 4-193 所示位置。

图 4-192　输入的文字

图 4-193　设计完成的封面

步骤 **32**　至此，笔记本封面设计完成，按 Ctrl+S 键，将文件命名为"笔记本封面.ai"存储。

实例总结

　　通过本实例的学习，读者复习了本章及前面章节所学习的工具和命令的综合使用方法。重点要掌握图形的移动复制操作以及使用"对象/剪切蒙版/建立"命令的目的。

第 5 章　填充和描边

本章通过 10 个案例主要来学习给图形填充颜色的各种方法，其中包括利用工具箱中的"填色"和"描边"按钮设置颜色，利用"颜色"面板、"颜色参考"面板、"色板"面板设置填充颜色，利用"渐变"面板设置渐变填充颜色，以及利用"网格"工具 圖创建和编辑网格，利用"吸管"工具 ⯑复制图形或文本属性，利用"实时上色"工具 圖填充颜色，给图形填充图案和描边等功能。

本章实例

- ■　实例 59　图形简单填色
- ■　实例 60　创建渐变色
- ■　实例 61　编辑渐变色
- ■　实例 62　网格填充工具

- ■　实例 63　吸管工具
- ■　实例 64　实时上色工具
- ■　实例 65　图案填充

- ■　实例 66　描边
- ■　实例 67　绘制按钮
- ■　实例 68　绘制菊花

Example 实例 **59**　图形简单填色

学习目的

在 Illustrator 软件中给图形填充颜色的方法有很多种，其中包括利用工具箱填色、利用"拾色器"对话框填色、利用"颜色"面板填色、利用"颜色参考"面板填色、利用"色板"面板以及工具等来填色，本案例来学习如何给图形填色操作。

实例分析

	作品路径	作品\第 05 章\填充图案.ai
	视频路径	视频\第 05 章\填色.avi
	知识功能	"描边"按钮■，"拾色器"对话框，"填色"按钮■，"颜色"面板，"颜色参考"面板，"色板"面板
	学习时间	20 分钟

操 作 步 骤

步骤① 启动 Illustrator CS6 软件，执行"文件/新建"命令，按照默认的选项和参数建立一个新文件。

步骤② 选择工具箱中的"星形"工具 ☆，在画板中绘制如图 5-1 所示的图形。

步骤③ 在工具箱中有两个可以前后切换的颜色框（与 Photoshop 中的前景色和背景色非常类似），如图 5-2 所示，其中左上角的颜色框代表填充色，右下角的环状颜色框代表描边色。

> 提示
>
> 在 Illustrator 软件中系统默认的填充色为白色，描边色为黑色。当将填充色和描边色改变后，单击左下角的 ⯑按钮（快捷键为 D），系统会显示默认的填充色与描边色；单击右上角的 ⯑按钮（快捷键为 X），将会交换设置的填充色与描边色。

步骤④ 选择图形，在工具箱下边位置的"描边"按钮■上双击鼠标左键，弹出"拾色器"对话框，如图 5-3 所示。

图 5-1　绘制的图形

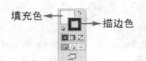
图 5-2　填充颜色工具

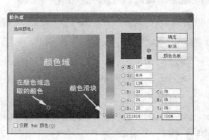
图 5-3　"拾色器"对话框

步骤 5 在"颜色域"中任意的颜色区域单击，此时就可以把单击位置的颜色设置为描边色，单击 确定 按钮，填充的图形描边色如图 5-4 所示。

步骤 6 按快捷键 X，将"填色"按钮设置到前面作为工作按钮，如图 5-5 所示。

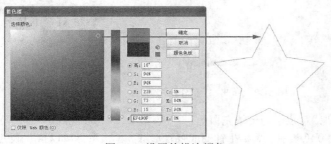
图 5-4　设置的描边颜色

图 5-5　交换填色按钮位置

步骤 7 双击"填色"按钮，弹出"拾色器"对话框，在"颜色域"中选择颜色后再通过拖曳"颜色滑块"在颜色条上的位置来调节所需要的颜色，单击 确定 按钮，图形填充的颜色如图 5-6 所示。

步骤 8 通过 CMYK 颜色数值可以给图形填充精确的颜色，如图 5-7 所示，单击 确定 按钮，图形填充的颜色如图 5-8 所示。

图 5-6　填充的颜色

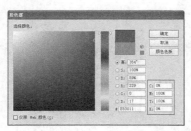
图 5-7　设置 CMYK 颜色数值

图 5-8　填充的颜色

步骤 9 在工具箱下面有三个按钮，分别是"颜色"按钮、"渐变"按钮和"无"按钮。"颜色"按钮为默认激活状态，表示当前图形的填充颜色，单击"渐变"按钮会弹出如图 5-9 所示的"渐变"面板，通过该面板可以给图形设置渐变填充颜色，如图 5-10 所示。

步骤 10 单击"无"按钮，会去除图形的填充颜色，如图 5-11 所示。

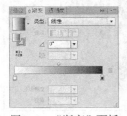
图 5-9　"渐变"面板

图 5-10　填充渐变颜色

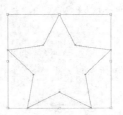
图 5-11　去除填充颜色

提示 　有些用户在绘图时经常将白色与无色相混淆，即将无色误认为是白色；或将白色误认为是无色，这是一种错误的认识。因为在软件中绘图时，页面通常都是白色的，所以无色和白色很难区分，但如果在其他背景上绘图时结果就大不相同了，白色可以遮住背景色，而无色则不能，希望读者在今后的绘图过程中能够注意这一点。

步骤 ⑪ 执行"窗口/颜色"命令（快捷键为 F6），显示如图 5-12 所示的"颜色"面板。

步骤 ⑫ 单击如图 5-13 所示的"无"按钮，可以去除图形的填充颜色。

步骤 ⑬ 单击如图 5-14 所示的按钮，可以给图形填充黑色。

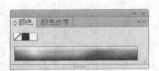
图 5-12 　"颜色"面板

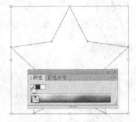
图 5-13 　单击"无"按钮

图 5-14 　填充黑色

步骤 ⑭ 单击如图 5-15 所示的按钮，可以给图形填充白色。

步骤 ⑮ 将鼠标指针移动到下面的颜色条中，鼠标指针变成吸管形态，单击鼠标可以拾取颜色填充到选择的图形中，如图 5-16 所示。

步骤 ⑯ 单击"颜色"面板右上角的 按钮，在弹出的菜单中选择"显示选项"命令，"颜色"面板即变成如图 5-17 所示的 CMYK 颜色滑块。

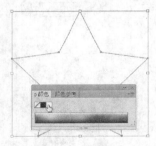
图 5-15 　填充白色

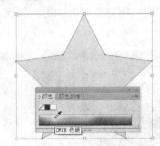
图 5-16 　拾取颜色

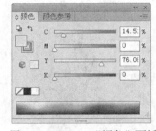
图 5-17 　CMYK"颜色"面板

步骤 ⑰ 通过直接设置参数或拖曳滑块可以来修改图形的填充颜色，如图 5-18 所示。

步骤 ⑱ 在"颜色"面板中双击左上角的"填色"或"描边"按钮，也可以弹出"拾色器"对话框，如图 5-19 所示。

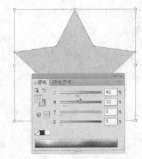
图 5-18 　拖曳滑块设置颜色

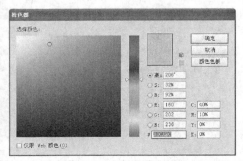
图 5-19 　"拾色器"对话框

步骤 ⑲ 执行"窗口/颜色参考"命令，显示如图 5-20 所示的"颜色参考"面板。

步骤 ⑳ 该面板中的颜色与其他颜色面板中的颜色有所不同，是某一种颜色从中间位置向两边分别变暗和加亮来分成不同的明度，这样为用户提供了更大的颜色参考。在"颜色参考"面板中用鼠标单击要填充的颜色，即可将选择的颜色填充到选择的图形上，如图 5-21 所示。

步骤 ㉑ 单击右上角的"协调规则"按钮 ，弹出如图 5-22 所示的颜色列表，在该列表中可以颜色的组合类别来选取颜色。

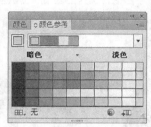
图 5-20　"颜色参考"面板

图 5-21　选择颜色

图 5-22　颜色组合列表

步骤 ㉒ 单击左下角的 按钮，弹出如图 5-23 所示的"颜色样式"菜单，根据需要可以选择需要的颜色样式。

步骤 ㉓ 单击右下角的"编辑或应用颜色"按钮 ，弹出如图 5-24 所示的"重新着色图稿"面板，在该面板中可以根据"预设"或"颜色组"重新设置颜色。

图 5-23　"颜色样式"菜单

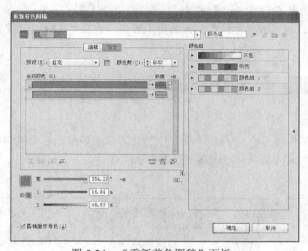
图 5-24　"重新着色图稿"面板

步骤 ㉔ 单击左下角的将颜色保存到"色板"面板按钮 ，可以将设置的颜色存储到"色板"面板中。执行"窗口/色板"命令，打开"色板"面板，在"色板"的最下面一行颜色块即为刚刚存储的颜色，如图 5-25 所示。

步骤 ㉕ 在设计工作中，如果需要常用的颜色，通过单击"色板"面板下面的 按钮，会弹出"新建色板"对话框，在该对话框中可以按照 CMYK 颜色参数设置颜色，还可以给颜色命名或选取颜色类型，如图 5-26 所示。

步骤 ㉖ 单击 确定 按钮，新建的颜色会存储到"色板"面板中，如图 5-27 所示。

步骤 ㉗ 在"色板"面板中还包含渐变颜色和图案填充，选择图形后单击如图 5-28 所示的渐变颜色色样会直接给图形填充上渐变颜色。

步骤 ㉘ 选择图形后单击如图 5-29 所示的图案色样，会直接给图形填充上图案。

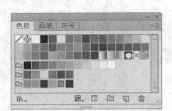

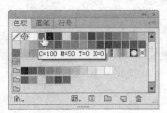

图 5-25 "色板"面板　　　图 5-26 "新建色板"对话框　　　图 5-27 新建的颜色

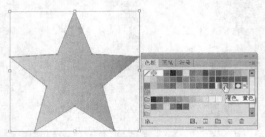

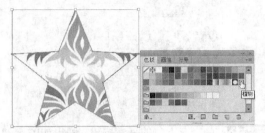

图 5-28 填充渐变颜色　　　　　　　　　　图 5-29 填充图案

步骤 ㉙ 按快捷键 Ctrl+S 键，将文件命名为"填充图案.ai"存储。

实例总结

　　通过本实例的学习，读者掌握了"描边"按钮▣、"拾色器"对话框、"填色"按钮▣，"颜色"面板、"颜色参考"面板以及"色板"面板的使用方法。重点要掌握如何按照颜色参数设置标准颜色以及如何存储设置的颜色操作。

Example **实例 60** 创建渐变色

学习目的

　　在实际工作过程中，"色板"面板中的几种渐变类型远远不能满足设计需要，因此，这就需要读者自己创建渐变色，本案例来学习创建渐变色的方法。

实例分析

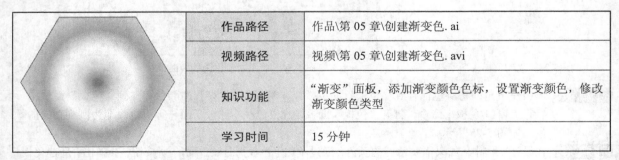

作品路径	作品\第 05 章\创建渐变色.ai
视频路径	视频\第 05 章\创建渐变色.avi
知识功能	"渐变"面板，添加渐变颜色色标，设置渐变颜色，修改渐变颜色类型
学习时间	15 分钟

操 作 步 骤

步骤 ❶ 启动 Illustrator CS6 软件，执行"文件/新建"命令，按照默认的选项和参数建立一个新文件。

步骤 ❷ 选择▣工具，绘制一个如图 5-30 所示的多边形。

步骤 ❸ 打开"色板"面板，单击如图 5-31 所示的渐变颜色，给图形填充上白色到黑色的渐变色，如图 5-32 所示。

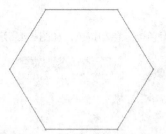
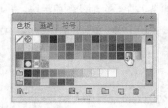
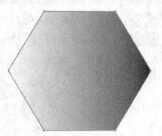

图 5-30 绘制的多边形　　　　图 5-31 单击渐变颜色　　　　图 5-32 填充的渐变颜色

步骤 4 打开"渐变"面板,将鼠标指针移动到"渐变"面板颜色条下方需要更改颜色的渐变滑块上单击,将此渐变滑块设置为当前状态,如图 5-33 所示。

步骤 5 打开"颜色"面板,设置需要的渐变颜色,如图 5-34 所示,此时"渐变"面板中被选择的渐变滑块的颜色即显示新设置的颜色,如图 5-35 所示。

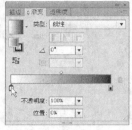
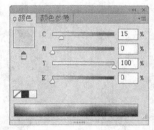

图 5-33 选择渐变滑块　　　　图 5-34 设置颜色　　　　图 5-35 设置的滑块颜色

步骤 6 当给渐变滑块设置了颜色后,被选择的图形会即时显示新设置的渐变颜色,如图 5-36 所示。

步骤 7 在"渐变"面板中选择右边的滑块,然后在"颜色"面板中设置颜色,如图 5-37 所示,图形填充的渐变颜色如图 5-38 所示。

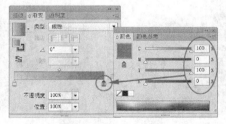
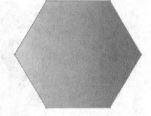

图 5-36 填充的渐变颜色　　　　图 5-37 设置渐变颜色　　　　图 5-38 填充的渐变颜色

步骤 8 将鼠标指针移动到"渐变"面板的渐变颜色条下方如图 5-39 所示的位置单击,可以添加一个渐变滑块,如图 5-40 所示。

步骤 9 把"位置"参数设置为 50%,渐变颜色滑块便移动到了渐变颜色条的中间位置,如图 5-41 所示。

图 5-39 单击位置　　　　图 5-40 添加的渐变滑块　　　　图 5-41 移动渐变滑块位置

步骤 ⑩ 将新添加的渐变颜色滑块颜色设置成白色，如图 5-42 所示。

步骤 ⑪ 分别在25%位置和75%位置再各添加一个渐变颜色滑块，并设置颜色为绿色和黄色，如图 5-43 所示。

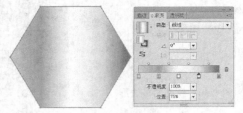

图 5-42　设置的滑块颜色　　　　　　图 5-43　新添加的滑块及颜色

步骤 ⑫ 在"角度"选项右侧输入一个渐变颜色的角度值，此时图形填充的渐变颜色角度发生了变化，如图 5-44 所示。

步骤 ⑬ 在"类型"选项右侧的下拉菜单选项中选择"径向"，此时图形填充的渐变颜色变成如图 5-45 所示径向填充。

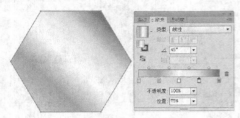
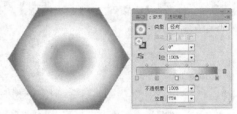

图 5-44　设置填充角度　　　　　　图 5-45　径向填充

步骤 ⑭ 在"长宽比"选项右侧设置 50%参数，此时图形填充的径向渐变颜色变成如图 5-46 所示的比例。

步骤 ⑮ 按快捷键 Ctrl+Z，恢复长宽比为 100%，然后单击"反向渐变"按钮，渐变颜色变成反向填充，如图 5-47 所示。

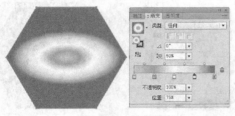
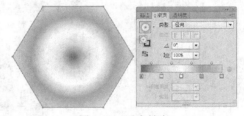

图 5-46　设置长宽比　　　　　　图 5-47　反向填充

步骤 ⑯ 如想要删除添加的渐变滑块，可在滑块上按下鼠标左键向面板下方拖曳，使其脱离颜色条，即可删除渐变颜色滑块。

步骤 ⑰ 按快捷键 Ctrl+S 键，将文件命名为"创建渐变色.ai"存储。

实例总结

通过本实例的学习，读者掌握了如何利用"渐变"面板以及"颜色"面板给图形创建需要的渐变颜色。重点要掌握渐变颜色滑块的添加、删除以及颜色设置方法。

Example 实例 61 编辑渐变色

学习目的

在上一个案例中学习了如何给图形创建渐变颜色及如何利用"渐变"面板中的"角度"选项参数来设置渐变颜色的角度。本案例来学习如何利用"渐变"工具编辑渐变颜色。

实例分析

作品路径	作品\第 05 章\编辑渐变色.ai
视频路径	视频\第 05 章\编辑渐变色.avi
知识功能	"渐变"工具 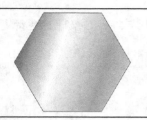
学习时间	10 分钟

操 作 步 骤

步骤 ① 接上例。打开"渐变"面板,在"类型"选项右侧的下拉菜单选项中选择"线性",此时图形填充的渐变颜色变成如图 5-48 所示线性填充。

步骤 ② 选择"渐变"工具 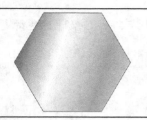(快捷键为 G),此时在图形上出现如图 5-49 所示的渐变控制。

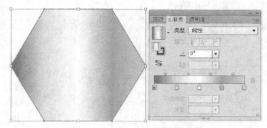
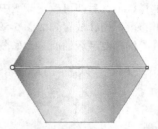

图 5-48 改为线性填充　　　　　　　　　　　　　　　　图 5-49 出现的渐变控制

步骤 ③ 当把鼠标指针移动到变换控制位置时,在变换控制上会显示如图 5-50 所示的渐变颜色滑块。

步骤 ④ 直接拖曳渐变颜色滑块,可以调整渐变颜色的位置,如图 5-51 所示。

步骤 ⑤ 当把鼠标指针移动到变换控制的右边位置时,鼠标指针将变为如图 5-52 所示的旋转形态。

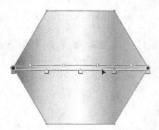
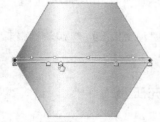
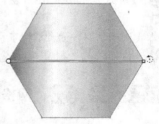

图 5-50 显示的渐变颜色滑块　　图 5-51 调整渐变颜色滑块位置　　图 5-52 出现的旋转符号

步骤 ⑥ 按下鼠标指针拖曳可以调整渐变控制的角度,如图 5-53 所示,释放鼠标左键后图形的渐变颜色角度发生了变化,如图 5-54 所示。

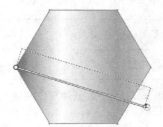
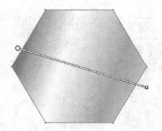

图 5-53 旋转状态　　　　　　　　　图 5-54 调整渐变颜色角度后的效果

下面来学习调整渐变颜色中心点的位置。

步骤 7 在"渐变"面板中的"类型"选项右侧下拉菜单中选择"径向",此时图形填充的渐变颜色变成如图 5-55 所示径向填充。

步骤 8 当把鼠标指针移动到变换控制位置时,在变换控制上会显示如图 5-56 所示的渐变颜色滑块。

步骤 9 在渐变控制的左端按下鼠标左键拖曳,如图 5-57 所示。

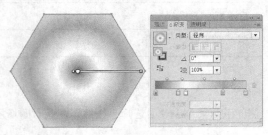 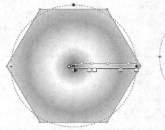 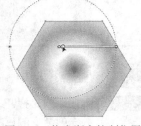

图 5-55　设置径向渐变　　　　　图 5-56　显示渐变颜色滑块　　图 5-57　拖曳渐变控制位置

步骤 10 释放鼠标后即可改变渐变中心点的位置,如图 5-58 所示。

步骤 11 将鼠标指针放置到如图 5-59 所示的位置,按下鼠标左键拖曳,通过改变渐变控制的长度可以得到不同渐变区域的面积,如图 5-60 所示。

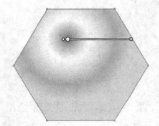 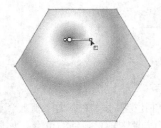 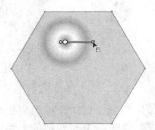

图 5-58　改变渐变中心点位置　　图 5-59　改变渐变控制的长度　　图 5-60　改变渐变面积后的效果

步骤 12 按快捷键 Shift+Ctrl+S 键,将文件命名为"编辑渐变色.ai"存储。

实例总结

　　通过本实例的学习,读者掌握了利用"渐变"工具■编辑调整渐变颜色的方法。重点掌握渐变控制的灵活操作方法。

Example 实例 62　网格填充工具

学习目的

　　使用"网格"工具圈可以在一个操作对象内创建多个渐变点,从而对图形进行多个方向和多种颜色的渐变填充,本案例来学习圈工具的使用方法。

实例分析

	作品路径	作品\第 05 章\网格工具.ai
	视频路径	视频\第 05 章\网格工具.avi
	知识功能	"网格"工具圈,"对象/创建渐变网格"命令,"创建渐变网格"对话框
	学习时间	10 分钟

 操 作 步 骤

步骤 ❶ 启动 Illustrator CS6 软件，执行"文件/新建"命令，按照默认的选项和参数建立一个新文件。

步骤 ❷ 选择 ▭ 工具，按住 Shift 键绘制一个圆形并填充上黄色，如图 5-61 所示。

步骤 ❸ 选择"网格"工具 🖾（快捷键为 U），然后将鼠标指针移动到图形上，当鼠标指针显示为"🖳"形状时，单击即可在该图形上创建一个网格点，图形变为网格对象，如图 5-62 所示。

步骤 ❹ 将图形转换为网格对象后，最重要的一个环节就是为其填充颜色，从而获得最终的渐变效果。在为网格对象填色时，可以分别为网格点或网格单元填色。其方法为利用 🖾 工具或 ▸ 工具在网格对象中选择一个网格点或网格单元，然后在"颜色"面板中调整所需的颜色，即可为网格点或网格单元进行填色，如图 5-63 所示。

  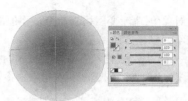

图 5-61　绘制的圆形　　　图 5-62　创建的网格点　　　图 5-63　给网格点填充颜色

> 提示　默认情况下，添加的网格点以前景色作为其填充色。利用 🖾 工具在图形中依次单击，可以创建多个网格点。

步骤 ❺ 按两次快捷键 Ctrl+Z，恢复到圆形没有创建网格状态。

步骤 ❻ 执行"对象/创建渐变网格"命令，弹出如图 5-64 所示的"创建渐变网格"对话框。在此对话框中设置参数及选项后，单击 确定 按钮，选择的圆形创建为网格对象，并在圆形内生成创建的网格点及网格单元，如图 5-65 所示。

步骤 ❼ 在"外观"右侧的选项下拉菜单中选择"至中心"，此时的渐变网格效果如图 5-66 所示。

 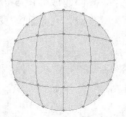 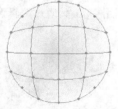

图 5-64　"创建渐变网格"对话框　图 5-65　创建的渐变网格　　图 5-66　"至中心"效果

步骤 ❽ 在"外观"右侧的选项下拉菜单中选择"至边缘"，此时的渐变网格效果如图 5-67 所示。

步骤 ❾ 给图形创建了网格后，按住 Alt 键，再将鼠标指针放置到网格点上，鼠标指针将显示为"🖳"形状，如图 5-68 所示，此时单击，即可将此网格点及相应的网格线删除，如图 5-69 所示。

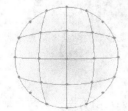 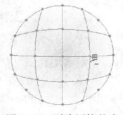 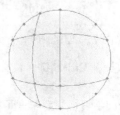

图 5-67　"至边缘"效果　　图 5-68　删除网格状态　　图 5-69　删除网格后的形态

步骤 ⑩ 将鼠标指针移动到创建的网格点上，当鼠标指针显示为"⊞"形状时，如图 5-70 所示。

步骤 ⑪ 按下鼠标左键并拖曳，即可移动网格点的位置，如图 5-71 所示。

步骤 ⑫ 在网格点两边的控制柄上按下鼠标左键拖曳，可以调整网格线的形状，如图 5-72 所示。

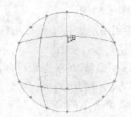  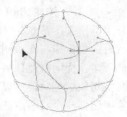

图 5-70　鼠标指针位置　　　　图 5-71　移动位置后的网格点　　　图 5-72　调整网格线的形状

执行"对象/创建渐变网格"命令，不但能给矢量图形创建渐变网格，对于位图图片也可以创建成渐变网格，下面来学习创建方法。

步骤 ⑬ 执行"文件/置入"命令，置入附盘中"素材\第 05 章\花卉.jpg"图片文件，如图 5-73 所示。

步骤 ⑭ 执行"对象/创建渐变网格"命令，弹出"创建渐变网格"对话框，设置参数如图 5-74 所示。

 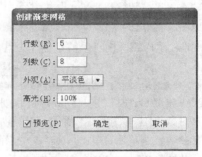

图 5-73　置入的图片　　　　　　　图 5-74　"创建渐变网格"对话框

步骤 ⑮ 单击 确定 按钮，位图图片即被创建成如图 5-75 所示的渐变网格效果。

步骤 ⑯ 利用 ▦ 工具通过编辑调整渐变网格点，可以把渐变网格调整成如图 5-76 所示的显色混合效果。

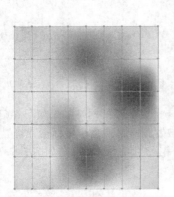 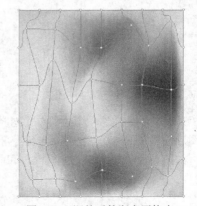

图 5-75　创建成的渐变网格效果　　　　　图 5-76　调整后的渐变网格点

步骤 ⑰ 按快捷键 Ctrl+S 键，将文件命名为"网格工具.ai"存储。

实例总结

通过本实例的学习，读者掌握了利用"网格"工具 ▦ 以及"对象/创建渐变网格"命令给矢量图形或位图图像创建渐变网格的方法，同时还学习了如何编辑和调整渐变网格的形状以及如何给网格设置颜色等。

Example 实例 **63** 吸管工具

学习目的

利用"吸管"工具可以把矢量图形或位图图像的颜色吸取为工具箱中的填色，这样可以有效地节省在"颜色"面板中设置颜色的时间。利用工具不但可以快速地吸取颜色，该工具最出色的地方是可以把选择的对象按照另外一个对象的属性进行复制。本案例学习工具的使用方法。

实例分析

<table>
<tr><td rowspan="4"></td><td>作品路径</td><td>作品\第 05 章\吸管工具练习.ai</td></tr>
<tr><td>视频路径</td><td>视频\第 05 章\吸管工具.avi</td></tr>
<tr><td>知识功能</td><td>"吸管"工具，"对象/创建渐变网格"命令，"创建渐变网格"对话框</td></tr>
<tr><td>学习时间</td><td>10 分钟</td></tr>
</table>

操 作 步 骤

步骤 1 启动 Illustrator CS6 软件，执行"文件/打开"命令，打开附盘中"素材\第 05 章\图案.ai"文件，如图 5-77 所示。

步骤 2 选择工具，绘制一个多边形，然后利用 T 工具在多边形下面输入文字，如图 5-78 所示。

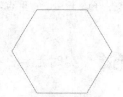

图 5-77 打开文件　　　　　　　　图 5-78 绘制的图形与输入的文字

步骤 3 利用工具将多边形选择，然后选择"吸管"工具（快捷键为 I），将鼠标指针移动到如图 5-79 所示的图案上面。

步骤 4 单击鼠标左键，此时多边形图形会复制圆角矩形图形中的图案以及轮廓属性，如图 5-80 所示。

图 5-79 鼠标指针位置　　　　　　　图 5-80 复制的属性

步骤 5 将"花色图案"文字选择，将鼠标指针移动到如图 5-81 所示的"图案设计"文字上面。

步骤 6 单击鼠标左键，此时"花色图案"文字会复制"图案设计"文字的属性，如图 5-82 所示。

步骤 7 按快捷键 Shift+Ctrl+S 键，将文件命名为"吸管工具练习.ai"存储。

图 5-81　鼠标指针位置　　　　　　　　图 5-82　复制的属性

相关知识点——吸管工具属性设置

　　在实际的作图过程中，利用 ✐ 工具更新对象的属性可以给设计工作带来很大的方便，但在某些时候也会带来一些不便。例如，只想复制图形的填充色，而不想复制轮廓色；或仅需要对文字的字体和字号进行复制，而不需要对文字的颜色和方向进行复制等。遇到这样的情况时可以在"吸管选项"中根据需要来设置复制的属性。

　　双击 ✐ 工具，弹出如图 5-83 所示的"吸管选项"对话框，在此对话框中可以对吸管工具的应用范围进行设置。

　　在左侧的窗口中单击某一选项前面的 ☑ 图标，取消其选择状态，即可取消对操作对象复制该属性；再次单击该选项将其选择，即可重新对操作对象的该属性进行复制。

实例总结

　　通过本实例的学习，读者掌握了利用"吸管"工具 ✐ 复制对象属性的操作。灵活掌握好该工具的使用，会给设计工作带来很大的方便，希望读者能够掌握好该工具，并重点理解"吸管选项"对话框中各选项的功能。

图 5-83　"吸管选项"对话框

Example 实例 **64** 实时上色工具

学习目的

　　利用"实时上色"工具 🖾 可以任意为图形进行着色，无论是复杂还是简单的复合路径，也不管是复合路径中的前面图形还是后面的图形，利用该工具就像对画布或纸上的绘画进行着色一样。读者可以使用不同颜色为每个路径段描边，并填充不同的颜色、图案或渐变填充每个路径。本案例来学习 🖾 工具的使用方法。

实例分析

	作品路径	作品\第 05 章\实时上色.ai
	视频路径	视频\第 05 章\实时上色工具.avi
	知识功能	"实时上色"工具 🖾，"实时上色工具选项"对话框，"实时上色选择"工具 🖾
	学习时间	10 分钟

操 作 步 骤

步骤 ❶ 启动 Illustrator CS6 软件，执行"文件/新建"命令，按照默认的选项和参数建立一个新文件。

步骤 ❷ 选择 ◯ 工具，绘制一个圆形，将圆形选择，执行"对象/变换/缩放"命令，在弹出的"比例缩放"对话框中设置参数，如图 5-84 所示。

步骤 ❸ 单击 复制(C) 按钮，缩小复制出的圆形如图 5-85 所示。

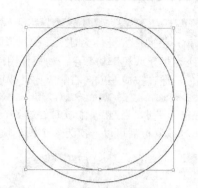

图 5-84　"比例缩放"对话框　　　　　　　图 5-85　缩小复制出的圆形

步骤 4 将两个圆形同时选择，然后按住 Alt 键向右移动复制圆形，如图 5-86 所示。

步骤 5 释放鼠标后再按快捷键 Ctrl+D 重复移动复制出如图 5-87 所示的圆形。

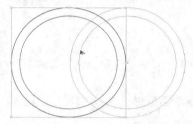
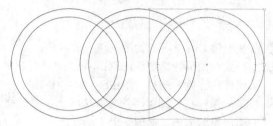

图 5-86　移动复制图形状态　　　　　　　图 5-87　重复移动复制出的图形

步骤 6 按快捷键 Ctrl+A 将所有圆形同时选择。

步骤 7 选择"实时上色"工具（快捷键为 K），打开"色板"面板，选择如图 5-88 所示的黄色。

步骤 8 移动鼠标指针到需要填充颜色的图形上面，鼠标指针将变为油漆桶形状，并且突出显示图形填充内侧周围的线条为红色，单击鼠标左键，即可给图形填充上颜色，如图 5-89 所示。

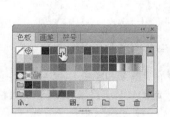
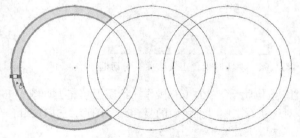

图 5-88　"色板"面板　　　　　　　　　图 5-89　填充的颜色

步骤 9 再将如图 5-90 所示的图形填充上黄色。

步骤 10 按键盘中向左的方向键，然后给如图 5-91 所示的图形填充上红色。

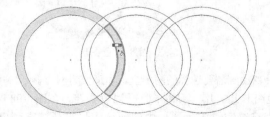
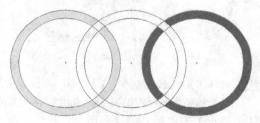

图 5-90　填充的颜色　　　　　　　　　　图 5-91　填充红色

当鼠标指针指向需要进行实时上色的图形时，指针显示为一种或 3 种颜色方块 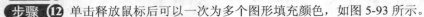，该 3 种颜色方块表示选定填充或轮廓的颜色；如果使用"色板"面板中的颜色，该颜色方块表示所选颜色与两种相邻的颜色。通过按向左或向右的方向键，可以来切换用相邻的颜色来进行填充。

步骤 ⑪ 按住鼠标左键，当拖曳鼠标指针经过多个图形时，所经过的图形将显示红色轮廓线，如图 5-92 所示。

步骤 ⑫ 单击释放鼠标后可以一次为多个图形填充颜色，如图 5-93 所示。

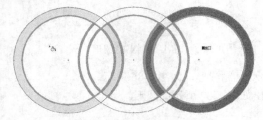

图 5-92 鼠标经过的图形

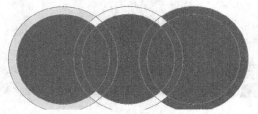

图 5-93 填充的颜色

步骤 ⑬ 按快捷键 Ctrl+Z，撤销刚刚填充的红色。

步骤 ⑭ 如果要对图形轮廓填色，双击 工具，弹出如图 5-94 所示的"实时上色工具选项"对话框，勾选"描边上色"选项，单击 确定 按钮。

步骤 ⑮ 将鼠标指针移动到图形的轮廓边缘上，鼠标指针显示为画笔形状 并突出显示轮廓，单击即可给图形轮廓上色，如图 5-95 所示。

图 5-94 "实时上色工具选项"对话框

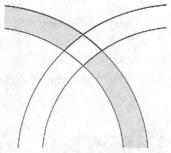

图 5-95 填充的轮廓色

步骤 ⑯ 使用上面所介绍的填充操作，给图形填充上如图 5-96 所示的图案和颜色。

步骤 ⑰ 对于执行了实时上色后的复合路径图形，它们是组合在一起的，无法直接利用 工具将某部分图形选取进行编辑，如图 5-97 所示。

图 5-96 填充的图案和颜色

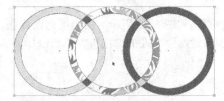

图 5-97 实时上色图形

步骤 ⑱ 选择"实时上色选择"工具 ，将鼠标指针移动到需要选择的图形上，图形变为网点显示，单击即可把该图形选择，如果按住 Shift 键再在其他图形上单击，可以同时选择多个图形，如图 5-98 所示。

步骤 ⑲ 图形被选取后，可以利用"色板"面板直接给实时上色图形中的部分图形重新填充颜色，如图 5-99 所示。

图 5-98　选择图形　　　　　　　　　　　　图 5-99　重新填充颜色

步骤 20 按快捷键 Ctrl+S 键，将文件命名为"实时上色.ai"存储。

实例总结

　　通过本实例的学习，读者掌握了利用"实时上色"工具给图形实时填充颜色的操作，以及利用"实时上色选择"工具编辑修改实时上色图形中部分图形的颜色填充操作。灵活掌握好该工具的使用，会给图形的绘制工作带来很大的方便，希望读者认真学习这两个工具。

Example 实例 **65** 图案填充

学习目的

　　通过本实例的学习，读者可以学习如何把绘制的图形或图案素材利用"图案选项"对话框创建成适合设计需要的图案。

实例分析

作品路径	作品\第 05 章\图案填充.ai
视频路径	视频\第 05 章\图案填充.avi
知识功能	"对象/图案/建立"命令，"图案选项"对话框，"窗口/色板库/其他库"命令
学习时间	15 分钟

操 作 步 骤

步骤 1 启动 Illustrator CS6 软件。执行"文件/打开"命令，打开附盘中"素材\第 05 章\卡通素材.ai"文件，如图 5-100 所示。

步骤 2 利用工具将卡通图形选择，执行"对象/图案/建立"命令，弹出"图案选项"对话框，并生成图案拼贴效果，如图 5-101 所示。

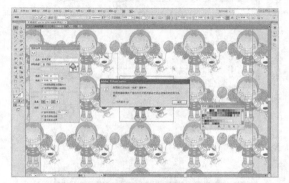

图 5-100　打开文件　　　　　　　　　　图 5-101　弹出对话框生成图案拼贴效果

步骤 3 单击"Adobe Illustrator"对话框中的 确定 按钮，关闭该对话框。

步骤 4 在"图案选项"对话框中的"拼贴类型"右边的选项中设置"砖形（按行）"类型，此时图案变成如图 5-102 所示的砖形排列。

步骤 5 在"份数"右边的选项中设置"9×9"选项，此时图案变成如图 5-103 所示的排列。

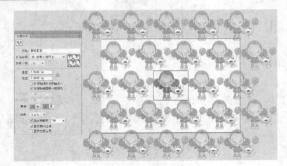
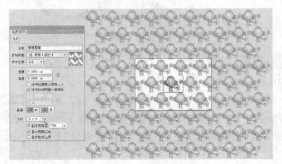

图 5-102　砖形排列　　　　　　　　图 5-103　"9×9"选项排列

步骤 6 各选项设置完成后单击画板上边的 ✓完成 按钮，完成图案建立，此时新建的图案会自动存储在"色板"面板中，如图 5-104 所示。

步骤 7 把当前画板中的卡通选择后删除，然后利用▢工具绘制一个矩形。

步骤 8 在色板面板中单击刚刚建立的图案，给图形填充的图案效果如图 5-105 所示。

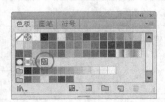
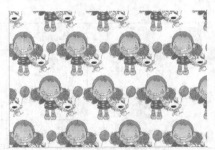

图 5-104　新建的图案　　　　　　　　图 5-105　填充的图案

步骤 9 按快捷键 Shift+Ctrl+S 键，将文件命名为"图案填充.ai"存储。

在"色板"面板中除了现有的图案以及刚刚建立的图案之外，Illustrator CS6 还提供了一些其他图案库。

步骤 10 执行"窗口/色板库/其他库"命令，弹出如图 5-106 所示的"打开"对话框。

步骤 11 双击"色板"文件夹，打开如图 5-107 所示的对话框。

图 5-106　"打开"对话框　　　　　　　图 5-107　"打开"对话框

步骤 ⑫ 双击"图案"文件夹，在弹出的下一级对话框中再双击"自然"文件夹，在该文件夹中包含两个图案库文件，如图 5-108 所示。

步骤 ⑬ 双击"自然_动物皮"文件，打开的图案库面板如图 5-109 所示。

图 5-108　图案库文件

图 5-109　图案库面板

步骤 ⑭ 当绘制了图形后，在该对话框中单击需要的图案即可填充到图形中，如图 5-110 所示。

步骤 ⑮ 按快捷键 Shift+Ctrl+S 键，将文件命名为"动物皮图案.ai"存储。

实例总结

通过本实例的学习，读者掌握了利用"对象/图案/建立"命令创建需要的图案操作方法，以及如何打开图案库操作。读者需要重点掌握如何利用"图案选项"对话框编辑和创建图案。

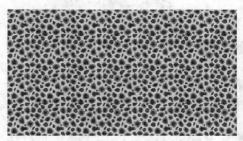

图 5-110　填充的图案

Example 实例 **66** 描边

学习目的

通过本实例的学习，读者可以学习如何给图形轮廓设置描边属性。

实例分析

作品路径	作品\第 05 章\描边效果.ai	
视频路径	视频\第 05 章\描边.avi	
知识功能	"窗口/描边"命令，"描边"对话框	
学习时间	15 分钟	

操 作 步 骤

步骤 ❶ 启动 Illustrator CS6 软件。执行"文件/置入"命令，置入附盘中"素材\第 05 章\花瓶.jpg"图片，如图 5-111 所示。

步骤 ❷ 选择▢工具，在图片外边绘制一个矩形，颜色填充为"无"，轮廓颜色为深褐色（C：40，M：70，Y：100，K：50），如图 5-112 所示。

步骤 3 按快捷键 Ctrl+A，把图片和矩形同时选择，然后单击控制栏中的 和 按钮，将图片和矩形对齐，如图 5-113 所示。

图 5-111　置入的图片　　　　图 5-112　绘制的矩形　　　　图 5-113　对齐后效果

步骤 4 执行"窗口/描边"命令（快捷键为 Ctrl+F10），弹出"描边"对话框，设置"粗细"选项为"12pt"，"边角"选项为"斜角连接"，参数设置及轮廓线效果如图 5-114 所示。

步骤 5 按快捷键 Ctrl+C，然后再按快捷键 Ctrl+F，复制矩形。

步骤 6 将复制出的轮廓线颜色设置为橙色（M：50，Y：100），然后在"描边"对话框中修改其他参数及轮廓线效果，如图 5-115 所示。

步骤 7 按快捷键 Ctrl+C，然后再按快捷键 Ctrl+F，复制矩形。

步骤 8 将复制出的轮廓线颜色设置为黄色（Y：100），然后在"描边"对话框中修改其他参数及轮廓线效果，如图 5-116 所示。

图 5-114　"描边"对话框　　　图 5-115　参数设置及轮廓线效果　　图 5-116　参数设置及轮廓线效果

步骤 9 按快捷键 Ctrl+S 键，将文件命名为"描边效果.ai"存储。

相关知识点——"描边"面板属性设置

利用"描边"面板可以对轮廓的粗细、端点类型、边角等属性进行设置。在如图 5-117 所示的"描边"面板有一些选项和参数需要读者掌握。

● "粗细"选项。用于控制选择图形的轮廓粗细，可以在右侧的数字输入框中输入或选择一个数值，也可单击上下三角按钮。数值越大，轮廓越粗；当数值为 0 时，可以取消对象的轮廓线。

● "端点"选项。激活右侧不同的按钮,可以为绘制的路径选择不同的端点类型。依次激活"平头端点"按钮、"圆头端点"按钮和"方头端点"按钮时,绘制路径端点处的不同形态如图 5-118 所示。

● "边角"选项。右侧的按钮决定了路径拐角处的接合方式,分别激活"斜接连接"按钮、"圆角连接"按钮和"斜角连接"按钮时,路径边角处的不同形态如图 5-119 所示。

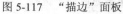

图 5-117　"描边"面板　　　图 5-118　路径端点处的不同形态　图 5-119　路径边角处的不同形态

● "限制"选项。在此选项右侧的数值输入框中输入数值,用于控制接合的角度。此选项只有设置"斜接连接"按钮时才可用。

● "对齐描边"选项。右侧的按钮决定了路径描边的位置,分别激活"使描边居中对齐"按钮、"使描边内侧对齐"按钮和"使描边外侧对齐"按钮时,路径描边的不同位置如图 5-120 所示。

● "虚线"选项。选择此选项,可以将轮廓定义为虚线。然后在其下的"虚线"和"间隙"数值输入框中设置相应的参数,用来指定虚线的长度和间隙长度,从而创建自定义的虚线形态。

● "箭头"选项。可以为选择的线形添加箭头效果。单击右侧的 ▼ 按钮,在弹出的下拉列表中可选择箭头样式,单击 ⇄ 按钮,可将两端的箭头样式交换。

● "缩放"选项。用于设置添加箭头的大小,单击右侧的按钮,可锁定图形的比例。

● "对齐"选项。用于设置添加箭头的位置。分别激活"将箭头提示扩展到路径端点外"按钮 ⇥ 和"将箭头提示放置于路径终点处"按钮 ⇥ 时,箭头图形添加的位置如图 5-121 所示。

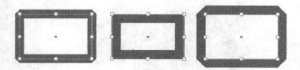

图 5-120　路径描边的不同位置　　　　　　　图 5-121　箭头图形添加的位置

● "配置文件"选项。单击其右侧的选项窗口可在弹出的列表中选择路径线形的样式。单击 ◁ 或 ⊠ 按钮,可将路径在水平和垂直方向上镜像。

实例总结

通过本实例的学习,读者掌握了利用"描边"对话框给轮廓线设置属性的操作方法。重点要掌握"描边"对话框中各选项的功能。

Example 实例 **67** 绘制按钮

学习目的

通过本案例按钮的绘制,读者应复习并熟练掌握本章以及前面章节案例中所学习的功能和命令,其中给图形设置渐变颜色以及轮廓描边的设置是本案例学习的重点。

实例分析

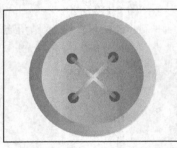

作品路径	作品\第 05 章\按钮制作.ai	
视频路径	视频\第 05 章\按钮制作.avi	
知识功能	"渐变"面板，"对象/变换/比例缩放"命令，"描边"对话框，"直线段"工具 ⟋	
学习时间	15 分钟	

操 作 步 骤

步骤 ① 启动 Illustrator CS6 软件，执行"文件/新建"命令，按照默认的选项和参数建立一个新文件。

步骤 ② 选择 ◉ 工具，同时按住 Shift 键，在画板空白处绘制一个圆形。

步骤 ③ 执行"窗口/渐变"命令，调出"渐变"面板，如图 5-122 所示。

步骤 ④ 在面板中单击"类型"选项后面的 ▭▭▭ 按钮，在弹出的选项中选择"线性"。此时颜色条上出现两个渐变滑块，圆形图形中填充上了由白色到黑色的渐变颜色，如图 5-123 所示。

图 5-122　"渐变"面板

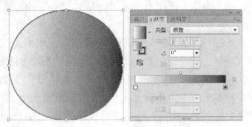

图 5-123　图形填充的渐变色

步骤 ⑤ 在"渐变"面板中双击左边的渐变滑块，弹出如图 5-124 所示的"颜色"面板。

步骤 ⑥ 单击面板右上角的 ▾≡ 按钮，在弹出的菜单中选择"CMYK"，将颜色模式从灰度模式设置为 CMYK 模式，如图 5-125 所示。

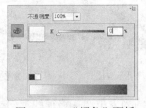

图 5-124　"颜色"面板

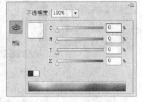

图 5-125　"颜色"面板

步骤 ⑦ 在"颜色"面板中 M 参数框中输入 90，Y 参数框中输入 55，按 Enter 键结束颜色参数设置，此时图形中的渐变颜色发生了变化，如图 5-126 所示。

步骤 ⑧ 在"渐变"面板中双击右边的渐变滑块，弹出"颜色"面板，用相同方法设置渐变滑块的颜色值，按 Enter 键结束颜色参数设置，此时修改渐变颜色后的圆形图形如图 5-127 所示。

步骤 ⑨ 按 X 键交换填色与描边，然后在工具箱下面单击 ⟋ 按钮，去除图形的轮廓。

步骤 ⑩ 再次按 X 键交换填色与描边位置。

步骤 ⑪ 执行"对象/变换/比例缩放"命令，弹出"比例缩放"对话框，在对话框中设置参数和选项，如图 5-128 所示。单击 复制(C) 按钮，缩小复制出一个圆形。

步骤 ⑫ 在"渐变"面板中单击"反向渐变"按钮 ▤，渐变颜色效果如图 5-129 所示。

步骤 ⑬ 利用 ◎ 工具绘制一个小圆形，如图 5-130 所示。

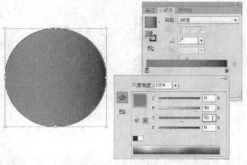
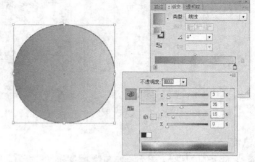

图 5-126 "颜色"面板参数设置　　　　图 5-127 修改的渐变颜色

图 5-128 "比例缩放"对话框　　图 5-129 重新设置渐变后的效果　　图 5-130 绘制的圆形

步骤 ⑭ 按快捷键 F6，调出"颜色"面板，设置颜色参数，如图 5-131 所示。

步骤 ⑮ 选择 ▶ 工具，小圆形上按住鼠标左键不放同时按住 Shift 和 Alt 键并向右拖曳，移动复制出如图 5-132 所示的圆形。

步骤 ⑯ 同时按住 Shift 键，利用 ▶ 工具依次单击两个小圆形，将其同时选择，然后再向下移动复制出两个小圆形，如图 5-133 所示。

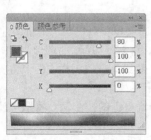
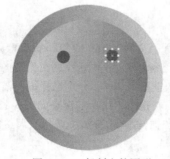
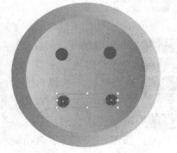

图 5-131 "颜色"面板　　　图 5-132 复制出的圆形　　　图 5-133 复制出的圆形

步骤 ⑰ 选择"直线段"工具 ／（快捷键为\），然后执行"窗口/描边"命令，调出"描边"对话框，在对话框中设置如图 5-134 所示的参数和选项。

步骤 ⑱ 按 Ctrl+F9 键调出"渐变"面板，将描边设置为当前工作状态，然后设置如图 5-135 所示的渐变色，渐变滑块颜色值从左到右依次为（M：100，Y：100）（Y：100）（M：100，Y：100）。

步骤 ⑲ 利用 ／ 工具在两个小圆形之间绘制两条交叉的线段，如图 5-136 所示。

步骤 ⑳ 按快捷键 Ctrl+S 键，将文件命名为"按钮制作.ai"存储。

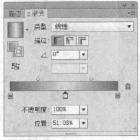

图 5-134　"描边"对话框　　图 5-135　"渐变"面板　　图 5-136　绘制的线段

实例总结

　　通过本实例的学习，读者练习掌握了渐变颜色的设置操作、图形的缩放复制操作以及轮廓描边的设置操作等。

Example 实例 **68**　绘制菊花

学习目的

　　通过本案例菊花的绘制，带领读者复习前面所学习的各种工具和命令综合使用的方法和技巧，并进一步学习"钢笔"工具 ，"直接选择"工具 、"转换锚点"工具 的使用方法，并初步学习"符号"面板以及"画笔"工具 的使用方法。

实例分析

作品路径	作品\第 05 章\菊花.ai
视频路径	视频\第 05 章\菊花.avi
知识功能	"钢笔"工具 ，"直接选择"工具 ，"转换锚点"工具 ，"旋转"工具 ，"符号"面板，"魔棒"工具 ，"画笔"工具
学习时间	20 分钟

操 作 步 骤

步骤 1　启动 Illustrator CS6 软件，执行"文件/新建"命令，按照默认的选项和参数建立一个新文件。

步骤 2　选择"钢笔"工具 （快捷键为 P），在画板空白处绘制一个如图 5-137 所示的图形。

步骤 3　选择"直接选择"工具 （快捷键为 A），分别选择每个锚点，然后单击控制栏中的"将所选锚点转换为平滑"按钮 ，锚点转换为平滑后的形态如图 5-138 所示。

步骤 4　选择"转换锚点"工具 （快捷键为 Shift+C），依次调整每个锚点上的控制柄，将图形调整成如图 5-139 所示的花瓣形状。

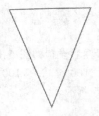

图 5-137　绘制的三角形　　图 5-138　锚点转换成平滑后的形态　　图 5-139　调整出的花瓣形状

步骤 ⑤ 打开"渐变"面板，给图形设置渐变颜色，左边的渐变滑块颜色参数为橘黄色（C：10，M：65，Y：100），右边的颜色参数为黄色（M：20，Y：100），如图 5-140 所示。

步骤 ⑥ 把图形的轮廓线去除，图形填充的渐变颜色效果如图 5-141 所示。

步骤 ⑦ 利用 和 工具在花瓣上面绘制出如图 5-142 所示的图形。

图 5-140　"渐变"面板　　　图 5-141　图形填充的渐变颜色　　　图 5-142　绘制的图形

步骤 ⑧ 按快捷键 F6，在"颜色"面板中给图形设置（M：20，Y：100）的黄色，如图 5-143 所示。

步骤 ⑨ 利用相同的绘制方法，在花瓣上面再绘制高光图形，填充色为黄色（Y：20）。

步骤 ⑩ 继续利用 工具绘制出如图 5-144 所示的图形，颜色填充为从橙色（C：10，M：65，Y：100）到黄色（M：20，Y：100）的线性渐变色，效果如图 5-145 所示。

图 5-143　设置填充色后的图形　　　图 5-144　绘制的图形　　　图 5-145　绘制的图形

步骤 ⑪ 继续绘制一个如图 5-146 所示的图形，颜色填充为从红褐色（C：15，M：70，Y：80）到红褐色（C：35，M：95，Y：100）的渐变色，在"渐变"面板中设置的渐变色如图 5-147 所示。

步骤 ⑫ 按快捷键 Ctrl+A，选择绘制的全部图形，然后执行"对象/编组"命令，将图形编组。

步骤 ⑬ 选择"旋转"工具 ，此时旋转中心默认位置位于图形中心，鼠标指针为一个十字形状 。在图形的下方位置单击鼠标左键，将旋转中心置于图形下方，如图 5-148 所示。

图 5-146　添加渐变色后的图形　　　图 5-147　"渐变"面板　　　图 5-148　设置旋转中心位置

步骤 ⑭ 在按住 Alt 键的同时，在图形上按住鼠标左键向右拖曳，此时鼠标指针变成一个黑色实心三角形和一个空心三角形重叠的形状。

步骤 ⑮ 拖曳到如图 5-149 所示的角度后释放鼠标左键，此时复制出的图形如图 5-150 所示。

步骤 ⑯ 连续按 6 次快捷键 Ctrl+D，得到重复复制的花瓣图形，如图 5-151 所示。

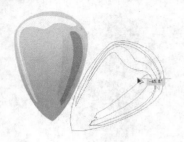

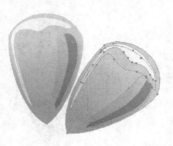

图 5-149　拖曳到的角度　　　　　　图 5-150　复制出的图形　　　　　图 5-151　重复复制出的花瓣图形

步骤 ⑰ 执行"窗口/符号"命令（快捷键为 Ctrl+Shift+F11），调出"符号"面板。在面板中选择如图 5-152 所示的"非洲菊"符号，将其拖到画板中的空白处。

步骤 ⑱ 执行"对象/扩展"命令，弹出"扩展"对话框，如图 5-153 所示。

步骤 ⑲ 按默认设置，单击 确定 按钮，扩展后的图形如图 5-154 所示。

图 5-152　"符号"面板　　　　　图 5-153　"扩展"对话框　　　　　图 5-154　扩展后的图形

步骤 ⑳ 利用 ▶ 工具选中扩展后图形周围的红色路径，如图 5-155 所示，按 Delete 键将其删除。

步骤 ㉑ 选择"魔棒"工具 ▦ （快捷键为 Y），在"非洲菊"中心位置的黄色小圆形上单击鼠标左键，将几个类似的小圆形同时选中，选中后的状态如图 5-156 所示。

步骤 ㉒ 按 Delete 键将选择的图形删除，效果如图 5-157 所示。

图 5-155　选中的路径　　　　　图 5-156　选中图形后的状态　　　　图 5-157　删除效果

步骤 ㉓ 继续利用 ▦ 工具，选择中心位置的其他几个图形并删除，只保留如图 5-158 所示的白色圆形。

步骤 24 在工具箱中双击 🔲 工具，弹出"魔棒"对话框，参数设置如图 5-159 所示。

步骤 25 按 Enter 键结束参数设置，然后在如图 5-160 所示的花瓣上单击鼠标左键，选择颜色相近的花瓣。

图 5-158 删除图形后的效果　　　图 5-159 "魔棒"对话框　　　图 5-160 选择的图形

步骤 26 在"颜色"面板中给图形设置颜色参数（C：35，M：85，Y：100），填充色效果如图 5-161 所示。

步骤 27 利用 🔲 工具把其他花瓣选择，然后填充上暗红色（C：50，M：100，Y：100，K：30），填充色效果如图 5-162 所示。

步骤 28 将填充颜色后的花瓣图形放置到刚才绘制的菊花图形上面，如图 5-163 所示。

图 5-161 填充色效果　　　图 5-162 填充色效果　　　图 5-163 图形放置的位置

步骤 29 选择 ⬭ 工具，按住 Shift 键，在图形的中心位置绘制一个圆形，如图 5-164 所示。

步骤 30 利用"渐变"面板为图形设置渐变色，颜色条上的滑块色值从左到右依次为（M：60，Y：80）（C：10，M：65，Y：100）、（M：20，Y：100）、（C：20，M：60，Y：100，K：10），如图 5-165 所示，添加渐变色后的图形如图 5-166 所示。

图 5-164 绘制的圆形　　　图 5-165 "渐变"面板　　　图 5-166 添加渐变色后的图形

步骤 31 在"颜色"面板中设置颜色参数，如图 5-167 所示。

步骤 32 选择"画笔"工具 ✏️，在圆形上面通过单击的方法绘制如图 5-168 所示的一组圆点。

步骤 33 通过设置控制栏中的 🔲 1 pt 🔲 选项，在弹出的菜单中选择不同粗细的描边宽度，然后在圆形中继续绘制出如图 5-169 所示的小圆点。

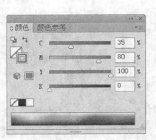

图 5-167 "颜色"面板

图 5-168 绘制的一组小圆点

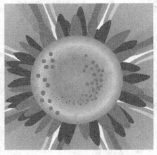

图 5-169 绘制的原点

步骤 34 使用相同的绘制操作，再绘制出一些黄色的小圆点，如图 5-170 所示。至此，花朵图形绘制完，整体效果如图 5-171 所示。

图 5-170 绘制的黄色小圆点

图 5-171 整体效果

步骤 35 按快捷键 Ctrl+S 键，将文件命名为"菊花.ai"存储。

实例总结

通过本实例的学习，读者复习了前面所学习的各种工具和命令综合使用的方法和技巧，其中利用"钢笔"工具 ✐、"直接选择"工具 ▷、"转换锚点"工具 ↖ 绘制图形，利用 ▨ 工具选择图形以及利用"符号"面板创建图形符号，利用"画笔"工具 ✐ 绘制小圆点是本案例要掌握的重点内容。

第6章　复杂图形的绘制

本章通过 12 个案例主要来学习复杂图形的绘制方法，其中会学习"直线段"工具 ⚋，"弧形"工具 ⌒，"螺旋线"工具 ◎，"矩形网格"工具 ▦，"极坐标网格"工具 ⊛，"画笔"工具，"铅笔"工具 ✎，"平滑"工具 ✎，"路径橡皮擦"工具 ✎，"斑点画笔"工具 ✎，"橡皮擦"工具 ✎，"剪刀"工具 ✂，"刻刀"工具 ✎，"透视网格"工具 ▦ 等 13 个工具的使用技巧。

本章实例

- 实例 69 直线段工具
- 实例 70 弧线工具
- 实例 71 螺旋线工具
- 实例 72 矩形网格工具

- 实例 73 极坐标网格工具
- 实例 74 画笔工具
- 实例 75 铅笔工具组
- 实例 76 斑点画笔工具

- 实例 77 编辑形状工具组
- 实例 78 透视网格工具
- 实例 79 透视选区工具
- 实例 80 绘制艺术相框

Example 实例 **69** 直线段工具

学习目的

通过本实例的学习，读者可以掌握利用"直线段"工具 ⚋ 绘制直线段的方法。

实例分析

作品路径	作品\第 06 章\直线段.ai	
视频路径	视频\第 06 章\直线段工具.avi	
知识功能	"直线段"工具 ⚋，"直线段工具选项"对话框	
学习时间	5 分钟	

操 作 步 骤

步骤 ① 启动 Illustrator CS6 软件，执行"文件/新建"命令，按照默认的选项和参数建立一个新文件。

步骤 ② 选择"直线段"工具 ⚋（快捷键为\），将鼠标指针移动到画板中，按下鼠标左键不放确定直线的第一个控制点，在不释放鼠标的情况下，拖曳鼠标到适当的位置时释放，确定直线的第二个控制点，同时结束直线段的绘制，如图 6-1 所示。

步骤 ③ 选取 ⚋ 工具，按住 Shift 键，再按住鼠标左键拖曳，可以绘制角度为 45° 或 45° 角倍数的直线段，如图 6-2 所示。

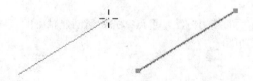

图 6-1　绘制直线段

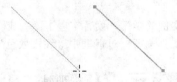

图 6-2　按住 Shift 键绘制直线段

步骤 ④ 选取 ⚋ 工具，同时按下 Alt 键，可以绘制由鼠标按下的点为中心向两边延伸的直线段。

步骤 ⑤ 选取 ⚋ 工具，同时按下键盘中左上方的"`"键，可以绘制如图 6-3 所示放射式直线。

步骤 6 如果要绘制精确数值的直线段，选取 ✏ 工具，在页面中单击鼠标左键，弹出如图 6-4 所示的"直线段工具选项"对话框，在对话框中设置相应的参数后，单击 [确定] 按钮，即可按照设置的长度和角度创建一条直线段。

图 6-3　绘制的放射式直线段效果　　　　图 6-4　"直线段工具选项"对话框

步骤 7 按 F6 键打开"颜色"面板，设置如图 6-5 所示的颜色参数。

步骤 8 选取 ✏ 工具，在页面中单击鼠标左键，在"直线段工具选项"对话框中勾选"线段填色"选项，设置"长度"参数为 100mm，设置"角度"参数为 45°，单击 [确定] 按钮创建如图 6-6 所示的直线段。

步骤 9 选取"钢笔"工具 ✏，将鼠标指针移动到线段上面，如图 6-7 所示。

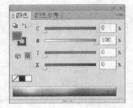

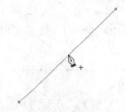

图 6-5　"颜色"面板　　　　图 6-6　创建的直线段　　　　图 6-7　鼠标指针位置

步骤 10 单击鼠标左键，在鼠标指针位置创建了一个锚点，如图 6-8 所示。

步骤 11 选取"直接选择"工具 ✏，在线段的顶端锚点位置按下鼠标左键向下拖曳，如图 6-9 所示。

步骤 12 释放鼠标后可以看到两条线段所围成的夹角被填充上了颜色，如图 6-10 所示，这就是"线段填色"选项的功能。

图 6-8　创建的锚点　　　　图 6-9　移动锚点　　　　图 6-10　填充颜色

步骤 13 按 Ctrl+S 键，将文件命名为"直线段.ai"存储。

实例总结

　　通过本实例的学习，读者掌握了"直线段"工具 ✏ 的使用方法，重点掌握如何创建精确的直线段以及理解"直线段工具选项"对话框中"线段填色"选项的功能。

Example 实例 **70** 弧线工具

学习目的

　　通过本实例的学习，读者可以掌握"弧形"工具 ✏ 的使用方法。

实例分析

视频路径	视频\第 06 章\弧形工具.avi
知识功能	"弧形"工具 ，"弧线工具选项"对话框
学习时间	10 分钟

操作步骤

步骤① 启动 Illustrator CS6 软件，执行"文件/新建"命令，按照默认的选项和参数建立一个新文件。

步骤② 选择"弧形"工具 ，将鼠标指针移动到画板中，按下鼠标左键不放确定起点，在不释放鼠标的情况下，拖曳鼠标到适当的位置时释放，即可完成弧线的绘制，如图 6-11 所示。

步骤③ 选取 工具，在按下鼠标左键拖曳的同时按 Shift 键，可以绘制对称的弧线，如图 6-12 所示。

步骤④ 选取 工具，在按下鼠标左键拖曳的同时按"`"键，可以绘制如图 6-13 所示的多条弧线。

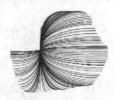

图 6-11　绘制的弧线　　　　　图 6-12　绘制的对称弧线　　　　图 6-13　绘制的多条弧线

步骤⑤ 在按下鼠标左键拖曳的同时按 C 键，可以在开放的弧线与关闭的弧线之间进行切换来绘制，如图 6-14 所示。

步骤⑥ 在按下鼠标左键拖曳的同时按 F 键，可以翻转绘制的弧线，如图 6-15 所示。

步骤⑦ 在按下鼠标左键拖曳的同时按向上的方向键，可以增加圆弧的曲率，按向下的方向键，可以减小圆弧的曲率，如图 6-16 所示。

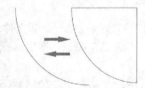
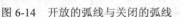
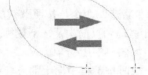
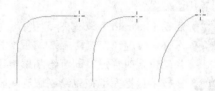

图 6-14　开放的弧线与关闭的弧线　　　图 6-15　翻转弧线　　　　图 6-16　曲率变化

步骤⑧ 绘制精确的弧线段或闭合的弧线图形，可以通过双击工具箱中的 工具，按 Enter 键或在页面中单击鼠标左键，执行以上任一操作即可弹出如图 6-17 所示的"弧线段工具选项"对话框。

步骤⑨ 在"X 轴长度"和"Y 轴长度"选项中设置参数，可以按照设置的参数创建弧线。在"类型"选项右侧的选项列表中包含"开放"和"闭合"两个选项，当设置"闭合"选项后，可以创建出如图 6-18 所示闭合的曲线图形。

图 6-17　"弧线工具选项"对话框　　　　　图 6-18　闭合曲线图形

步骤⑩ 通过拖曳"斜率"中的滑块，可以设置弧线段或闭合的弧线图形的凹陷程度，越向凸出方向拖曳滑块，绘制出的弧线段或闭合的弧线图形凸出程度越大，反之，则凹陷程度越大，如图 6-19 所示。

步骤⑪ 在"颜色"面板中把填充色设置为绿色（C：75，Y：100）。

步骤⑫ 在"弧线段工具选项"对话框中如果勾选"弧线填色"选项，在绘制弧线段或闭合的弧线图形时将以设置的颜色进行填充，如图 6-20 所示。

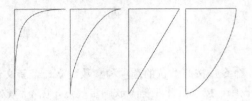

图 6-19　斜率变化　　　　　　　　　　　图 6-20　绘制的填色弧线图形

实例总结

通过本实例的学习，读者掌握了"弧形"工具的使用方法，重点掌握"弧线段工具选项"对话框的使用。

Example 实例 71 螺旋线工具

学习目的

通过本实例的学习，读者可以掌握"螺旋线"工具的使用方法。

实例分析

视频路径	视频\第 06 章\螺旋线工具.avi
知识功能	"螺旋线"工具，"螺旋线"对话框
学习时间	5 分钟

操 作 步 骤

步骤① 启动 Illustrator CS6 软件，执行"文件/新建"命令，按照默认的选项和参数建立一个新文件。

步骤② 选择"螺旋线"工具，将鼠标指针移动到页面中，按下鼠标左键不放确定起点，拖曳鼠标到适当的位置时释放，即可绘制螺旋线，如图 6-21 所示。

步骤③ 在按下鼠标左键拖曳绘制螺旋线时，同时按键盘中向上的方向键，可以增加螺旋线的圈数，按向下的方向键，可以减少螺旋线的圈数，绘制的螺旋线如图 6-22 所示。

步骤④ 如果要绘制精确的螺旋线，在页面中单击鼠标左键，可弹出如图 6-23 所示的"螺旋线"对话框，在对话框中可以设置"半径"、"衰减"、"段数"以及"样式"选型和参数，单击 确定 按钮即可创建出定义的螺旋线。

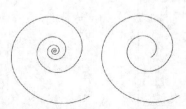

图 6-21　绘制的螺旋线　　　　图 6-22　按方向键绘制的螺旋线　　　　图 6-23　"螺旋线"对话框

实例总结

　　通过本实例的学习，读者掌握了"螺旋线"工具  的使用方法，重点掌握"螺旋线"对话框的
使用。

Example 实例 72　矩形网格工具

学习目的

　　通过本实例的学习，读者可以掌握利用"矩形网格"工具 ▦ 绘制网格的方法。

实例分析

	作品路径	作品\第 06 章\网格.ai
	视频路径	视频\第 06 章\矩形网格工具.avi
	知识功能	"矩形网格"工具 ▦，"矩形网格工具选项"对话框
	学习时间	10 分钟

操　作　步　骤

步骤 ① 启动 Illustrator CS6 软件，执行"文件/新建"命令，按照默认的选项和参数建立一个新文件。

步骤 ② 执行"文件/置入"命令，置入附盘中"素材\第 06 章\车.jpg"文件，如图 6-24 所示。

步骤 ③ 选择图片，按 Shift+F8 打开"变换"面板，把"宽"和"高"选项参数分别设置为 20cm 和 14cm，
如图 6-25 所示，按 Enter 键确定。

步骤 ④ 在画板工作区位置单击，取消图片的选择，然后按 F6 键打开"颜色"面板，设置轮廓色为白色。

步骤 ⑤ 选择"矩形网格"工具 ▦，将鼠标指针移动到图片的右下角位置单击，弹出"矩形网格工具选项"
对话框，设置参数，如图 6-26 所示。

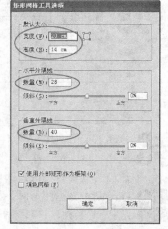

图 6-24　置入的图片　　　　图 6-25　"变换"面板　　图 6-26　"矩形网格工具选项"对话框

步骤 ⑥ 单击 ▭确定 按钮，在图片上面创建的网格如图 6-27 所示。

步骤 ⑦ 在控制栏中设置 描边 0.5 pt 参数为"0.5pt"，网格线效果如图 6-28 所示。

步骤 ⑧ 按 Ctrl+S 键，将文件命名为"网格.ai"存储。

图 6-27　创建的网格

图 6-28　网格变细效果

> **提示**　选择▦工具，在画板中按下鼠标左键拖曳也可以绘制网格。在按下鼠标左键拖曳绘制网格图形时，同时按键盘中向上的方向键，可以在垂直方向上增加网格，按向下的方向键，可以在垂直方向上减少网格，按向右的方向键，可以在水平方向上增加网格，按向左的方向键，可以在水平方向上减少网格。

实例总结

通过本实例的学习，读者掌握了"矩形网格"工具▦的使用方法，重点掌握"矩形网格工具选项"对话框参数的设置。

Example (实例) 73　极坐标网格工具

学习目的

通过本实例的学习，读者可以掌握利用"极坐标网格"工具◉绘制极坐标网格的方法。

实例分析

	作品路径	作品\第 06 章\极坐标网格.ai
	视频路径	视频\第 06 章\极坐标网格工具.avi
	知识功能	"极坐标网格"工具◉，"极坐标网格工具选项"对话框
	学习时间	10 分钟

操 作 步 骤

步骤 ❶ 启动 Illustrator CS6 软件，执行"文件/新建"命令，按照默认的选项和参数建立一个新文件。

步骤 ❷ 选择"极坐标网格"工具◉，按住 Shift 键，将鼠标指针移动到画板中，按下鼠标左键拖曳，到适当的位置时释放，即可完成极坐标图形的绘制，如图 6-29 所示。

步骤 ❸ 在绘制极坐标图形时，如果不按住 Shift 键，可以绘制椭圆形极坐标图形，如图 6-30 所示。

步骤 ❹ 选择◉工具，将鼠标指针移动到画板中单击，弹出如图 6-31 所示的"极坐标网格工具选项"对话框。

步骤 ❺ 在"默认大小"选项下面设置"宽度"和"高度"参数，可以按照设置的大小来创建极坐标网格。

步骤 ❻ 设置"同心圆分割线"下面的"数量"参数为 10，单击 确定 按钮，创建的极坐标网格同心圆分割数为 10，如图 6-32 所示。

步骤 ❼ 设置"同心圆分割线"下面的"倾斜"参数可以使网格向外或向内倾斜，如图 6-33 所示。

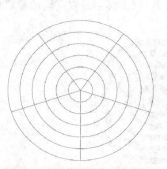

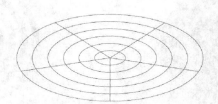

图 6-29　绘制的圆形极坐标图形　　　图 6-30　绘制的椭圆形极坐标图形　　　图 6-31　"极坐标网格工具选项"对话框

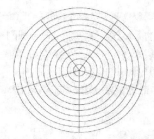

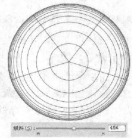

图 6-32　创建的极坐标网格　　　　　　　　图 6-33　网格倾斜

步骤 8 设置"径向分割线"选项下面的"数量"参数，可以按照定义的数值绘制同心圆网格中的径向分割线数量，如图 6-34 所示。

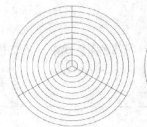

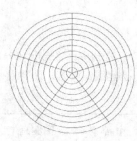

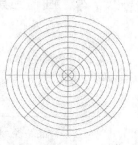

图 6-34　径向分割线数量

步骤 9 在"倾斜"选项中输入正数数值，可以按照逆时针方向递减偏移径向分割线，输入负数数值，可以按照逆时针方向递增偏移径向分割线，如图 6-35 所示为设置不同的"倾斜"绘制的极坐标网格图形。

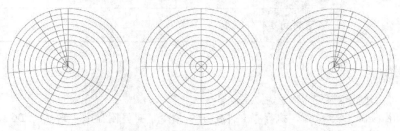

图 6-35　设置不同的"倾斜"绘制的极坐标网格图形

步骤 10 在"颜色"面板中把填充色设置为绿色（C：75，Y：100）。

步骤 11 在"极坐标网格工具选项"对话框中勾选"填色网格"选项，单击　确定　按钮，可以创建出如

图 6-36 所示具有填充颜色的极坐标网格图形。

步骤 ⑫ 当勾选"从椭圆形创建复合路径"选项后，在给网格填充颜色时，网格图形是以间隔的形式填充颜色的，如图 6-37 所示。

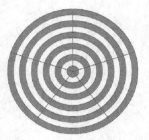

图 6-36　网格填色　　　　　　　图 6-37　网格间隔填色

> **提示**　在按下鼠标左键拖曳绘制极坐标网格图形时，同时按键盘中向上的方向键，可以增加同心圆网格的数量，按向下的方向键，可以减少同心圆网格的数量，按向右的方向键，可以增加同心圆网格射线的数量，按向左的方向键，可以减少同心圆网格射线的数量；同时按住 Shift 键，可以绘制圆形极坐标网格图形。

步骤 ⑬ 按 Ctrl+S 键，将文件命名为"极坐标网格.ai"存储。

实例总结

通过本实例的学习，读者掌握了"极坐标网格"工具 的使用方法，重点掌握"极坐标网格工具选项"对话框中各参数的设置。

Example **实例 74** 画笔工具

学习目的

利用"画笔"工具 （快捷键为 B）可以绘制出许多形状各异的艺术图形效果。通过本实例的学习，读者可以掌握新建散点画笔、新建书法画笔、新建图案画笔、新建艺术画笔的方法。

实例分析

	作品路径	作品\第 06 章\图案画笔.ai
	视频路径	视频\第 06 章\画笔工具.avi
	知识功能	新建散点画笔、新建书法画笔、新建图案画笔、新建艺术画笔
	学习时间	45 分钟

操 作 步 骤

下面首先来学习新建散点画笔以及使用方法。

步骤 ① 启动 Illustrator CS6 软件，执行"文件/打开"命令，打开附盘中"素材\第 06 章\花朵.ai"文件，如图 6-38 所示。

步骤 ② 选择花朵图形，执行"窗口/画笔"命令（快捷键为 F5），打开如图 6-39 所示的"画笔"面板。

步骤 ③ 在"画笔"面板中单击"新画笔"按钮 ，或单击右上角的 位置，在弹出的下拉菜单中选择"新画笔"选项，此时弹出如图 6-40 所示的"新建画笔"对话框。

图 6-38　打开的花朵

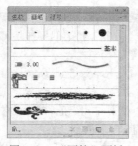
图 6-39　"画笔"面板

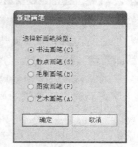
图 6-40　"新建画笔"对话框

步骤 4 在"新建画笔"对话框中选择"散点画笔"选项，单击 确定 按钮，在弹出的"散点画笔选项"对话框中设置新建画笔的名称以及各选项的参数，如图 6-41 所示。

步骤 5 单击 确定 按钮，完成散点画笔的创建，且自动添加在"画笔"面板中，如图 6-42 所示。

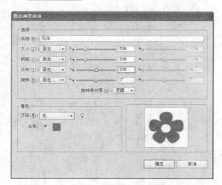
图 6-41　"散点画笔选项"对话框

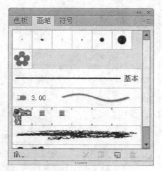
图 6-42　添加的散点画笔

步骤 6 选取 工具绘制一条路径，然后利用 工具把路径调整成如图 6-43 所示的形状。

图 6-43　绘制的路径

步骤 7 在画笔面板中为路径添加新建的花朵散点画笔，效果如图 6-44 所示。

提示　创建画笔时，若要创建散点画笔或线条画笔，首先要在画板中选择用于定义新画笔的对象，否则，"新建画笔"对话框中这两个选项显示为灰色；若要创建图案画笔，可以使用简单的路径来定义，也可以使用"色板"面板中的"图案"来定义。

图 6-44　制作的散点画笔效果

步骤 8 按 Ctrl+S 键，将文件命名为"散点画笔.ai"存储，然后关闭文件。

> 提
> 示
>
> 新建"毛刷"画笔的步骤与新建"散点"画笔的操作步骤完全相同，在此不再赘述，希望读者能够根据上面的步骤独自创建一个新的毛刷画笔。

下面再来学习新建书法画笔的操作方法。

步骤⑨ 新建文件。在"画笔"面板中单击 ⬚ 按钮，或单击右上角的 ▼≡ 位置，在弹出的下拉菜单中选择"新画笔"选项，弹出"新建画笔"对话框。

步骤⑩ 选择"书法画笔"选项，单击 确定 按钮，在弹出的"书法画笔选项"对话框中设置画笔选项参数，如图 6-45 所示。

步骤⑪ 单击 确定 按钮，即可在"画笔"面板中创建一个新的书法画笔，如图 6-46 所示，如图 6-47 所示为利用新建的书法画笔绘制的路径效果。

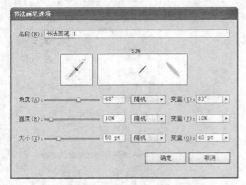

图 6-45 "书法画笔选项"对话框

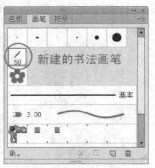

图 6-46 新建的书法画笔

图 6-47 绘制的路径效果

步骤⑫ 按 Ctrl+S 键，将文件命名为"书法画笔.ai"存储，然后关闭文件。

下面再来学习新建图案画笔的操作方法。

步骤⑬ 新建文件。执行"窗口/符号"命令，打开"符号"面板，如图 6-48 所示。

步骤⑭ 单击"符号"面板右上角的 ▼≡ 位置，在弹出的菜单选项中选择"打开符号库/庆祝"命令，打开如图 6-49 所示的"庆祝"符号对话框。

步骤⑮ 选择如图 6-50 所示的符号，按下鼠标左键向画板中拖曳。

图 6-48 "符号"面板

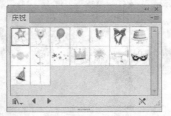

图 6-49 "庆祝"符号对话框

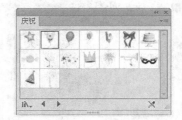

图 6-50 拖曳符号到画板中

步骤⑯ 释放鼠标后即可把符号拖曳到画板中，如图 6-51 所示。

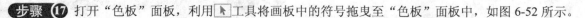

步骤 ⑰ 打开 "色板" 面板，利用 🔍 工具将画板中的符号拖曳至 "色板" 面板中，如图 6-52 所示。

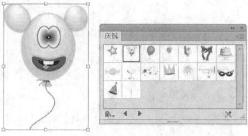

图 6-51　拖到画板中的符号

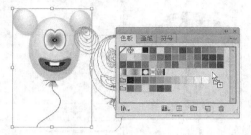

图 6-52　向 "色板" 面板中拖曳符号状态

步骤 ⑱ 释放鼠标后，该图形符号即显示在 "色板" 面板中，作为其中的一个图案。

步骤 ⑲ 在 "色板" 面板中双击该图案，弹出如图 6-53 所示的 "图案选项" 对话框。

步骤 ⑳ 在 "图案选项" 对话框中给图案命名后单击画板左上角的 ✔完成 按钮，即可将图形符号定义为图案。

下面我们把定义的图案设置为图案画笔，让其显示在 "画笔" 面板中。

步骤 ㉑ 确认画板中没有选择任何对象，单击 "画笔" 面板中的 🔲 按钮，在弹出的 "新建画笔" 对话框中选择 "图案画笔" 选项，单击 确定 按钮。

步骤 ㉒ 在弹出的 "图案画笔选项" 对话框中，选择刚才设置的图案，如图 6-54 所示。

图 6-53　 "图案选项" 对话框

图 6-54　 "图案画笔选项" 对话框

步骤 ㉓ 单击 确定 按钮，即可将图案定义为图案画笔。

步骤 ㉔ 执行 "文件/打开" 命令，打开附盘中 "素材\第 06 章\卡通女孩.ai" 文件，如图 6-55 所示。

步骤 ㉕ 选择卡通女孩，按 Ctrl+C 键复制，然后关闭该文件。

步骤 ㉖ 按 Ctrl+V 键把复制的卡通女孩粘贴到当前画板中。

步骤 ㉗ 用步骤 17～22 相同的方法，将卡通女孩图形设置为图案画笔，如图 6-56 所示。

步骤 ㉘ 在 "图案画笔选项" 对话框中为图案画笔的每个部分选择刚才设置的图案，如图 6-57 所示。

步骤 ㉙ 单击 确定 按钮，创建的新图案画笔即显示在 "画笔" 面板中，如图 6-58 所示。

步骤 ㉚ 单击 "画笔" 面板右上角的 ▼≡ 位置，在弹出的菜单选项中选择 "存储画笔库" 命令，弹出如图 6-59 所示的 "将画笔存储为库" 对话框，单击 保存(S) 按钮，这样就把定义的画笔存储起来了。

步骤 ㉛ 按 Ctrl+N 键，按照默认的参数重新建立一个文件。

图 6-55　打开的图形

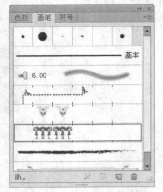

图 6-56　设置的图案画笔

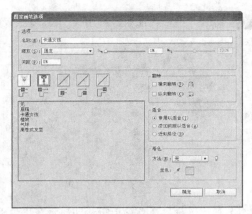

图 6-57　选择设置的图案

图 6-58　创建的新图案画笔

图 6-59　"将画笔存储为库"对话框

步骤 (32) 选取 [◎] 工具，绘制一个六边形图形，如图 6-60 所示。

步骤 (33) 单击 "画笔" 面板右上角的 [▼≡] 位置，在弹出的菜单选项中选择 "打开画笔库/用户定义/卡通画笔" 选项，这样就把刚才保存的 "卡通画笔" 在新的文件中打开了。

> **提示**　如果不存储图案画笔，当新建了文件后，建立的图案画笔不会在新建文件中。

步骤 (34) 在 "画笔" 面板中应用打开的画笔库中的新图案画笔，得到的效果如图 6-61 所示。

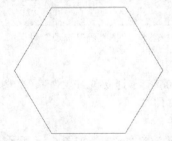

图 6-60　绘制的六边形

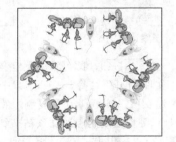

图 6-61　应用新图案画笔效果

步骤 (35) 按 Ctrl+S 键，将文件命名为 "图案画笔.ai" 存储，然后关闭文件。
下面再来学习新建艺术画笔的操作方法。

步骤 (36) 新建文件。选取 [✐] 工具，绘制如图 6-62 所示的图形。

步骤 (37) 将图形选择，在 "画笔" 面板中单击 [□] 按钮，在弹出的 "新建画笔" 对话框中选择 "艺术画笔" 选项，单击 [　确定　] 按钮。

步骤 38 在弹出的"艺术画笔选项"对话框中，即可看到刚才设置的图案，如图 6-63 所示。

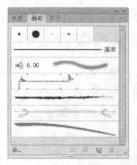

图 6-62　绘制的图形

图 6-63　"艺术画笔选项"对话框

步骤 39 单击 确定 按钮，在"画笔"面板中即可得到一个新的艺术画笔，如图 6-64 所示。

步骤 40 选取 ⬡ 工具，绘制一个六边形图形，然后利用新建的艺术画笔填充六边形路径，效果如图 6-65 所示。

图 6-64　新建的艺术画笔　　　　　　图 6-65　艺术画笔填充路径效果

实例总结

通过本实例的学习，读者掌握了新建散点画笔、新建书法画笔、新建图案画笔、新建艺术画笔的方法，重点掌握新建图案画笔的操作方法，以及各画笔选项对话框中选项和参数的功能和作用，读者可以自己操作一下各自的功能。

知识点总结——画笔工具其他功能

一、预置画笔

为了有效地应用画笔工具，在使用画笔工具之前可以先设置画笔的属性。双击 ✐ 工具，弹出如图 6-66 所示的"画笔工具选项"对话框，在该对话框中设置相应的选项及参数，可以控制画笔所绘制出的路径中锚点的数量及平滑程度。

● "保真度"选项。右侧的参数决定了绘制的路径偏离鼠标轨迹的程度。数值越小，路径中的锚点数越多，绘制的路径越接近光标在页面中的移动轨迹；相反，数值越大，路径中的锚点数就越少，绘制的路径与光标的移动轨迹差别也就越大。

● "平滑度"选项。其右侧的参数决定了所绘路径的平滑程度。数值越小，路径越粗糙；数值越大，路径越平滑。

● "填充新画笔描边"选项。选择此选项，绘制路径过程中会自动根据"画笔"面板中设置的画笔来填充路径；若未选择此选项，即使在"画笔"面板中做了填充设置，绘制出的路径也不会有填充效果。

图 6-66　"画笔工具选项"对话框

- "保持选定"选项。选择此选项,路径绘制完成后仍保持被选择状态。
- "编辑所选路径"选项。选择此选项,用画笔工具绘制路径后,可以像对普通路径一样运用各种工具进行编辑。

二、绘制画笔路径

绘制画笔路径的方法很简单:选择🖋工具,然后在"画笔"面板中选择一种画笔,在画板中按下鼠标左键拖曳,即可绘制出画笔路径。

> **提示** 在画板中选择图形后,在"画笔"面板中选择相应的画笔,也可以将图形路径修改为画笔路径。

若要取消路径所具有的画笔效果,直接单击"画笔"面板中的"移去画笔描边"按钮❌即可。

三、打开与隐藏画笔类型

在"画笔"面板中,系统为用户提供了书法、散点、毛刷、图案和艺术 5 种类型的画笔,组合使用这几种画笔可以得到千变万化的艺术效果。除了可以使用这些画笔以外,用户还可以根据需要创建新的画笔,并可以将其保存到"画笔"面板中,以便随时应用。

执行"窗口/画笔"命令或按 F5 键,打开如图 6-67 所示的"画笔"面板。单击"画笔"面板右上角的▼≡位置,弹出如图 6-68 所示的下拉菜单列表,取消任一画笔名称前面的对号,即可在"画笔"面板中将该类画笔隐藏。

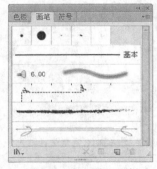

图 6-67 "画笔"面板

图 6-68 画笔下拉菜单列表

四、画笔选项设置

应用画笔工具绘制路径的过程中,如果默认的画笔参数不能得到满意的效果,可以在"画笔选项"对话框中重新设置画笔属性,从而绘制出更理想的画笔效果。调出"画笔选项"对话框的方法有 3 种。

- 选择需要设置的画笔,然后单击"画笔"面板中的"所选对象的选项"按钮▣。
- 单击"画笔"面板右上角的▼≡位置,在下拉菜单中选择"所选对象的选项"或"画笔选项"命令。
- 直接在"画笔"面板的画笔上双击鼠标左键。

五、画笔管理

在"画笔"面板中,可以对画笔进行管理,主要包括画笔在"画笔"面板中的显示及画笔的复制和删除等。

- 显示画笔。在默认的状态下,画笔以缩略图的形式在"画笔"面板中显示,如单击"画笔"面板右上角的▼≡位置,在弹出的下拉菜单中选择"列表视图"命令,画笔将以列表的形式显示,如图 6-69 所示。
- 画笔的复制。在编辑画笔前,最好先将画笔复制一份,以确保在操作错误的情况下能够恢复。在"画笔"面板中选择需要复制的画笔,单击面板右上角的▼≡位置,在弹出的下拉菜单中选择"复制画笔"命令,即可将当前选择的画笔复制。在需要复制的画笔上按下鼠标左键,拖曳到底部的🔲按钮上,释放鼠标后,也可完成画笔的复制。
- 删除画笔。对于不常使用的画笔可以将其删除,在"画笔"面板中选择需要删除的画笔,然后单击面板底部的"删除画笔"按钮🗑,或单击右上角的▼≡位置,在弹出的下拉菜单中选择"删除画笔"命令,

弹出如图 6-70 所示的 "Adobe Illustrator" 询问面板。单击 | 是 | 按钮，即可将选择的画笔删除。

当在 "画笔" 面板中删除一个正在使用的画笔时，会弹出如图 6-71 所示的 "删除画笔警告" 面板。

图 6-69　以列表形式显示画笔

图 6-70　 "Adobe Illustrator" 询问面板

图 6-71　 "删除画笔警告" 面板

- | 扩展描边(E) | 按钮。单击此按钮，系统删除画笔的同时将使用此画笔绘制的路径自动转变为画笔的原始状态。
- | 删除描边(R) | 按钮。单击此按钮，系统将把画笔删除，恢复对象没添加画笔时的形态。

> **提示**　Illustrator CS6 中除了默认的 "画笔" 面板外，还提供了丰富的画笔资源库，执行 "窗口/画笔库" 命令，在弹出的下一级菜单中选择任一命令，即可打开相应的画笔库。

Example 实例 75　铅笔工具组

学习目的

在铅笔工具组中包括 "铅笔" 工具 🖉、"平滑" 工具 🖉 和 "路径橡皮擦" 工具 🖉，利用这 3 个工具可以完成路径的绘制、平滑编辑路径以及擦除路径等。本案例来学习这 3 个工具的使用方法。

实例分析

视频路径	视频\第 06 章\铅笔工具组.avi
知识功能	"铅笔" 工具 🖉，"平滑" 工具 🖉，"路径橡皮擦" 工具 🖉
学习时间	20 分钟

操 作 步 骤

下面首先来学习 "铅笔" 工具 🖉 的使用方法。

步骤 ① 启动 Illustrator CS6 软件，执行 "文件/新建" 命令，按照默认的选项和参数建立一个新文件。

步骤 ② 选取 🖉 工具（快捷键为 N），在控制栏中设置 "描边" 选项的参数，然后在画板中按下鼠标拖曳，释放鼠标后即可绘制出路径，如图 6-72 所示。

步骤 ③ 如果要在现有的路径上继续绘制路径，可将现有的路径选取后，将 🖉 工具放置在路径的端点位置上按下鼠标拖曳，可继续延长绘制路径，如图 6-73 所示。

图 6-72　绘制的路径　　　　　　　　　　　　图 6-73　延长绘制路径

步骤 ④ 使用 🖉 工具不仅能够绘制开放的路径，还可以绘制闭合的路径。选取 🖉 工具，将鼠标指针移动到画板中拖曳鼠标绘制路径，在需要闭合的地方按住键盘上的 Alt 键，在铅笔工具变为 "🖉。" 形状时释放鼠标，即可绘制出闭合的路径图形，如图 6-74 所示。

步骤 ⑤ 使用 ✐ 工具不仅能够绘制路径，还可以根据需要修改路径。首先选择路径，然后将 ✐ 工具放置在路径中被修改的位置，按下鼠标左键拖曳，直到修改成所需要的形状时，确认 ✐ 工具还在路径上面，释放鼠标左键，即可得到修改后的路径，如图 6-75 所示。

图 6-74　绘制闭合路径状态与绘制的闭合路径

图 6-75　利用铅笔工具修改路径

提
示
在修改路径时，如果铅笔工具没有放置在被选择的路径上面，拖曳鼠标则绘制出一条新的路径，如果终点位置没有在原路径上，则原路径将被破坏。

步骤 ⑥ 使用 ✐ 工具还可以把闭合的路径修改为开放的路径，在工具箱中双击 ✐ 工具或按 Enter 键，弹出如图 6-76 所示的"铅笔工具选项"对话框，在该对话框中勾选"编辑所选路径"选项，单击 确定 按钮。

步骤 ⑦ 将 ✐ 工具放置在被选择的闭合路径上面向外画线，释放鼠标后，即可把闭合路径修改为开放的路径，如图 6-77 所示。

图 6-76　"铅笔工具选项"对话框

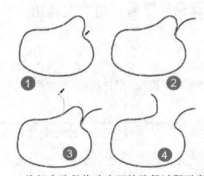

图 6-77　将闭合路径修改为开放路径过程示意图

步骤 ⑧ 使用 ✐ 工具也可以把开放的路径修改为闭合的路径。将 ✐ 工具放置在开放路径的一个端点上，按住鼠标向另一个端点画线，释放鼠标后，即可把开放的路径合并成闭合的路径，如图 6-78 所示。下面来学习"平滑"工具 ✐ 的使用方法。

步骤 ⑨ 使用"平滑"工具 ✐ 可以对路径进行平滑处理，并保持路径的原有形状。在工具箱中双击该工具或按 Enter 键，弹出"平滑工具选项"对话框，如图 6-79 所示。通过设置"保真度"和"平滑度"选项参数，来决定"平滑"工具的平滑程度和范围。

图 6-78　将开放路径修改为闭合路径过程示意图

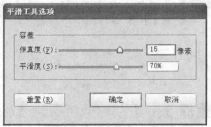

图 6-79　"平滑工具选项"对话框

步骤 ⑩ 选择路径，然后用 工具在路径上需要平滑的位置拖曳鼠标，即可完成平滑处理，如图 6-80 所示。下面再来学些"路径橡皮擦"工具 的使用方法。

步骤 ⑪ 利用"路径橡皮擦"工具 可以擦除路径中多余的部分。选择路径，在路径上按下鼠标左键沿路径拖曳，即可擦除路径，如图 6-81 所示。

图 6-80 使用平滑工具平滑后的路径

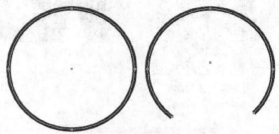

图 6-81 路径擦除前后对比效果

> **提示** 在按下鼠标左键拖曳清除路径时，同时按下 Alt 键，此工具则变为平滑路径功能。

实例总结

通过本实例的学习，读者掌握了"铅笔"工具 、"平滑"工具 和"路径橡皮擦"工具 的基本使用方法。在学会这 3 个工具的使用后，读者可以动手练习操作一下，看自己是否能够绘制出一些特殊的图形。

Example 实例 **76** 斑点画笔工具

学习目的

"斑点画笔"工具 （快捷键为 Shift+B）的使用方法与 工具相同，但它们所绘制出的路径性质是不同的，利用 工具绘制出的是路径，只能进行描边颜色设置，而利用 工具所绘制出的是类似路径的图形，除了可以为其设置描边之外，还可以设置填充颜色。本章通过绘制 POP 文字实例来学习该工具的使用方法。

实例分析

WATER	作品路径	作品\第 06 章\POP 字.ai
	视频路径	视频\第 06 章\斑点画笔工具组.avi
	知识功能	字符面板，"图层"面板，"斑点画笔"工具 ，"斑点画笔工具选项"对话框，"文字/创建轮廓"命令
	学习时间	30 分钟

操 作 步 骤

步骤 ❶ 启动 Illustrator CS6 软件，执行"文件/新建"命令，按照默认的参数建立一个横向画板文件。

步骤 ❷ 选择"文字"工具 ，在画板中输入"Water"文字，单击控制栏中的 字符 按钮，在弹出的对话框中设置字体及其他属性，如图 6-82 所示，输入的文字如图 6-83 示。

步骤 ❸ 按 F6 键，打开"颜色"面板，设置颜色为灰色，如图 6-84 所示。

步骤 ❹ 执行"窗口/图层"命令，打开"图层"面板，单击如图 6-85 所示的位置，把"图层 1"锁定位置。

图 6-82 字符面板

图 6-83 输入的文字

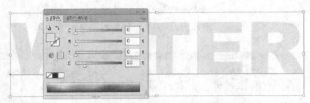

图 6-84 设置颜色

图 6-85 锁定图层

步骤 5 单击"图层"面板下面的"新建图层"按钮 ，新建"图层 2"，如图 6-86 所示。

步骤 6 选择"缩放"工具 ，然后在字母"W"的左上角按下鼠标左键向右下方拖曳，如图 6-87 所示，释放鼠标后把字母放大显示。

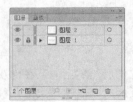

图 6-86 新建"图层 2"

图 6-87 放大文字状态

步骤 7 双击"斑点画笔"工具 ，弹出"斑点画笔工具选项"对话框，设置选项和参数，如图 6-88 所示。

步骤 8 在字母"W"的左边按下鼠标左键匀速向下来绘制，得到如图 6-89 所示的笔画。

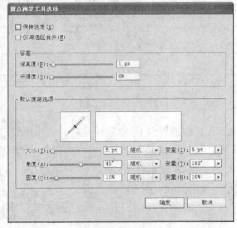

图 6-88 "斑点画笔工具选项"对话框

图 6-89 绘制的笔画

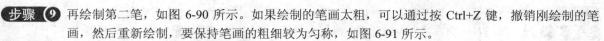

步骤 ⑨ 再绘制第二笔，如图 6-90 所示。如果绘制的笔画太粗，可以通过按 Ctrl+Z 键，撤销刚绘制的笔画，然后重新绘制，要保持笔画的粗细较为匀称，如图 6-91 所示。

步骤 ⑩ 继续绘制出如图 6-92 所示的笔画。

图 6-90　绘制的笔画　　　　　图 6-91　绘制的笔画　　　　　图 6-92　绘制的笔画

步骤 ⑪ 继续绘制横向的笔画，如图 6-93 所示。

步骤 ⑫ 把其他 4 个字母也绘制上笔画，如图 6-94 所示。

图 6-93　绘制横向笔画　　　　　　　　　图 6-94　绘制的笔画

步骤 ⑬ 此时整体检查一下各笔画的粗细比例，较细的笔画重新来绘制，调整后的效果如图 6-95 所示。

图 6-95　调整后的笔画

> **提示** 在利用"斑点画笔"工具 绘制笔画时，按键盘中的]键可以增大画笔，按[键可以减小画笔。掌握好这两个快捷键的使用，可以快速地来调整画笔的大小。

步骤 ⑭ 在"图层"面板中单击"图层 1"左边的 按钮，解锁图层，再把"图层 2"锁定，如图 6-96 所示。此时在画板中，文字变成了可编辑状态，而刚才绘制的文字描边笔画被锁定了。利用 工具把文字选择，如图 6-97 所示。

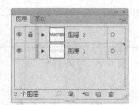 

图 6-96　"图层"面板　　　　　　　　　图 6-97　选择的文字

步骤 ⑮ 执行"文字/创建轮廓"命令（快捷键为 Shift+Ctrl+O），此时就把文字转换成了图形属性，这样文字的字体以及字号等属性就无法再进行编辑了，但此时文字可以利用 工具进行实时上色。

步骤 ⑯ 打开"色板",选择颜色,然后给字母"W"填充上橘红色,如图 6-98 所示。

步骤 ⑰ 通过按键盘中向右的方向键选择实时填充颜色,给字母"E"填充上黄色,如图 6-99 所示。

步骤 ⑱ 在色板中选择不同的颜色,然后给其他三个字母分别填充上绿色、紫红色和蓝色,如图 6-100 所示。

图 6-98 填充橘红色 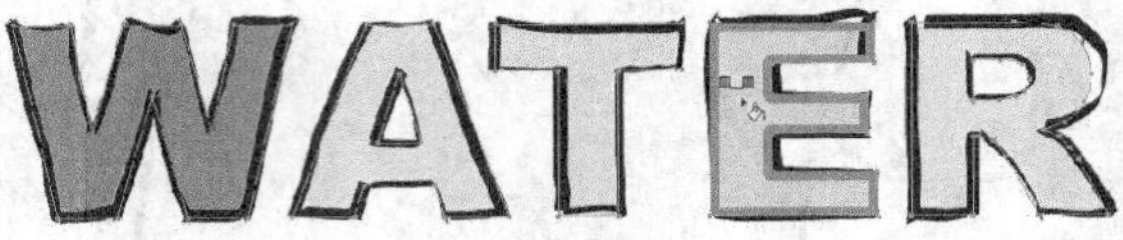　　　　　　　　　　　图 6-99 填充黄色

图 6-100 填充颜色效果

步骤 ⑲ 按 Ctrl+S 键,将文件命名为"POP 字.ai"存储。

实例总结

通过本实例 POP 字的绘制,读者掌握了"斑点画笔"工具 ✎ 的使用方法,同时还学习了"图层"面板以及如何把文字创建成轮廓等功能。在使用 ✎ 工具时,重点要灵活掌握"斑点画笔工具选项"对话框中各选项和参数的设置以及利用快捷键快速设置画笔大小的操作。

Example 实例 77 编辑形状工具组

学习目的

在橡皮擦工具组中包括"橡皮擦"工具 ✐、"剪刀"工具 ✂ 和"刻刀"工具 ✑,利用这 3 个工具可以把图形或路径进行擦除、拆分以及剪切等编辑操作。本案例将学习这 3 个工具的使用方法。

实例分析

	作品路径	作品\第 06 章\三亚地板标志.ai
	视频路径	视频\第 06 章\编辑形状工具组.avi
	知识功能	"橡皮擦"工具 ✐,"橡皮擦工具选项"对话框,"剪刀"工具 ✂,"刻刀"工具 ✑,"视图/参考线/清除参考线"命令,"文字"工具 T
	学习时间	30 分钟

操作步骤

首先来学习"橡皮擦"工具 ✐ 的使用方法。该工具与 Photoshop 软件中的"橡皮擦"工具非常相似,其使用方法也相同。

步骤 ① 启动 Illustrator CS6 软件,执行"文件/新建"命令,按照默认的选项和参数建立一个新文件。

步骤 ② 选择 ⬡ 工具,绘制一个多边形图形,填充上颜色,如图 6-101 所示。

步骤 ③ 双击 ✐ 工具,弹出"橡皮擦工具选项"对话框。在该对话框中可以设置"橡皮擦"工具的角度、圆度及大小等参数，如图 6-102 所示。按键盘中的]键可以快速地增加大小、按[键可以快速地减小大小。单击确定按钮。

步骤 4 通过在图形上拖曳或单击的操作方法，可以把橡皮擦经过的区域擦除，如图 6-103 所示。

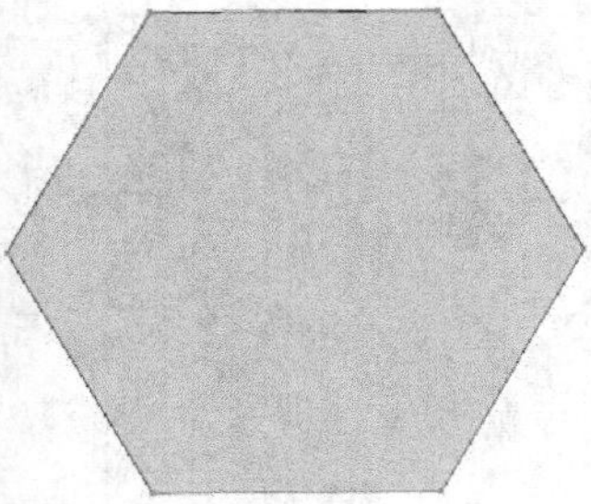

图 6-101　绘制的多边形

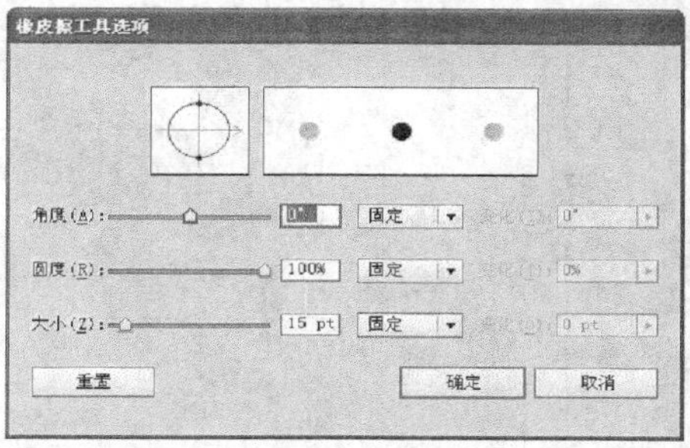

图 6-102　“橡皮擦工具选项”对话框

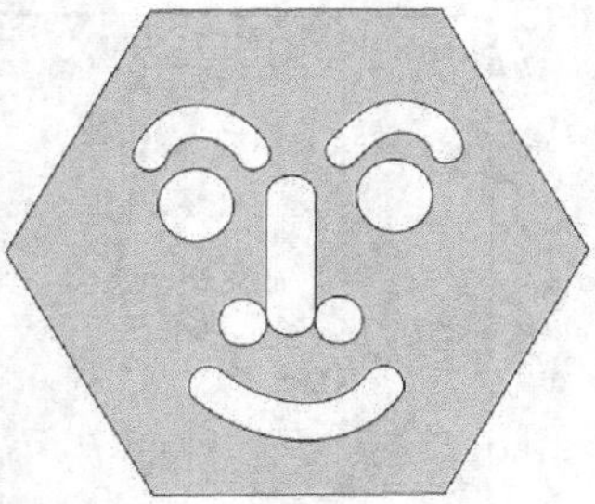

图 6-103　擦出效果

步骤 5 按 Ctrl+S 键，将文件命名为“橡皮擦练习.ai”存储。

下面再来学习“剪刀”工具的使用方法。

步骤 6 接上例。选择“剪刀”工具，在图形中的轮廓边缘需要剪开的位置单击鼠标，在该位置就会出现两个重叠的锚点，表示该轮廓被剪开，如图 6-104 所示。

步骤 7 选择工具，将剪开的轮廓中的锚点移动位置，此时就可以看到被剪刀剪开的图形形状了，如图 6-105 所示。

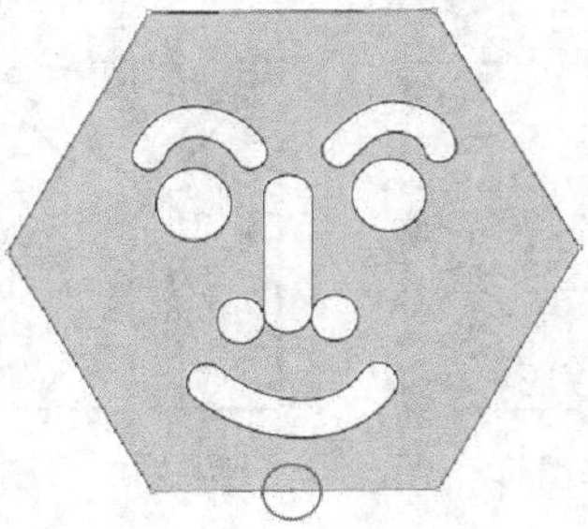

图 6-104　剪开位置

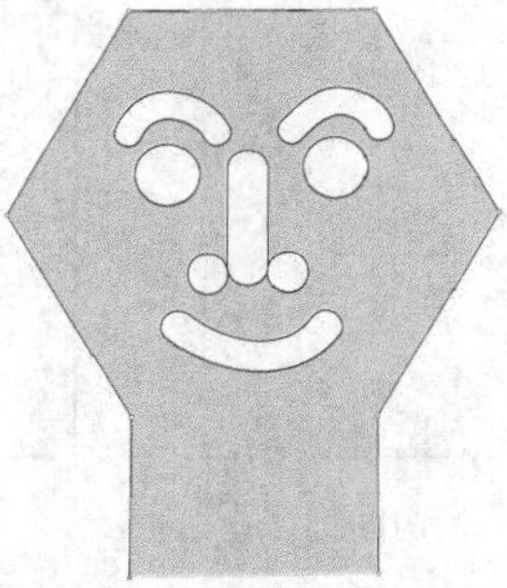

图 6-105　移动锚点后图形形状

步骤 8 按 Ctrl+S 键，将文件命名为“剪刀工具练习.ai”存储，关闭该文件。

下面再来学习“刻刀”工具的使用方法。

步骤 9 新建文件。选取工具，按住 Shift 键绘制正方形，然后填充上黄色（Y：100），如图 6-106 所示。

步骤 10 按 Ctrl+R 键给画板添加标尺，在标尺上按下鼠标左键向图形中拖曳添加如图 6-107 所示的参考线。

步骤 11 选择工具，按住 Alt 键，将鼠标指针定位在如图 6-108 所示位置按下左键。

图 6-106　绘制的图形

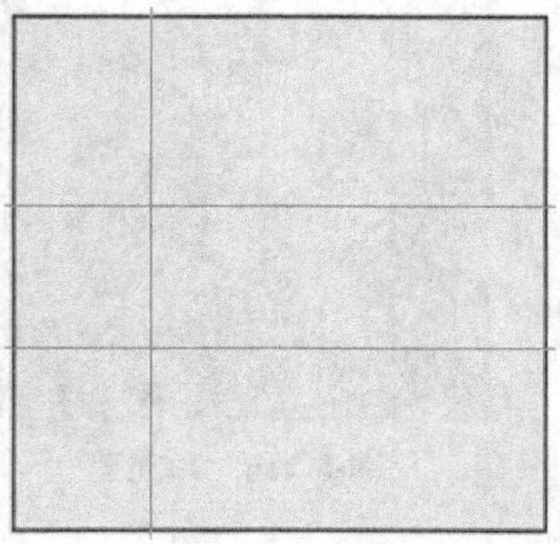

图 6-107　添加的参考线

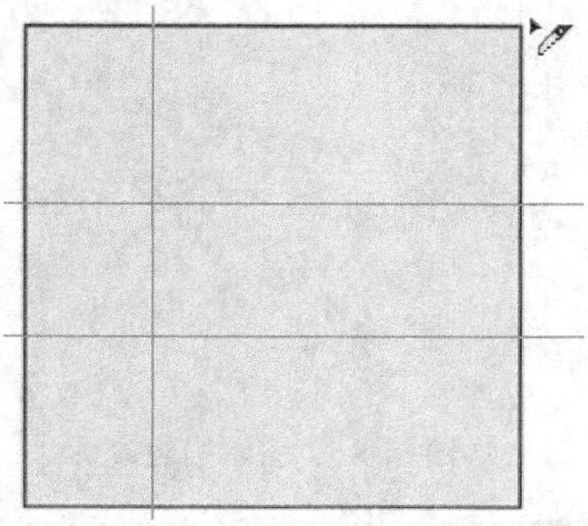

图 6-108　鼠标指针定位位置

Illustrator CS6 中文版
图 形 设 计 实 战 从 入 门 到 精 通

步骤 ⑫ 拖曳鼠标指针到如图 6-109 所示的参考线交点位置。

步骤 ⑬ 释放鼠标，然后再接着按下并拖曳鼠标指针到如图 6-110 所示位置。

步骤 ⑭ 释放鼠标后图形被裁切成两个图形，如图 6-111 所示。

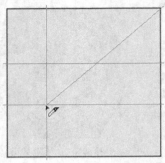　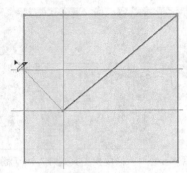　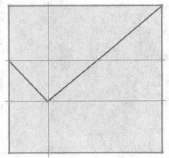

图 6-109　鼠标指针位置　　　　图 6-110　鼠标指针位置　　　　图 6-111　裁切后的图形

步骤 ⑮ 使用相同的裁切方法，再裁切一次图形，如图 6-112 所示。

步骤 ⑯ 利用 工具将上下两个图形中间的部分选择，如图 6-113 所示。

步骤 ⑰ 按 Delete 键，将选择的图形删除，得到如图 6-114 所示的图形。

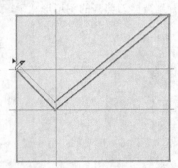　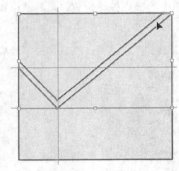　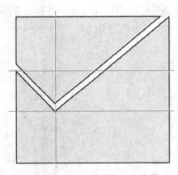

图 6-112　裁切图形　　　　图 6-113　选择图形　　　　图 6-114　删除图形后效果

步骤 ⑱ 执行"视图/参考线/清除参考线"命令，把参考线清除。

步骤 ⑲ 打开"颜色"面板，把图形的描边去除，如图 6-115 所示。

步骤 ⑳ 把下面一块图形的填充颜色设置成蓝色（C：70），如图 6-116 所示。

步骤 ㉑ 选择"文字"工具，在图形下面输入文字，这样一个简单的标志就设计完成了，如图 6-117 所示。

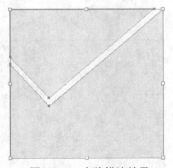　　

图 6-115　去除描边效果　　　　图 6-116　填充蓝色　　　　图 6-117　设计完成的标志

步骤 ㉒ 按 Ctrl+S 键，将文件命名为"三亚地板标志.ai"存储。

186 ●●●●●●●●●　　　　**Illustrator CS6**

实例总结

通过本实例的制作和学习，读者掌握了"橡皮擦"工具 、"剪刀"工具 和"刻刀"工具 的使用方法。要重点掌握"橡皮擦"工具 和"刻刀"工具 ，因为这两个工具在绘制标志图形及绘制其他复杂的图形时有很大的作用。

Example 实例 **78** 透视网格工具

学习目的

利用"透视网格"工具 可使用户在透视图平面上绘制出 1 点、2 点、3 点透视图形或立体透视场景。本实例将通过 3 个练习来学习透视网格的创建、编辑调整及在透视网格中绘制透视图形的操作方法和技巧。

实例分析

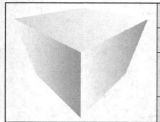

作品路径	作品\第 06 章\立方体.ai
视频路径	视频\第 06 章\透视网格工具.avi
知识功能	"透视网格"工具 ，"一点正常视图"命令，"两点正常视图"命令，"三点正常视图"命令，"透视面切换构件"
学习时间	45 分钟

操 作 步 骤

首先来学习创建透视网格的方法。

步骤 ① 启动 Illustrator CS6 软件。打开附盘中"素材\第 06 章"目录下的"效果图.ai"图形文件，如图 6-118 所示。

步骤 ② 选择"透视网格"工具 （快捷键为 Shift+P），在画板中显示出了透视网格，如图 6-119 所示。当前默认的透视网格为两点透视图。

图 6-118　打开的效果图

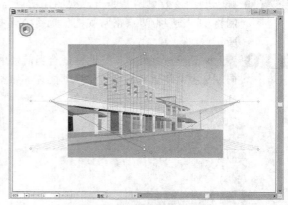

图 6-119　显示的透视网格

通过图示的形式来认识网格各部分的名称，如图 6-120 所示。

步骤 ③ 执行"视图/透视网格/一点透视/一点正常视图"命令，即可把当前的两点透视图转换为如图 6-121 所示的一点透视图。

步骤 ④ 执行"视图/透视网格/三点透视/三点正常视图"命令，即可把当前的一点透视图转换为如图 6-122 所示的三点透视图。

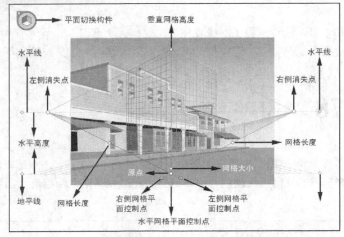

图 6-120　网格名称

图 6-121　一点透视图

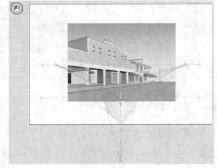

图 6-122　三点透视图

下面来学习透视网格的调整操作。

步骤 5 接上例。该效果图是两点透视图，所以需要先把网格设置成两点透视网格。执行"视图/透视网格/两点透视/两点正常视图"命令，可把当前的三点透视图转换为两点透视图，如图 6-123 所示。

步骤 6 下面来调整透视网格，使网格适合当前效果图的透视。在地平线的控制点上按下鼠标左键向下、向左拖曳，将透明网格整体移动位置，如图 6-124 所示。

图 6-123　两点透视图

图 6-124　整体移动网格位置

步骤 7 在水平线的控制点上按下鼠标左键向下拖曳，调整水平线的位置，如图 6-125 所示。

步骤 8 在右侧的消失点上按下鼠标左键向右拖曳，使右边的透视网格和建筑物的透视方向平行，如图 6-126 所示。

图 6-125　调整水平线的位置　　　　　　　　　　图 6-126　向右拖曳消失点

步骤 ⑨ 将左侧的消失点向左拖曳，使其与建筑物平行，如图 6-127 所示。

步骤 ⑩ 调整透明网格中垂直网格的高度，完成透明网格透视效果的调整，如图 6-128 所示。

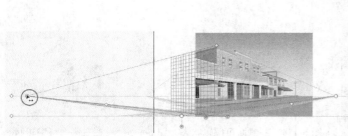

图 6-127　向左拖曳消失点　　　　　　　　　　图 6-128　调整垂直网格高度

步骤 ⑪ 按 Shift+Ctrl+S 键，将文件命名为"透视网格练习.ai"存储，关闭该文件。

下面来学习如何在透视网格中绘制透视图形。

步骤 ⑫ 执行"文件/新建"命令，建立新文件，然后添加如图 6-129 所示的三点透视网格。

步骤 ⑬ 选取 ▣ 工具，将鼠标指针移动到如图 6-130 所示的网格点位置。

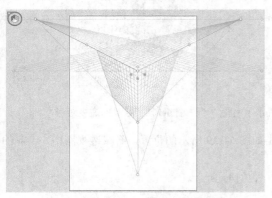

图 6-129　添加的透视网格

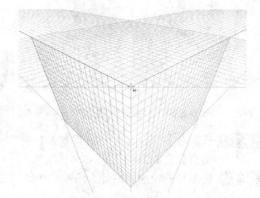

图 6-130　鼠标指针位置

步骤 ⑭ 按下鼠标左键向左边网格的对角线方向拖曳绘制透视矩形，如图 6-131 所示。

步骤 ⑮ 打开"渐变"面板给图形填充如图 6-132 所示的渐变颜色。

步骤 ⑯ 打开"颜色"面板，把渐变颜色的黑色设置成"60%"，如图 6-133 所示。

步骤 ⑰ 在创建了透视网格之后，默认的"透视面切换构件"中左侧面为编辑面，显示蓝色，如图 6-134 所示。

步骤 ⑱ 单击右边的面，将透视网格的右侧面设置为可编辑面，颜色显示橘红色，如图 6-135 所示。

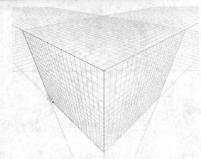

图 6-131　绘制透视图形状态

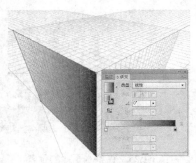

图 6-132　填充渐变颜色

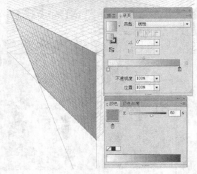

图 6-133　设置渐变颜色

图 6-134　左侧面可编辑状态

图 6-135　设置右侧面可编辑状态

步骤 ⑲ 在透视网格的右侧面中，利用 ▣ 工具绘制透视矩形，如图 6-136 所示。

步骤 ⑳ 单击下边的水平网格面，将透视网格的顶面设置为可编辑面，颜色显示绿色，如图 6-137 所示。

步骤 ㉑ 在透视网格的顶面中，利用 ▣ 工具绘制透视矩形，如图 6-138 所示。

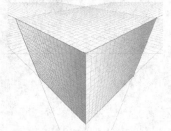

图 6-136　绘制的透视矩形

图 6-137　设置水平网格

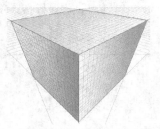

图 6-138　绘制的透视矩形

步骤 ㉒ 选取 ▥ 工具，在"透视面切换构件"中单击如图 6-139 所示的位置，隐藏透视网格，绘制的透视图形如图 6-140 所示。

步骤 ㉓ 将图形的轮廓线去除，绘制完成的立方体如图 6-141 所示。

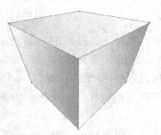

图 6-139　单击位置　　图 6-140　隐藏透视网格　　图 6-141　绘制完成的立方体

步骤 ㉔ 按 Ctrl+S 键，将文件命名为"立方体.ai"存储。

实例总结

通过本实例的学习，读者掌握了三种透视网格的创建方法、编辑调整方法和在透视网格中绘制透视图形的操作。重点要掌握的内容是透视网格的编辑调整方法以及绘制透视图形的方法。

Example 实例 **79** 透视选区工具

学习目的

"透视选区"工具 与 工具的使用方法相同，都可以完成对图形的选择、移动、复制、大小调整等操作，其不同点是利用 工具在对图形操作时，是在透视网格内进行的，在对图形移动位置、复制后，图形会保持相应的透视。本实例来学习 工具的基本应用方法。

实例分析

视频路径	视频\第 06 章\透视选区工具.avi
知识功能	创建两点透视，编辑画板，"透视选区"工具
学习时间	20 分钟

操 作 步 骤

步骤 ① 启动 Illustrator CS6 软件。执行"文件/新建"命令，按照默认的参数建立一个横向画板文件。

步骤 ② 利用 工具创建如图 6-142 所示的两点透视网格。

步骤 ③ 在控制栏中单击 文档设置 按钮，弹出"文档设置"对话框，然后单击 编辑画板(D) 按钮，进入画板编辑模式。

步骤 ④ 分别向左和向右拖曳画板边框，把画板调整到如图 6-143 所示大小。

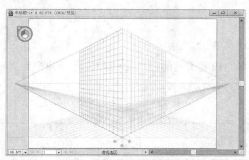
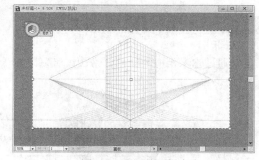

图 6-142　添加的透视网格　　　　　　图 6-143　调整画板大小

步骤 ⑤ 按 Esc 键，退出画板编辑模式。利用 工具在透视网格中绘制矩形，如图 6-144 所示。

步骤 ⑥ 选取"透视选区"工具 （快捷键为 Shift+V），然后将矩形选取并向上移动到如图 6-145 所示位置。

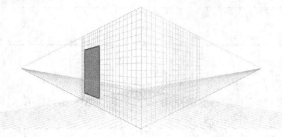
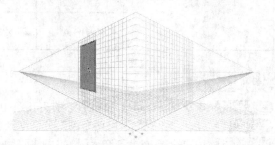

图 6-144　绘制的矩形　　　　　　图 6-145　移动矩形位置

步骤 7 按住 Alt 键，向右拖曳矩形，这样可以复制矩形，得到的矩形保持相同的透视，如图 6-146 所示。

步骤 8 释放鼠标后，移动复制出的矩形如图 6-147 所示。

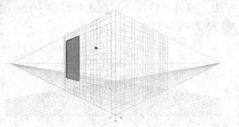

图 6-146　移动复制矩形

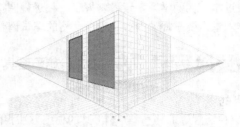

图 6-147　移动复制出的矩形

步骤 9 将鼠标指针放置到矩形图形的控制点上，指针变为 ▶₂ 符号，如图 6-148 所示。

步骤 10 按住 Shift 键，按下鼠标左键向左下角拖曳，可以将透视图形等比例缩小，如图 6-149 所示。

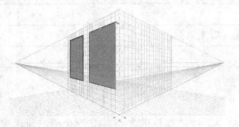

图 6-148　指针位置

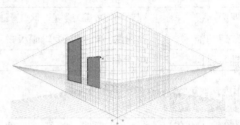

图 6-149　等比例缩小图形

实例总结

通过本实例的学习，读者掌握了"透视选区"工具 ▶● 的使用方法，并学会了在透视网格中移动透视图形、复制透视图形以及缩小透视图形的操作方法。

Example 实例 **80** 绘制艺术相框

本案例通过艺术相框的绘制，带领读者复习本章所学习的画笔工具的使用方法和技巧，并学会剪贴蒙版的制作方法。

实例分析

作品路径	作品\第 06 章\艺术相框.ai	
视频路径	视频\第 06 章\艺术相框.avi	
知识功能	定义图案画笔，应用和编辑图案画笔，"对象/剪切蒙版/建立"命令	
学习时间	20 分钟	

操 作 步 骤

步骤 1 启动 Illustrator CS6 软件。打开附盘中"素材\第 06 章\边角图形.ai"文件，如图 6-150 所示。

步骤 2 打开"色板"，将两个图形分别拖到色板中，如图 6-151 所示。

步骤 3 按快捷键 F5，打开"画笔"面板，如图 6-152 所示。

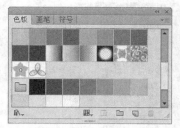

图 6-150　　　　　　　　　图 6-151　　添加的图形　　　　　　　图 6-152　　"画笔"面板

步骤④ 单击面板中的 按钮，在弹出的"新建画笔"对话框中选择"图案画笔"选项，单击 确定 按钮。

步骤⑤ 在弹出的"图案画笔选项"对话框中，分别把"边线拼贴"和"外角拼贴"设置成拖到"色板"面板中的两个图形，如图 6-153 所示。

步骤⑥ 单击 确定 按钮，将图案定义为图案画笔，如图 6-154 所示。

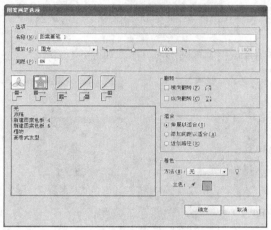

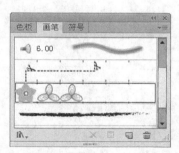

图 6-153　　"图案画笔选项"对话框　　　　　　　图 6-154　　定义的图案画笔

步骤⑦ 选取 ▢ 工具在画板中绘制一个矩形。将填充色设置为红色（M：20），如图 6-155 所示。

步骤⑧ 选择矩形，在"画笔"面板单击新建立的图案画笔，将画笔效果应用到矩形上，效果如图 6-156 所示。

步骤⑨ 应用的图案画笔效果，感觉图案稍微大了些，需要把图案缩小一点。在"画笔"面板中找到定义的图案画笔，如图 6-157 所示。

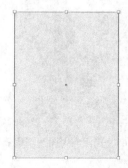

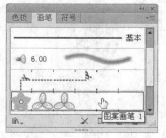

图 6-155　绘制的矩形　　图 6-156　对矩形应用画笔效果　　　图 6-157　图案画笔

步骤⑩ 双击鼠标左键，弹出"图案画笔选项"对话框，设置参数，如图 6-158 所示，此时可以查看缩小后的图案画笔效果，如图 6-159 所示。

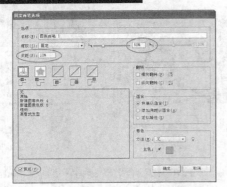

图 6-158　"图案画笔选项"对话框参数设置　　　图 6-159　缩小后的图案画笔

步骤⑪ 单击 确定 按钮。选取 ⬭ 工具，绘制一个椭圆形，如图 6-160 所示。

步骤⑫ 按 Ctrl+C 组合键将椭圆复制。

步骤⑬ 执行"文件/置入"命令，置入附盘中"素材\第 06 章\照片 001.jpg"文件，调整大小后放置在如图 6-161 所示位置。

步骤⑭ 执行"对象/排列/后移一层"命令，将图片调整到椭圆形的下面，如图 6-162 所示。

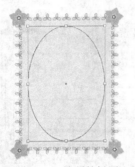

图 6-160　绘制的椭圆　　　图 6-161　图片放置的位置　　　图 6-162　将图片后移一层

步骤⑮ 按住 Shift 键，同时单击椭圆形，将其同时选择。

步骤⑯ 执行"对象/剪切蒙版/建立"命令，建立剪切蒙版，效果如图 6-163 所示。

步骤⑰ 执行"编辑/贴在前面"命令，把操作步骤 12 复制的椭圆粘贴出来，如图 6-164 所示。

步骤⑱ 在"画笔"面板单击新建立的图案画笔，将画笔效果应用到椭圆上，效果如图 6-165 所示。

图 6-163　建立剪切蒙版的效果　　　图 6-164　复制出的椭圆　　　图 6-165　椭圆应用图案画笔效果

步骤⑲ 按 Shift+Ctrl+S 键，将文件命名为"艺术相框.ai"存储。

实例总结

通过本实例的学习，读者复习了图案画笔工具的应用技巧以及图像制作剪贴蒙版的方法，重点掌握图案画笔工具的编辑操作。

第 7 章　路径的绘制与编辑

本章通过 8 个案例主要来学习对路径和锚点的认识，利用"钢笔"工具绘制路径的方法，以及编辑和调整路径操作。熟练掌握路径工具，无论多么复杂的图形都可以轻松地绘制出来，所以本章内容对于 Illustrator 软件来说是非常重要的，希望读者认真学习。

本章实例

- 实例 81 认识路径和锚点
- 实例 82 钢笔工具
- 实例 83 编辑路径工具
- 实例 84 路径查找器
- 实例 85 绘制卡通猫
- 实例 86 绘制地产标志
- 实例 87 绘制篮球
- 实例 88 绘制爱心徽标

Example 实例 81　认识路径和锚点

学习目的

路径是图形的重要组成部分，本实例主要是让读者对路径有一个基本的认识，包括路径的基本概念、形态、类型、构成，以及锚点的形态和类型等。

实例分析

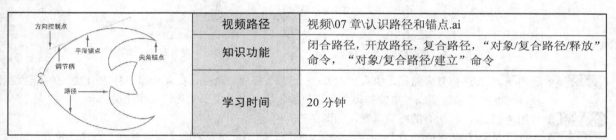

视频路径	视频\07 章\认识路径和锚点.ai
知识功能	闭合路径，开放路径，复合路径，"对象/复合路径/释放"命令，"对象/复合路径/建立"命令
学习时间	20 分钟

操 作 步 骤

步骤 ① 启动 Illustrator CS6 软件，打开附盘中"素材\第 04 章\路径.ai"文件，如图 7-1 所示。

图 7-1　打开的路径

步骤 ② 选择 工具，在闭合路径上如图 7-2 所示的平滑锚点位置单击，该路径被选择，同时显示出了路径上所包含的调节柄、方向控制点以及锚点等，图 7-3 所示为路径构成说明图。

> **提示**　图 7-3 所示的路径是闭合路径，该路径是由连接在一起的曲线路径组成的，曲线之间没有断开的位置。路径是由两个或多个锚点组成的矢量线条，在两个锚点之间组成一条线段，在一条路径中可能包含若干条直线线段和曲线线段，通过调整路径中锚点的位置及调节柄的方向和长度可以来调整路径的形状。

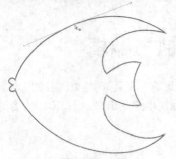

图 7-2 鼠标单击位置

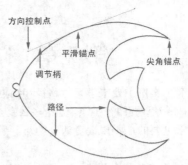

图 7-3 路径构成说明图

步骤 ③ 利用 工具单击开放路径，在路径中也会显示调节柄和锚点，该路径虽然也是由曲线组成的，但曲线的首尾并不是封闭的，而是开放的，如图 7-4 所示。

步骤 ④ 利用 工具单击复合路径，虽然被单击的路径被选择，但这一组路径有着自己独特的属性，当给路径填充颜色时，就会看出这类路径与独立的闭合路径有什么不同了，如图 7-5 所示。

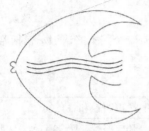

图 7-4 开放路径

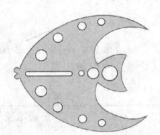

图 7-5 复合路径

步骤 ⑤ 利用 工具选择复合路径，执行"对象/复合路径/释放"命令，把复合路径释放为独立的闭合路径。此时的路径就变成了单独的闭合路径，颜色填充也发生了变化，如图 7-6 所示。

步骤 ⑥ 利用 工具，将所有的路径框选，如图 7-7 所示。

步骤 ⑦ 执行"对象/复合路径/建立"命令，这样又把独立的闭合路径变成了复合路径，如图 7-8 所示。

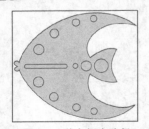

图 7-6 独立闭合路径

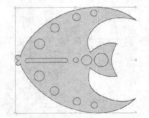

图 7-7 选择路径

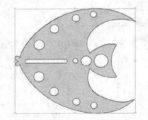

图 7-8 复合路径

实例总结

通过本实例的学习，读者认识了路径的形态、类型、构成，以及锚点的形态和类型等。重点掌握三种路径的不同之处，闭合路径一般用于图形和形状的绘制，开放路径用于曲线和线段的绘制。

Example **实例** **82** 钢笔工具

学习目的

"钢笔"工具 是 Illustrator 软件中最基本、最重要的矢量绘图工具，用它可以绘制直线、曲线和任意形状的图形。本案例将学习 工具的各种使用方法。

实例分析

视频路径	视频\第 07 章\钢笔工具.avi
知识功能	"钢笔"工具 ，绘制直线段，绘制曲线路径
学习时间	20 分钟

操 作 步 骤

首先来学习绘制直线段路径的方法。

步骤 ① 启动 Illustrator CS6 软件，按照默认的参数新建文件。

步骤 ② 选取"钢笔"工具 （快捷键为 P），将鼠标指针移动到画板中，此时鼠标指针变为"　"形态，表示可以开始绘制路径。

> **提示** 在工具箱中大部分绘图工具的鼠标指针显示都有两种形态，按键盘上的 Caps Lock 键，可以在两种形态之间切换。

步骤 ③ 在画板中需要创建直线路径的位置单击鼠标左键（不要拖曳鼠标），此时在画板上出现一个正方形蓝色实心点，此点即为路径的起点。

步骤 ④ 移动鼠标指针，至合适的位置后单击鼠标左键，创建路径的第二个锚点，两个锚点会自动用直线连接起来，形态如图 7-9 所示。

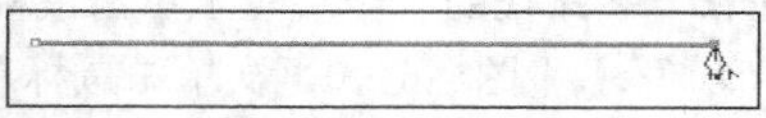

图 7-9　两个锚点连接后的形态

> **提示** 在利用"钢笔"工具绘制路径时，如果在单击鼠标左键确定第二个锚点时，同时按住 Shift 键，可以绘制出水平、垂直或 45°角以及 45°角倍数的直线段。

步骤 ⑤ 用同样的绘制方法，分别绘制出如图 7-10 所示的直线段。

步骤 ⑥ 将鼠标指针移动到路径的起点位置，此时指针显示为"　"符号，表示在此位置单击鼠标可以将路径闭合，即创建一个闭合路径。

步骤 ⑦ 单击鼠标左键，一个由直线线段组成的钢笔路径绘制完成，如图 7-11 所示。

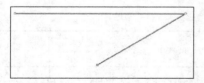

图 7-10　绘制出的直线段

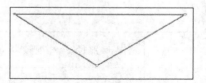

图 7-11　绘制的闭合路径

下面来学习绘制曲线路径的方法。

步骤 ⑧ 选取 工具，将鼠标指针放置到画板中要绘制曲线的起点位置。

步骤 ⑨ 按下鼠标左键出现曲线的第一个锚点，并且鼠标指针变为黑色箭头形态，然后向下拖曳鼠标，出现两个方向控制点和调节柄，如图 7-12 所示。释放鼠标左键后，便绘制出了曲线的起点。

步骤 ⑩ 移动鼠标指针到另一个位置确定第二个锚点的位置，按下鼠标左键并向上拖曳，绘制出曲线的第二个锚点，形态如图 7-13 所示。

步骤 ⑪ 用同样的方法，绘制出路径中的其他锚点，得到最终的曲线路径，形态如图 7-14 所示。

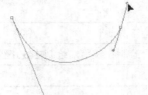　　　　　

图 7-12　拖曳出的方向点和调节柄　　　图 7-13　绘制出曲线的第二个锚点　　　图 7-14　绘制出的曲线路径

相关知识点——钢笔工具的其他功能

路径绘制完毕后，可以用以下的 4 种方法来终止操作，确定绘制的路径。

● 　将当前路径绘制成为闭合路径即可完成该路径的绘制。将鼠标指针放置到路径的起点位置，指针显示为" 。"符号，然后单击鼠标将路径闭合。

● 　再次选取 🖋 工具，或者选取其他工具，也可以终止当前路径的绘制。

● 　按住 Alt 键，所选工具暂时变为"选择"工具，然后在路径以外的任意位置单击鼠标，取消该路径的选择状态。

● 　执行"选择/取消选择"命令，取消该路径的选择状态。

利用"钢笔"工具还可以使开放路径进行连接。首先在画板中选择两条开放路径，然后选取 🖋 工具，在任意一条路径的一个端点上单击鼠标左键，然后将鼠标指针放置到另一条路径的一个端点上，当鼠标指针显示为" 。"图标时，再次单击鼠标左键，即可将两条开放路径进行连接。用同样的方法也可以将开放路径连接为闭合路径。

实例总结

通过本实例的学习，读者掌握了"钢笔"工具 🖋 的基本使用方法。灵活掌握该工具的使用，可以快速准确地绘制出想要绘制的图形来。

Example (实例) **83** 编辑路径工具

学习目的

当利用"钢笔"工具 🖋 绘制完路径后，如果还没有得到想要的图形形状时，可以利用工具箱中的"添加锚点"工具 🖋、"删除锚点"工具 🖋 和"转换锚点"工具 ⌐ 来修改编辑路径，从而得到精确的图形形状，利用这 3 个工具可以在路径上添加、删除锚点或更改锚点的性质。

实例分析

	视频路径	视频\第 07 章\编辑路径工具.avi
	知识功能	"添加锚点"工具 🖋，"删除锚点"工具 🖋，"转换锚点"工具 ⌐
	学习时间	20 分钟

操 作 步 骤

首先来学习"添加锚点"工具 🖋 的使用方法。

步骤❶ 启动 Illustrator CS6 软件，按照默认的参数新建文件。

步骤❷ 选取 🖋 工具，在画板中绘制出如图 7-15 所示的闭合路径，在该路径中只有 4 个锚点。

步骤❸ 选取"添加锚点"工具 🖋（快捷键为+），将鼠标指针移动到路径上，当指针变为如图 7-16 所示的形状时，单击鼠标左键，此时会添加一个新锚点，如图 7-17 所示。

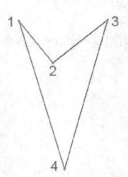
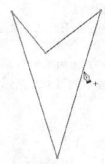
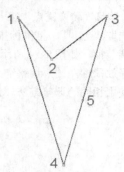

图 7-15　绘制的路径　　　　　图 7-16　添加锚点位置　　　　　图 7-17　添加的锚点

步骤 ④ 利用菜单命令也可以为路径添加锚点。执行"对象/路径/添加锚点"命令，可以在每两个锚点之间添加一个新的锚点，如图 7-18 所示。

步骤 ⑤ 添加锚点后，路径上的锚点变为实心的蓝色小方块，表示锚点被选择，同时路径也被选择。执行"选择/取消选择"命令，取消锚点与路径的选择状态。

步骤 ⑥ 选取 ⯈ 工具，按下鼠标左键拖曳绘制虚线框，如图 7-19 所示。

步骤 ⑦ 释放鼠标后，被虚线框包围的锚点变为实心的蓝色小方块，表示锚点被选择，其他锚点变为空心的小方块，表示没被选择，如图 7-20 所示。

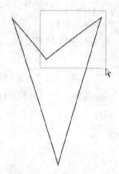
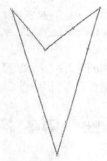

图 7-18　添加的锚点　　　　　图 7-19　框选状态　　　　　图 7-20　选择的锚点

步骤 ⑧ 此时在被选择的锚点之间的路径上按下鼠标左键拖曳，如图 7-21 所示。释放鼠标后可以移动被选择的锚点及锚点两边的路径。

下面来学习"删除锚点"工具 ⯈ 的使用方法。

步骤 ⑨ 选取"删除锚点"工具 ⯈（快捷键为-），将鼠标指针放置到需要删除的锚点上，当指针变为如图 7-22 所示的形状时，单击鼠标左键，即可将该锚点删除，删除锚点后的路径会自动调整形状，如图 7-23 所示。

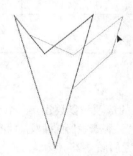
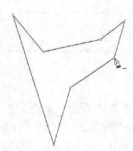

图 7-21　移动路径状态　　　　　图 7-22　鼠标指针位置　　　　　图 7-23　删除锚点后形态

下面再来学习"转换锚点"工具 ⌐ 的使用方法。

步骤 ⑩ 选取 ⌐ 工具，将鼠标指针放置到锚点上，按下鼠标左键同时拖曳，此时出现两个方向控制点和调节柄，如图 7-24 所示。

步骤 ⑪ 释放鼠标左键，调整锚点后的路径形态如图 7-25 所示。

步骤 ⑫ 使用相同的调整方法，把路径调整成如图 7-26 所示的形状。

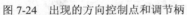

图 7-24　出现的方向控制点和调节柄　　图 7-25　调整锚点后的路径形态　　图 7-26　调整的路径

> **提示**　　利用"转换锚点"工具 ⌐，可以改变路径中锚点的性质。在路径的平滑锚点上单击鼠标，可以将平滑锚点变为尖角锚点；在尖角锚点上按下鼠标左键同时拖曳鼠标，可以将尖角锚点转化为平滑锚点。锚点性质变化后路径的形状也会相应地发生变化。

实例总结

通过本实例的学习，读者掌握了"添加锚点"工具 ⌐、"删除锚点"工具 ⌐ 和"转换锚点"工具 ⌐ 的基本使用方法。要重点学会利用 ⌐ 工具调整路径的操作技巧，因为在图形的绘制过程中，这个工具的使用非常重要。

Example 实例 **84**　路径查找器

学习目的

利用"路径查找器"面板可以将两个或两个以上的图形结合或分离，从而生成新的复合图形，此面板对制作复杂的图形很有帮助。本案例来学习"路径查找器"面板的使用方法。

实例分析

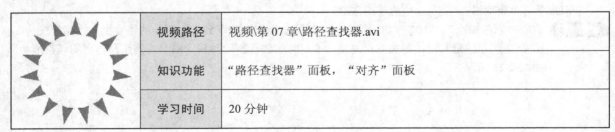

	视频路径	视频\第 07 章\路径查找器.avi
	知识功能	"路径查找器"面板，"对齐"面板
	学习时间	20 分钟

操作步骤

步骤 ① 启动 Illustrator CS6 软件，执行"文件/新建"命令，按照默认的选项和参数建立一个新文件。

步骤 ② 执行"窗口/路径查找器"命令（快捷键为 Shift+Ctrl+F9），打开"路径查找器"面板，如图 7-27 所示。

步骤 ③ 选取 ☆ 工具，在画板中单击，弹出"星形"对话框，参数设置如图 7-28 所示。

步骤 ④ 单击 确定 按钮，创建一个星形图形，给图形填充上红色，如图 7-29 所示。

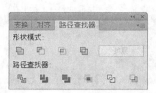

图 7-27　"路径查找器"面板　　　　图 7-28　"星形"对话框　　　　图 7-29　创建的星形

步骤⑤ 选取◎工具，在画板中单击，弹出"多边形"对话框，参数设置如图 7-30 所示。

步骤⑥ 单击 确定 按钮，创建一个多边形图形，给图形填充上黄色，如图 7-31 所示。

步骤⑦ 按 Ctrl+A 键，将两个图形同时选择，如图 7-32 所示。

图 7-30　"多边形"对话框　　　　图 7-31　创建的多边形　　　　图 7-32　同时选择图形

步骤⑧ 单击"路径查找器"左边的"对齐"选项卡，打开"对齐"面板，如图 7-33 所示。

步骤⑨ 在面板中分别单击"水平居中对齐"按钮◈和"垂直居中对齐"按钮◈，此时两个图形居中对齐了，如图 7-34 所示。

步骤⑩ 打开"路径查找器"面板，在面板中单击"联集"按钮◎，可以将所选择的图形合并，生成一个新的图形。选择的图形重叠部分融合为一体，重叠部分的轮廓线自动消失，如图 7-35 所示。

图 7-33　"对齐"面板　　　　图 7-34　对齐图形　　　　图 7-35　"联集"效果

提示

执行此命令后，生成新图形的填充颜色和轮廓颜色，由选择图形中位于最上面的图形决定。

步骤⑪ 按 Ctrl+Z 键，取消上一步操作。在面板中单击"减去顶层"按钮◎，将会用上面的图形减去下面的图形。上面的图形消失，下面图形与上面图形的重叠部分被剪切掉，如图 7-36 所示。

步骤⑫ 按 Ctrl+Z 键，取消上一步操作。在面板中单击"交集"按钮◎，会只保留所选图形的重叠部分，而未重叠的区域被删除，如图 7-37 所示。

步骤⑬ 按 Ctrl+Z 键，取消上一步操作。在面板中单击"差集"按钮◎，将保留选择图形的未重叠区域，而重叠区域则变为透明状态，如图 7-38 所示。

图 7-36　"减去顶层"效果

图 7-37　"交集"效果

图 7-38　"差集"效果

步骤 ⑭ 按 Ctrl+Z 键，取消上一步操作。在面板中单击"分割"按钮，将以所选图形重叠部分的轮廓为分界线，将选择图形分割成多个闭合图形。当把图形移动位置后会看出效果，如图 7-39 所示。

> **提示**　执行此命令及下面的"修边"命令后，生成的新图形将自动成组，此时可以利用"编组选择"工具 将分割或修边后的图形分别移动位置，这样才能看出被选图形分割或修边后的效果。

步骤 ⑮ 按 Ctrl+Z 键，取消上一步操作。在面板中单击"修边"按钮，将用所选图形中最上面的图形将下面图形被覆盖的部分剪掉，同时删除所选图形中的所有轮廓线，如图 7-40 所示。

步骤 ⑯ 按 Ctrl+Z 键，取消上一步操作。在面板中单击"合并"按钮，会将所选图形合并为一个整体，同时图形的外轮廓线删除。如选择图形处于重叠状态，执行此命令后，前面的图形会将后面图形被覆盖的部分修剪掉，其结果与"修边"命令相同，如图 7-41 所示。

图 7-39　"分割"效果

图 7-40　"修边"效果

图 7-41　"合并"效果

步骤 ⑰ 按 Ctrl+Z 键，取消上一步操作。在面板中单击"裁剪"按钮，会用下面的图形来修剪上面的图形，保留下面图形与上面图形的重叠部分，同时将图形的外轮廓线删除，如图 7-42 所示。

步骤 ⑱ 按 Ctrl+Z 键，取消上一步操作。在面板中单击"轮廓"按钮，会将选择的图形转化为轮廓线，轮廓线的颜色与原图形填充的颜色相同，如图 7-43 所示。

> **提示**　执行此命令后，生成的轮廓线将被分割成一段段的开放路径，这些路径会自动成组。

步骤 ⑲ 按 Ctrl+Z 键，取消上一步操作。在面板中单击"减去后方对象"按钮，会用前面的图形减去后面的图形，此命令与"减去顶层"按钮相反，如图 7-44 所示。

> **提示**　如选择的图形中，前面的图形与后面的图形没有重叠部分，执行此命令后，将只保留前面的图形，而后面的图形完全被删除。

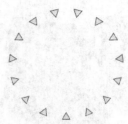

图 7-42　"裁剪"效果 　　　　图 7-43　"轮廓"效果　　　　图 7-44　"减去后方对象"效果

实例总结

　　通过本实例的学习，读者掌握了"路径查找器"面板中各按钮命令的功能和作用，该面板中的这些功能按钮，在制作特殊形状的图形时有着非常重要的作用，希望读者好好掌握这些按钮的使用方法和技巧。

Example 实例 85 绘制卡通猫

学习目的

　　通过本实例的制作，让读者灵活掌握利用 ✐ 工具绘制路径、利用 � 工具调整路径形状的操作方法和技巧，同时还能学习到利用"镜像"工具 ⚏ 镜像复制图形的方法。

实例分析

作品路径	作品\第 07 章\卡通猫.ai
视频路径	视频\第 07 章\卡通猫.avi
知识功能	✐ 工具、 工具、"镜像"工具 ⚏，路径描边设置，图形的复制操作
学习时间	30 分钟

操 作 步 骤

步骤 ① 启动 Illustrator CS6 软件，执行"文件/新建"命令，按照默认的选项和参数建立一个新文件。

步骤 ② 选取 ✐ 工具，在"颜色"面板中设置颜色参数，如图 7-45 所示，然后绘制出图 7-46 所示图形。

步骤 ③ 选取 工具，在锚点上按下鼠标左键拖动，拖出控制柄后调整形状，如图 7-47 所示。

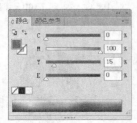

图 7-45　设置颜色　　　　图 7-46　绘制的图形　　　　图 7-47　调整图形形状 1

步骤 ④ 沿逆时针方向，再来调整图 7-48 所示锚点两边的控制柄。

步骤 ⑤ 继续调整下边一个锚点两边的控制柄，如图 7-49 所示。

步骤 ⑥ 利用 ▶ 和 工具，分别调整锚点的位置及两边的控制柄，将图形调整成图 7-50 所示的形状。

图 7-48 调整图形形状 2　　　图 7-49 调整图形形状 3　　　图 7-50 调整完成的形状

步骤 7 在"颜色"面板中设置颜色参数，如图 7-51 所示。

步骤 8 利用 ✐ 工具，绘制出图 7-52 所示的图形。

步骤 9 利用 ▷ 工具，把图形调整成图 7-53 所示的形状。

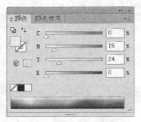

图 7-51 设置颜色参数　　　图 7-52 绘制图形　　　图 7-53 调整形状

步骤 10 在"颜色"面板中设置颜色参数，如图 7-54 所示。

步骤 11 选取 ⬭ 工具，绘制图 7-55 所示的椭圆形。

步骤 12 将"颜色"面板中的填色设置成白色，再绘制出图 7-56 所示的两个白色小圆形。

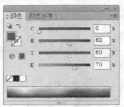

图 7-54 设置颜色参数　　　图 7-55 绘制椭圆形　　　图 7-56 绘制白色小圆形

步骤 13 按 X 键在颜色面板中将"描边"选项设置为前面，然后设置颜色参数，如图 7-57 所示。

步骤 14 选取 ✐ 工具，在控制栏中设置 描边 ⬍ 4 pt ▾ 参数为"4 pt"，绘制出图 7-58 所示的线段。

步骤 15 继续绘制出图 7-59 所示的线段。

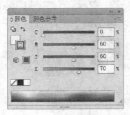

图 7-57 设置颜色　　　图 7-58 绘制线段 1　　　图 7-59 绘制线段 2

步骤 16 选取 ▷ 工具，选择线段，在"颜色"面板中重新设置轮廓线颜色参数，如图 7-60 所示。

步骤 17 按住 Alt 键，再按住鼠标左键拖动来复制选取的线段，如图 7-61 所示。

步骤 18 释放鼠标后，即可移动复制出图 7-62 所示的线段。

图 7-60　设置颜色参数

图 7-61　拖曳复制线段

图 7-62　复制出的线段

步骤 ⑲ 在空白位置按下鼠标左键拖动选择图形，如图 7-63 所示。

步骤 ⑳ 执行"对象/锁定/所选对象"命令，将选取的图形锁定位置，这样在后面绘制或选取其他图形的时候，不容易选择这两个图形，给绘制其他图形带来很大的方便，读者在使用时可以体会一下。

步骤 ㉑ 通过按下鼠标左键拖动框选的方法，选择图 7-64 所示的图形。

步骤 ㉒ 按住 Alt 键，再按住鼠标左键拖动复制出图 7-65 所示的图形。

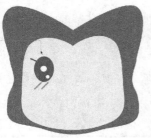
图 7-63　拖动选择图形

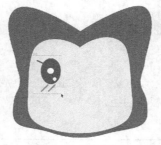
图 7-64　选择图形

图 7-65　复制出的图形

步骤 ㉓ 执行"对象/变换/对称"命令，在弹出的"镜像"对话框中设置选项和参数，如图 7-66 所示。

步骤 ㉔ 单击 [　确定　] 按钮，将眼睛图形镜像，然后向右移动位置。

步骤 ㉕ 利用 ◯ 和 ✎ 工具，再绘制出图 7-67 所示的嘴巴图形。怎样绘制？相信读者已经很容易做到了。

图 7-66　"镜像"对话框

图 7-67　绘制的嘴巴图形

图 7-68　绘制的耳朵图形

步骤 ㉖ 继续绘制出图 7-68 所示的耳朵图形，颜色填充为浅黄色（M:15，Y:24）。

步骤 ㉗ 将耳朵图形选中，双击工具箱中的"镜像"工具 🔲（快捷键为 O），在弹出的"镜像"对话框中设置"垂直"轴向。

步骤 ㉘ 单击 [　复制(C)　] 按钮，在原位置水平镜像复制出一个图形，将复制出的图形移动到图 7-69 所示的位置。

步骤 ㉙ 利用 🔲 工具绘制一个绿色矩形，执行"对象/排列/置于底层"命令，将绿色矩形放置在最下面，如图 7-70 所示。

步骤 30 选取 ✎ 工具，在嘴巴的两边绘制出图 7-71 所示的胡须。

图 7-69 图形位置　　　　　图 7-70 绘制矩形　　　　　图 7-71 绘制胡须

步骤 31 到此，卡通猫图形绘制完成，按 Ctrl+S 键，将文件命名为"卡通猫.ai"保存。

实例总结

　　通过本实例的学习，读者灵活掌握了利用 ✎ 工具绘制路径、利用 ▷ 工具调整路径形状的操作方法和技巧，同时还学会了镜像复制图形的方法以及如何给路径设置描边宽度及颜色等知识内容。学习重点为熟练应用 ✎ 工具和 ▷ 工具。

Example 实例 **86**　绘制地产标志

学习目的

　　通过本实例，读者可以学习标志的绘制方法，在绘制过程中会应用到 ▣ 工具、◉ 工具、◯ 工具、▣ 工具，图形的对齐以及"路径查找器"面板等功能。

实例分析

	作品路径	作品\第 07 章\四方地产标志.ai
	视频路径	视频\第 07 章\四方地产标志.avi
	知识功能	▣ 工具，◉ 工具，◯ 工具，▣ 工具，图形的对齐，"路径查找器"面板
	学习时间	10 分钟

操 作 步 骤

步骤 1 启动 Illustrator CS6 软件，执行"文件/新建"命令，按照默认的选项和参数建立一个新文件。

步骤 2 选取 ▣ 工具，在画板中单击，在"圆角矩形"对话框中设置参数，如图 7-72 所示。

步骤 3 单击 确定 按钮，创建一个圆角矩形，如图 7-73 所示。

步骤 4 选取 ◉ 工具，在画板中单击，在"椭圆"对话框中设置参数，如图 7-74 所示。

图 7-72 "圆角矩形"对话框　　　图 7-73 创建的圆角矩形　　　图 7-74 "椭圆"对话框

步骤 ⑤ 单击 确定 按钮，创建一个椭圆图形，如图 7-75 所示。

步骤 ⑥ 在工具箱中双击 🔄 工具，在"旋转"对话框中设置参数，如图 7-76 所示。

步骤 ⑦ 单击 复制(C) 按钮，旋转复制出的椭圆图形如图 7-77 所示。

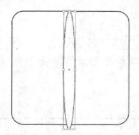　　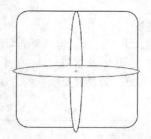

　　图 7-75　创建的椭圆图形　　　　图 7-76　"旋转"对话框　　　图 7-77　旋转复制出的椭圆

步骤 ⑧ 按 Ctrl+A 键，将三个图形同时选择，如图 7-78 所示。

步骤 ⑨ 在控制栏中分别单击"水平居中对齐"按钮 🔲 和"垂直居中对齐"按钮 🔲，此时三个图形居中对齐了，如图 7-79 所示。

步骤 ⑩ 利用 ▶ 工具单独选择两个椭圆。打开"路径查找器"面板，在面板中单击"联集"按钮 🔲，合并生成如图 7-80 所示的形状。

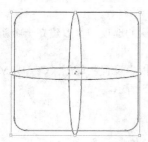　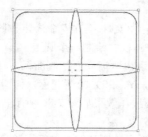　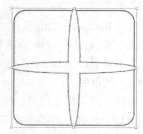

　　　图 7-78　选择图形　　　　　　图 7-79　居中对齐　　　　　图 7-80　合并后的形状

步骤 ⑪ 再将下面的圆角矩形同时选择，如图 7-81 所示。

步骤 ⑫ 在"路径查找器"面板中单击"减去顶层"按钮 🔲，修剪得到的图形形状如图 7-82 所示。

步骤 ⑬ 选择"实时上色"工具 🔲，分别给标志四个角部分填充上红色、橘黄色、蓝色和绿色，如图 7-83 所示。

步骤 ⑭ 选择"文字"工具 T，在图形下面输入文字，这样一个简单的标志就设计完成了，如图 7-84 所示。

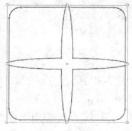　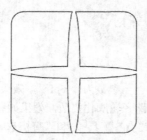　　

　图 7-81　选择图形　　图 7-82　修剪后的形状　　图 7-83　填充颜色效果　　图 7-84　设计完成的标志

步骤 ⑮ 按 Ctrl+S 键，将文件命名为"四方地产标志.ai"存储。

实例总结

　　本例主要讲述了"四方地产"标志的绘制方法，在绘制过程中使用了 🔲 工具、🔲 工具、🔄 工具、🔲 工具，以及图形的对齐和"路径查找器"面板等功能。这些基本工具在图形的绘制过程中也是使用最多的工具，希望读者反复练习，灵活运用好这些基本工具和命令，以便在标志设计和复杂图形的绘制过程中能得心应手。

Example **实例** **87** **绘制篮球**

学习目的

通过本实例，读者可以灵活掌握利用"钢笔"工具 🖊️、"删除锚点"工具 🖊️、"转换锚点"工具 ⌐、"直接选择"工具 ⌐ 绘制图形的方法和技巧，同时还会学习利用"渐变"工具 ▣ 给图形设置渐变颜色以及利用"渐变控制器"调整渐变颜色的方法和技巧。

实例分析

作品路径	作品\第 07 章\篮球.ai
视频路径	视频\第 07 章\篮球.avi
知识功能	"钢笔"工具 🖊️，"删除锚点"工具 🖊️，"转换锚点"工具 ⌐，"直接选择"工具 ⌐，"渐变"工具 ▣，"羽化"面板
学习时间	20 分钟

操作步骤

步骤 ① 启动 Illustrator CS6 软件，执行"文件/新建"命令，按照默认的选项和参数建立一个新文件。

步骤 ② 选取 ⬭ 工具，按住 Shift 键在画板中绘制一个圆形。

步骤 ③ 选择圆形，按 Ctrl+F9 组合键调出"渐变"控制面板，在面板中设置从黄色（C：3，M：22，Y：60）到橙色（C：15，M：75，Y：90）的渐变色，如图 7-85 所示。

步骤 ④ 给圆形设置渐变色后去除轮廓线，效果如图 7-86 所示。

步骤 ⑤ 按 Ctrl+2 键，将圆形锁定位置。

步骤 ⑥ 按 P 键，选取 🖊️ 工具，在圆形上绘制如图 7-87 所示的篮球纹路。

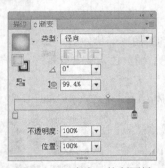

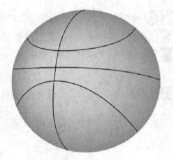

图 7-85 "渐变"控制面板　　　图 7-86 填充渐变色效果　　　图 7-87 绘制的纹路

步骤 ⑦ 选择所有纹路，在控制栏中设置 描边 3 pt 参数为"3 pt"，效果如图 7-88 所示。

步骤 ⑧ 执行"对象/路径/轮廓化描边"命令，将路径轮廓化描边，效果如图 7-89 所示。

步骤 ⑨ 结合使用"删除锚点"工具 🖊️、"转换锚点"工具 ⌐ 和"直接选择"工具 ⌐，对应用"轮廓化描边"后的路径进行调整，调整成如图 7-90 所示的形状。

步骤 ⑩ 选择所有纹路，打开"路径查找器"面板，在面板中单击"联集"按钮 ▣，将纹路合并成一个整体。

步骤 ⑪ 打开"渐变"面板，给图形设置从红色（M：60，Y：40）到深红色（C：45，M：100，Y：100，K：20）的渐变色，效果如图 7-91 所示。

步骤 ⑫ 选择 ▣ 工具，在图形上出现如图 7-92 所示的"渐变控制器"。

图 7-88　设置描边宽度

图 7-89　路径轮廓化描边

图 7-90　调整成的形状

图 7-91

图 7-92　渐变控制器

步骤 ⑬ 调整编辑"渐变控制器",使篮球高光位置的纹路颜色变得亮一些,如图 7-93 所示。

步骤 ⑭ 选取 ▶ 工具,在画板空白位置单击,取消图形的选择,此时的渐变颜色效果如图 7-94 所示。

步骤 ⑮ 利用 ✎ 工具和 ▶ 工具在篮球右边绘制出如图 7-95 所示的路径。

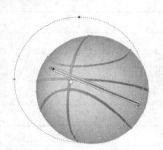

图 7-93　调整渐变颜色

图 7-94　渐变颜色效果

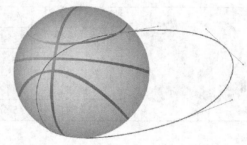

图 7-95　绘制的路径

步骤 ⑯ 执行"对象/排列/置于底层"命令,将路径调整到篮球的下面。

步骤 ⑰ 在"渐变"面板中给图形设置渐变颜色为"渐黑"样式,如图 7-96 所示。

步骤 ⑱ 选取 ▦ 工具,调整渐变控制器,渐变颜色效果如图 7-97 所示。

图 7-96　设置渐变颜色

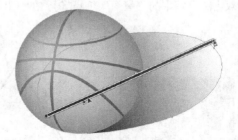

图 7-97　调整渐变控制器

步骤 ⑲ 选取 ▶ 工具,执行"效果/风格化/羽化"命令,在"羽化"面板中设置"半径"参数,如图 7-98 所示。单击 确定 按钮,羽化后的篮球投影效果如图 7-99 所示。

Illustrator CS6

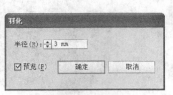

图 7-98 "羽化"面板

图 7-99 篮球投影效果

步骤 ⑳ 按 Ctrl+S 键，将文件命名为"篮球.ai"存储。

实例总结

本例主要讲述了篮球的绘制方法，在绘制过程中使用了"钢笔"工具 ⬛、"删除锚点"工具 ⬛、"转换锚点"工具 ⬛、"直接选择"工具 ⬛ 以及"渐变"工具 ⬛，同时还学习了制作投影效果的方法。读者需要重点掌握的功能是路径的绘制、编辑调整以及利用"渐变控制器"调整渐变颜色的方法和技巧。

Example 实例 **88** 绘制爱心徽标

学习目的

通过本实例，读者可以复习并掌握已经学习过的多种工具和命令的综合使用方法，包括"镜像"工具 ⬛、"路径"工具 ⬛、"添加锚点"工具 ⬛、"转换锚点"工具 ⬛、"直接选择"工具 ⬛、"变形"工具 ⬛，以及给图形设置渐变颜色、复制图形等多个工具和命令。

实例分析

作品路径	作品\第 07 章\爱心徽标.ai
视频路径	视频\第 07 章\爱心徽标.avi
知识功能	"镜像"工具 ⬛，"路径"工具 ⬛，"添加锚点"工具 ⬛，"转换锚点"工具 ⬛，"直接选择"工具 ⬛，"变形"工具 ⬛，"渐变"面板，"比例缩放"对话框
学习时间	45 分钟

操 作 步 骤

步骤 ① 启动 Illustrator CS6 软件，执行"文件/新建"命令，按照默认的选项和参数建立一个新文件。

步骤 ② 选取 ⬛ 工具，在画板中单击，弹出"多边形"对话框，设置参数，如图 7-100 所示。

步骤 ③ 单击 确定 按钮，绘制出如图 7-101 所示的三角形。

步骤 ④ 双击工具箱中的"镜像"工具 ⬛，在弹出的"镜像"对话框中设置选项，如图 7-102 所示。

图 7-100 "多边形"对话框

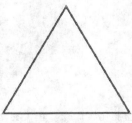

图 7-101 绘制的三角形

图 7-102 "镜像"对话框

步骤 ⑤　单击 ▭确定▭ 按钮，将三角形按照水平轴镜像，效果如图 7-103 所示。

步骤 ⑥　选取 工具，在三角形上边的中点位置添加一个锚点，如图 7-104 所示。

> **提示**　在绘制图形过程中，经常要捕捉一些特殊锚点，所以建议读者熟练掌握开启智能参考线的方法，这样便能在绘制图形过程中方便地捕捉到你想要的锚点。方法是执行"视图/智能参考线"命令，或者按 Ctrl+U 组合键来开启或者关闭智能参考线。当智能参考线处在关闭状态时，按 Ctrl+U 组合键会开启智能参考线，再按 Ctrl+U 组合键会关闭智能参考线。

步骤 ⑦　选取工具 ，移动添加的锚点位置，如图 7-105 所示。

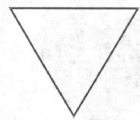
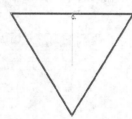
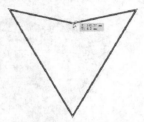

图 7-103　镜像后的图形　　　　　　图 7-104　添加锚点　　　　　　图 7-105　移动锚点位置

步骤 ⑧　选取 工具，调整三角形右边的锚点，如图 7-106 所示。

步骤 ⑨　用同样的方法调整左边的锚点，调整出心形图形，如图 7-107 所示。

步骤 ⑩　按 Ctrl+F9 组合键调出"渐变"控制面板，在面板中设置从红色（C：10，M：85，Y：100）到深红色（C：50，M：94，Y：100，K：30）的渐变色，如图 7-108 所示。

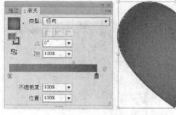

图 7-106　调整锚点　　　图 7-107　调整出的心形图形　　　　图 7-108　设置渐变颜色

步骤 ⑪　去除图形的黑色轮廓。然后利用 工具在心形上绘制一个白色圆形，如图 7-109 所示。

步骤 ⑫　把白色圆形黑色轮廓去除。在"渐变"控制面板中设置从白色到透明的线性渐变色，如图 7-110 所示。

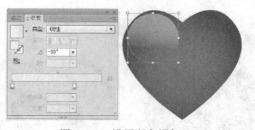

图 7-109　绘制的圆形　　　　　　　　图 7-110　设置渐变颜色

步骤 ⑬　按住 Alt 键往右边复制一个透明圆形，如图 7-111 所示。

步骤 ⑭　选取"文字"工具 ，在图形上输入"Love"单词，按 Ctrl+T 键调出"字符"控制面板，参数设置如图 7-112 所示。

图 7-111 复制出的圆形

图 7-112 输入的单词

步骤 ⑮ 在控制栏中设置 描边 1 pt 参数为"1 pt"，文字效果如图 7-113 所示。

步骤 ⑯ 用同样的方法在单词"Love"下边输入汉字，填充色设为白色，无描边，如图 7-114 所示。

图 7-113 描边后的效果

图 7-114 输入的文字

步骤 ⑰ 选择心形图形，执行"对象/变换/缩放"命令，弹出"比例缩放"对话框，设置参数，如图 7-115 所示。

步骤 ⑱ 单击 复制(C) 按钮，放大复制出一个心形图形。

步骤 ⑲ 执行"对象/排列/置于底层"命令，把复制出的大心形调整到下面，如图 7-116 所示。

图 7-115 设置缩放参数

图 7-116 复制出的图形

步骤 ⑳ 用相同的复制方法，再复制出一个心形图形，如图 7-117 所示。

步骤 ㉑ 将复制出的图形填充如图 7-118 所示粉白色（M：13，Y：7）到粉红色（M：40，Y：20）的径向渐变色。

步骤 ㉒ 在控制栏中设置 描边 1 pt 参数为"1 pt"，再设置"描边"色为（M：55，Y：45），效果如图 7-119 所示。

图 7-117 复制出的图形

图 7-118 设置渐变颜色

图 7-119 设置的描边

步骤 ㉓　把红色心形图形再进行复制，缩小后放置到如图 7-120 所示的位置。

步骤 ㉔　选取 工具，按住 Alt 键，在图形中移动复制出多个小的心形图形，如图 7-121 所示。

步骤 ㉕　按住 Shift 键，通过单击选择所有的小的心形图形，按 Ctrl+G 键将图形群组。

步骤 ㉖　在控制栏中设置 不透明度: 10% ▼ 参数为"10%"，效果如图 7-122 所示。

图 7-120　复制出的图形　　　　图 7-121　复制出的图形　　　　图 7-122　设置不透明度效果

步骤 ㉗　选取 工具，在画板中绘制一个如图 7-123 所示的矩形。

步骤 ㉘　双击工具箱中的"变形"工具 （快捷键 Shift+R），弹出"变形工具选项"对话框，设置参数，如图 7-124 所示，单击 确定 按钮。

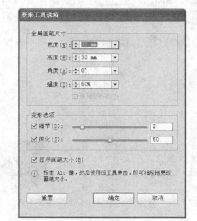

图 7-123　绘制的矩形　　　　　　图 7-124　"变形工具选项"对话框

步骤 ㉙　在图形上按下鼠标左键给图形做变形调整，如图 7-125 所示，调整完的图形形状如图 7-126 所示。

步骤 ㉚　选取工具箱中的"吸管"工具 ，在红色心形上单击，吸取其属性，如图 7-127 所示。

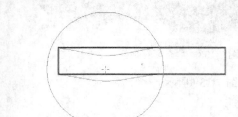  

图 7-125　变形调整图形　　　　图 7-126　调整后的形状　　　　图 7-127　单击位置

步骤 ㉛　然后给图形设置"描边"宽度为"1pt"，描边颜色设为（M：55，Y：45），效果如图 7-128 所示。

步骤 ㉜　选取 工具，绘制一个矩形，如图 7-129 所示。

步骤 ㉝　选取 工具，在矩形右边的中心点位置添加一个锚点，如图 7-130 所示。

图 7-128　设置填充颜色效果　　　图 7-129　绘制的矩形　　　图 7-130　添加锚点

步骤 ㉞ 利用 工具将图形调整成如图 7-131 所示形状。

步骤 ㉟ 利用 工具对图形进行变形调整，调整后的形状如图 7-132 所示。

步骤 ㊱ 给图形填充上与上面弯曲的长条矩形相同的渐变颜色，将轮廓宽度设置为"0.5pt"，效果如图 7-133 所示。

图 7-131　调整的图形　　　图 7-132　调整后的形状　　　图 7-133　填充渐变颜色效果

步骤 ㊲ 双击工具箱中的"镜像"工具 ，在弹出的"镜像"对话框中设置选项，如图 7-134 所示。

步骤 ㊳ 单击 确定 按钮，按照水平轴镜像复制出的图形如图 7-135 所示。

步骤 ㊴ 将这三个图形进行组合，组合后的图形如图 7-136 所示。

图 7-134　"镜像"对话框　　　图 7-135　复制出的图形　　　图 7-136　组合后的图形

步骤 ㊵ 利用 工具绘制飘带拐角处的图形，如图 7-137 所示。

步骤 ㊶ 将这两块图形填充上与飘带相同的渐变颜色与描边效果，如图 7-138 所示。

图 7-137　绘制的图形　　　图 7-138　填充渐变颜色

步骤 ㊷ 将绘制的飘带与前面绘制的心形图形进行组合，效果如图 7-139 所示。

步骤 ㊸ 利用 工具，在飘带中间绘制如图 7-140 所示的路径。

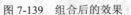

图 7-139　组合后的效果　　　图 7-140　绘制的路径

步骤 44 选取"文字"工具 T，将鼠标指针定位到路径的左边，如图 7-141 所示。

步骤 45 单击鼠标定位路径文字的起始点，然后输入如图 7-142 所示的文字。

图 7-141　定位位置的起始位置

图 7-142　输入的文字

步骤 46 选取 ▶ 工具，将鼠标指针定位在如图 7-143 所示位置。

步骤 47 按下鼠标左键向右拖曳，调整文字在路径上的位置，如图 7-144 所示。

图 7-143　鼠标指针定位

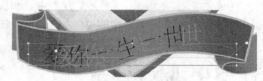

图 7-144　移动文字位置

步骤 48 给文字设置字体并填充上白色，效果如图 7-145 所示。

步骤 49 执行"窗口/透明度"命令，打开"透明度"面板，将混合模式设置为"叠加"，效果如图 7-146 所示。

图 7-145　填充白色

图 7-146　设置混合模式

步骤 50 将白色"love"英文单词复制两份，调整其大小后放置到如图 7-147 所示的位置。

步骤 51 将两个英文单词同时选择，在"透明度"面板中将混合模式设置为"叠加"，制作完成的爱心徽标整体效果如图 7-148 所示。

图 7-147　复制两份英文单词

图 7-148　最终效果

步骤 52 按 Ctrl+S 键，将文件命名为"爱心徽标.ai"存储。

实例总结

本例主要讲述了"爱心徽标"的绘制方法，通过本案例的学习，读者复习并掌握了已经学习过的多种工具和命令的综合使用方法，该案例操作步骤比较多，但练习工具和命令使用的针对性比较强，希望读者根据操作步骤认真学习制作。

第8章　文字应用

本章通过 9 个案例来学习文字工具的使用，其中包括文字的输入、区域文字的输入与编辑、路径文字的输入与编辑、置入外部文字操作、"字符"面板、"段落"面板以及文字绕排等内容。最后通过"迎新春 POP 海报"的设计带领读者学习艺术字的制作方法，同时对前面章节所学习的工具和命令进行复习应用。

本章实例

- 实例 89 输入文字
- 实例 90 输入区域文字
- 实例 91 输入路径文字

- 实例 92 置入与粘贴文字
- 实例 93 应用字符面板
- 实例 94 应用段落面板

- 实例 95 编辑文字
- 实例 96 文字绕排方式
- 实例 97 设计迎新春 POP 海报

Example 实例 **89** 输入文字

学习目的

在 Illustrator CS6 的工具箱中有两个常用的输入文字工具，"文字"工具 T 和"直排文字"工具 IT，本案例来学习这两个工具的使用方法。

实例分析

视频路径	视频\第 08 章\输入文字.avi
知识功能	"文字"工具 T，"直排文字"工具 IT
学习时间	10 分钟

操 作 步 骤

步骤 ① 启动 Illustrator CS6 软件，按照默认的参数新建文件。

步骤 ② 选取 T 工具（快捷键为 T）或 IT 工具，然后将鼠标光标移动到画板中，此时光标显示为" I "或" ⊢⊣ "形态。

步骤 ③ 在画板中要输入文字的位置单击鼠标左键，此时在画板中会出现闪烁的文字插入光标。

步骤 ④ 选择自己熟悉的输入法，即可以开始输入文字。

> **提示**　在输入文字时，按键盘上的 Ctrl+Shift 键，可以在各种输入法之间进行切换。当选择英文输入法时，按键盘上的 Caps Lock 键或按住键盘上的 Shift 键，可以输入大写的英文字母；当选择除英文输入法外的输入法时，按键盘上的 Ctrl+空格键，可以在当前输入法与英文输入法之间进行切换。

步骤 ⑤ 输入完毕后，选取 ▶ 工具即可完成文字输入。

如果要在指定的范围内输入文字，在输入文字之前用户可以先确定文字的范围，然后再进行输入。具体操作如下。

步骤 ⑥ 选取 T 工具或 IT 工具。

步骤 ⑦ 在画板中按下鼠标左键拖曳，绘制一个文字框，在文字框内会出现闪烁的文字插入光标。

步骤 ⑧ 选择输入法，即可开始输入文字。

步骤 ⑨ 文字输入完毕后，选取 ▶ 工具，即完成文字输入。在指定范围内输入水平文字的过程示意图如图 8-1 所示。

图 8-1　在指定范围内输入文字的过程示意图

相关知识点——区分在指定范围内输入文字与直接输入文字

在实际的工作过程中，要分清在指定范围内输入文字与直接输入文字的区别。

● 　直接输入文字，第一行的左下角有一个实点，在指定范围内输入的文字没有。

● 　拖曳在指定范围内输入文字生成的文字块边界时，系统将只改变文字框的大小，文字的大小不会发生改变，改变的只是文字框的大小和行数，如图 8-2 所示。

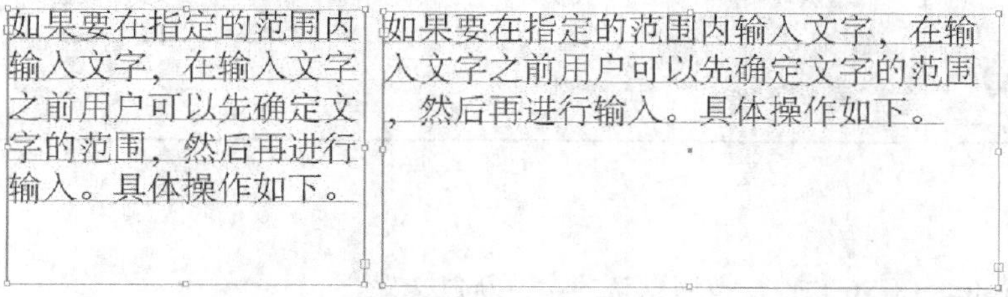

图 8-2　拖曳在指定范围内输入文字

而拖曳直接输入的文字时，文字的大小会被改变，如图 8-3 所示。

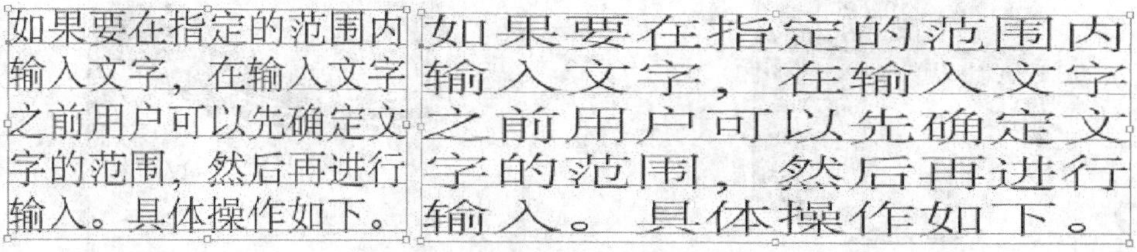

图 8-3　拖曳直接输入文字

● 　旋转文字块时，系统将只改变文字框的形态，文字的方向不会被改变，如图 8-4 所示。而旋转直接输入的文字时，文字的方向会发生变化，如图 8-5 所示。

图 8-4　旋转文字块的形态　　　　　图 8-5　旋转直接输入文字的形态

实例总结

通过本实例的学习，读者掌握了"文字"工具 T 和"直排文字"工具 IT 的基本使用方法，并认识了直接输入文字和在指定范围内输入文字的区别。

Example 实例 90 输入区域文字

学习目的

利用"区域文字"工具 ⊤ 和"直排区域文字"工具 ⊤ 可以在路径内部输入水平或垂直的文字；在使用这两个工具输入文字时，当前画板中必须有一个处于选择状态的路径，此路径可以是开放的，也可以是闭合的。本案例来学习这两个工具的使用方法。

实例分析

作品路径	作品\第 08 章\区域文字.ai
视频路径	视频\第 08 章\输入区域文字.avi
知识功能	"区域文字"工具 ⊤ ，"直排区域文字"工具 ⊤
学习时间	15 分钟

操 作 步 骤

步骤① 启动 Illustrator CS6 软件，按照默认的参数新建文件。

步骤② 置入附盘中"素材\第 08 章\海报背景.jpg"图片，如图 8-6 所示。

步骤③ 选取 ⊤ 工具，在画面的右下角位置输入如图 8-7 所示的文字。

图 8-6　置入的图片

图 8-7　输入的文字

步骤④ 选取 ◯ 工具，在画面中绘制一个椭圆形，如图 8-8 所示。

步骤⑤ 选取"区域文字"工具 ⊤ ，在椭圆形的左上位置单击鼠标左键，出现闪动的文字插入光标，如图 8-9 所示。

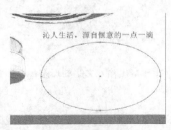

图 8-8　绘制的椭圆

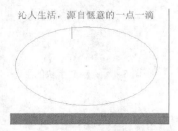

图 8-9　出现的文字插入光标

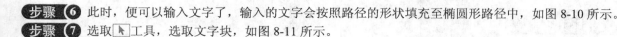

步骤 ⑥ 此时，便可以输入文字了，输入的文字会按照路径的形状填充至椭圆形路径中，如图 8-10 所示。

步骤 ⑦ 选取 ▶ 工具，选取文字块，如图 8-11 所示。

图 8-10　输入横排文字后的效果　　　　　图 8-11　选取文字块

步骤 ⑧ 执行"窗口/文字/字符"命令（快捷键为 Ctrl+T），打开"字符"面板，设置"字体大小"和"行距大小"参数，如图 8-12 所示，文字效果如图 8-13 所示。

步骤 ⑨ 同样，如果绘制路径后，利用 ▥ 工具在路径中输入竖排文字，所得到的文字效果如图 8-14 所示。

图 8-12　"字符"面板　　　图 8-13　设置文字后效果　　　图 8-14　输入的竖排文字

步骤 ⑩ 按 Ctrl+S 键，将文件命名为"区域文字.ai"存储。

实例总结

通过本实例的学习，读者掌握了"区域文字"工具 ▥ 和"直排区域文字"工具 ▥ 的使用方法，利用这两个工具在特殊形状的路径中输入文字非常灵活方便，希望读者熟练掌握。

Example 实例 **91** 输入路径文字

学习目的

利用"路径文字"工具 ✎ 和"直排路径文字"工具 ✎ 可以在画板中输入沿路径排列的文字。这两个工具在使用时与区域文字工具相似，必须在画板中先选择一个路径，然后才可以输入文字。下面仍以实例的形式来讲解这两个工具的使用方法。

实例分析

<table>
<tr><td rowspan="4"></td><td>作品路径</td><td>作品\第 08 章\路径文字.ai</td></tr>
<tr><td>视频路径</td><td>视频\第 08 章\输入路径文字.avi</td></tr>
<tr><td>知识功能</td><td>"路径文字"工具 ✎ ，"直排路径文字"工具 ✎ ，"路径文字"菜单命令</td></tr>
<tr><td>学习时间</td><td>15 分钟</td></tr>
</table>

操作步骤

步骤 1 启动 Illustrator CS6 软件，打开附盘中"素材\第 08 章\区域文字.ai"文件。

步骤 2 选取 ✏️ 工具，在画面中绘制一条开放的钢笔路径，形态如图 8-15 所示。

步骤 3 保持刚才绘制的路径处于选择状态，选取 ↘️ 工具，然后在路径的左端单击鼠标，即会出现闪动的文字插入光标，如图 8-16 所示。

图 8-15　绘制的路径

图 8-16　出现的文字插入光标

步骤 4 此时，便可以输入文字了，输入的文字沿路径排列，如图 8-17 所示。

步骤 5 选取 ▸ 工具，点选路径，出现路径控制柄，如图 8-18 所示。

图 8-17　沿路径输入的文字

图 8-18　路径控制柄

步骤 6 当调整修改了路径形状后，文字会跟随路径的变化而变化，如图 8-19 所示。

步骤 7 如果输入的文字没有全部在路径上显示出来，是因为文字的字号过大，路径排列不开这么多文字，此时在路径的末端会出现一个红色小矩形，里面带有"＋"符号，如图 8-20 所示。

图 8-19　调整修改路径形状

图 8-20　显示红色符号

步骤 ⑧ 选取 ▶ 工具，选取文字，如图 8-21 所示。

步骤 ⑨ 在属性栏中查看文字的字号大小，如图 8-22 所示。可以看到当前文字是 12 pt 大小。

图 8-21　选取文字

图 8-22　查看字号大小

步骤 ⑩ 把字号改成 11.5 pt，这样在路径上输入的文字就全部显示了，如图 8-23 所示。

步骤 ⑪ 用户仔细查看，在路径文字的左端、中间和右端各有一个蓝色的类似文字输入光标的细线，如图 8-24 所示。

图 8-23　全部显示的文字

图 8-24　路径文字符号

步骤 ⑫ 当向右移动路径左边的符号时，路径上的文字会向右移动，如图 8-25 所示。

步骤 ⑬ 当移动路径中间的符号时，路径上的文字会被移动到路径的另一侧，如图 8-26 所示。

图 8-25　向右移动文字

图 8-26　文字被移动到了另一侧

步骤 ⑭ 当移动路径右边的符号时，会缩小文字在路径上的显示，如图 8-27 所示。

步骤 ⑮ 执行"文字/路径文字"命令，会显示如图 8-28 所示的关于路径文字的命令。

图 8-27 缩小文字在路径上的显示

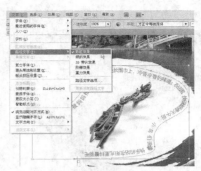

图 8-28 路径文字命令

步骤 ⑯ 执行"文字/路径文字/倾斜"命令，路径文字变成如图 8-29 所示的倾斜形态。

步骤 ⑰ 执行"文字/路径文字/3D 带状效果"命令，路径文字变成如图 8-30 所示的形态。

图 8-29 倾斜的路径文字

图 8-30 3D 带状效果路径文字

步骤 ⑱ 执行"文字/路径文字/阶梯效果"命令，路径文字变成如图 8-31 所示的形态。

步骤 ⑲ 执行"文字/路径文字/重力效果"命令，路径文字变成如图 8-32 所示的形态。

图 8-31 阶梯效果路径文字

图 8-32 重力效果路径文字

步骤 ⑳ 执行"文字/路径文字/路径文字选项"命令，弹出如图 8-33 所示的"路径文字选项"对话框。利用该对话框可以设置路径文字的效果、文字对齐路径的位置以及路径文字的间距等。

图 8-33 "路径文字选项"对话框

"直排路径文字"工具 和"路径文字"工具 的使用方法 完全相同，读者可以练习使用一下。

步骤 (21) 按 Shift+Ctrl+S 键，将文件命名为"路径文字.ai"存储。

实例总结

通过本实例的学习，读者掌握了"路径文字"工具 、"直排路径文字"工具 和"路径文字"菜单命令，利用这两个工具可以沿路径输入文字，在广告创意作品的设计中会经常使用，希望读者熟练掌握。

Example 实例 92 置入与粘贴文字

学习目的

除上一节讲解的输入文字方法外，在实际的工作过程中，有时候需要置入外部的文字或粘贴复制其他程序中的文字。下面以实例的形式来讲解置入 Word 软件中文字的方法。

实例分析

作品路径	作品\第 08 章\幼儿园海报.ai
视频路径	视频\第 08 章\置入与粘贴文字.avi
知识功能	"文件/置入"命令，"编辑/粘贴"命令
学习时间	10 分钟

操 作 步 骤

步骤 ❶ 启动 Illustrator CS6 软件，打开附盘中"素材\第 08 章\幼儿园海报.ai"文件，如图 8-34 所示。

步骤 ❷ 执行"文件/置入"命令，弹出如图 8-35 所示的"置入"对话框。

图 8-34　打开的文件

图 8-35　"置入"对话框

步骤 ❸ 选择"幼儿园简介"文件，单击 置入 按钮，弹出如图 8-36 所示的"Microsoft Word 选项"对话框，单击 确定 按钮，被置入到工作画板中的文字如图 8-37 所示。

图 8-36　"Microsoft Word 选项"对话框　　　　　图 8-37　置入的文字

> 用户置入的文字大多数会保持原有的样式，即如果原文字是自动换行的，当用户将其置入后，Illustrator CS6 软件也会根据置入的文字框将其自动换行。

利用复制、粘贴的方法，也可以在其他软件程序的文件中复制需要的文字。下面来讲解在 Word 文档中复制文字的方法。

步骤 **4** 启动 Word 软件，然后打开"素材\第 08 章\幼儿园简介"文件，如图 8-38 所示。

步骤 **5** 按 Ctrl+A 键选择文字，然后执行"编辑/复制"命令（或按 Ctrl+C 键）。

步骤 **6** 切换到 Illustrator CS6 软件，将其设置为当前工作状态。

步骤 **7** 选取 T 工具，在背景画面中绘制一个文字区域框，如图 8-39 所示。

图 8-38　打开的 Word 文件　　　　　图 8-39　绘制的文字框

步骤 **8** 执行"编辑/粘贴"命令（或按 Ctrl+V 键），此时，选择的文字即被粘贴至当前的工作画板中，如图 8-40 所示。

编排完成的文字效果如图 8-41 所示，具体编排操作参见"实例 94 应用段落面板"。

图 8-40 粘贴入的文字　　　　　　　图 8-41 编排完成的文字效果

步骤 ⑨ 按 Shift+Ctrl+S 键，将文件命名为"幼儿园海报.ai"存储。

实例总结

通过本实例的学习，读者掌握了在 Illustrator CS6 软件中置入 Word 软件中文字文件的操作方法。该操作在编排文字内容比较多的海报、宣传册以及说明书类的作品时比较常用，读者要熟练掌握。

Example 实例 93 应用字符面板

学习目的

在画板中输入文字后设置文字的字体、字号、字间距、行间距等是利用"字符"面板来完成的操作，本实例来学习"字符"面板的应用方法。

实例分析

视频路径	视频\第 08 章\应用字符面板.avi
知识功能	应用字符面板
学习时间	20 分钟

操 作 步 骤

步骤 ① 启动 Illustrator CS6 软件，按照默认的参数新建文件。
步骤 ② 选取 T 工具，输入如图 8-42 所示的文字。
步骤 ③ 执行"窗口/文字/字符"命令，在画板中打开如图 8-43 所示的"字符"面板。

平面广告设计

图 8-42 输入的文字　　　　　图 8-43 "字符"面板

步骤④ 单击该面板右上角的 ▼≡ 位置，在弹出的菜单中选择"显示选项"，此时"字符"面板中显示了更多的选项功能，如图 8-44 所示。

> **提示** 将"字符"面板的隐藏选项显示后，"显示选项"命令变为"隐藏选项"，再次选择此命令，系统将恢复"字符"面板的默认状态。

步骤⑤ 单击"设置字体系列"选项 `Adobe 宋体 Std L ▼` 右边的倒三角形按钮，会弹出系统中安装的所有字体，将鼠标指针移动到需要的字体名称上单击，即可把选择的文字设置成该字体，如图 8-45 所示。

图 8-44 显示更多选项后的"字符"面板　　　　图 8-45 设置的各种字体

> **提示** 执行"文字/字体"命令，在弹出的"字体"子菜单中选择一种合适的字体，也可以更改画板中被选择文字的字体。

步骤⑥ 在画板中输入如图 8-46 所示的英文，并在"字符"面板中设置英文字体。

步骤⑦ 单击"设置字体样式"选项 `Narrow ▼` 右边的倒三角形按钮，弹出如图 8-47 所示的"设置字体样式"选项。

图 8-46 输入的文字及设置的字体　　　　图 8-47 设置字体样式

步骤⑧ 选取不同的样式，英文文字效果也会不同，如图 8-48 所示。

步骤⑨ 在"字符"面板中 `T ÷ 100 pt ▼` 符号右侧的数值窗口中会显示所选文字的大小；若所选文字段中包含多个不同大小的文字，该选项窗口为空白，如图 8-49 所示。

图 8-48　文字设置不同样式后的形态　　　　　　　图 8-49　选择不同大小文字

步骤⑩ 系统默认的文字大小（即字号）为 12 pt。若要更改文字大小，首先在画板中选择需要更改的文字，然后在"设置字体大小"选项中输入数值即可，也可以单击此选项右侧的倒三角按钮，在弹出的下拉菜单中选择字号，如图 8-50 所示。

步骤⑪ 选取 T 工具，绘制一个文本框，然后输入一些文字，可以随便输入文字内容，如图 8-51 所示。

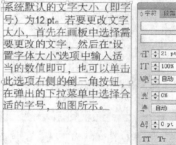

图 8-50　字号列表　　　　　　　　　　　　　图 8-51　输入的文字

> **提示**　　执行"文字/大小"命令，在弹出的子菜单中选择一种合适的文字字号，也可更改文字中已选文字的大小。按键盘中的 Shift+Ctrl+>键，可增大所选文字的字号；按键盘中的 Shift+Ctrl+<键，可减小所选文字的字号。

步骤⑫ 在"字符"面板中"设置行距"选项 右侧的数值窗口中输入数值后，可更改文字的行距，如图 8-52 所示。

> **提示**　　按键盘中的 Alt+↓键，可增大所选文字的行距；按键盘中的 Shift+↑键，可减小所选文字的行距。

步骤⑬ "垂直缩放"选项 和"水平缩放"选项 右侧数值窗口中的参数分别表示所选文字在垂直方向和水平方向上的缩放比例。数值为 100% 时表示未对其进行缩放，把数值设置为小于 100% 时，表示在该方向上对所选文字进行缩小变形，如图 8-53 所示。

步骤⑭ 数值大于 100% 时表示在该方向上对所选文字进行放大变形，如图 8-54 所示。

步骤⑮ 在"字符"面板中，"设置两个字距间的字距微调"选项 右侧的数值可以控制相邻两个字符之间的字距，"设置所选字符的字距调整"选项 右侧的数值可以控制所选择的多个字符之间的字距，如图 8-55 所示。

图 8-52　设置行距效果

图 8-53　垂直缩小文字

图 8-54　垂直放大文字

图 8-55　字距调整

> **提示**　字距微调值和字距调整值可以为正值、0 或负值，为正值时，间距增大，为负值时，间距缩小。按键盘中的 Alt+→键或 Alt+Ctrl+→键，可增大所选文字的字距，按键盘中的 Shift+←键或 Shift+Ctrl+←键，可减小所选文字的字距。只是这两种快捷键法调整字距的幅度不同。

步骤 ⑯ 在"字符"面板中，通过设置"比例间距"选项 　右侧的数值，可以根据当前字符设置间距的百分比缩小字距，如图 8-56 所示。

步骤 ⑰ 在"字符"面板中，通过设置"插入空格（左）"选项 　和"插入空格（右）"选项 　右侧的数值，可以在字符的左边或右边根据设置的选项插入固定的空格间距，如图 8-57 所示。

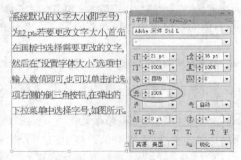

图 8-56　按百分比缩小字距

图 8-57　插入空格

步骤 ⑱ 选取 T 工具，输入如图 8-58 所示的文字。在"2"的左边插入文字光标符号，按下鼠标左键向右拖曳，把"2"选择，如图 8-59 所示。

步骤 ⑲ 在"字符"面板中设置字号，把"2"设置得小一些，如图 8-60 所示。

图 8-58 输入的文字　　　　图 8-59 选择文字　　　　图 8-60 字号变小

步骤 20 在"字符"面板中设置"基线偏移"选项 为正数值时，可以把被选文字向上移动位置，如图 8-61 所示。

步骤 21 当设置"基线偏移"选项为负数值时，可以把被选文字向下移动位置，如图 8-62 所示。

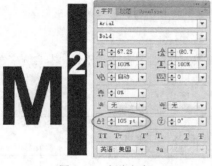 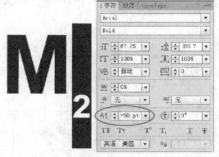

图 8-61 上移文字　　　　　　　图 8-62 下移文字

步骤 22 如果选择了沿路径输入的问候，利用"基线偏移"选项还可以将路径文字移动到路径的上方或下方而不更改文字的方向，如图 8-63 所示。

图 8-63 路径文字下移后的效果

步骤 23 在"字符"面板中，通过设置"字符旋转"选项 右侧的数值，可以给选择的字符设置旋转角度。正数为逆时针旋转，如图 8-64 所示；负数为顺时针旋转，如图 8-65 所示。

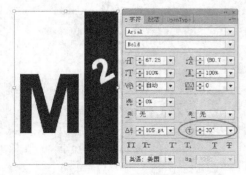 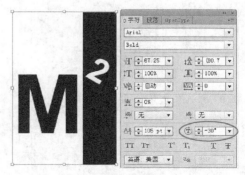

图 8-64 逆时针旋转　　　　　　图 8-65 顺时针旋转

步骤 24 在"字符"面板中，通过设置"下划线"选项和"删除线"选项，可以给文字设置下划线或删除线，如图 8-66 所示。

图 8-66　分别设置的下划线、删除线及下划线和删除线同时设置效果

实例总结

　　通过本实例的学习，读者掌握了"字符"面板中各选项的功能，在编辑文字时该面板是设置文字各项属性的重要面板，读者需要熟练掌握。

Example 实例 **94**　应用段落面板

学习目的

　　在编排说明书或文字内容较多的设计作品时，设置文字的段落属性是必要的工作，本实例来学习"段落"面板的应用方法。

实例分析

	作品路径	作品\第 08 章\幼儿园简介.ai
	视频路径	视频\第 08 章\应用段落面板.avi
	知识功能	"段落"面板
	学习时间	15 分钟

操　作　步　骤

步骤 **1**　启动 Illustrator CS6 软件，打开附盘中"素材\第 08 章\幼儿园海报.ai"文件。

步骤 **2**　执行"文件/置入"命令，置入附盘中"素材\第 08 章\幼儿园简介"Word 文本，如图 8-67 所示。

步骤 **3**　打开"字符"面板，设置字号大小和行距，如图 8-68 所示。

图 8-67　置入的文字

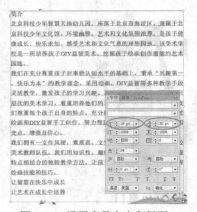

图 8-68　设置字号大小和行距

步骤 **4**　选取 T 工具，把"简介"二字选取，如图 8-69 所示。

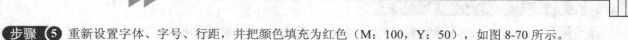

步骤 ⑤ 重新设置字体、字号、行距，并把颜色填充为红色（M：100，Y：50），如图 8-70 所示。

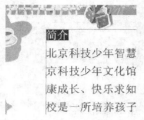

图 8-69　选取文字　　　　　　　　　　　　图 8-70　设置文字

步骤 ⑥ 在"字符"面板右边单击"段落"选项卡，打开"段落"面板。

步骤 ⑦ 单击该面板右上角的 ▾≡ 位置，在弹出的菜单中选择"显示选项"，此时"段落"面板中显示了更多的选项功能。

步骤 ⑧ 单击"居中对齐"按钮 ≡，把"简介"二字居中对齐，如图 8-71 所示。

步骤 ⑨ 选取 ▶ 工具，在文本框左右两边的中间控制点上按下鼠标左键拖曳，把文本框拖宽，使每一行文字多一些字符，如图 8-72 所示。

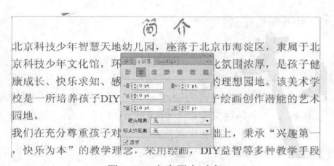

图 8-71　文字居中对齐　　　　　　　　　　图 8-72　拖宽文字框

步骤 ⑩ 选取 T 工具，把如图 8-73 所示的文字选取。

步骤 ⑪ 在"段落"面板中激活"两端对齐，末行左对齐"按钮 ≡，设置"首行缩进"选项 ▾≡ ⬌ 34 pt 参数以及"段后间距"选项 ⬌ 10 pt 参数，如图 8-74 所示。

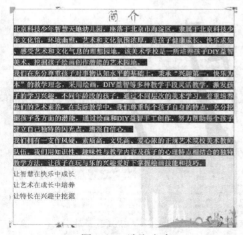

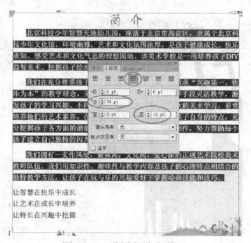

图 8-73　选取文字　　　　　　　　　　　　图 8-74　设置段落参数

步骤 ⑫ 把最后三行文字选取，把颜色填充为红色（M：100，Y：50），设置字体及字号，如图 8-75 所示。

步骤 ⑬ 把文字光标插入到每行文字的最前端,然后通过按空格键把后两行文字向后移动位置,调整完成的文字整体效果如图 8-76 所示。

图 8-75 设置字体和字号

图 8-76 调整完成的文字整体效果

步骤 ⑭ 按 Shift+Ctrl+S 键,将文件命名为"幼儿园简介.ai"存储。

相关知识点——段落面板

一、段落的对齐方式

在"段落"面板中有"左对齐" ▤、"居中对齐" ▤、"右对齐" ▤、"两端对齐,末行左对齐" ▤、"两端对齐,末行居中对齐" ▤、"两端对齐,末行右对齐" ▤、"全部两端对齐" ▤ 等 7 种段落对齐方式。

- "左对齐"按钮。单击此按钮,可使选择文字中各行文字以左边缘对齐。
- "居中对齐"按钮。单击此按钮,可使选择文字中各行文字以居中对齐。
- "右对齐"按钮。单击此按钮,可使选择文字中各行文字以右边缘对齐。
- "两端对齐,末行左对齐"。单击此按钮,可使选择文字左右两端都对齐,而末行文字以左边缘对齐。
- "两端对齐,末行居中对齐"。单击此按钮,可使选择文字左右两端都对齐,而末行文字以居中方式对齐。
- "两端对齐,末行右对齐"。单击此按钮,可使选择文字左右两端都对齐,而末行文字以右边缘对齐。
- "全部两端对齐"。单击此按钮,可使选择文字中各行文字的左右边缘对齐。

图 8-77 所示为对段落文字分别设置不同对齐方式效果。

图 8-77 段落文字分别设置不同对齐方式后的效果

二、段落缩进

段落缩进选项可以设置整个段落的缩进量,其中包括"左边缩进" 、"右边缩进" 、"首行左缩进" 、"段前间距" 和"段后间距" 5 个选项,各功能分别如下。

● "左边缩进"选项。在此选项右侧的数值窗口中输入正值,表示文字左边界与文字框的距离增大;输入负值则表示文字左边界与文字框的距离缩小。当负值足够大时,文字有可能溢出文字框。

● "右边缩进"选项。在此选项右侧的数值窗口中输入正值,表示文字右边界与文字框的距离增大;输入负值则表示文字右边界与文字框的距离缩小。当负值足够大时,文字有可能溢出文字框。

● "首行左缩进"选项。只对文字段落的首行文字进行缩进。此选项应用比较广泛,其右侧的数值一般设置为正值。

● "段前间距"选项。用来设置段落前面的距离。

● "段后间距"选项。用来设置段落后面的距离。

三、段落选项

● "避头尾集"选项。其下的各选项分别用来设置单词与单词、字母与字母之间的距离。

● "标点挤压集"选项。选择此选项,可以控制中文标点不被放置到行首位置。

● "连字"选项。此选项是针对英文文字设置的。选择此选项,表示允许使用连字符连接单词。即单词在一行中不能被完全放下时,只有放不下的部分转移到下一行,并且单词隔开部位出现连字符。图 8-78 所示为不选择与选择此选项时的文字效果。

The Feast of Christmas It is not easy to pin-point the origins of the Christmas feast, today the more important feast of the Christmas season in most western Christian churches. One can only say for certain that the birth of Jesus Christ was being c...

The Feast of Christmas It is not easy to pin-point the origins of the Christmas feast, today the more important feast of the Christmas season in most western Christian churches. One can only say for certain that the birth of Jesus Christ was being c...

图 8-78 选择与不选择 "连字"选项时的文字效果

实例总结

通过本实例的学习,读者掌握了"段落"面板中各选项的功能,在编辑段落文字时该面板是设置文字对齐方式及其他段落属性的重要面板,请读者熟练掌握,以便在排版工作中熟练应用。

Example 实例 95 编辑文字

学习目的

Illustrator 软件具有强大的文字编辑功能,可以让用户自由、方便地对文字进行各种处理操作。文字的编辑操作主要包括文字的选择、改变文字方向、文字块的调整及链接的设置等。本实例学习编辑文字操作。

实例分析

	视频路径	视频\第 08 章\编辑文字.avi
	知识功能	文字选择,改变文字方向,"文字/串接文本/释放所选文字"命令,"文字/串接文本/创建"命令,"文字/串接文字/移去串接文字"命令
	学习时间	15 分钟

操 作 步 骤

要对文字进行操作,需要先将文字选择,下面首先来学习文字的选择方法。

步骤 ① 启动 Illustrator CS6 软件,打开附盘中"素材\第 08 章\制度表.ai"文件,如图 8-79 所示。

步骤 ② 选择文字的方法主要分两种:一种为选择整个文字块,另一种为选择文字块中的一部分文字。选择整个文字块的方法比较简单,只需利用 ▶ 工具单击文字块即可。

步骤 ③ 如果需要选择文字块中某一部分文字,利用 T 或 IT 工具,在文字前面或后面按下鼠标左键并拖曳,此时,鼠标拖曳经过的文字以反白显示,即表示选择了文字,如图 8-80 所示。

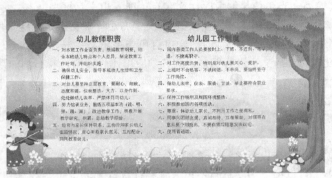
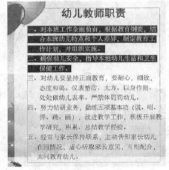

图 8-79 打开的文件 　　　　　　　　　图 8-80　选择文字

> 光标在文字段落中闪动时,按住键盘中的 Shift+Ctrl 键,然后再按键盘上向上的方向键,可选择段落中光标上面的文字;若按住 Shift+Ctrl 键的同时,再按键盘上向下的方向键,可选择段落中光标下面的文字。每多按一次↑键(或↓键)便多选择一段文字。将光标放置到某一文字段落中,连续快速地单击鼠标左键三次,可选择整个段落。

下面学习改变文字方向的方法。

步骤 ④ 利用 ▶ 工具把文字选择。执行"文字/文字方向/垂直"命令,即可把选择的横排文字改变为垂直方向排列,如图 8-81 所示。若当前所选择的文字为竖排方式,执行"文字/文字方向/水平"命令,可以将文字改变为水平方向排列。

当文字块中有被隐藏的文字时,除了利用调整文字框的大小把隐藏的文字显示出来之外,还可以将隐藏的文字转移到其他的文字块中。

步骤 ⑤ 利用 ▶ 工具将"制度表.ai"文件中右边的文字块选择,如图 8-82 所示。

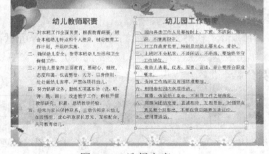

图 8-81　改变文字方向 　　　　　　　　　图 8-82　选择文字

步骤 ⑥ 这是由两个文字块串接所组成的文字,执行"文字/串接文本/释放所选文字"命令,此时所选文字块中的文字被释放出去了,只剩下一个文字框,如图 8-83 所示。

步骤 ⑦ 按住 Shift 键再将左边的文字同时选择,如图 8-84 所示。

步骤 ⑧ 执行"文字/串接文本/创建"命令,即可将隐藏的文字移动到右边的文字框中,如图 8-85 所示。

步骤 ⑨ 执行"文字/串接文字/移去串接文字"命令可以把这两个文字块断开,被转移的文字不会再回到原来的文字块中，如图 8-86 所示。

图 8-83 释放文字

图 8-84 同时选择

图 8-85 隐藏文字转移后的形态

图 8-86 文字块断开形态

实例总结

通过本实例的学习，读者掌握了如何选择文字，如何改变文字方向以及文字块的编辑调整操作。掌握好文字块的应用，对于大型文字内容的排版工作有很大的帮助，希望读者熟练掌握。

Example 实例 **96** 文字绕排方式

学习目的

在排版过程中，经常会遇到图片和文字并存的情况，这时就需要使用"文本绕排"命令来对文档进行排版。本实例来学习文字绕排的编辑操作。

实例分析

作品路径	作品\第 08 章\文字绕排.ai
视频路径	视频\第 08 章\文字绕排.avi
知识功能	"对象/文本绕排/建立"命令，"对象/文本绕排/文本绕排选项"命令，"对象/文本绕排/释放"命令
学习时间	15 分钟

操 作 步 骤

步骤① 启动 Illustrator CS6 软件，打开附盘中"素材\第 08 章\制度表.ai"文件。

步骤② 选取 ☆ 工具，按住 Shift 键，在文字块上面绘制一个五角星，然后利用 ▶ 按钮将五角星与文字块同时选择，如图 8-87 所示。

步骤③ 执行"对象/文本绕排/建立"命令，此时文字就会围绕图形绕排，如图 8-88 所示。

图 8-87　图形与文字块同时选择

图 8-88　文字绕排后的效果

文字不仅可以围绕图形排列，也可以围绕路径排列，步骤如下。

步骤④ 把五角星图形删除，然后利用 ✏️ 工具绘制一条开放的路径，并将路径与文字块同时选择，如图 8-89 所示。

步骤⑤ 执行"对象/文本绕排/建立"命令，文字就会围绕路径排列，如图 8-90 所示。

图 8-89　开放路径与文字块同时选择

图 8-90　文字绕排路径

步骤⑥ 当路径的轮廓比较宽时，文本绕排后所得到的效果可能会很不理想，如图 8-90 所示。如果在执行文本绕排命令之前，先选择该路径，然后执行"对象/路径/轮廓化描边路径"命令，将路径转换成闭合路径，然后再执行"对象/文本绕排/建立"命令，就会得到理想的绕排效果，如图 8-91 所示。

在 Illustrator 中，还可以对置入的图片执行文本绕排命令，下面以实例的形式来介绍操作方法。

步骤⑦ 执行"文件/置入"命令，置入附盘中"素材\第 08 章\长颈鹿.psd"图片文件，如图 8-92 所示。

图 8-91　转换为描边路径后的绕排效果

图 8-92　置入的图片

步骤⑧ 把图片与右边的文字块同时选择，如图 8-93 所示。

步骤⑨ 执行"对象/文本绕排/建立"命令，即可得到如图 8-94 所示的绕排效果。

步骤⑩ 执行"对象/文本绕排/文本绕排选项"命令，弹出"文本绕排选项"对话框，在对话框中默认的"位移"参数为"6 pt"，把该参数设置为"15 pt"，如图 8-95 所示。

步骤⑪ 单击 确定 按钮，文字与图片之间的距离增大了，如图 8-96 所示。

图 8-93　选择文字块和图形　　　　　　　　图 8-94　绕排效果

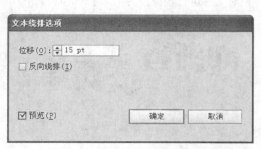

图 8-95　"文本绕排选项"对话框　　　　　图 8-96　设置文字与图片之间的距离效果

步骤 ⑫ 如果对产生的绕排效果不满意，执行"对象/文本绕排/释放"命令，即可取消对文字的绕排操作。

实例总结

　　通过本实例的学习，读者掌握了文字与图形、文字与路径，以及文字与图片的绕排操作。该功能在广告创意设计中会经常用到，希望读者重点掌握。

Example **实例** **97** **设计迎新春 POP 海报**

学习目的

　　Illustrator 软件虽然为用户提供了强大的文字处理功能，但在作品设计时仍然有一定的局限性。本实例来学习如何在输入的文字基础上，制作艺术文字的方法和技巧，这对将来制作个性化艺术字有很大的帮助，希望读者好好学习该案例的制作。

实例分析

作品路径	作品\第 08 章\POP 海报.ai
视频路径	视频\第 08 章\ POP 海报.avi
知识功能	"倾斜"工具 ⏃，，⏃ 工具，"对象/扩展"命令，"路径查找器"面板，"对象/复合路径/建立"命令，"对象/路径/偏移路径"命令，"对象/排列/置于底层"命令，"效果/风格化/投影"命令
学习时间	45 分钟

操 作 步 骤

步骤 ① 启动 Illustrator CS6 软件，按照默认的参数新建文件。

步骤 ② 选取 T 工具，输入如图 8-97 所示的文字。

步骤 ③ 在文字的右下角位置再输入"庆新年"文字，字体和字号相同，如图 8-98 所示。

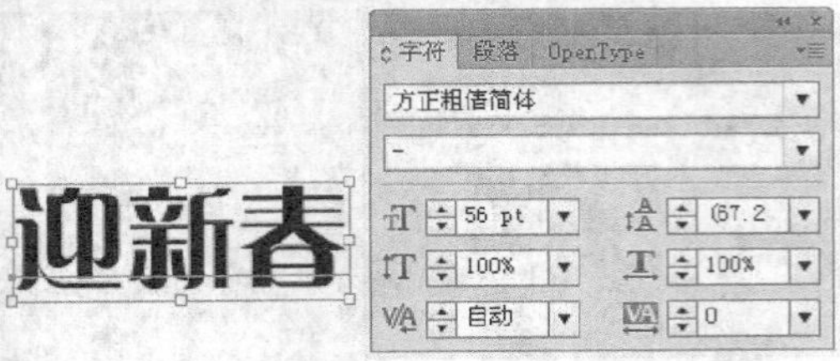

图 8-97　输入的文字 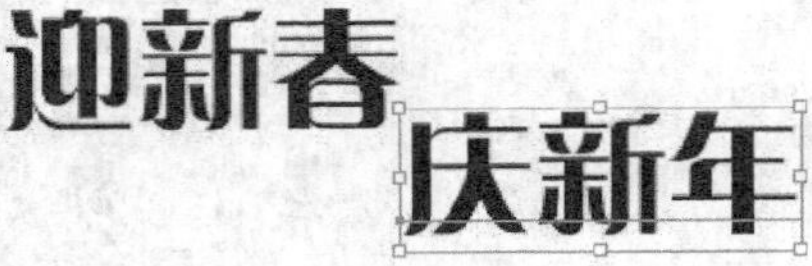　　　　　　　　　　　图 8-98　输入的文字

步骤④ 利用 工具，将两组文字选择。然后选取"倾斜"工具 ，在文字的右边按住鼠标左键向上拖曳，如图 8-99 所示。

步骤⑤ 利用 工具选取"庆新年"文字，然后利用定界框对文字进行轻微旋转，旋转时的状态如图 8-100 所示。

图 8-99　向上拖曳文字　　　　　　　　　　图 8-100　文字旋转时的状态

步骤⑥ 利用相同方法对文字"迎新春"进行轻微旋转，旋转后的文字如图 8-101 所示。

步骤⑦ 利用 T 文字工具选中如图 8-102 所示的文字。

图 8-101　旋转后的文字　　　　　　　　　　图 8-102　选中的文字

步骤⑧ 在"字符"面板中设置文字字号为"47 pt"，效果如图 8-103 所示。

步骤⑨ 将"迎"字后面的"新"字的字号设置为"52pt"，把"年"字的字号设置为"59pt"，效果如图 8-104 所示。

图 8-103　设置字号后的文字 　　　　　　　　图 8-104　设置字符大小后的文字

步骤⑩ 选取 工具，在控制栏中设置填充为无，描边颜色为黑色，描边粗细为"7pt"，绘制一条路径，如图 8-105 所示。

步骤⑪ 再在"迎"字和"庆"字左边绘制如图 8-106 所示的路径。

图 8-105　绘制的路径　　　　　　　　　　　图 8-106　绘制的路径

步骤 ⑫ 按 Ctrl+A 键，把路径和文字同时选择。执行"对象/扩展"命令，弹出如图 8-107 所示的"扩展"对话框，保持默认设置，单击 确定 按钮，扩展后的文字和路径形态如图 8-108 所示。

图 8-107 "扩展"对话框　　　　　　图 8-108 扩展后的文字和路径形态

步骤 ⑬ 选取 ▶ 工具，选取如图 8-109 所示的锚点。

步骤 ⑭ 移动锚点的位置，并调整控制柄，如图 8-110 所示。

图 8-109 选取的锚点　　　　　　　　图 8-110 调整锚点位置

步骤 ⑮ 继续利用 ▶ 工具再调整如图 8-111 所示的锚点。

步骤 ⑯ 利用 ▶ 工具并结合使用 ▷ 工具，把"新"字上面的路径调整成如图 8-112 所示的形状。

图 8-111 调整锚点　　　　　　　　　图 8-112 调整出的形状

步骤 ⑰ 使用相同的调整操作，再把"庆"字和"迎"字左边的路径调整成如图 8-113 所示的形状。此时调整出的艺术文字整体效果如图 8-114 所示。

图 8-113 调整出的路径形状

图 8-114　艺术文字整体效果

步骤 18 按 Ctrl+A 键，把路径和文字同时选择。执行"窗口/路径查找器"命令，打开"路径查找器"面板。

步骤 19 单击如图 8-115 所示的"联集"按钮，将路径与文字结合在一起。

步骤 20 再执行"对象/复合路径/建立"命令（快捷键为 Ctrl+8），将结合在一起的文字创建为复合路径。

步骤 21 选取🖊工具，将鼠标指针放置到如图 8-116 所示锚点位置。

步骤 22 单击将锚点删除，然后再删除如图 8-117 所示的锚点。

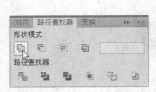

图 8-115　"路径查找器"面板　　　图 8-116　删除锚点　　　图 8-117　删除锚点

步骤 23 利用⬭工具，在删除笔画的位置绘制一个黑色无描边椭圆形，如图 8-118 所示。

步骤 24 利用相同方法将"迎"字的笔画替换为椭圆形，如图 8-119 所示。

步骤 25 按 Ctrl+A 键，把路径和文字同时选择。

步骤 26 按 Ctrl+8 键，将文字和椭圆形创建为复合路径，整体效果如图 8-120 所示。

图 8-118　绘制的椭圆形　　图 8-119　替换笔画　　　　图 8-120　创建为复合路径

步骤 27 按 Ctrl+F9 键调出"渐变"面板，在面板中设置如图 8-121 所示的渐变色，渐变滑块的颜色从左到右分别为（Y：100）、（Y：90）、（Y：40）、（Y：20），设置渐变色后的艺术字如图 8-122 所示。

图 8-121　"渐变"面板　　　　图 8-122　设置渐变色后的艺术字

步骤 ㉘ 执行"对象/路径/偏移路径"命令，弹出"偏移路径"对话框，在对话框中设置"位移"参数，如图 8-123 所示，单击 确定 按钮。

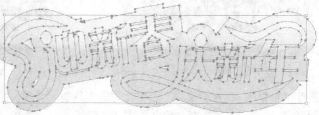

图 8-123 "偏移路径"对话框及预览效果

步骤 ㉙ 按 Ctrl+F9 键调出"渐变"面板，设置渐变色，并在控制栏中设置"描边"颜色为黄色（M：20，Y：100），"描边粗细"为"1.5 pt"，设置渐变填充和描边效果，如图 8-124 所示。

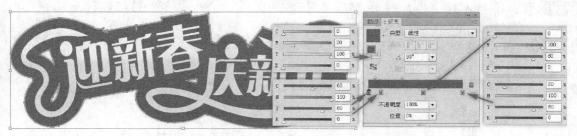

图 8-124 艺术字设置渐变填充及效果

步骤 ㉚ 利用 工具将黄色渐变艺术文字选择，按 Ctrl+C 键复制，再按 Ctrl+F 键在原位置粘贴。

步骤 ㉛ 利用 工具在文字上面绘制如图 8-125 所示的路径。

步骤 ㉜ 利用 工具，按住 Shift 键再单击黄色渐变艺术文字，将其同时选择，如图 8-126 所示。

图 8-125 绘制的路径 图 8-126 同时选择

步骤 ㉝ 按 Ctrl+Shift+F9 键，调出"路径查找器"面板，单击"交集"按钮 ，得到的交集图形形态如图 8-127 所示。

步骤 ㉞ 在"颜色"面板中设置颜色为深黄色（M：35，Y：85），效果如图 8-128 所示。

图 8-127 交集图形形态 图 8-128 填充颜色效果

步骤 ㉟ 利用 和 工具绘制一个几何图形，如图 8-129 所示。

步骤 ㊱ 利用 工具复制上面图形的渐变颜色及轮廓属性，效果如图 8-130 所示。

图 8-129　绘制的图形

图 8-130　复制的填充色

步骤 ㊲ 执行"对象/排列/置于底层"命令，把图形调整到艺术文字的下面。

步骤 ㊳ 利用 T 工具在几何图形上输入如图 8-131 所示的文字。

步骤 ㊴ 按 Ctrl+A 键，把所有内容全部选择，按 Ctrl+G 键群组。

步骤 ㊵ 执行"文件/置入"命令，在"置入"对话框中选择如图 8-132 所示的文件。

步骤 ㊶ 单击　置入　按钮，弹出"导入选项"对话框，设置如图 8-133 所示的选项。

图 8-131　输入的文字

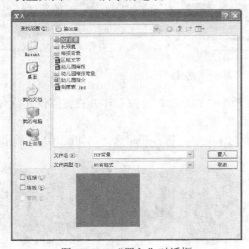

图 8-132　"置入"对话框

图 8-133　"导入选项"对话框

步骤 ㊷ 单击　确定　按钮，置入到当前画板中的图片如图 8-134 所示。

步骤 ㊸ 这是置入的一个"*.psd"格式的分层图片文件，执行"对象/取消编组"命令，把图层的编组取消。

步骤 ㊹ 利用 ▶ 工具选择背景图片，然后执行"对象/排列/置于底层"命令，把背景调整到艺术文字的下面，如图 8-135 所示。

图 8-134　置入的图片

图 8-135　调整背景到底层

步骤 **45** 把制作的艺术字拖大到如图 8-136 所示大小。

步骤 **46** 选择 工具，点选如图 8-137 所示的艺术文字。

图 8-136 调整大小　　　　　　　　　　　　　图 8-137 选择文字

步骤 **47** 按住 Shift 键，利用 工具再分别点选如图 8-138 所示的图形。

图 8-138 选择图形

步骤 **48** 执行"效果/风格化/投影"命令，弹出"投影"对话框，设置参数，如图 8-139 所示。

步骤 **49** 单击 确定 按钮，投影效果如图 8-140 所示。

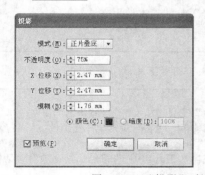

图 8-139 "投影"对话框　　　　　　　　　图 8-140 投影效果

步骤 **50** 按 Ctrl+S 键，将文件命名为"POP 海报.ai"存储。

实例总结

　　通过本实例的学习，读者掌握了艺术效果字的制作方法，学习了"对象/路径/偏移路径"命令、置入分层图片的方法及制作投影的方法。同时还复习了路径工具、渐变颜色填充、"路径查找器"面板等多种命令的使用技巧。制作艺术字的方法是本案例的重点内容，希望读者好好学习并灵活掌握。

第9章 符号、图表和样式

在 Illustrator 软件中，符号是在文档中可以重复使用的图形对象，保存在"符号"面板中。利用"符号"工具可以喷射出大量无序排列的符号图形。

在对各种数据进行统计和比较时，为了获得更加精确、直观的效果，人们经常运用图表的方式来表达。在 Adobe Illustrator 软件中，设计者非常周到地考虑到了这一点，因此为用户提供了丰富的图表类型和强大的图表功能，使用户在运用图表进行数据统计和比较时更加方便，更加得心应手。

利用"图形样式"面板可以快速地为图形添加各种样式效果，包括定义的描边效果、填充效果及阴影效果等。

本章实例

- 实例 98 符号工具
- 实例 99 符号面板
- 实例 100 创建图表
- 实例 101 导入数据创建图表

- 实例 102 编辑图表
- 实例 103 图表工具组
- 实例 104 定义符号创建图表
- 实例 105 制作英语爱好者

统计表
- 实例 106 应用图形样式
- 实例 107 编辑图形样式
- 实例 108 重定义图形样式

Example 实例 98 符号工具

学习目的

Illustrator CS6 软件中有 8 种符号工具，分别是"符号喷枪"工具📷、"符号移位器"工具📷、"符号紧缩器"工具📷、"符号缩放器"工具📷、"符号旋转器"工具📷、"符号着色器"工具📷、"符号滤色器"工具📷和"符号样式器"工具📷，本实例来学习这 8 种符号工具的基本使用方法。

实例分析

	视频路径	视频\第 09 章\符号工具.avi
	知识功能	"符号喷枪"工具📷，"符号移位器"工具📷，"符号紧缩器"工具📷，"符号缩放器"工具📷，"符号旋转器"工具📷，"符号着色器"工具📷，"符号滤色器"工具📷、"符号样式器"工具📷，"符号工具选项"对话框
	学习时间	30 分钟

操 作 步 骤

步骤 ① 启动 Illustrator CS6 软件，按照默认的参数新建文件。

步骤 ② 执行"窗口/符号"命令，打开如图 9-1 所示的"符号"面板。利用该面板不仅可以保存符号，还能够完成应用、创建、复制、替换、重定义及删除符号等多种操作。

步骤 ③ 选取"符号喷枪"工具📷（快捷键为 Shift+S），在"符号"面板中选择要喷射的符号，然后在画板中按下鼠标并拖曳，即可在画板中喷射出符号图形，如图 9-2 所示。

步骤 ④ 选取"符号移位器"工具📷，在画板中喷射的符号图形上按下鼠标左键并拖曳，可以移动符号图形。如图 9-3 所示为利用此工具将符号图形移动后的效果。

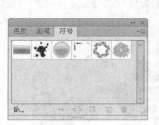

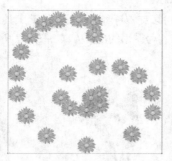

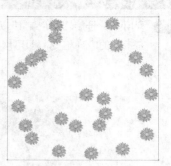

图 9-1　"符号"面板　　　　图 9-2　喷射的符号　　　　图 9-3　将符号移动后的效果

步骤 5 在使用 工具时，如按住 Shift+Alt 键单击某一个符号图形，可以将其移动到所有图形的最后面，如按住 Shift 键单击某一个符号图形，可以将其移动到所有图形的最前面，如图 9-4 所示。

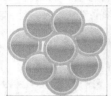 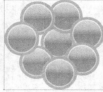 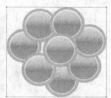

喷绘的图形　　　　　移动到后面　　　　　移动到前面

图 9-4　符号移动到后面和前面形态

步骤 6 选取"符号紧缩器"工具 ，将鼠标指针移动到符号图形的中心位置按住不放，可以将符号图形向鼠标指针所在的点聚集，在使用时，如按住 Alt 键，可使符号图形向外扩散，如图 9-5 所示。

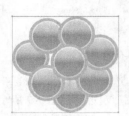 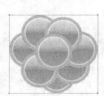 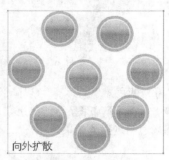

喷绘的图形　　　　向内聚集　　　　向外扩散

图 9-5　喷绘的图形与向内聚集、向外扩散效果

步骤 7 利用"符号缩放器"工具 可以调整符号图形的大小。直接在选择的符号图形上单击，可放大图形；如按住 Alt 键在选择的符号图形上单击，可缩小图形；如按住 Shift 键单击符号图形，可将其删除。如图 9-6 所示。

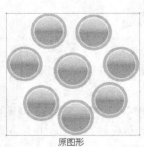 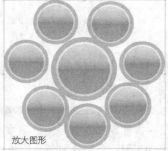 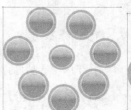 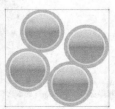

原图形　　　　放大图形　　　　缩小图形　　　　删除图形

图 9-6　原图形与放大、缩小、删除后的效果

步骤 ⑧ 利用"符号旋转器"工具 可以旋转符号图形,选取此工具,将鼠标指针移动到符号图形上按下并向指定的方向拖曳,即可修改符号图形的旋转方向。图9-7所示为旋转符号图形的过程示意图。

图9-7　旋转符号图形的过程示意图

步骤 ⑨ 利用"符号着色器"工具 可以用前景色修改画板中符号图形的颜色。首先设置好要修改的颜色,然后利用 工具在符号图形上单击,即可将符号图形的颜色修改。图9-8所示为对符号图形进行颜色修改前后的效果对比。

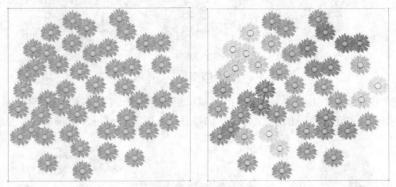

图9-8　符号图形修改颜色前后的效果对比

步骤 ⑩ 利用"符号滤色器"工具 可以降低符号图形的透明度,选取此工具后将鼠标指针移动到符号图形上单击,即可降低图形的透明度,单击的次数越多,图形越透明。图9-9所示为选择的符号图形与降低透明度后的效果。

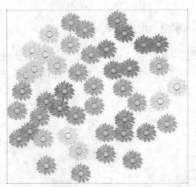

图9-9　选择的符号图形与降低透明度后的效果

提示　在使用"符号滤色器"工具 时,将鼠标指针放置在符号图形上按下鼠标停留的时间越长,则符号图形越透明。如在使用此工具的同时按住Alt键,可以恢复符号图形的透明度。

步骤 ⑪ 利用"符号样式器"工具 可以将符号图形应用"图形样式"面板中选择的图形样式。执行"窗口/图形样式"命令,打开"图形样式"面板,如图 9-10 所示。

步骤 ⑫ 在"图形样式"面板中选择一种样式,然后选取 工具,移动到符号图形上单击,即可为符号图形添加选择的图形样式。图 9-11 所示为选择的符号图形与应用样式后的效果。

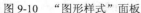

图 9-10 "图形样式"面板

图 9-11 选择的符号图形与应用样式后的效果

> 提示
>
> 在使用"符号样式器"工具 时,如按住 Alt 键,可取消符号图形应用的样式。

实例总结

本实例简单讲解了"符号"工具组中各符号工具的使用方法及对符号图形产生的效果。在使用这些工具的时候,在工具中双击任意一个符号工具,即可弹出如图 9-12 所示的"符号工具选项"对话框。在该对话框中可以设置符号工具的"直径"、"强度"、"符号组密度"以及相关的各自的属性等参数,读者可以自己练习使用这些功能。

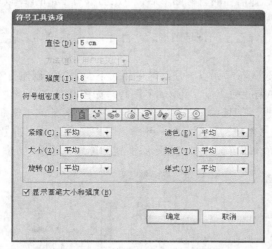

图 9-12 "符号工具选项"对话框

Example 实例 **99** 符号面板

学习目的

利用"符号"面板不仅可以保存符号,还能够完成应用、创建、复制、替换、重定义及删除符号等多种操作。本案例来学习"符号"面板中的各项功能。

Illustrator CS6 中文版
图形设计实战从入门到精通

实例分析

作品路径	作品\第 09 章\符号应用.ai
视频路径	视频\第 09 章\符号面板.avi
知识功能	符号的载入方法，创建符号方法，复制符号方法，替换符号方法，重新定义符号方法，删除符号方法
学习时间	30 分钟

操 作 步 骤

步骤① 启动 Illustrator CS6 软件，按照默认的参数新建文件。

步骤② 执行"窗口/符号"命令，打开如图 9-13 所示的"符号"面板。

下面来学习将"符号"面板中的图形符号应用于画板中的方法。

步骤③ 在"符号"面板中选择符号，然后按住鼠标左键拖曳到画板中，如图 9-14 所示。

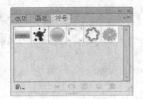
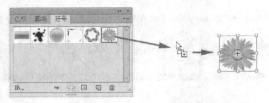

图 9-13　"符号"面板　　　　　　图 9-14　添加符号状态

步骤④ 在"符号"面板中选择需要的符号图形，然后单击下方的"置入符号实例"按钮，即可把符号置入到画板中。

步骤⑤ 在"符号"面板中选择需要的符号图形，单击面板右上角的按钮，在弹出的下拉菜单中选择"放置符号实例"命令，即可把符号置入到画板中。

步骤⑥ 在"符号"面板中选择需要的符号图形后，利用"符号喷枪"工具，在画板中单击或拖曳鼠标指针即可。

可以将经常使用的图形创建为符号，以方便随时调用，下面来学习创建符号的操作方法。

步骤⑦ 打开附盘中"素材\第 09 章\卡通图形.ai"图片，如图 9-15 所示。

步骤⑧ 选择图形，在"符号"面板中单击"新建符号"按钮，或单击面板右上角的按钮，在弹出的下拉菜单中选择"新建符号"命令，弹出如图 9-16 所示的"符号选项"对话框。

步骤⑨ 单击 确定 按钮，即可把选择的图形添加到"符号"面板中，如图 9-17 所示。

图 9-15　打开的图形　　　图 9-16　"符号选项"对话框　　　图 9-17　添加的符号

> **提示**　　在画板中选择要创建符号的图形，然后将其向"符号"面板中拖曳，当鼠标指针显示为" "图标时释放鼠标，也可将当前选择的图形创建为符号，保存到"符号"面板中。

下面来学习复制符号操作。

步骤 ⑩ 在"符号"面板中选择需要复制的图形符号，如图 9-18 所示。

步骤 ⑪ 单击"符号"面板右下角的"新建符号"按钮 ⬚ ，或选择下拉菜单中的"复制符号"命令，弹出如图 9-19 所示的"符号选项"对话框。

步骤 ⑫ 单击 确定 按钮，即可在"符号"面板中生成该图形符号的副本，如图 9-20 所示。

图 9-18 选择符号

图 9-19 "符号选项"对话框

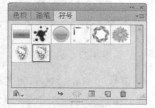
图 9-20 复制的符号

对于在画板中应用的符号，在需要的情况下，也可以将其替换为另一种符号，下面来学习替换符号操作。

步骤 ⑬ 在"符号"面板中将如图 9-21 所示的符号置入到画板中。

步骤 ⑭ 在"符号"面板中选择另外一种符号，如图 9-22 所示。

步骤 ⑮ 单击面板右上角的 ▼≣ 按钮，在弹出的下拉菜单中选择"替换符号"命令即可把刚才的符号替换，如图 9-23 所示。

图 9-21 置入的符号

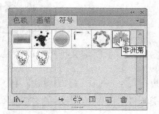
图 9-22 选择符号

图 9-23 替换的符号

还可以对保存在"符号"面板中的图形符号进行重新定义。当"符号"面板中的图形改变后，应用于画板中的图形也将随之发生相应的变化。下面来学习重新定义符号的具体操作。

步骤 ⑯ 打开附盘中"素材\第 09 章\笑脸.ai"图形，如图 9-24 所示。

步骤 ⑰ 选择图形，将其添加到"符号"面板中，如图 9-25 所示。

步骤 ⑱ 选择"符号喷枪"工具 ▣ ，在画板中喷绘出如图 9-26 所示的图形符号。

图 9-24 打开的图形

图 9-25 添加的符号

图 9-26 喷绘的符号

步骤 ⑲ 在"符号"面板中选择"笑脸"符号，单击面板底部的 ⬐ 按钮，将其再置入到画板中，如图 9-27 所示。

步骤 ⑳ 单击面板底部的"断开符号链接"按钮，取消符号图形的链接。

步骤 ㉑ 对符号图形进行修改，重新设置渐变颜色，如图 9-28 所示。

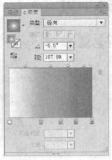

图 9-27 载入的符号　　　　　　　　　　　　　图 9-28 重新设置渐变颜色

步骤 ㉒ 利用 工具把修改后的图形符号框选，在"符号"面板中单击右上角的 按钮，在弹出的下拉菜单中选择"重新定义符号"命令，即可将图形符号重定义，此时画板中应用此符号的对象都将发生相应的变化，如图 9-29 所示。

图 9-29 重新定义符号后的效果

步骤 ㉓ 在"符号"面板中选择载入的符号，然后选择下拉菜单中的"删除符号"命令，或单击面板右下角的"删除符号"按钮，弹出如图 9-30 所示的"提示"对话框。

步骤 ㉔ 单击 删除实例(D) 按钮，会把选择的符号在"符号"面板中删除，同时会把应用到画板中的符号同时删除。

步骤 ㉕ 单击 扩展实例(E) 按钮，会把选择的符号在"符号"面板中删除，应用到画板中的符号被扩展，并保留在画板中，如图 9-31 所示。

图 9-30 "提示"对话框　　　　　　　　　　　图 9-31 符号图形被扩展

步骤 ㉖ 按 Ctrl+S 键，将文件命名为"符号应用.ai"存储。

实例总结

　　本实例讲解了"符号"面板中各种功能的应用操作方法，包括符号的载入方法、创建符号方法、复制符号方法、替换符号方法、重新定义符号方法。创建和载入符号操作在排版时会经常用到，希望读者要好好掌握。

Example 实例 **100** 创建图表

学习目的

　　创建图表包括设定图表的长度和宽度以及创建图表数据。图表的长度和宽度用来确定图表的范围，控制图表的大小；数据是图表用来进行数据比较的依据。

　　本实例假设甲、乙两个商场在 2011 年、2012 年和 2013 年的空调销量分别为 5000 和 6000、6000 和 7200、8000 和 9500，下面来学习图表的创建方法以及在"图表数据输入框"中输入图表数据的方法。

实例分析

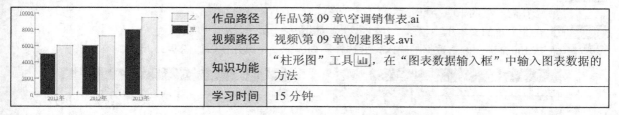

作品路径	作品\第 09 章\空调销售表.ai
视频路径	视频\第 09 章\创建图表.avi
知识功能	"柱形图"工具 ⨭，在"图表数据输入框"中输入图表数据的方法
学习时间	15 分钟

操 作 步 骤

步骤 ① 启动 Illustrator CS6 软件，按照默认的参数新建文件。

步骤 ② 在工具箱中选择"柱形图"工具 ⨭（快捷键为 J）。

步骤 ③ 在画板中按下鼠标左键拖曳出一个矩形框，该矩形框的长度和宽度即为图表的长度和宽度。释放鼠标后弹出"图表数据输入框"，同时出现图表，如图 9-32 所示。

步骤 ④ 选择图表工具后，如果直接在画板中单击鼠标左键，会弹出如图 9-33 所示的"图表"对话框，在该对话框中设置图表的"长度"和"宽度"值后单击 确定 按钮，同样会弹出"图表数据输入框"。

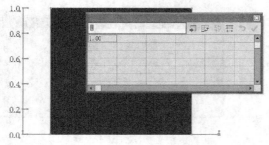

图 9-32 "图表数据输入框"及图表

图 9-33 "图表"对话框

相关知识点——图表数据的输入

　　图表数据的输入是创建图表过程中尤为关键的一个环节，可以通过 3 种方法输入图表数据。

● 第一种方法是利用"图表数据输入框"直接输入相应的图表数据。

● 第二种方法是从别的文件中导入图表数据。

● 第三种方法是从另外的程序或图表中复制数据。

　　在"图表数据输入框"中，第一排左侧的文本框为数据输入框，一般图表的数据都在此文本框中输入。"图表数据输入框"中的每一个方格就是一个单元格。在实际的操作过程中，单元格内既可以输入图表数据，也可以输入图表标签和图例名称。

　　图表标签和图例名称是组成图表的必要元素，一般情况下需要先将标签和图例名称输入，然后在与其对应的单元格内输入数据，数据输入完毕后单击 ✓ 按钮即可创建相应的图表。

　　输入数据时，按 Enter 键，指针会跳到同列的下一个单元格，按 Tab 键，指针会跳到同行的下一单元格，利用键盘中的方向键可以使指针在"图表数据输入框"中向任意方向移动，用鼠标单击任意一个单元格即可将该单元格激活。在输入标签或图例名称时，如果标签和图例的名称是由单纯的数字组成的，如输入年份、月份等而不输入其单位时，则需要为其添加引号或括号，以免系统将其与图表数据混淆。

> **提示** 如想按 Enter 键将指针转到同列的下一个单元格，注意，此时按的 Enter 键不能为数字区中的。数字区中的 Enter 键是确认整个图表数据输入的，即按此键后系统会根据"图表数据输入框"中的数据自动在画板中生成图表，不需要单击☑按钮。

步骤⑤ 在"图表数据输入框"左上角的文本框中，选择"1"数字，按 Delete 键删除，然后按 Enter 键，选择同一列的下一个单元格。

步骤⑥ 在左上角的文本框中输入"2011年"，如图 9-34 所示。

步骤⑦ 按 Enter 键，确认数据的输入，并选择同列的下一个单元格，如图 9-35 所示。

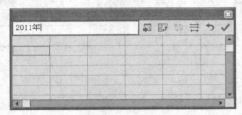
图 9-34　输入数据

图 9-35　确定数据及选择下一个单元格

步骤⑧ 用步骤6、7相同的方法，在"图表数据输入框"中依次输入如图 9-36 所示的数据。

步骤⑨ 按键盘上的向右方向键，将同一栏的下一个单元格选择，然后依次按键盘上的向上方向键，最后将第二栏的第一个单元格选择。也可将鼠标指针移动到要输入数据的单元格中单击，将其选择。如图 9-37 所示。

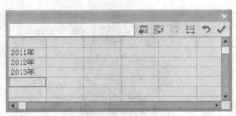
图 9-36　输入的年份数据

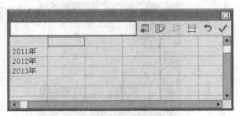
图 9-37　选择单元格

步骤⑩ 在左上角的文本框中输入文字"甲"，按 Enter 键，确认数据输入，并选择同列的下一个单元格，如图 9-38 所示。

步骤⑪ 仍用步骤6、7相同的方法，依次输入如图 9-39 所示的数据。

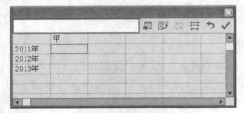
图 9-38　输入的文字

图 9-39　输入的数据

步骤⑫ 用上面相同的输入数据方法，将"乙"商场及销量数据输入，完成数据的输入，如图 9-40 所示。

步骤⑬ 单击右上角的☑按钮，然后将"图表数据输入框"关闭，画板中生成的柱形图表如图 9-41 所示。

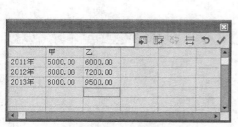

图 9-40　输入的数据

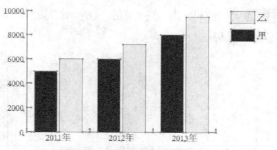

图 9-41　创建的柱形图表

步骤 ⑭ 按 Ctrl+S 键，将文件命名为"空调销售表.ai"保存。

实例总结

　　本实例讲解了创建柱形图表的操作方法，使读者学习了在"图表数据输入框"中输入图表数据的操作。图表数据输入完毕后，如直接关闭该数据输入框,此时会弹出如图 9-42 所示的"Adobe Illustrator"询问面板。

　　在"Adobe Illustrator"询问面板中单击 ▢是▢ 按钮，系统将按照刚才输入的数据创建图表。单击 ▢否▢ 按钮，系统将取消刚才输入的数据，以默认的数值创建图表。数据输入完毕后，如按键盘中数字区的 Enter 键，然后再关闭"图表数据输入框"，此时不会弹出"Adobe Illustrator"询问面板。

图 9-42　"Adobe Illustrator"询问面板

Example 实例 101　导入数据创建图表

学习目的

　　在创建图表时，可以导入其他程序中的数据来创建图表。假设张三和李四 2 位同学语文、数学和英语的考试成绩分别为 85、92、100 和 90、95、100，本案例来学习导入数据创建图表的操作方法。

实例分析

作品路径	作品\第 09 章\成绩表.ai
视频路径	视频\第 09 章\导入数据创建图表.avi
知识功能	在记事本中输入数据，导入数据创建图表
学习时间	15 分钟

操 作 步 骤

步骤 ❶ 单击 Windows 界面左下角的 ▨ 开始 按钮，在弹出的菜单中依次选择"程序/附件/记事本"命令，将记事本启动。

步骤 ❷ 按 Tab 键，将指针移动到下一个制表位位置，输入"张三"文字，然后再次按键盘上的 Tab 键，并输入"李四"文字。

步骤 ❸ 按 Enter 键切换到下一行，然后输入"语文"；按 Tab 键，输入"85"；按 Tab 键，再输入"90"。

步骤 ❹ 用步骤 3 相同的方法，依次输入"数学"和"英语"的成绩，输入后的形态如图 9-43 所示。

步骤 ❺ 执行"文件/保存"命令，将此文件以"成绩表.txt"保存。

步骤 ❻ 启动 Illustrator CS6 软件，按照默认的参数新建文件。

步骤 ❼ 选取 ▥ 工具，然后将鼠标指针移动到画板中拖曳，调出"图表数据输入框"。

步骤 8 单击 按钮，在弹出的"导入图表数据"对话框中选择刚才保存的"成绩表.txt"文件，如图 9-44 所示。

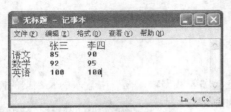

图 9-43 输入的数据

图 9-44 "导入图表数据"对话框

步骤 9 单击 打开(0) 按钮，将选择的文件导入到当前的"图表数据输入框"中，如图 9-45 所示。

步骤 10 单击右上角的 √ 按钮，然后将"图表数据输入框"关闭，生成的柱形图表如图 9-46 所示。

图 9-45 导入数据后的"图表数据输入框"

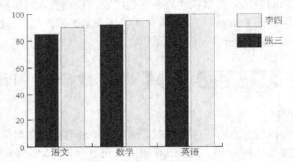

图 9-46 生成的柱形图表

步骤 11 按 Ctrl+S 键，将此文件命名为"成绩表.ai"保存。

实例总结

本实例讲解了在写字板中输入数据及在 Illustrator CS6 中导入数据创建图表的操作方法，希望读者熟练掌握。

Example 实例 **102** 编辑图表

学习目的

在"图表数据输入框"上方，除了"导入数据"按钮 与"应用"按钮 √ 以外，还有"换位行/列"按钮 、"切换 x/y"按钮 、"单元格样式"按钮 和"恢复"按钮 ，利用这些按钮可以对图表进行修改调整，本案例来学习利用这些按钮编辑图表的操作方法。

实例分析

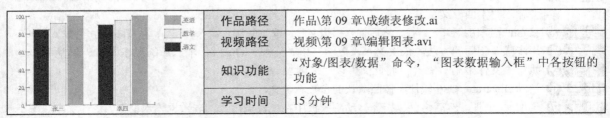

作品路径	作品\第 09 章\成绩表修改.ai	
视频路径	视频\第 09 章\编辑图表.avi	
知识功能	"对象/图表/数据"命令，"图表数据输入框"中各按钮的功能	
学习时间	15 分钟	

步骤 1 启动 Illustrator CS6 软件，打开附盘中"素材\第 09 章\成绩表.ai"文件，如图 9-47 所示。

步骤 2 利用 ▶ 工具选择图表，然后执行"对象/图表/数据"命令，打开如图 9-48 所示的"图表数据输入框"。

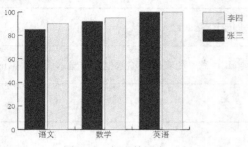

图 9-47 打开的图表

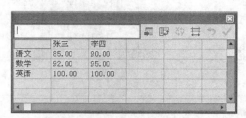

图 9-48 "图表数据输入框"

步骤 3 单击 按钮，换位后的"图表数据输入框"如图 9-49 所示。

步骤 4 单击 ✔ 按钮，修改后的柱形图表如图 9-50 所示。

图 9-49 换位后的"图表数据输入框"

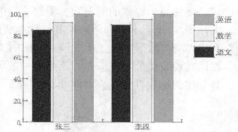

图 9-50 修改后的柱形图表

步骤 5 单击 按钮，将弹出如图 9-51 所示的"单元格样式"对话框。"小数位数"选项右侧的数值用来控制输入数据的小数点位数，"列宽度"选项右侧的数值用来设置单元格的宽度，单击 确定 按钮，设置单元格后的"图表数据输入框"如图 9-52 所示。

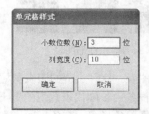

图 9-51 "单元格样式"对话框

图 9-52 设置单元格后的"图表数据输入框"

步骤 6 单击 按钮，可使"数据输入框"中的数据恢复到初始状态，即打开数据输入框时的状态，在未进行数据输入时，此按钮不可用。

步骤 7 按 Shift+Ctrl+S 键，将此文件另命名为"成绩表修改.ai"保存。

实例总结

本实例讲解了利用"数据输入框"中各按钮编辑调整图表的操作方法，希望读者熟练掌握。

Example 实例 **103** 图表工具组

学习目的

在 Illustrator CS6 软件中，共有 9 种图表工具，包括"柱形图"工具 、"堆积柱形图"工具 、"条形图"工具 📊、"堆积条形图"工具 📊、"折线图"工具 📈、"面积图"工具 📉、"散点图"工具 📊、"饼图"工具 ⬤ 和"雷达图"工具 ⬡。每种图表都有其自身的优越性，用户可以根据不同的需要选择相应的工具来创建图表。

实例分析

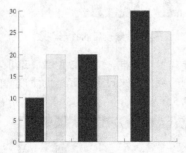	视频路径	视频\第 09 章\创建图表.avi
	知识功能	"柱形图"工具 📊，在"图表数据输入框"中输入图表数据的方法
	学习时间	15 分钟

操 作 步 骤

步骤❶ 启动 Illustrator CS6 软件，按照默认的参数新建文件。

步骤❷ 利用"柱形图"工具 📊 可以创建柱形图表，柱形图表是最基本的图表表示方法，它以坐标轴的方式，逐栏显示输入的所有数据资料，柱的高度代表所比较的数值，柱的高度越高所代表的数值越大，图 9-53 所示为利用该工具创建生成的柱形图表。

步骤❸ 利用"堆积柱形图"工具 📊 可以创建堆积形状的图表，此种图表与柱形图表类似，不同之处是所要比较的数值叠加在一起，不是并排放置，此类图表一般用来反映部分与整体的关系，利用该工具创建的堆积柱形图表如图 9-54 所示。

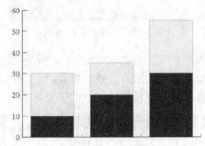

图 9-53　柱形图表　　　　　　　　　　图 9-54　堆积柱形图表

步骤❹ 利用"条形图"工具 📊 可以创建如图 9-55 所示的条形图表。这种类型的图表与柱形图表的本质是一样的，只是它是在水平坐标轴上进行数据比较，用横条的长度代表数值的大小。

步骤❺ 利用"堆积条形图"工具 📊 可以创建如图 9-56 所示的堆积条形图。与条形图表类似，不同之处是所要比较的数值横向叠加在一起。

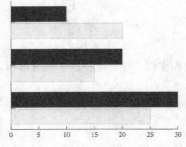
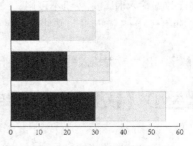

图 9-55　条形图表　　　　　　　　　　图 9-56　堆积条形图表

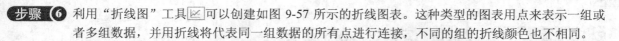

步骤 ⑥ 利用"折线图"工具 📈 可以创建如图 9-57 所示的折线图表。这种类型的图表用点来表示一组或者多组数据，并用折线将代表同一组数据的所有点进行连接，不同的组的折线颜色也不相同。

> **提示** 用此类型的图表来表示数据，便于表现数据的变化趋势。

步骤 ⑦ 利用"面积图"工具 📉 可以创建如图 9-58 所示的面积图表。此类图表与折线图表类似，只是在折线与水平坐标之间的区域填充不同的颜色，便于比较整体数值上的变化。

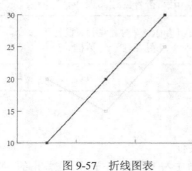

图 9-57　折线图表

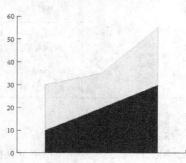

图 9-58　面积图表

步骤 ⑧ 利用"散点图"工具 📊 可以创建如图 9-59 所示的散点图表。此类图表的"X"轴和"Y"轴都为数据坐标轴，在两组数据的交汇处形成坐标点，并由直线将这些点连接。使用这种图表，也可以反映数据的变化趋势。

步骤 ⑨ 利用"饼图"工具 🥧 可以创建如图 9-60 所示的饼图图表。此类图表的外形是一个圆形，圆形中的每个扇形表示一组数据，应用此类图表便于表现每组数据所占的百分比，百分比越高所占的面积也就越大。

> **提示** 在饼形图表上，可以使用"编组选择"工具，选择其中的一组数据，将它拉出该图表，以达到特别的加强效果。

步骤 ⑩ 利用"雷达图"工具 ⊙ 可以创建如图 9-61 所示的雷达图表。此类图表是以一种环形方式显示各组数据作为比较的图表。该图表和其他的图表不同，它经常用于自然科学，日常情况下一般并不常用。

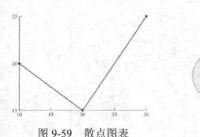

图 9-59　散点图表

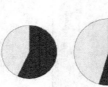

图 9-60　饼形图表

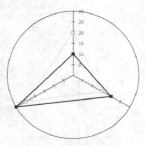

图 9-61　雷达图表

实例总结

本实例讲解了图表工具组中各种工具创建的图表类型以及各自的特点。希望读者熟练掌握这些工具，这样可以在绘制图表时根据不同的内容创建不同的图表。

Example 实例 104 定义符号创建图表

学习目的

本案例通过制作寿司每周的销量为例，使读者来学习定义图形符号创建图表的方法。

实例分析

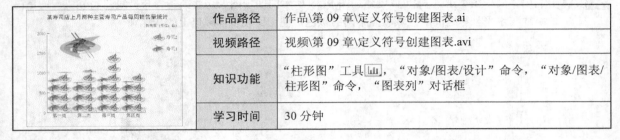

作品路径	作品\第 09 章\定义符号创建图表.ai	
视频路径	视频\第 09 章\定义符号创建图表.avi	
知识功能	"柱形图"工具 📊，"对象/图表/设计"命令，"对象/图表/柱形图"命令，"图表列"对话框	
学习时间	30 分钟	

操作步骤

步骤 ① 启动 Illustrator CS6 软件，按照默认的参数新建文件。

步骤 ② 执行"窗口/符号"命令，调出"符号"面板，单击右上角的 ▾☰ 位置，在弹出的菜单中选择"打开符号库/寿司"命令，打开"寿司"符号面板。

步骤 ③ 在"寿司"符号面板中分别选择如图 9-62 所示的两个符号，将符号拖到画板中，如图 9-63 所示。

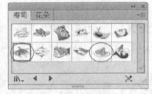

图 9-62 "寿司"符号面板

图 9-63 拖入画板中的符号

步骤 ④ 利用 ▶ 工具选择左边的寿司符号，执行"对象/图表/设计"命令，弹出"图表设计"对话框，如图 9-64 所示。

步骤 ⑤ 单击 新建设计(N) 按钮，此时对话框左侧的灰色矩形框中出现"新建设计"文字，如图 9-65 所示。单击 重命名(R) 按钮，在弹出的对话框中输入名称"寿司 1"。

图 9-64 "图表设计"对话框

图 9-65 "图表设计"对话框

步骤 ⑥ 单击 确定 按钮，关闭对话框，继续单击 确定 按钮，关闭"图表设计"对话框。

步骤 ⑦ 用同样的方法将画板中的另一个寿司符号也创建为"图表设计",并重命名为"寿司 2"。

步骤 ⑧ 选取"柱形图"工具 ⊞,在画板中用拖曳鼠标的方式确定图表的大小,释放鼠标后弹出"图表数据输入框",输入数据,如图 9-66 所示。

步骤 ⑨ 单击"图表数据输入框"右上角的"应用"按钮 ✓,将数据应用到图表中,应用数据后的图表如图 9-67 所示。然后单击"关闭"按钮 ⊠,关闭"图表数据输入框"。

图 9-66 "图表数据输入框"

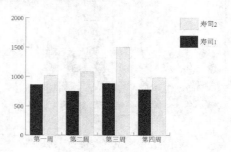

图 9-67 应用数据后的图表

步骤 ⑩ 执行"对象/图表/柱形图"命令,弹出"图表列"对话框,在"选取列设计"选项中选取"寿司 1",然后设置其他选项和参数,如图 9-68 所示。

步骤 ⑪ 单击 确定 按钮,利用"寿司 1"符号创建图表列后的图表如图 9-69 所示。

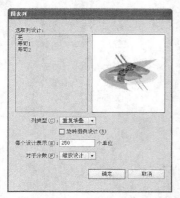

图 9-68 "图表列"对话框

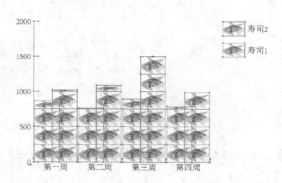

图 9-69 利用"寿司 1"创建图表

步骤 ⑫ 选取 工具,在图表以外的地方单击鼠标左键,取消图表的选中状态。

步骤 ⑬ 利用 工具选取如图 9-70 所示的符号。执行"对象/图表/柱形图"命令,在弹出的"图表列"对话框中设置选项和参数,如图 9-71 所示。

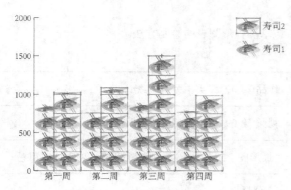

图 9-70 选取的符号

图 9-71 "图表列"对话框

步骤 ⑭ 单击 确定 按钮，此时的图表形态如图 9-72 所示。

步骤 ⑮ 选取"文字"工具 T，输入如图 9-73 所示的文字。

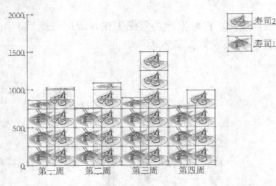

图 9-72　利用"寿司 2"创建图表

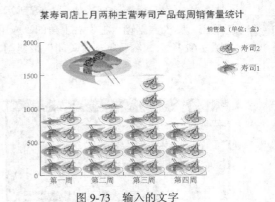

图 9-73　输入的文字

步骤 ⑯ 选取 □ 工具，绘制一个灰色（K：10）矩形，并按 Ctrl+Shift+[键将其置于底层，效果如图 9-74 所示。

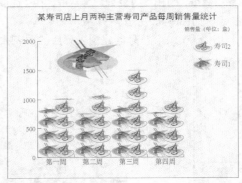

图 9-74　绘制的矩形

步骤 ⑰ 按 Ctrl+S 键，将文件命名为"定义符号创建图表.ai"保存。

实例总结

本实例讲解了定义符号样式制作图表的操作方法，需要重点掌握如何定义图形符号以及如何将其应用到图表中。

Example 实例 **105** 制作英语爱好者统计表

学习目的

通过制作"英语爱好者统计表"案例，读者应掌握柱形图表的绘制方法。

实例分析

作品路径	作品\第 09 章\英语爱好者统计表.ai
视频路径	视频\第 09 章\英语爱好者统计表.avi
知识功能	"柱形图"工具，绘制柱形图表，修改图表颜色
学习时间	20 分钟

步骤 ① 启动 Illustrator CS6 软件，按照默认的参数新建横向画板文件。

步骤 ② 选取"柱形图"工具 ，在画板中单击鼠标左键，弹出"图表"对话框，在对话框中输入图表的宽度和高度参数，如图 9-75 所示。

步骤 ③ 单击 确定 按钮，此时系统自动生成图表模型，同时弹出"数据输入框"，如图 9-76 所示。

图 9-75 "图表"对话框

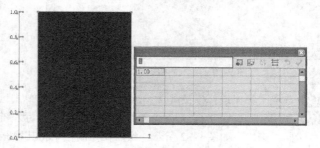

图 9-76 图表模型和数据输入框

步骤 ④ 按 Delete 键将数据输入框中左上角文本框中的数字"1"删除，然后按键盘 Tab 键，跳转到横向下一个单元格中。

步骤 ⑤ 如图 9-77 所示，在文本框中输入文字"15 岁以下"，然后按键盘 Tab 键跳转到横向下一个单元格中，并在文本框中输入文字"16-20 岁"，如图 9-78 所示。

图 9-77 在文本框中输入的文字

图 9-78 在文本框中输入的文字

步骤 ⑥ 用此方法输入其他年龄段数据，如图 9-79 所示。

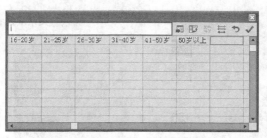

图 9-79 输入其他数据

> **提示** 若在数据输入框中输入很多文字，数据框窗口默认大小不能完全显示出所有的数据，可以把鼠标放在"数据输入框"四个角上，等鼠标变成一个双向箭头时向外拖曳，即可使"数据输入框"变大。还可以通过拖曳下方的控制滑块来调节"数据输入框"显示内容。

步骤 ⑦ 用相同的方法继续在下一行单元格中输入数据，如图 9-80 所示。

步骤 ⑧ 单击"应用"按钮 ，将数据应用到图表中，然后单击数据输入框窗口右上角的 按钮，将"数据输入框"关闭,应用数据后的图表如图 9-81 所示。

图 9-80　输入的数据

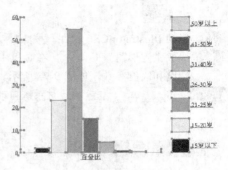

图 9-81　应用数据后的图表

步骤 ⑨ 选取"编组选择"工具，在图表以外的地方单击鼠标左键，取消图表的被选择状态。

步骤 ⑩ 利用工具在图表右下角的黑色色块上单击鼠标左键两次,将其与图表中相同填充色的黑色色块同时选中,如图 9-82 所示。然后在控制栏中将其填充色设置为绿色（C：50，Y：100），效果如图 9-83 所示。

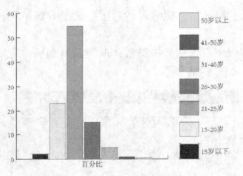

图 9-82　选中的黑色色块图形

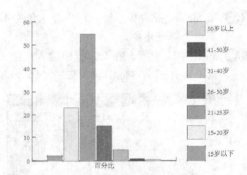

图 9-83　设置填充色后的图形

步骤 ⑪ 用相同方法设置其他色块的填充色,效果如图 9-84 所示。

步骤 ⑫ 选取"文字"工具，输入如图 9-85 所示文字。

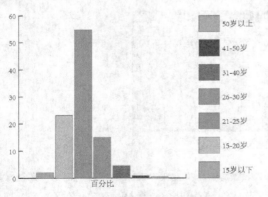

图 9-84　设置填充色后的图形

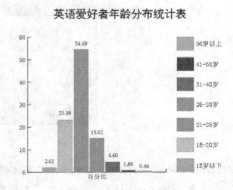

图 9-85　输入的文字

步骤 ⑬ 至此,英语爱好者统计表绘制完成,按 Ctrl+S 键,将文件命名为"英语爱好者统计表.ai"保存。

实例总结

本实例讲解了柱形图表的绘制方法,重点掌握如何修改柱形图的颜色。

Example 实例 **106** 应用图形样式

学习目的

利用"样式"面板可以快速地为对象应用定义的各种图形样式，包括定义的描边效果、填充效果及阴影效果等。本案例来学习如何给图形应用图形样式。

实例分析

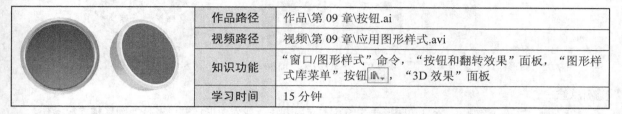

作品路径	作品\第 09 章\按钮.ai
视频路径	视频\第 09 章\应用图形样式.avi
知识功能	"窗口/图形样式"命令，"按钮和翻转效果"面板，"图形样式库菜单"按钮 ▥▾，"3D 效果"面板
学习时间	15 分钟

操 作 步 骤

步骤 ① 启动 Illustrator CS6 软件，按照默认的参数新建文件。

步骤 ② 执行"窗口/图形样式"命令（快捷键为 Shift+F5），打开"图形样式"面板，如图 9-86 所示。

步骤 ③ 单击右上角的 ▾≣ 位置，在弹出的菜单中选择"打开图形样式库/按钮和翻转效果"命令，打开如图 9-87 所示的"按钮和翻转效果"图形样式面板。

步骤 ④ 选取 ◯ 工具，按住 Shift 键绘制一个圆形，如图 9-88 所示。

图 9-86 "图形样式"面板

图 9-87 "按钮和翻转效果"面板

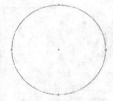

图 9-88 绘制的圆形

步骤 ⑤ 在"按钮和翻转效果"面板中单击如图 9-89 所示的图形样式，圆形即应用了样式，效果如图 9-90 所示。

步骤 ⑥ 选取 ▸ 工具，按住 Alt 键拖曳图形，移动复制出一个图形，如图 9-91 所示。

图 9-89 选取图形样式

图 9-90 应用样式后效果

图 9-91 复制出的图形

步骤 ⑦ 单击"图形样式"面板左下方的"图形样式库菜单"按钮 ▥▾，弹出如图 9-92 所示的"图形样式库菜单"。

步骤 ⑧ 选取"3D 效果"选项，打开"3D 效果"图形样式面板。

步骤 ⑨ 单击如图 9-93 所示的图形样式，圆形按钮效果即变成了如图 9-94 所示的 3D 效果。

步骤 ⑩ 按 Ctrl+S 键，将文件命名为"按钮.ai"保存。

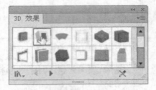

图 9-92　图形样式库菜单　　　　图 9-93　"3D 效果"面板　　　　图 9-94　应用 3D 效果

实例总结

　　本实例通过按钮的制作，学习了图形样式的基本应用方法，载入图形样式以及替换图形样式等操作。

Example 实例 107　编辑图形样式

学习目的

　　除了运用系统自带的样式外，在很多情况下，还需要用户根据自己的需要制作独特的样式，从而创建属于自己的样式库。本案例来学习编辑图形样式操作方法。

实例分析

	作品路径	作品\第 09 章\编辑图形样式.ai
	视频路径	视频\第 09 章\编辑图形样式.avi
	知识功能	"效果/风格化/投影"命令，新建图形样式，复制、删除图形样式，合并图形样式
	学习时间	30 分钟

操作步骤

步骤 ① 启动 Illustrator CS6 软件，按照默认的参数新建文件。

　　首先来学习新建图形样式操作。

步骤 ② 选取 ▢ 工具，绘制一个圆角矩形，描边粗细为"8 pt"，如图 9-95 所示。

步骤 ③ 打开"渐变"面板，给图形设置如图 9-96 所示的渐变颜色。

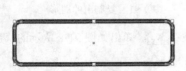

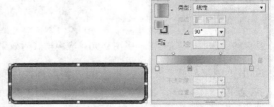

图 9-95　绘制的圆角矩形　　　　　　　图 9-96　填充的渐变颜色

步骤 ④ 按 X 键，再给轮廓填充上渐变颜色，如图 9-97 所示。

步骤 ⑤ 执行"效果/风格化/投影"命令，弹出"投影"对话框，参数设置如图 9-98 所示。

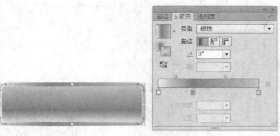

图 9-97　轮廓填充渐变颜色　　　　图 9-98　"投影"对话框

步骤 6 单击 确定 按钮，投影效果如图 9-99 所示。

步骤 7 打开"图形样式"面板，单击面板下面的"新建图形样式"按钮 ，将图形新建为图形样式，如图 9-100 所示。

图 9-99　投影效果　　　　　　图 9-100　新建图形样式

下面介绍复制、删除样式操作方法。

步骤 8 在"图形样式"面板中选择样式，单击面板底部的 按钮，可以复制图形样式，单击"删除图形样式"按钮 ，可以删除图形样式。

步骤 9 选择样式后，直接拖曳至面板底部的 按钮和 按钮上，也可以复制或删除图形样式。

步骤 10 单击"图形样式"面板右上角的 位置，在弹出的菜单中选择"复制图形样式"或"删除图形样式"命令，同样可以复制或删除图形样式。

在操作的过程中，常常需要将两种或更多的样式进行合并，从而得到更加美观的样式效果。下面来介绍合并样式操作。

步骤 11 单击"图形样式"面板右上角的 位置，在弹出的菜单中选择"打开图形样式库/Vonster 图案样式"和"霓虹效果"选项，打开这两个面板。

步骤 12 单击"Vonster 图案样式"和"霓虹效果"面板中的图形样式载入到"图案样式"面板中，如图 9-101 所示。

步骤 13 选取 工具绘制一个多边形，如图 9-102 所示。

步骤 14 按住 Ctrl 键在"图形样式"面板中选择需要合并的样式，如图 9-103 所示。

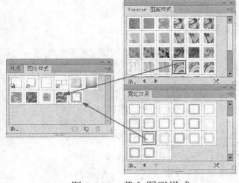
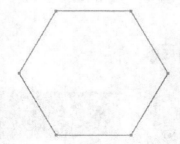
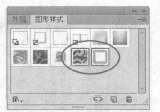

图 9-101　载入图形样式　　　　图 9-102　绘制的多边形　　　　图 9-103　选择样式

步骤 ⑮ 单击"图形样式"面板右上角的 位置，在弹出的菜单中选择"合并图形样式"命令，弹出"图形样式选项"对话框，如图 9-104 所示。

步骤 ⑯ 单击 确定 按钮，即可将选择的样式合并，如图 9-105 所示。

步骤 ⑰ 选择多边形，单击合并的样式，填充的样式效果如图 9-106 所示。

图 9-104　"图形样式选项"对话框　　图 9-105　合并的样式　　图 9-106　填充的样式效果

步骤 ⑱ 按 Ctrl+S 键，将文件命名为"编辑图形样式.ai"保存。

实例总结

通过本实例的学习，读者掌握了编辑图形样式操作，包括新建图形样式，复制、删除样式，以及合并图形样式等操作。读者需要重点掌握新建图形样式操作。

Example 实例 **108** 重定义图形样式

学习目的

可以对"图形样式"面板中的样式进行重新编辑，使其生成新的样式。下面以实例的形式来学习修改和编辑图形样式后重新定义图形样式的操作。

实例分析

	作品路径	作品\第 09 章\重定义样式.ai
	视频路径	视频\第 09 章\重定义样式.avi
	知识功能	"重新定义图形样式"命令
	学习时间	15 分钟

操 作 步 骤

步骤 ① 启动 Illustrator CS6 软件，按照默认的参数新建文件。

步骤 ② 利用 工具，在画板中绘制一个圆角矩形。

步骤 ③ 在"图形样式"面板中单击左下方的 按钮，在弹出的列表中选择"按钮和翻转效果"命令。

步骤 ④ 在弹出的"按钮和翻转效果"面板中单击如图 9-107 所示的样式，此时圆角矩形生成如图 9-108 所示的按钮效果。

步骤 ⑤ 执行"窗口/外观"命令，将"外观"面板调出，如图 9-109 所示。

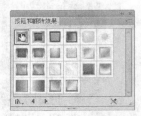

图 9-107　选择的图形样式　　图 9-108　生成的按钮效果　　图 9-109　"外观"面板

步骤 6 将鼠标光标移动到如图 9-110 所示的位置单击，将该选项命令激活。

步骤 7 按 Ctrl+F9 键，打开"渐变"面板。

步骤 8 选取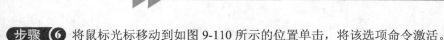工具，修改渐变颜色，如图 9-111 所示。

图 9-110　激活选项

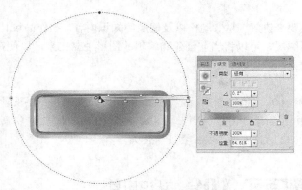

图 9-111　修改渐变颜色

步骤 9 此时，单击"外观"面板右上角的位置，在弹出的下拉菜单中选择"重新定义图形样式"命令，系统即将"图形样式"面板中的样式重定义，且样式图标发生相应的变化，如图 9-112 所示。

图 9-112　重定义后的样式效果

> **提示**　重新定义样式后，画板中应用此样式的所有图形都将被更新为新的样式。如果有应用该样式的对象不需要做改变时，可以先将其取消样式链接，操作为在此对象处于选择的状态下，单击"图形样式"面板底部的"断开图形样式链接"按钮，即可将此对象取消样式链接，再改变样式后，对象将不发生相应的变化。

步骤 10 按 Ctrl+S 键，将文件命名为"重定义样式.ai"保存。

实例总结

通过本实例的学习，读者掌握了编辑和修改样式后重新定义新样式的操作，这样可以使读者在现有样式的基础上来编辑修改，能够制作出很多自己需要的样式效果，方便设计的需要。

第 10 章　图层、动作和蒙版

本章主要来讲解图层、动作以及蒙版等知识内容。在作品设计的操作过程中，图层的作用是非常重要的，通过创建新图层，可以将当前创建和编辑的图形独立出来，以便在不同的图层中对图形进行编辑，从而使设计工作更加灵活方便。

本章实例

Example 实例 109　认识图层

学习目的

形象地说，图层可以看作是许多形状相同的透明画纸叠加在一起，位于不同画纸中的图形叠加起来便形成了完整的图形。图层的最大优点是可以方便地修改绘制的图形。本案例来学习对图层的认识，包括新建图层，"图层"面板以及"图层选项"对话框中各选项的功能。

实例分析

	视频路径	视频\第 10 章\认识图层.avi
	知识功能	新建图层，"图层"面板，"图层选项"对话框
	学习时间	20 分钟

操作步骤

步骤❶ 启动 Illustrator CS6 软件，打开附盘中"素材\第 10 章\封面设计.ai"文件，如图 10-1 所示。

步骤❷ 执行"窗口/图层"命令，可以将"图层"面板显示或隐藏。快捷键为 F7 键，"图层"面板如图 10-2 所示。

图 10-1　打开的文件

图 10-2　"图层"面板

首先来学习创建新图层的操作方法。

步骤③ 在"图层"面板中单击"创建新图层"按钮 ，即可创建一个新图层。

步骤④ 在"图层"面板的下拉菜单中选择"新建图层"命令或按住 Alt 键单击 按钮，在弹出的"图层选项"对话框中单击 确定 按钮，也可以新建图层，如图 10-3 所示。

步骤⑤ 当用户在"图层"面板中创建一个新图层后，该图层将成为当前编辑图层，并位于原图层的上方。在创建新图层时，若单击 按钮的同时按住 Ctrl+Alt 键，创建的新图层将位于当前图层的下方，如图 10-4 所示。

步骤⑥ 图层与群组一样可以嵌套。当用户创建图层后，还可以在其下创建子图层，而子图层还可以再次嵌套子图层。如果要创建图层的子图层，可以在面板的下拉菜单中选择"新建子图层"命令，或直接单击"创建新子图层"按钮 即可创建子图层，如图 10-5 所示。

　　　　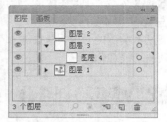

图 10-3　新建图层　　　　　　　　图 10-4　新建图层　　　　　　　　图 10-5　新建子图层

下面来学习"图层选项"对话框中各选项的功能。

步骤⑦ 利用"图层选项"对话框可以对图层的属性进行设置。在"图层"面板中选择需要设置的图层，然后在下拉菜单中选择"图层选项"命令，或在面板中直接双击该图层，即可弹出如图 10-6 所示的"图层选项"对话框。

步骤⑧ "名称"选项显示当前选择图层的名称，在右侧的窗口中可以为选择的图层重新命名。

步骤⑨ 在"颜色"选项右侧的下拉菜单中选择一种颜色，可以定义所选图层中选中图形的边界框颜色，如图 10-7 所示。

图 10-6　"图层选项"对话框　　　　　　　　　　　图 10-7　设置颜色

提示　　双击"颜色"选项右侧的颜色色块，在弹出的"颜色"对话框中可以创建自定义的颜色，也可将其定义为选中图形的边界框颜色。

步骤⑩ 勾选"模板"选项，可以将当前图层转换为模板图层。当图层转换为模板图层之后，左侧的" "图标将变为" "图标，同时该图层被锁定，如图 10-8 所示。

步骤⑪ 勾选"显示"选项，在画板中可以显示当前图层中的对象；如取消此选项的勾选，则可以隐藏当前图层中的对象，且"图层"面板中该图层左侧的" "图标会自动消失，如图 10-9 所示。

步骤⑫ 勾选"预览"选项，系统将以预览的形式显示当前图层中的对象；若取消该选项的勾选状态，将使当前图层中的对象以线稿的形式显示，此时该图层左侧的" "图标变为" "图标，如图 10-10 所示。

步骤⑬ 勾选"锁定"选项，可以锁定当前图层中的对象，并在图层的左侧出现" "图标。图层被锁定后将不可编辑，也无法选择其中的对象。

图 10-8　锁定图层	图 10-9　隐藏图层	图 10-10　取消预览

步骤 ⑭ 勾选"打印"选项，在输入时将打印当前图层中的对象；若不选择此选项，该图层中的对象将无法打印，图层名称将以斜体形式显示。

步骤 ⑮ 勾选"变暗图像至"，可以使当前图层中的图像变淡显示，其右侧的数值决定了图像变淡显示的程度。

实例总结

　　通过本实例的学习，读者掌握了新建图层方法，认识了"图层"面板，并了解了"图层选项"对话框中各选项的功能和作用。

Example 实例 110　操作图层

学习目的

　　操作图层主要包括选择与移动图层及图层中的对象、复制图层、删除图层、隐藏图层、显示图层、锁定图层及图层的合并等。本案例来学习有关图层的这些功能。

实例分析

视频路径	视频\第 10 章\操作图层.avi
知识功能	选择图层，移动图层，复制、删除、隐藏/显示、锁定以及合并图层
学习时间	20 分钟

操 作 步 骤

　　首先来介绍选择图层。

步骤 ① 启动 Illustrator CS6 软件，打开附盘中"素材\第 10 章\封面设计_图层.ai"文件。

步骤 ② 在"图层"面板中选择某图层使其成为当前工作图层，只需要在该图层的名称上单击鼠标即可将其选择，被选择的图层以蓝色显示，如图 10-11 所示。

步骤 ③ 按住 Shift 键，单击除当前选择图层外的其他图层，可以将两图层之间的所有图层同时选择，如图 10-12 所示。

步骤 ④ 如按住 Ctrl 键，单击除当前选择图层外的其他图层，可以加选择图层，如图 10-13 所示。

图 10-11　选择图层	图 10-12　选择的图层	图 10-13　加选择图层

步骤 ⑤ 如按住 Ctrl 键，单击已经选择的图层，可以将选择的图层取消选择，如图 10-14 所示。

步骤 ⑥ 在"图层"面板中单击图层名称右侧的圆圈可将该图层中的所有对象在画板中选择，或按住 Alt 键单击图层蓝色区域，如图 10-15 所示。

步骤 ⑦ 如果图层中有子图层，若想选择子图层中的某一个对象，只需单击子图层对象名称右侧的圆圈，如图 10-16 所示。

图 10-14　取消选择图层

图 10-15　选择的对象

图 10-16　选择子图层中的对象

　　"图层"面板中的图层是按照一定的顺序叠放在一起的，图层叠放的顺序不同，页面中所产生的效果也不同，因此在作图过程中，经常需要移动图层，调整其叠放顺序。下面来介绍移动图层及移动图层中对象的操作。

步骤 ⑧ 在"图层"面板中选择要移动位置的图层，然后将其向上或向下拖曳，此时"图层"面板中会显示深灰色线跟随鼠标移动，当调整至适当的位置后，释放鼠标，当前图层即会移动到释放鼠标的图层位置，如图 10-17 所示。

步骤 ⑨ 利用"图层"面板可以在不同的图层中方便地移动对象到其他图层。首先选择要移动的对象，然后在该图层右侧的彩色方点位置按下鼠标左键并将其拖曳至目标图层中即可，如图 10-18 所示。

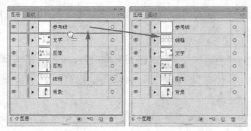
图 10-17　调整图层上下位置

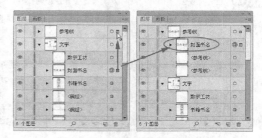
图 10-18　移动对象到其他图层

步骤 ⑩ 如果要将选择的对象复制到其他图层中，拖曳鼠标的同时按住 Alt 键即可，如图 10-19 所示。

步骤 ⑪ 另外，利用"编辑"菜单栏中的"剪切"、"复制"、"粘贴"命令，也可以将选择的对象移动到其他的图层中。在页面中选择要移动的对象，按 Ctrl+X 键，将其剪切，然后将要移动至的目标图层设置为工作层，按 Ctrl+V 键，即可将剪切的对象移动到当前图层。

提 示　　对于利用"剪切"和"复制"命令移动对象，如"图层"面板下拉菜单中的"粘贴时记住图层"命令处于选择状态，则被粘贴的对象将总被粘贴至它们原来所在的图层中；只有将此命令的选择取消，才可将被粘贴的对象移动到指定的图层中。

　　下面来学习有关图层的复制、删除、隐藏/显示、锁定以及合并等操作。

步骤 ⑫ 在"图层"面板中选择需要复制的图层，如图 10-20 所示。

步骤 ⑬ 单击"图形样式"面板右上角的 位置，在弹出的菜单中选择"复制图层"命令，或在"图层"面板中直接将要复制的图层拖曳到 按钮上，释放鼠标后，即可将选择的图层复制，如图 10-21 所示。

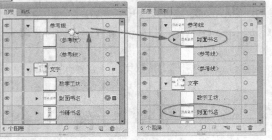
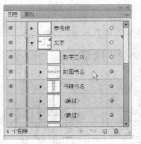
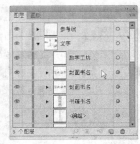

图 10-19 复制图层   图 10-20 选择图层   图 10-21 复制出的图层

步骤⑭ 在"图层"面板中选择需要删除的图层，然后在下拉菜单中选择"删除图层"命令，或单击"图层"面板中的 🗑 按钮，释放鼠标后，即可将选择的图层删除。

步骤⑮ 如果所删除的图层中含有线稿或其他操作对象，执行上述删除操作时，会弹出如图 10-22 所示的询问面板，此时，单击 是 按钮即可将其删除，单击 否 按钮取消删除操作。

图 10-22 询问面板

提示 在"图层"面板中直接将要删除的图层拖曳到 🗑 按钮上，释放鼠标后，可直接将该图层删除，此时并不会弹出询问面板。

步骤⑯ 在"图层"面板中，每个图层的左侧都有一个"👁"图标，这表明该图层处于显示状态。单击该图标，"👁"图标消失，同时页面中该图层中的对象也消失，这表明该图层处于隐藏状态。反复单击此图标，可以使图层在显示与隐藏之间转换。

提示 若按住 Alt 键单击某一图层左侧的"👁"图标，可以将其他图层全部隐藏；若再次按住 Alt 键单击可以使隐藏的图层显示。

步骤⑰ 若在"图层"面板中有很多隐藏的图层，想将其全部显示，可以在"图层"面板的下拉菜单中选择"显示所有图层"命令，即可使所有的图层显示出来。

步骤⑱ 按住 Ctrl 键单击任意图层左侧的"👁"图标，该图标将变为"○"图标，此时所有位于该图层中的对象都将以线稿的形式显示；再次按住 Ctrl 键单击该图层左侧的"○"图标，可使该图层中的图形再次以预览的形式显示。

提示 按住 Ctrl+Alt 键反复单击某一图层左侧的"👁"图标，可以使其他图层中的图形以线稿或预览的形式切换显示。

步骤⑲ 在"图层"面板中单击如图 10-23 所示位置，可以锁定当前图层。图层被锁定后，单击位置出现"🔒"标记，表示该图层已经被锁定，如图 10-24 所示；再次单击"🔒"标记，即可解除图层的锁定状态。

步骤⑳ 如果要锁定当前操作图层外的其他图层，首先在"图层"面板中选择图层，然后在"图层"面板的下拉菜单中选择"锁定其他图层"命令，或按住 Alt 键单击当前图层前面如图 10-25 所示位置，即可将其他图层锁定，如图 10-26 所示。

图 10-23　单击位置

图 10-24　锁定状态

图 10-25　单击位置

步骤 21 当将其他图层锁定后，"图层"面板下拉菜单中的"锁定其他图层"命令将显示为"解锁所有图层"命令，再次选择此命令，可解除所有锁定图层的锁定状态。

步骤 22 在操作过程中，过多的图层将会占用许多内存资源，所以有时候需要将多个图层进行合并。在"图层"面板中选择需要合并的图层，如图 10-27 所示。在"图层"面板的下拉菜单中选择"合并所选图层"命令，即可完成图层的合并，如图 10-28 所示。

图 10-26　锁定的图层

图 10-27　选择图层

图 10-28　合并图层

实例总结

通过本实例的学习，读者掌握了选择图层，移动图层，复制、删除、隐藏/显示、锁定以及合并图层等操作。熟练应用图层，在设计或编辑内容较多的作品时可以帮助用户方便地管理设计的内容，并能提高工作效率。

Example 实例 **111** 利用图层制作蒙版

学习目的

通过本实例的学习，读者应掌握利用"建立/释放剪切蒙版"按钮 ▣ 制作蒙版效果字。

实例分析

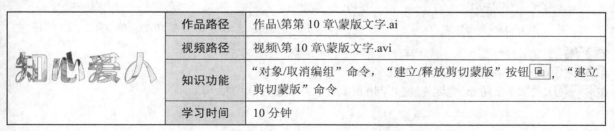

	作品路径	作品\第第 10 章\蒙版文字.ai
	视频路径	视频\第 10 章\蒙版文字.avi
	知识功能	"对象/取消编组"命令，"建立/释放剪切蒙版"按钮 ▣，"建立剪切蒙版"命令
	学习时间	10 分钟

操 作 步 骤

步骤 1 启动 Illustrator CS6 软件，按照默认的参数新建横向画板文件。

步骤 2 置入附盘中"素材第 10 章\照片.psd"文件，如图 10-29 所示。

步骤 3 执行"对象/取消编组"命令，将合并在一起的照片取消编组。

步骤 4 将多余的照片删除，在画板只保留如图 10-30 所示的照片。

图 10-29　置入的照片

图 10-30　保留的照片

步骤 5 利用 T 工具在照片上面输入如图 10-31 所示的文字。

步骤 6 将文字和照片同时选择。在"图层"面板中单击"建立/释放剪切蒙版"按钮 ⬚，或在下拉菜单中选择"建立剪切蒙版"命令，即可得到蒙版效果，如图 10-32 所示。

图 10-31　输入的文字

图 10-32　制作的蒙版效果

步骤 7 在"图层"面板中单击如图 10-33 所示的位置，展开子图层，如图 10-34 所示。

步骤 8 单击"图层 2"右侧位置，如图 10-35 所示，将照片选择。

图 10-33　单击位置

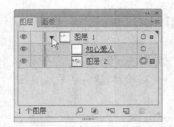

图 10-34　展开的图层

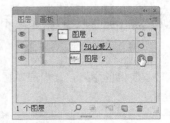

图 10-35　单击位置

步骤 9 此时移动图片时，可以调整在文字中的显示位置，如图 10-36 所示。

步骤 10 单击文字层右边的圆圈，将文字选择。

步骤 11 给文字设置描边宽度及颜色，制作的蒙版文字效果如图 10-37 所示。

图 10-36　移动图片位置

图 10-37　制作的蒙版文字效果

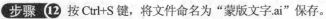

步骤 ⑫ 按 Ctrl+S 键，将文件命名为"蒙版文字.ai"保存。

实例总结

通过本实例的制作，读者学习了利用"图层"面板中"建立/释放剪切蒙版"按钮 🔲 制作蒙版效果字的方法。利用该功能不只是能给文字制作蒙版效果，也可以给图形制作蒙版效果，读者可以自己练习一下。

Example 实例 **112** 应用图层设计封面

学习目的

本实例来设计一本关于 Photoshop 图书的封面，封面的印刷成品尺寸为宽 185mm、高 260mm、书脊厚度 20mm。通过本实例的学习读者可以掌握如何设计封面印刷稿，以及掌握图层在设计中的重要性。

实例分析

作品路径	作品\第 10 章\ Photoshop 封面.ai
视频路径	视频\第 10 章\封面设计.avi
知识功能	新建图层，给图层命名，参考线，"缩放"命令，"路径查找器"面板，"投影"命令，"创建轮廓"命令
学习时间	40 分钟

操 作 步 骤

步骤 ❶ 启动 Illustrator CS6 软件，执行"文件/新建"命令，弹出"新建文档"对话框，分别设置选项和参数，如图 10-38 所示，单击 [确定] 按钮，新建文件。

步骤 ❷ 置入附盘中"素材\第 10 章\封面底图.psd"文件，如图 10-39 所示。

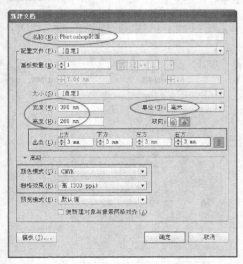

图 10-38 设置选项和参数

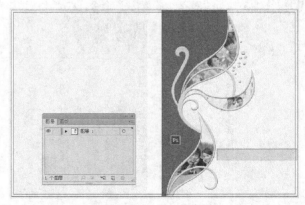

图 10-39 置入的底图

步骤 ❸ 在"图层"面板中双击"图层 1"位置，把名称改为"底图"，然后锁定该图层，如图 10-40 所示。

步骤 ❹ 单击 🔲 按钮，新建"图层 2"，然后把图层名称改成"参考线"，如图 10-41 所示。

步骤 ❺ 按 Ctrl+R 键，给文件添加标尺，然后在 185、205 位置添加两条参考线，如图 10-42 所示。

图 10-40　图层状态

图 10-41　新建的图层

图 10-42　添加的参考线

步骤 ⑥ 将"参考线"图层锁定。单击 按钮，新建"图层 3"，然后把图层名称改成"图形"，如图 10-43 所示。

步骤 ⑦ 选取 工具，在书脊位置绘制两个图形，分别填充上黄色和黑色，如图 10-44 所示。

图 10-43　新建的图层

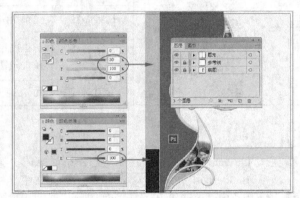

图 10-44　绘制的图形

步骤 ⑧ 选取 工具，在封底中绘制一个无填充色的圆形，描边宽度为"1 pt"，描边颜色为灰色（K：40），如图 10-45 所示。

步骤 ⑨ 执行"对象/变换/缩放"命令，在"比例缩放"对话框中设置参数，如图 10-46 所示。

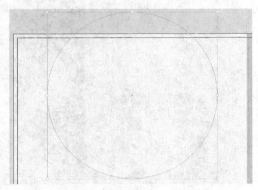

图 10-45　绘制的圆形

图 10-46　"比例缩放"对话框

步骤 ⑩ 单击 复制(C) 按钮，复制出的圆形如图 10-47 所示。

步骤 ⑪ 按住 Shift 键单击内侧的圆形，将其同时选择。

步骤 ⑫ 打开"路径查找器"面板，单击"差集"按钮 ，将两个圆形组合成一个图形。

步骤 ⑬ 选取 工具绘制一个矩形，如图 10-48 所示。

图 10-47　复制出的圆形

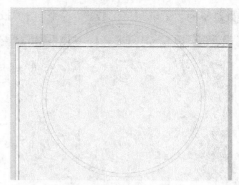

图 10-48　绘制矩形

步骤 ⑭ 在"路径查找器"面板中单击"减去顶层"按钮 ，将圆形超出画板出血位置的部分剪掉，效果如图 10-49 所示。

步骤 ⑮ 选取 工具绘制一个矩形，如图 10-50 所示，颜色填充为黄色（M：10，Y：20）。

图 10-49　修剪后的图形

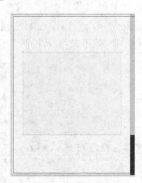

图 10-50　绘制的矩形

步骤 ⑯ 选取 工具绘制一个小圆形，如图 10-51 所示。

步骤 ⑰ 将小圆形与下面的矩形同时选择，在"路径查找器"面板中单击"减去顶层"按钮 ，修剪得到如图 10-52 所示的形状。

步骤 ⑱ 选取 工具绘制一个矩形，如图 10-53 所示，颜色填充为白色，描边颜色为黑色（K：100），粗细为 "0.25 pt"。

图 10-51　绘制的圆形

图 10-52　修剪后形状

图 10-53　绘制的矩形

步骤 ⑲ 将"图形"图层锁定。单击 按钮，新建"图层 4"，然后把图层名称改成"文字"。

步骤 ⑳ 置入附盘中"素材\第 10 章\封面底图.psd"和"封面书籍.psd"文件，分别调整大小后放置在封面和书脊位置，如图 10-54 所示。

步骤 21 执行"效果/风格化/投影"命令,在"投影"对话框中设置参数,如图 10-55 所示。

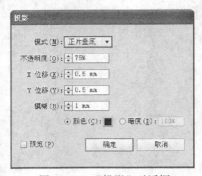

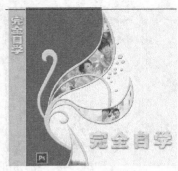

图 10-54　置入的文字　　　　　图 10-55　"投影"对话框　　　　　图 10-56　投影效果

步骤 22 单击 确定 按钮,文字添加的投影效果如图 10-56 所示。

步骤 23 在如图 10-57 所示位置输入软件名称,描边宽度为"1.5 pt"。

步骤 24 选择软件名称,执行"文字/创建轮廓"命令,把文字转换成轮廓字,这样可以为其填充渐变颜色。

步骤 25 选择文字,然后设置渐变颜色,如图 10-58 所示。

步骤 26 利用"效果/风格化/投影"命令,为文字添加投影效果,如图 10-59 所示。

图 10-57　输入文字　　　　　图 10-58　填充渐变颜色　　　　　图 10-59　添加投影效果

步骤 27 选取 工具,将"Photoshop CS6"文字选择,按住 Alt 键移动复制文字。

步骤 28 双击工具箱中的 工具,弹出"旋转"对话框,设置参数,如图 10-60 所示。

步骤 29 单击 确定 按钮,把文字顺时针旋转,调整大小后放置到书脊位置,如图 10-61 所示。

步骤 30 在封面及书脊中输入书名、出版社名等文字内容,如图 10-62 所示。

步骤 31 在封面的右上角位置输入宣传语文字内容,并绘制几个绿色小方块,然后再在最上边输入宣传语文字,如图 10-63 所示。

图 10-60　"旋转"对话框　　　　　图 10-61　复制出的文字　　　　　图 10-62　输入的文字

- 最新的软件版本。采用最新的软件版本，融入Photoshop CS6的最新功能和数码照片处理的最新技巧，快速掌握最新的功能操作。
- 最全的功能讲解，全面细致地讲解了使用Photoshop CS6对照片进行处理的各方面知识，真正做到完全自学、全面覆盖。
- 最佳的学习方式：采用"基础知识-案例练习"的结构模式，全书共128个案例练习，边做边学、学用紧密结合。
- 最现场的视频教学：随书附赠一张DVD光盘，包含书中所有128个案例练习的视频教学，便于读者以较短的时间掌握Photoshop照片处理的技巧和方法。
- 最超值的附赠资源：随书光盘中赠送了120个笔刷、380个样式、800多个动作、1000多个渐变、13000多个形状、30个婚纱摄影模板，让读者在使用Photoshop CS6处理数码照片时更加得心应手。

图 10-63 输入的文字

步骤 ㉜ 在封底中输入如图 10-64 所示的光盘文字内容。

步骤 ㉝ 打开附盘中"素材\第 10 章\光盘_标志.ai"文件，将标志复制后粘贴到封面中，调整大小后分别放置在封面和封底中，如图 10-65 所示。

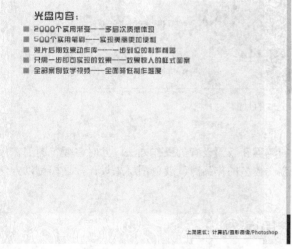

图 10-64 输入的文字

图 10-65 添加的光盘标志

步骤 ㉞ 将"文字"图层锁定。单击 按钮，新建"图层5"，然后把图层名称改成"图片"。

步骤 ㉟ 置入附盘中"素材\第 10 章\照片.psd"文件。

步骤 ㊱ 执行"对象/取消编组"命令，将合并在一起的照片取消编组。

步骤 ㊲ 调整照片大小后放置在如图 10-66 所示位置。

步骤 ㊳ 利用 工具分别给照片绘制上矩形线框，如图 10-67 所示。

图 10-66 图片放置的位置

图 10-67 绘制的线框

步骤 **39** 至此，封面设计完成，整体效果如图 10-68 所示。按 Ctrl+S 键，将文件命名为"Photoshop 封面.ai"
保存。

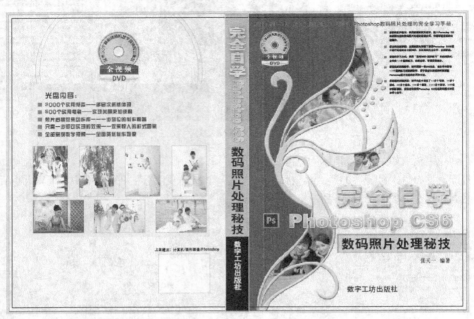

图 10-68　设计完成的封面

实例总结

　　通过本实例封面设计的学习，读者掌握了封面设计的流程和版面设置的操作方法，同时掌握了图层在作
品设计中的应用技巧。读者重点掌握在设计版面信息内容比较多的作品时，要分图层来设计，这样可以方便
编辑和修改设计的作品。

Example 实例 113　制作 UV 印刷工艺图层

学习目的

　　在图书封面、画册封面以及包装设计中，客户经常会要求做特殊工艺的印刷，比如封面中做 UV、磨砂、
起鼓、烫金、烫印等，所以在作品设计时就需要在图层中把特殊工艺印刷部位单独在图层中做出来，这样方
便印制人员把特殊工艺部分单独制版进行工艺制作。

实例分析

作品路径	作品\第 10 章\ UV 工艺印刷.ai
视频路径	视频\第 10 章\ UV 工艺印刷.avi
知识功能	Photoshop 图层，"信息"面板，"变换"面板，"外观"面板
学习时间	30 分钟

操 作 步 骤

步骤 **1** 启动 Illustrator CS6 软件，打开附盘中"素材\第 10 章\封面设计_图层.ai"文件，封面中需要做特殊印刷
工艺的部分如图 10-69 所示。

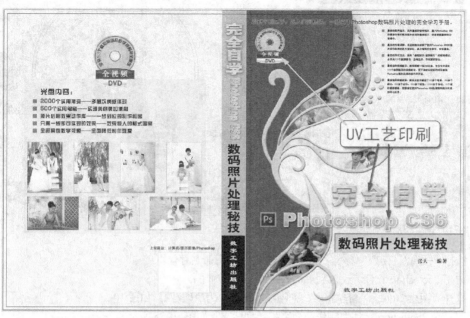

图 10-69　打开的封面

提示　光盘标志和"完全自学"4 个字是在 Photoshop 软件中制作的，在制作特殊工艺图层时需要结合 Photoshop 来制作。

步骤 ② 启动 Photoshop CS5 软件（其他版本的 Photoshop 也可以）。

步骤 ③ 执行"文件/打开"命令，打开附盘中"素材第 10 章"目录下的"光盘_标志.ai"和"封面书名.psd"文件，如图 10-70 所示。

图 10-70　在 Photoshop 中打开的文件

步骤 ④ 单击"图层"面板中的 🗆 按钮，将图层锁定透明像素，如图 10-71 所示。

步骤 ⑤ 按 F6 键，打开"颜色"面板，设置颜色为（K：100）的黑色，如图 10-72 所示。

步骤 ⑥ 分别把文字和光盘标志填充上（K：100）黑色，如图 10-73 所示。

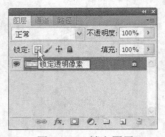

图 10-71　锁定图层

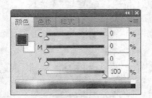

图 10-72　设置颜色

图 10-73　填充颜色

步骤 ⑦ 执行"文件/另存为"命令，把这两个文件分别另命名存储。

步骤 ⑧ 关闭 Photoshop 软件，进入到 Illustrator CS6 工作界面。

步骤 ⑨ 打开"图层"面板，新建图层，把图层名称修改为"UV"，如图 10-74 所示。

步骤 ⑩ 置入在 Photoshop 软件中制作的文字和光盘标志，如图 10-75 所示。

步骤 ⑪ 利用 ▶ 工具把如图 10-76 所示的光盘标志选择。

图 10-74　新建的图层

图 10-75　置入的图形和文字

图 10-76　选择光盘标志

步骤 ⑫ 执行"窗口/信息"命令（快捷键为 Ctrl+F8），打开"信息"面板。

步骤 ⑬ 在"信息"面板中可以查看到被选择光盘标志图形在画板中的坐标位置以及图形的大小，如图 10-77 所示。

步骤 ⑭ 执行"窗口/变换"命令（快捷键为 Shift+F8），打开"变换"面板。

步骤 ⑮ 在"变换"面板中单击定位右下角的坐标参考线，如图 10-78 所示。此时可以看到在"变换"面板中的参数和"信息"面板中的参数对应起来了。

坐标
参数 ←

→ 图形大小参数

图 10-77　"信息"面板

图 10-78　"变换"面板

步骤 ⑯ 把参数记下来。选择黑色光盘标志，然后在"变换"面板中按照记下来的参数输入，按 Enter 键，此时黑色光盘标志的位置和大小就和彩色光盘标志的位置和大小完全一样了，也就是这两个图形是完全重叠在一起的，如图 10-79 所示。

步骤 ⑰ 使用相同的方法，把"完全自学"几个黑色字和封面中的字重叠起来，如图 10-80 所示。

图 10-79　重叠后的效果　　　　　　　　　　　　　　图 10-80　重叠后的效果

步骤 ⑱ 把"Photoshop CS6"文字选择。注意该文字图层的变化。

步骤 ⑲ 按 Ctrl+C 键复制，再按 Ctrl+F 键在原位置粘贴。在"图层"面板中找到粘贴出的文字层，如图 10-81 所示。

步骤 ⑳ 在文字层右边的蓝色小方块上按住鼠标左键，将其移动到"UV"图层里面，如图 10-82 所示。

步骤 ㉑ 打开"外观"面板，在"投影"效果上按住鼠标左键拖曳到如图 10-83 所示的位置，将文字的投影删除。

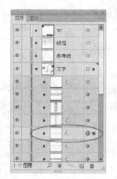

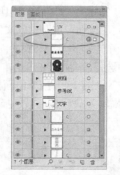

图 10-81　粘贴出的图层　　　　　图 10-82　移动图层位置　　　　　图 10-83　删除投影

步骤 ㉒ 打开"颜色"面板，把文字的填充色和描边色都设置成黑色，如图 10-84 所示。

步骤 ㉓ 至此，UV 印刷工艺图层制作完成，效果如图 10-85 所示。

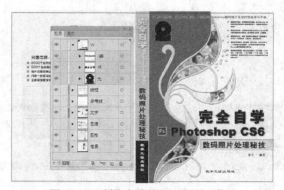

图 10-84　设置黑色　　　　　　　　　　　　图 10-85　制作完成的 UV 印刷工艺层

步骤 ㉔ 按 Shift+Ctrl+S 键，将文件另命名为"UV 工艺印刷.ai"保存。

实例总结

　　通过本实例的学习，读者掌握了 UV 特殊印刷工艺排版的方法，这对于设计人员来说是非常重要的内容，希望读者掌握制作方法。

Example 实例 114 认识动作

学习目的

　　利用"动作"面板可以记录用户所做的一系列操作，以便在以后的操作过程中再次遇到重复操作时，直接将记录的操作应用于满足条件的操作对象。本案例来学习有关动作的功能。

实例分析

	视频路径	视频\第 10 章\认识动作.avi
	知识功能	"动作"面板，播放动作
	学习时间	30 分钟

操 作 步 骤

步骤 ❶ 启动 Illustrator CS6 软件，按照默认的参数新建文件。

步骤 ❷ 执行"窗口/动作"命令，打开"动作"面板，如图 10-86 所示。

步骤 ❸ 单击"默认_动作"文件夹左侧的三角形按钮，展开动作文件夹，如图 10-87 所示。

步骤 ❹ 利用 ▢ 和 ◉ 工具，在画板中绘制一个矩形和一个椭圆形，如图 10-88 所示。

步骤 ❺ 选择这两个图形，在"动作"面板中选择需要播放的动作。

步骤 ❻ 单击面板下面的"播放当前所选动作"按钮 ▶，或单击面板右上角的 ▤ 按钮，在弹出的下拉菜单中选择"播放"命令，即可播放选择的动作，动作播放后被选择的两个图形自动执行了"路径查找器"面板中的"并集"命令，结果如图 10-89 所示。

  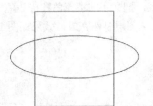 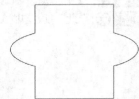

图 10-86　"动作"面板　　图 10-87　展开的动作文件夹　　图 10-88　绘制的图形　　图 10-89　执行动作后效果

> **提示** 　　在播放动作时，当前的操作必须符合播放动作的要求。例如，执行上面的"并集"动作，必须是选择两个或两个以上的图形。

相关知识点——动作面板功能

　　一、播放动作中的某一命令

　　如果用户只想播放动作中的某一个命令，应该先在"动作"面板中选择需要播放的命令，然后按住 Ctrl 键单击 ▶ 按钮。若是用户在单击 ▶ 按钮时没有按住 Ctrl 键，系统将会以该命令为开始，播放下面的命令。

二、播放动作过程中跳过某个命令

播放动作时,如果想跳过动作中的某个命令,可以单击此命令名称左侧的"✔"图标,取消图标中的"✔"符号。

三、播放动作过程中对某个命令重新设置

单击"✔"图标右侧,在该位置显示出"□"图标,动作播放到此命令时就会弹出相应的选项设置对话框,允许用户对该命令的选项及参数重新设置。

四、播放某个文件夹中的所有动作

要播放某个文件夹中的所有动作,首先在"动作"面板中选择需要播放的动作文件夹,然后单击▶按钮,系统即会连续播放该动作文件夹中的所有动作。

五、设置动作播放速度

利用"回放选项"命令可以设置动作的播放速度。在"动作"面板的下拉菜单中选择"回放选项"命令,将弹出如图10-90所示的"回放选项"对话框,在此对话框中选择相应的选项,可以指定动作的播放速度。

● "加速"选项:选择此选项,系统将以正常的速度播放动作,默认情况下此选项处于选择状态。

● "逐步"选项:选择此选项,在播放动作时,系统会一步一步地完成每个命令操作。

● "暂停"选项:选择此选项,并在右侧的数值框中设置一个时间值,可以控制在播放动作时,播放每个动作后暂停的时间。

图 10-90 "回放选项"对话框

六、动作文件夹

为了便于创建、保存、查找不同类型的动作,可以将动作保存在不同的动作文件夹中。在"动作"面板中单击底部的"创建新动作集"按钮 ▢ ,或在下拉菜单中选择"新建动作集"命令,系统将会弹出"新建动作集"对话框,在此对话框中输入新动作文件夹的名称,然后单击 ▢ 确定 ▢ 按钮,即可完成新动作文件夹的创建。

> **提示** 在"动作"面板中,双击动作文件夹的名称,或选择需要重命名的动作文件夹,然后在面板的下拉菜单中选择"动作集选项"命令,可在弹出的"动作集选项"对话框中对选择的动作文件夹重命名。

选择动作文件夹后,在"动作"面板的下拉菜单中选择"存储动作"命令,在弹出的"将动作集存储到"对话框中为选择的文件夹命名并选择保存文件的位置,即可将选择的文件夹保存。

用户可以用硬盘中保存的动作文件替换"动作"面板中的所有动作文件,也可以将保存的动作文件调入到"动作"面板中。

● 在面板的下拉菜单中选择"替换动作"命令,然后在弹出的"载入动作集自"对话框中选择用作替换文件夹的文件,即可用选择的文件夹替换该面板中的所有动作文件夹。

● 在面板的下拉菜单中选择"载入动作"命令,然后在弹出的"载入动作集自"对话框中选择需要调入的动作文件,即可将选择的动作文件夹调入到"动作"面板中。

实例总结

通过本实例的学习,读者掌握了动作的播放以及"动作"面板中各功能的应用。掌握好"动作"面板的应用,在遇到重复性的命令操作时,可以将其设置成工作,以便提高工作效率。

Example 实例 **115** 创建动作

学习目的

虽然"动作"面板中为设计者提供了许多默认的动作,但在实际的工作过程中,系统中提供的动作是远

Illustrator CS6 中文版
图形设计实战从入门到精通

远不够的，这就需要设计者在工作时创建新的动作，本案例来学习如何创建动作。

实例分析

	视频路径	视频\第 10 章\创建动作.avi
	知识功能	创建动作，停止记录动作
	学习时间	10 分钟

操作步骤

步骤 **①** 启动 Illustrator CS6 软件，按照默认的参数新建文件。

步骤 **②** 在"动作"面板中单击"创建新动作集"按钮 📁，弹出如图 10-91 所示的"新建动作集"对话框。

步骤 **③** 单击 确定 按钮，然后再单击"创建新动作"按钮 🔲，弹出如图 10-92 所示的"新建动作"对话框。

步骤 **④** 单击 记录 按钮，创建"动作 1"并开始录制动作，如图 10-93 所示。

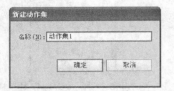  

图 10-91 "新建动作集"对话框　　图 10-92 "新建动作"对话框　　图 10-93 新建的动作

步骤 **⑤** 选取 ⬭ 工具，绘制如图 10-94 所示的椭圆图形。

步骤 **⑥** 选取 🔄 工具，同时按住 Shift 键和 Alt 键拖曳，旋转复制出如图 10-95 所示的图形。

步骤 **⑦** 按两次 Ctrl+D 键，重复旋转复制出如图 10-96 所示的图形。

图 10-94 绘制的图形　　图 10-95 旋转复制出的图形　　图 10-96 旋转复制出的图形　　图 10-97 记录的动作

步骤 **⑧** 单击动作面板下面的"停止播放/记录"按钮 ■，停止动作记录，此时记录的动作如图 10-97 所示。单击 ▶ 按钮，系统即会播放该动作。

实例总结

通过本实例的学习，读者掌握了创建动作的方法，在创建动作时，有些复杂的命令和设置的参数并不能完全记录下来，需要读者自己动手练习体会。

Example 实例 116 应用剪切蒙版

学习目的

蒙版具有遮色的功能，它可以遮挡住蒙版以外的图形使其不显示，只有蒙版以内的图形才能透过蒙版显示出来，本案例来学习有关蒙版的操作命令。

实例分析

作品路径	作品\第 10 章\蒙版效果.ai
视频路径	视频\第 10 章\应用剪切蒙版.avi
知识功能	"对象/剪切蒙版/建立"命令，"对象/蒙版/编辑内容"命令，"编辑剪切路径"按钮 ▣ ，"对象/剪切蒙版/释放"命令
学习时间	10 分钟

操　作　步　骤

步骤 ❶ 启动 Illustrator CS6 软件，按照默认的参数新建横向画板文件。

步骤 ❷ 置入附盘中"素材\第 10 章\儿童.jpg"文件。

步骤 ❸ 选取 ▣ 工具，在照片上面绘制一个多边形，如图 10-98 所示。

步骤 ❹ 按 Ctrl+A 键，将照片和图形同时选择。

步骤 ❺ 执行"对象/剪切蒙版/建立"命令，即可将多边形制作为蒙版，如图 10-99 所示。

步骤 ❻ 执行"对象/蒙版/编辑内容"命令，进入到编辑蒙版状态，如图 10-100 所示。

图 10-98　绘制的多边形

图 10-99　建立蒙版效果

图 10-100　编辑蒙版状态

步骤 ❼ 在编辑蒙版状态下，可对被遮对象进行放大、缩小、旋转以及效果的制作。执行此命令将图像放大并调整位置后的效果如图 10-101 所示。

步骤 ❽ 编辑完成后单击控制栏中的"编辑剪切路径"按钮 ▣ ，即可完成蒙版编辑操作，效果如图 10-102 所示。

图 10-101　编辑蒙版状态

图 10-102　编辑完成的效果

步骤 ❾ 按 Ctrl+S 键，将文件命名为"蒙版效果.ai"保存。

步骤 ❿ 创建蒙版之后，选择蒙版图形，执行"对象/剪切蒙版/释放"命令，可以将蒙版路径与被遮对象分离。

实例总结

　　通过本实例的学习，读者掌握了创建剪切蒙版的方法，以及编辑和释放剪切蒙版等命令。学习剪切蒙版的操作命令，对于广告作品的创意设计有很大的帮组，希望读者能熟练掌握。

第 11 章　混合和封套

利用"混合"工具 🖌 和菜单栏中的"对象/混合/建立"命令可以把选择的图形创建为混合效果。混合操作能够在两条或多条路径或图形之间创建,使参与混合操作的图形或路径在形状、颜色等方面形成一种光滑的过渡效果。封套则是一种图形的扭曲变形,利用封套扭曲变形操作可以使被选择的对象按调整的封套的形状来变形,从而获得使用普通绘图工具无法获得的变形效果。本章通过 13 个案例来学习有关混合和封套命令的操作方法。

本章实例

- 实例 117　直接混合图形
- 实例 118　复合混合图形
- 实例 119　沿路径混合图形
- 实例 120　混合图形轮廓
- 实例 121　混合开放路径
- 实例 122　制作轨迹效果
- 实例 123　绘制花图形
- 实例 124　立体艺术字
- 实例 125　霓虹艺术字
- 实例 126　闪闪的红星
- 实例 127　用变形建立封套
- 实例 128　用网格建立封套
- 实例 129　用顶图层建立封套

Example 实例 **117** 直接混合图形

学习目的

在 Illustrator CS6 软件中,有 3 种混合效果:直接混合、复合混合和沿路径混合。直接混合是指在两个图形之间进行混合,复合混合是指在两个以上图形之间的混合,沿路径混合是指图形在混合的同时是沿指定的路径混合的。本节以实例的形式先来学习直接混合操作。

实例分析

	作品路径	作品\第 11 章\直接混合.ai
	视频路径	视频\第 11 章\直接混合.avi
	知识功能	"对象/变换/缩放"命令,"差集"按钮 🖾 ,"混合"工具 🖌 ,"混合选项"对话框
	学习时间	15 分钟

操 作 步 骤

步骤 ① 启动 Illustrator CS6 软件,按照默认的参数新建文件。

步骤 ② 选取 ◎ 工具,绘制一个圆形,如图 11-1 所示。

步骤 ③ 执行"对象/变换/缩放"命令,设置"比例缩放"对话框中参数如图 11-2 所示。

步骤 ④ 单击 复制(C) 按钮,缩小复制出的图形,如图 11-3 所示。

图 11-1　绘制的圆形

图 11-2　"比例缩放"对话框

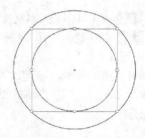

图 11-3　缩小复制出的图形

步骤 ⑤ 将两个圆形选择，打开"路径查找器"面板，单击"差集"按钮 ，将两个图形合并。

步骤 ⑥ 将图形填充上黄色，然后把描边去除，如图 11-4 所示。

步骤 ⑦ 选择 工具，给图形做倾斜变形，如图 11-5 所示。

步骤 ⑧ 按住 Alt 键复制出一个图形，然后缩小放置到如图 11-6 所示位置，并把颜色填充为蓝色，设置描边为白色。

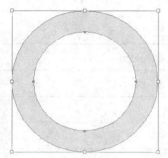
图 11-4　填充颜色效果

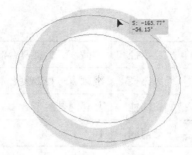
图 11-5　倾斜变形

图 11-6　复制出的图形

步骤 ⑨ 将这两个图形选择，选取"混合"工具 ，将鼠标指针移动到蓝色圆环上单击，然后移动鼠标至大的黄色圆环上单击，即可生成直接混合效果，如图 11-7 所示。

步骤 ⑩ 双击 工具，弹出"混合选项"对话框，设置选项和参数，如图 11-8 所示。

步骤 ⑪ 单击 确定 按钮，调整后的混合效果如图 11-9 所示。

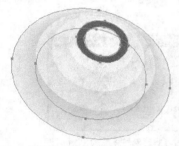
图 11-7　混合效果

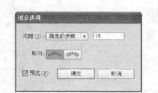
图 11-8　"混合选项"对话框

图 11-9　调整后的混合效果

步骤 ⑫ 选择 工具，把如图 11-10 所示蓝色圆环选择。

步骤 ⑬ 在圆环上按下鼠标左键拖曳，把蓝色圆环拖曳到如图 11-11 所示位置。

图 11-10　选择圆环

图 11-11　圆环调整的位置

步骤 ⑭ 按 Ctrl+S 键，将文件命名为"直接混合.ai"存储。

实例总结

通过本实例的学习，读者掌握了利用"混合"工具 来直接混合图形的方法，希望读者能熟练掌握。

Example 实例 118 复合混合图形

学习目的

　　除了直接将两个图形进行混合之外，当使用多个图形进行混合时，可以产生奇特的效果，本实例来学习制作复合混合图形的方法。

实例分析

作品路径	作品\第 11 章\复合混合图形.ai
视频路径	视频\第 11 章\复合混合图形.avi
知识功能	复合混合图形
学习时间	10 分钟

操 作 步 骤

步骤 ① 启动 Illustrator CS6 软件，按照默认的参数新建文件。

步骤 ② 利用 ☆ 和 ◉ 工具，依次绘制出如图 11-12 所示的红色五角星图形和黄色多边形。

步骤 ③ 双击 🎨 工具，弹出"混合选项"对话框，设置选项和参数，如图 11-13 所示，单击 确定 按钮。

图 11-12　绘制的图形　　　　　　　　　　　　　图 11-13　"混合选项"对话框

步骤 ④ 选取 🎨 工具，将鼠标指针移动到左边的五角星上单击，然后移动鼠标至多边形图形上单击，生成的混合效果如图 11-14 所示。

步骤 ⑤ 移动鼠标至右边的五角星上单击，即可生成复合混合图形，效果如图 11-15 所示。

图 11-14　混合效果　　　　　　　　　　　　图 11-15　生成的复合混合图形

步骤 ⑥ 按 Ctrl+S 键，将文件命名为"复合混合图形.ai"存储。

实例总结

　　通过本实例的学习，读者掌握了利用"混合"工具 🎨 制作复合混合图形的方法，希望读者能熟练掌握。

Example 实例 **119**　沿路径混合图形

学习目的

　　利用  工具除了能制作直接混合和复合混合图形效果外，还可以把混合的图形沿路径进行混合编辑，通过本案例来学习沿路径混合图形的操作方法。

实例分析

作品路径	作品\第 11 章\路径混合图形.ai
视频路径	视频\第 11 章\路径混合图形.avi
知识功能	"对象/混合/替换混合轴"命令，"对象/混合/反向混合轴"命令
学习时间	10 分钟

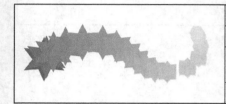

操 作 步 骤

步骤 ① 启动 Illustrator CS6 软件，按照默认参数新建文件。

步骤 ② 利用 ☆ 和 ⬡ 工具，依次绘制出如图 11-16 所示的红色六角星图形和黄色多边形。

步骤 ③ 利用 工具制作出如图 11-17 所示的混合效果。

步骤 ④ 利用 和 工具，绘制并调制出如图 11-18 所示的路径。

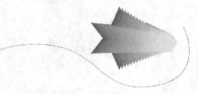

图 11-16　绘制的图形　　图 11-17　制作的混合效果　　　　图 11-18　绘制出的路径

步骤 ⑤ 将混合的图形与路径同时选择，执行"对象/混合/替换混合轴"命令，混合图形即跟随路径排列，如图 11-19 所示。

步骤 ⑥ 执行"对象/混合/反向混合轴"命令，可将沿路径混合图形中的混合顺序翻转，如图 11-20 所示。

图 11-19　生成的沿路径混合图形　　　　　　图 11-20　设置反向混合效果

步骤 ⑦ 按 Ctrl+S 键，将文件另命名为"路径混合图形.ai"存储。

实例总结

　　通过本实例的学习，读者掌握了沿路径排列的路径混合图形效果的制作方法。

Example 实例 **120**　混合图形轮廓

学习目的

　　利用 工具还可以对图形的轮廓进行混合，本案例来学习混合图形轮廓的方法。

实例分析

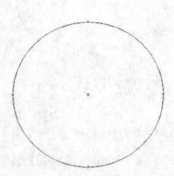	作品路径	作品\第 11 章\轮廓混合.ai
	视频路径	视频\第 11 章\轮廓混合.avi
	知识功能	"比例缩放"对话框，"对象/混合/建立"命令
	学习时间	10 分钟

操 作 步 骤

步骤 ① 启动 Illustrator CS6 软件，按照默认参数新建文件。

步骤 ② 利用 ⬭ 工具，绘制一个圆形图形，如图 11-21 所示。

步骤 ③ 双击 ⬚ 工具，弹出"比例缩放"对话框，参数设置如图 11-22 所示。

步骤 ④ 单击 复制(C) 按钮，缩小复制图形。再按 Ctrl+D 键，重复缩小复制操作，缩小复制出如图 11-23 所示的图形。

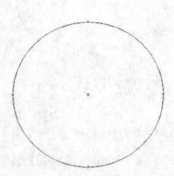
图 11-21 绘制的图形

图 11-22 "比例缩放"对话框

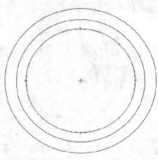
图 11-23 缩小复制出的图形

步骤 ⑤ 将外侧和内侧的圆形轮廓颜色设置为蓝色，将中间的圆形轮廓颜色设置为白色，如图 11-24 所示。

步骤 ⑥ 将这三个图形同时选取，执行"对象/混合/建立"命令，生成如图 11-25 所示的轮廓混合效果。

步骤 ⑦ 双击 ⬛ 工具，弹出"混合选项"对话框，设置选项和参数，如图 11-26 所示。

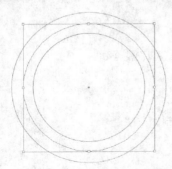
图 11-24 设置轮廓色

图 11-25 轮廓混合效果

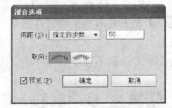
图 11-26 "混合选项"对话框

步骤 ⑧ 单击 确定 按钮，混合效果如图 11-27 所示。

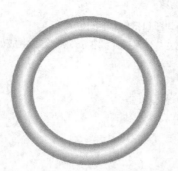

图 11-27 生成的轮廓混合效果

步骤 9 按 Ctrl+S 键,将文件命名为"轮廓混合.ai"存储。

实例总结

通过本实例的学习,读者掌握了混合图形轮廓的操作方法。

Example 实例 121 混合开放路径

学习目的

本案例来学习利用 🖰 工具对开放的路径制作混合效果的操作方法。

实例分析

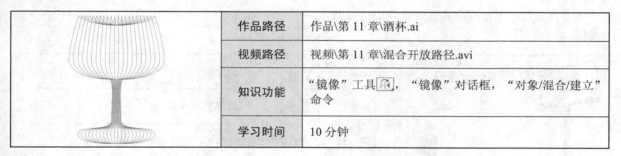

作品路径	作品\第 11 章\酒杯.ai	
视频路径	视频\第 11 章\混合开放路径.avi	
知识功能	"镜像"工具 🖰 ,"镜像"对话框,"对象/混合/建立"命令	
学习时间	10 分钟	

操 作 步 骤

步骤 1 启动 Illustrator CS6 软件,按照默认参数新建文件。

步骤 2 利用 🖋 和 🖎 工具,绘制并调制出如图 11-28 所示的路径。

步骤 3 双击"镜像"工具 🖰 ,弹出"镜像"对话框,选项和参数设置如图 11-29 所示。

步骤 4 单击 复制(C) 按钮,镜像复制出的图形如图 11-30 所示。

图 11-28 绘制的路径

图 11-29 "镜像"对话框

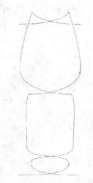

图 11-30 镜像复制出的图形

步骤 ⑤ 将复制出的图形向右移动到如图 11-31 所示的位置。

步骤 ⑥ 将这两个路径同时选取，执行"对象/混合/建立"命令，生成如图 11-32 所示的轮廓混合效果。

图 11-31　移动图形位置　　　　　　图 11-32　生成的混合路径效果

步骤 ⑦ 按 Ctrl+S 键，将文件命名为"酒杯.ai"存储。

实例总结

　　通过本实例的学习，读者掌握了混合开放路径的操作方法，利用该方法可以制作一些有特殊韵律的线效果，读者可以自己动手练习制作一下。

Example 实例 122　制作轨迹效果

学习目的

　　本案例来学习利用工具制作篮球的轨迹效果。

实例分析

作品路径	作品\第 11 章\投篮.ai
视频路径	视频\第 11 章\篮球轨迹效果.avi
知识功能	调整图层，混合图形，调整混合图形的路径
学习时间	10 分钟

操 作 步 骤

步骤 ① 启动 Illustrator CS6 软件，打开附盘中"素材\第 11 章\篮球架.ai"文件，如图 11-33 所示。

步骤 ② 选择素材中的篮球，按住 Alt 键复制篮球，调整大小后放置到如图 11-34 所示位置。

步骤 ③ 按 F7 键打开"图层"面板，选择如图 11-35 所示的图层。

图 11-33　打开的素材　　　　　　图 11-34　复制篮球　　　　　　图 11-35　选择图层

步骤 4 将篮球网图层调整到篮球图层的上面，如图 11-36 所示，篮球被调整到了篮球网的后面，如图 11-37 所示。

步骤 5 选取 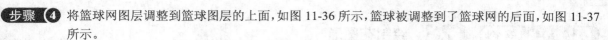工具，将两个篮球进行混合，效果如图 11-38 所示。

图 11-36　调整图层位置　　　　图 11-37　篮球被调整到了后面　　　　图 11-38　混合后效果

步骤 6 选取 工具，选择混合图形之间的路径，如图 11-39 所示。

步骤 7 选取 工具，调整路径右边的锚点，拖拉出两条控制柄，如图 11-40 所示。

图 11-39　选择路径　　　　　　　　　　　　　　图 11-40　调整路径

步骤 8 再调整路径左边的锚点，如图 11-41 所示。

步骤 9 双击 工具，弹出"混合选项"对话框，参数和选项设置如图 11-42 所示，单击 确定 按钮。

图 11-41　调整路径　　　　　　　　　　　图 11-42　"混合选项"对话框

步骤 10 按 Shift+Ctrl+S 键，将文件命名为"投篮.ai"存储。

实例总结

　　通过本实例的学习，读者掌握了制作运动轨迹的操作方法。其中调整混合图形中路径的形状而改变混合效果是重点要掌握的内容。

Example 实例 **123** 绘制花图形

学习目的

　　本案例来学习利用🖼工具绘制花图形。

实例分析

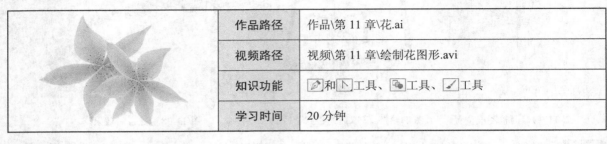

作品路径	作品\第 11 章\花.ai
视频路径	视频\第 11 章\绘制花图形.avi
知识功能	🖊和⟍工具、🖼工具、✏工具
学习时间	20 分钟

操 作 步 骤

步骤 ① 启动 Illustrator CS6 软件，按照默认参数新建文件。

步骤 ② 利用🖊和⟍工具，绘制并调整出如图 11-43 所示花瓣图形，填充色为黄色（Y：100）。

步骤 ③ 通过缩小复制得到如图 11-44 所示的两个小花瓣图形，颜色分别为桔黄色（M：50，Y：100）和绿色（C：75，Y：100）。

图 11-43　绘制花瓣　　　　　图 11-44　复制的图形

步骤 ④ 利用🖼工具将三个花瓣图形进行混合，得到如图 11-45 所示的效果。

步骤 ⑤ 利用🖊和⟍工具绘制出如图 11-46 所示的两条曲线，颜色设置为桔黄色（M：50，Y：100）。

步骤 ⑥ 利用🖼工具将两条曲线混合，效果如图 11-47 所示。

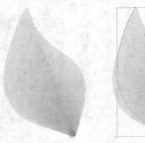

图 11-45　混合后图形效果　　　图 11-46　绘制的曲线　　　　图 11-47　混合后线效果

步骤 ⑦ 利用相同的绘制方法，绘制出其他花瓣，如图 11-48 所示。

步骤 ⑧ 利用✏工具在花的中心位置绘制一些小点作为花蕊，如图 11-49 所示。

步骤 ⑨ 通过复制得到另一个花图形，如图 11-50 所示。

图 11-48 绘制出的其他花瓣 　　　图 11-49 绘制的花蕊 　　　图 11-50 复制出的花

步骤 ⑩ 按 Ctrl+S 键，将文件命名为"花.ai"存储。

实例总结

通过本实例的学习，读者可以熟练地掌握利用 🔲 工具绘制复杂图形的方法。

Example 实例 **124** 立体艺术字

学习目的

本案例来学习利用 🔲 工具制作立体字的方法。

实例分析

作品路径	作品\第 11 章\立体字.ai
视频路径	视频\第 11 章\立体字.avi
知识功能	T 工具，🔲 工具，🔲 工具，"对象/复合路径/建立"命令，"效果/风格化/投影"命令
学习时间	15 分钟

操 作 步 骤

步骤 ① 启动 Illustrator CS6 软件，按照默认参数新建横向画板。

步骤 ② 置入附盘中"素材第 11 章\年货海报背景.jpg"文件，如图 11-51 所示。

步骤 ③ 利用 T 工具在背景中输入文字，颜色填充为黄色（M：35，Y：85），如图 11-52 所示。

图 11-51 打开的图片 　　　　　　　　　图 11-52 输入的文字

步骤 ④ 执行"文字/创建轮廓"命令，将文字转化为轮廓文字。

步骤 ⑤ 利用 🔲 工具制作出如图 11-53 所示的文字倾斜效果。

步骤 ⑥ 按住 Alt 键向上复制文字，然后填充颜色橘红色（M：80，Y：95），如图 11-54 所示。

图 11-53　倾斜文字

图 11-54　复制出的文字

步骤 ⑦ 按 Ctrl+C 键，先把文字复制。

步骤 ⑧ 利用 ⬚ 工具把文字进行混合，效果如图 11-55 所示。

步骤 ⑨ 再按 Ctrl+F 键，把刚才复制的文字粘贴在原位置。

步骤 ⑩ 执行"对象/复合路径/建立"命令，把文字建立成复合路径。

步骤 ⑪ 打开"渐变"面板，给文字设置渐变颜色为浅黄色到黄色的渐变色，如图 11-56 所示。

图 11-55　文字混合

图 11-56　填充渐变色

步骤 ⑫ 利用 ▶ 工具把立体字选择，执行"效果/风格化/投影"命令，参数设置如图 11-57 所示。

步骤 ⑬ 单击 确定 按钮，投影效果如图 11-58 所示。

图 11-57　"投影"对话框

图 11-58　投影效果

步骤 ⑭ 按 Ctrl+S 键，将文件命名为"立体字.ai"存储。

实例总结

　　通过本实例的学习，读者可以熟练掌握利用 ⬚ 工具制作立体效果字的方法。

Example 实例 **125** 霓虹艺术字

学习目的

　　本案例来学习利用 ⬚ 工具制作霓虹艺术字的方法。

实例分析

作品路径	作品\第 11 章\霓虹字.ai
视频路径	视频\第 11 章\霓虹字.avi
知识功能	T工具，"描边"对话框，工具
学习时间	10 分钟

操 作 步 骤

步骤 ① 启动 Illustrator CS6 软件，按照默认参数新建横向画板。

步骤 ② 利用 T 工具在背景中输入文字，如图 11-59 所示。

步骤 ③ 去除文字填充色，设置文字描边色为蓝色（C：90，M：70），如图 11-60 所示。

图 11-59　输入的文字　　　　　　　　　　　　　　　　　　图 11-60　设置文字描边

步骤 ④ 执行"窗口/描边"命令，打开"描边"对话框，参数及选项设置如图 11-61 所示。文字效果如图 11-62 所示。

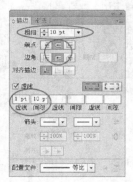

图 11-61　"描边"对话框　　　　　　　　　　　　　　　　　图 11-62　描边效果

步骤 ⑤ 按住 Alt 键移动复制文字，将颜色设置为青色（C：40，Y：10），重新设置描边选项和参数，如图 11-63 所示。描边效果如图 11-64 所示。

图 11-63　"描边"对话框　　　　　　　　　　　　　　　　　图 11-64　描边效果

步骤 6 再次将文字移动复制，将颜色设置为紫色（C：30，M：70），重新设置描边选项和参数，如图 11-65 所示。描边效果如图 11-66 所示。

图 11-65 "描边"对话框 　　　　　　图 11-66 描边效果

步骤 7 将最下面的深蓝色文字选择，然后利用 🔍 工具把文字放大显示，这样可以方便下面制作文字的混合效果。

步骤 8 选取 🖼 工具，先在深蓝色文字上单击，然后再在中间的浅蓝色文字上单击，得到如图 11-67 所示的文字混合效果。

步骤 9 继续再单击上面的紫红色文字，得到如图 11-68 所示的文字混合效果。

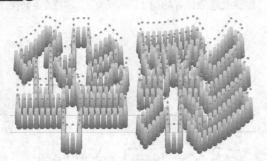

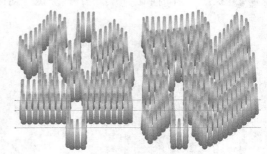

图 11-67 文字混合效果 　　　　　　图 11-68 文字混合效果

步骤 10 选取 ▢ 工具，绘制一个黑色矩形，执行"对象/排列/置于底层"命令，将黑色矩形放置到文字的下面作为背景，制作完成的霓虹字效果如图 11-69 所示。

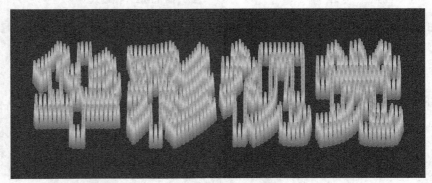

图 11-69 制作完成的霓虹字

步骤 11 按 Ctrl+S 键，将文件命名为"霓虹字.ai"存储。

实例总结

通过本实例的学习，读者可以掌握利用 🖼 工具制作霓虹字效果的方法。

Example 实例 **126** 闪闪的红星

学习目的

　　本案例通过制作闪闪的红星效果，来复习利用▣工具填充渐变颜色、利用／工具绘制线段并结合按键制作旋转的线效果，以及利用▣工具制作图形混合效果。

实例分析

	作品路径	作品\第 11 章\闪闪的红星.ai
	视频路径	视频\第 11 章\闪闪的红星.avi
	知识功能	▣工具，／工具，◯工具，☆工具，"对象/剪切蒙版/建立"命令，"透明度"面板，▣工具，"效果/风格化/投影"命令
	学习时间	20 分钟

操　作　步　骤

步骤 ❶ 启动 Illustrator CS6 软件，按照默认参数新建横向画板。利用▣工具绘制矩形。

步骤 ❷ 利用▣工具给矩形填充由白色到黄色再到深红色的径向渐变色，如图 11-70 所示。

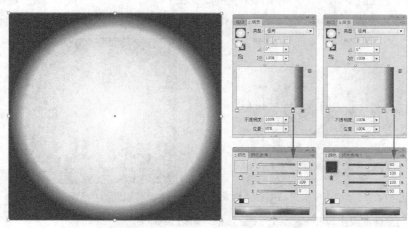

图 11-70　填充的渐变颜色

步骤 ❸ 按 Ctrl+2 键，把图形在原位置锁定。

步骤 ❹ 选取／工具，在属性栏中设置 描边 ⏶⏷ 2 pt ▾ 参数。

步骤 ❺ 在"颜色"面板中把"描边"颜色设置成白色。

步骤 ❻ 按住 Shift 键，沿着矩形的对角线方向绘制线段，如图 11-71 所示。

步骤 ❼ 双击◯工具，弹出"旋转"对话框，设置参数，如图 11-72 所示。

步骤 ❽ 单击 复制(C) 按钮，旋转复制出的线如图 11-73 所示。

步骤 ❾ 按住 Ctrl 键，然后连续按"D"键，旋转复制出的线如图 11-74 所示。

步骤 ❿ 按 Ctrl+A 键把所有的线选择，执行"对象/编组"命令，把线编组。

步骤 ⓫ 利用▣工具根据后面的矩形绘制一个一样大小的矩形。

图 11-71　绘制的白色线　　　　图 11-72　"旋转"对话框　　　　图 11-73　旋转复制出的线

步骤 ⑫ 按住 Shift 键单击线，将其和矩形同时选择，如图 11-75 所示。

步骤 ⑬ 执行"对象/剪切蒙版/建立"命令，将线和矩形建立蒙版，这样矩形外边多出的线就被隐藏了，如图 11-76 所示。

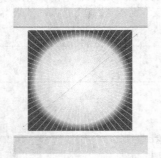
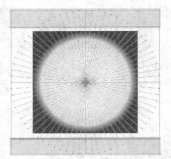

图 11-74　旋转复制出的线　　　　图 11-75　选择线和矩形　　　　图 11-76　建立蒙版后效果

步骤 ⑭ 在"透明度"面板中设置"柔光"混合模式，如图 11-77 所示，此时的线效果如图 11-78 所示。

图 11-77　"透明度"对话框模式设置　　　图 11-78　设置的"柔光"模式效果

步骤 ⑮ 选取 ☆ 工具，按住 Shift 键绘制一个五角星，如图 11-79 所示。

步骤 ⑯ 打开"描边"对话框，参数及选项设置如图 11-80 所示，效果如图 11-81 所示。

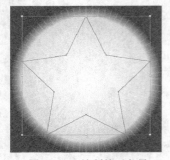

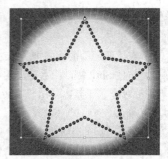

图 11-79　绘制的五角星　　　　图 11-80　"描边"对话框　　　　图 11-81　描边效果

步骤 ⑰ 执行"对象/变换/缩放"命令，设置参数，如图 11-82 所示。

步骤 ⑱ 单击 复制(C) 按钮，缩小复制出的图形如图 11-83 所示。

步骤 ⑲ 选取 工具，将两个五角星制作成混合效果，如图 11-84 所示。

图 11-82　"比例缩放"对话框　　　图 11-83　复制出的图形　　　图 11-84　制作的混合效果

步骤 ⑳ 利用 工具，将内侧的五角星选择，填充上黄色，然后把外侧的五角星选择，填充上红色，效果如图 11-85 所示。

步骤 ㉑ 执行"效果/风格化/投影"命令，设置参数，如图 11-86 所示。

步骤 ㉒ 单击 确定 按钮，添加的投影效果如图 11-87 所示。

图 11-85　设置颜色效果　　　图 11-86　"投影"对话框　　　图 11-87　添加的投影效果

步骤 ㉓ 按 Ctrl+S 键，将文件命名为"闪闪的红星.ai"存储。

实例总结

通过本实例的学习，读者复习了 工具、 工具、 工具、 工具、 工具以及"对象/剪切蒙版/建立"命令、"透明度"面板、"效果/风格化/投影"命令的使用。

相关知识点——设置混合选项编辑混合效果

一、混合选项的设置

创建混合效果时，混合步数是影响混合效果的重要因素。执行菜单栏中的"对象/混合/混合选项"命令，或双击 工具，均会弹出如图 11-88 所示的"混合选项"对话框。

"间距"选项用于控制混合图形之间的过渡样式，其右侧的选项菜单中包括"平滑颜色"、"指定的步数"和"指定的距离"3 个选项。

图 11-88　"混合选项"对话框

● "平滑颜色"选项。选择此选项，系统将根据混合图形的颜色和形状来确定混合步数。

● "指定的步数"选项。选择此选项，并在其右侧的数值输入框中设置一个参数，可以控制混合操作的步数值，步数值越大所取得的混合效果越平滑。

● "指定的距离"选项。选择此选项，并在其右侧的数值输入框中设置一个参数，可以控制混合对象中相临路径对象之间的距离，距离值越小所取得的混合效果越平滑。

"取向"选项下的两个按钮可以控制混合图形的方向。

● ▦ "对齐页面"按钮。激活此按钮,可以使混合效果中的每一个中间混合对象的方向垂直于页面的 x 轴,效果如图 11-89 所示。

● ▦ "对齐路径"按钮。激活此按钮,可以使混合效果中的每一个中间混合路径的方向垂直于路径,效果如图 11-90 所示。

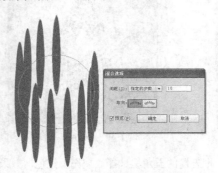

图 11-89　垂直页面混合效果

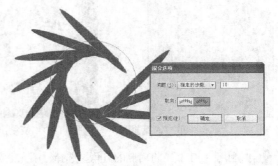

图 11-90　垂直路径混合效果

图形混合之后,会形成一个整体,这个整体是由原混合对象以及对象之间形成的路径组成。除了混合步数之外,混合对象的层次关系以及混合路径的形态也是影响混合效果的重要因素。

二、对象的层次关系

在创建混合效果时,所选图形的层次关系很大程度上决定了混合操作的最终效果。图形的层次关系在绘制图形时就已决定,即先绘制的图形在下层,后绘制的图形在上层。当在不同层次中的图形制作混合操作时,通常是由位于最下层的图形依次向上直到最上层。如图 11-91 所示分别为圆形在上层、五角星在下层,以及圆形在下层、五角星在上层时所得到的不同混合效果。

图 11-91　图形层次对混合效果的影响对比

> **提示** 在混合过程中,产生混合的顺序实际上就是在页面中绘制图形的顺序,因此在执行混合操作时,如果未得到满意效果,可以尝试使用"对象/排列"中的各命令调整图形的层次后再进行混合。

利用菜单栏中的"对象/混合/反向堆叠"命令,可以使混合效果中每个中间过渡图形的堆叠顺序发生变化,即将最前面的对象移动到堆叠顺序的最后面。如图 11-92 所示为原混合效果和执行此命令后的混合效果。

图 11-92　原混合效果和反向堆叠效果

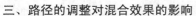

三、路径的调整对混合效果的影响

当用户创建混合图形之后，系统会自动建立一条直线路径于混合对象之间。利用工具箱中的路径编辑工具对该路径进行调整，会得到更丰富的混合效果，如图 11-93 所示为原混合效果和调整路径后的效果。

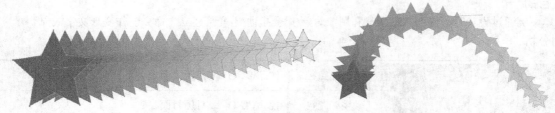

图 11-93　原混合效果和调整路径后的效果

四、路径锚点对混合效果的影响

在制作混合效果时，利用 工具单击混合对象中的不同锚点，可以制作出许多不同的混合效果。在操作对象上选择不同的锚点，可以使混合图形产生从一个对象的选中锚点到另一个对象的选中锚点上旋转的效果，选择的不同锚点及其混合效果如图 11-94 所示。

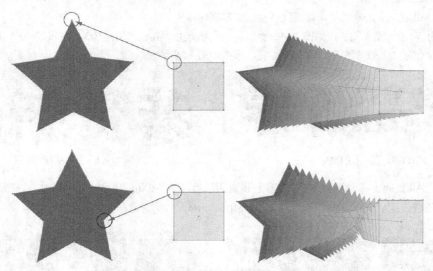

图 11-94　单击的不同锚点及产生的不同混合效果

五、混合图形的解散

当在页面中创建混合效果之后，利用任何选择工具都不能选择混合图形中间的过渡图形。如果想对混合图形中的过渡图形进行编辑则需要将混合图形扩展，也就是将混合图形解散，使混合图形转换成一个路径组。

扩充混合图形的方法为，首先在页面中选择需要扩充的混合图形，然后执行"对象/混合/扩展"命令，即可将混合图形转换成一个路径组，此时利用"选择"工具便可选择路径组中的任意路径。

> 提示　当将混合图形扩充为路径组后，执行"对象/取消编组"命令，或在此对象上单击鼠标右键，在弹出的右键菜单中选择"取消编组"命令，可以取消路径的组合状态，得到许多独立的图形。

六、释放混合图形

在页面中选择混合图形，然后执行"对象/混合/释放"命令，可将混合图形取消混合效果，还原出两个独立的图形。

Example 实例 127 用变形建立封套

学习目的

本案例通过设计月历封面，来学习利用"对象/封套扭曲/用变形建立"命令制作变形文字效果。

实例分析

	作品路径	作品\第 11 章\月历封面.ai
	视频路径	视频\第 11 章\月历封面.avi
	知识功能	工具，"对象/封套扭曲/用变形建立"命令
	学习时间	15 分钟

操 作 步 骤

步骤 ① 启动 Illustrator CS6 软件，按照默认参数新建横向画板。

步骤 ② 利用 T 工具输入文字，如图 11-95 所示，颜色填充为深红色（M：100，Y：100，K：80）。

步骤 ③ 执行"对象/扩展"命令，将文字扩展，形态如图 11-96 所示。

图 11-95　输入的文字　　　　　　　　　　　图 11-96　扩展后的文字

步骤 ④ 按住 Alt 键向上移动复制文字，将颜色设置为红色（M：100，Y：100），如图 11-97 所示。

步骤 ⑤ 利用 工具，将文字制作成混合效果，如图 11-98 所示。

图 11-97　复制出的文字　　　　　　　　　　图 11-98　混合效果

步骤 ⑥ 选取 工具，按住 Shift 键，分别点击每一个字，将其选择，如图 11-99 所示。

步骤 ⑦ 执行"编辑/复制"命令，再执行"编辑/粘贴"命令，粘贴出的文字如图 11-100 所示。

图 11-99　选择文字　　　　　　　　　　　图 11-100　粘贴出的文字

步骤 ⑧ 把文字和下面的立体字对齐，然后设置白色描边，在"描边"对话框中设置参数，如图 11-101 所示。文字描边效果如图 11-102 所示。

图 11-101　"描边"对话框

图 11-102　描边效果

步骤 ⑨ 把文字全部选择，然后执行"对象/编组"命令，把文字编组。

步骤 ⑩ 置入附盘中"素材\第 11 章\月历背景.jpg"文件，如图 11-103 所示。

步骤 ⑪ 执行"对象/排列/置于底层"命令，把背景放置到立体字下面，如图 11-104 所示。

图 11-103　置入的背景

图 11-104　调换前后位置

步骤 ⑫ 执行"文件/置入"命令，在"置入"对话框中选择如图 11-105 所示的文件。

步骤 ⑬ 单击 置入 按钮，在"Photoshop 导入选项"面板中设置选项，如图 11-106 所示。

图 11-105　"置入"对话框

图 11-106　"Photoshop 导入选项"面板

步骤 ⑭ 单击 确定 按钮，置入的图片如图 11-107 所示。

步骤 ⑮ 执行"对象/取消编组"命令，把置入的 psd 格式的分层图片取消编组。

步骤 ⑯ 选择立体字，执行"对象/封套扭曲/用变形建立"命令，弹出"变形选项"对话框，设置选项和参数，
如图 11-108 所示。

图 11-107　置入的图片

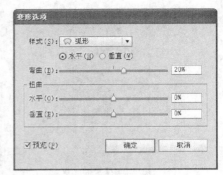

图 11-108　"变形选项"对话框

步骤 ⑰ 单击 确定 按钮，变形后的立体字如图 11-109 所示。

步骤 ⑱ 选择左边的礼品盒，执行"对象/排列/后移一层"命令，把礼品包装盒放置到立体字的后面，调整字的
位置，设计完成的月历封面整体效果如图 11-110 所示。

图 11-109　变形文字效果

图 11-110　设计完成的效果

步骤 ⑲ 按 Ctrl+S 键，将文件命名为"月历封面.ai"存储。

实例总结

通过本实例的学习，读者学习了利用"对象/封套扭曲/用变形建立"命令给立体字制作变形的方法。

Example 实例 128 用网格建立封套

学习目的

本案例通过设计名片，来学习用"用网格建立"建立封套命令并编辑封套的操作方法。

实例分析

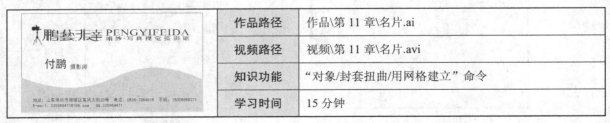

	作品路径	作品\第 11 章\名片.ai
	视频路径	视频\第 11 章\名片.avi
	知识功能	"对象/封套扭曲/用网格建立"命令
	学习时间	15 分钟

操 作 步 骤

步骤 ❶ 启动 Illustrator CS6 软件，按照默认参数新建横向画板。

步骤 ❷ 利用 ▭ 工具绘制两个矩形，大矩形填充白色，小矩形填充绿色（C：20，Y：80），如图 11-111 所示。

步骤 3 执行"对象/封套扭曲/用网格建立"命令,弹出"封套网格"对话框,设置参数,如图 11-112 所示。

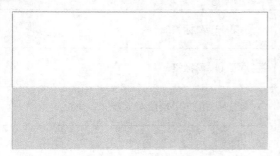

图 11-111　绘制的矩形

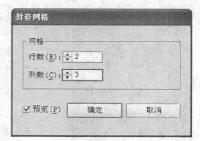

图 11-112　"封套网格"对话框

步骤 4 单击 确定 按钮,图形添加的封套网格如图 11-113 所示。

步骤 5 选取 工具,在封套网格控制点上按下鼠标拖曳,会出现控制柄,拖曳控制柄把图形调整成如图 11-114 所示的形状。

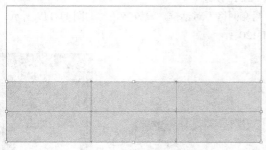

图 11-113　添加的封套网格

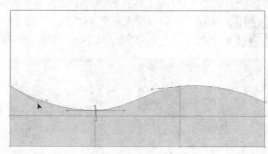

图 11-114　调整形状

步骤 6 置入附盘中"素材\第 11 章\logo 横.psd"文件,调整大小放置到如图 11-115 所示位置。

步骤 7 利用 T 工具输入文字,名片设计完成,如图 11-116 所示。

图 11-115　置入的 logo 文件

图 11-116　输入的文字

步骤 8 按 Ctrl+S 键,将文件命名为"名片.ai"存储。

实例总结

　　通过本实例的学习,读者掌握了利用"对象/封套扭曲/用网格建立"命令给图形建立网格封套的方法,并学习了如何编辑调整封套操作。

Example 实例 **129** 用顶图层建立封套

学习目的

　　本案例通过给容器瓶子贴上标签为例,来学习"对象/封套扭曲/用顶层对象建立"命令。

实例分析

作品路径	作品\第 11 章\标签.ai
视频路径	视频\第 11 章\标签.avi
知识功能	"对象/封套扭曲/用顶层对象建立"命令
学习时间	10 分钟

操 作 步 骤

步骤 ① 打开附盘中"素材\第 11 章\标签.ai"文件，如图 11-117 所示。

步骤 ② 选取 ▣ 工具，根据标签大小绘制一个矩形，如图 11-118 所示。

步骤 ③ 执行"对象/封套扭曲/用网格建立"命令，弹出"封套网格"对话框，设置参数，如图 11-119 所示。

步骤 ④ 单击 确定 按钮，图形添加的封套网格如图 11-120 所示。

图 11-117 打开的素材图片 　图 11-118 绘制的矩形 　图 11-119 "封套网格"对话框 　图 11-120 添加的网格

步骤 ⑤ 把下面的标签和网格图形同时选择。执行"对象/封套扭曲/用顶层对象建立"命令，把标签与网格建立成封套。

步骤 ⑥ 选取 ▨ 工具，在封套网格控制点上按下鼠标拖曳，会出现控制柄，拖曳控制柄把标签调整成与瓶子相同的透视形状，如图 11-121 所示。

图 11-121 调整透视形状

步骤 ⑦ 按 Shift+Ctrl+S 键，将文件另命名为"标签.ai"存储。

实例总结

通过本实例的学习，读者掌握了利用"对象/封套扭曲/用顶层对象建立"命令给图形建立封套的方法，并学习了如何把标签调整形状后贴到瓶子上面。

相关知识点——编辑封套

利用封套扭曲变形操作可以使被选择的对象按封套的形状变形，从而获得使用普通绘图工具无法获得的变形效果。执行"对象/封套扭曲"命令，弹出如图 11-122 所示的"封套扭曲"命令子菜单。

图 11-122 "封套扭曲"命令子菜单

一、用变形建立封套

执行"对象/封套扭曲/用变形建立"命令，弹出如图 11-123 所示的"变形选项"对话框。

● "样式"选项：在其右侧的下拉选项窗口中可以选择图形封套扭曲的样式，软件中共为用户设置了 15 种样式，每种样式生成的效果不同，但其下的选项相同。

● "水平"选项和"垂直"选项：决定选择对象的变形操作在水平方向上还是在垂直方向上。

● "弯曲"选项：决定选择对象的变形程度。当数值为正值时，选择对象向上或向左变形；当数值为负值时，选择对象向下或向右变形。

图 11-123 "变形选项"对话框

● "扭曲"选项：决定选择对象在变形的同时是否扭曲。其下包括"水平"和"垂直"两个选项，选择"水平"选项，可以使变形偏向水平方向；选择"垂直"选项，可以使变形偏向垂直方向。

图 11-124 所示为选择对象执行各封套扭曲样式后生成的效果。

图 11-124 封套扭曲变形

二、用网格建立封套

"用网格建立"命令可以在应用封套和对象上覆盖封套网格，利用"直接选择"工具拖曳封套网格上的控制点，可以更加灵活地调节封套效果。执行"对象/封套扭曲/用网格建立"命令，弹出如图 11-125 所示的"封套网格"对话框。

● "行数"选项：用于设置封套网格的行数。

● "列数"选项：用于设置封套网格的列数。

图 11-126 所示为选择对象及执行"用网格建立"命令调整的变形效果。

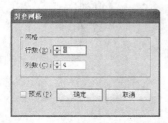

图 11-125 "封套网格"对话框

图 11-126 原图及变形后的效果

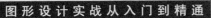

三、用顶图层建立封套

"用顶图层建立"命令允许用户创建任意形状的封套，然后将其应用于需要进行封套变形的对象上，从而得到各种自定义效果的封套扭曲变形效果。

四、释放

执行"对象/封套扭曲/释放"命令，可以将应用的封套效果释放，使对象还原应用封套前的效果。

五、封套选项

当应用封套效果的对象填充了线形渐变色或图案时，如果想要渐变或图案与对象一起变形，用户可将此封套对象选择，然后执行"对象/封套扭曲/封套选项"命令，在弹出的"封套选项"对话框中选择"扭曲线性渐变"或"扭曲图案填充"选项即可。

图 11-127 所示为填充对象应用封套效果后，不选择与选择"扭曲线性渐变"或"扭曲图案填充"选项的效果。

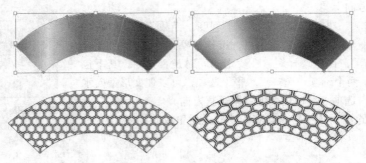

图 11-127 不选择与选择选项后的变形效果

六、扩展

当对象应用封套效果后，无法再为其应用其他类型的封套，如果想进一步对此对象进行编辑，此时可以将其进行转换。执行"对象/封套扭曲/扩展"命令，即可将封套对象转换为图形对象。

七、编辑内容

当对象应用封套效果后，执行"对象/封套扭曲/编辑内容"命令，可以对应用封套效果的对象进行再编辑。执行"编辑内容"命令后，系统在此命令的位置将显示"编辑封套"命令，即对应用封套效果的对象进行再编辑后，选取此命令，可完成编辑操作。

第12章 效果应用

本章来学习 Illustrator CS6 中最精彩的"效果"菜单。利用这个菜单下的命令，可以为图形或图像制作各种艺术效果及精美的底纹效果。本章通过 11 个案例来学习和了解"效果"菜单。

本章实例

Example 实例 **130** 3D 效果

学习目的

本案例来学习"效果/3D/凸出和斜角"命令，利用该命令可以把图形制作成 3D 立体效果，并且还可以给立体图形贴图和设置明暗等效果。

实例分析

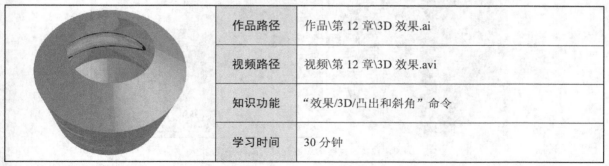

作品路径	作品\第 12 章\3D 效果.ai
视频路径	视频\第 12 章\3D 效果.avi
知识功能	"效果/3D/凸出和斜角"命令
学习时间	30 分钟

操 作 步 骤

步骤 ① 启动 Illustrator CS6 软件，按照默认参数新建文件。

步骤 ② 选取 ⬭ 工具，绘制一个颜色填充为（M：80）无描边的圆形，如图 12-1 所示。

步骤 ③ 执行"效果/3D/凸出和斜角"命令，弹出如图 12-2 所示的"3D 凸出和斜角选项"对话框。

图 12-1 绘制的圆形

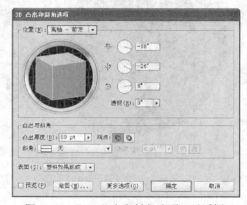

图 12-2 "3D 凸出和斜角选项"对话框

步骤 4 勾选左下角的"预览"选项。拖曳"位置"下面视窗中的立方体，可以自由地来旋转图形的角度，如图
12-3 所示。

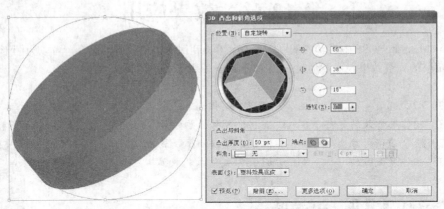

图 12-3 调整透视旋转角度

步骤 5 也可以在右边的 x 轴、y 轴以及 z 轴中直接输入参数来设置图形的旋转角度，如图 12-4 所示。

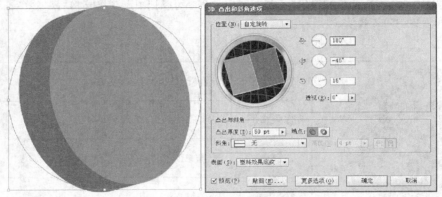

图 12-4 直接输入参数设置旋转角度

步骤 6 当在"透视"选项右边输入透视参数后，图形即可出现透视效果，如图 12-5 所示。

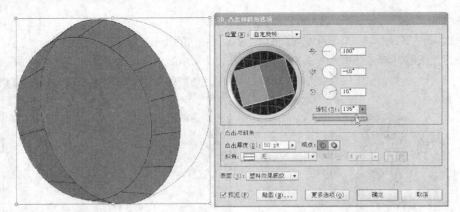

图 12-5 设置透视效果

步骤 7 设置"凸出厚度"参数，图形出现如图 12-6 所示的厚度变化。

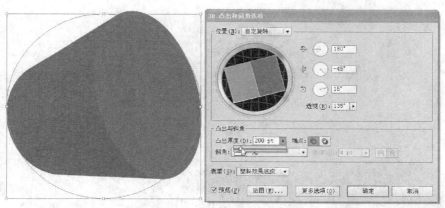

图 12-6　设置"凸出厚度"参数

步骤 8 重新设置 x 轴、y 轴以及 z 轴参数，把图形调整成垂直状态，单击 ⬚ 按钮，可以关闭图形的端点，形成空心外观，如图 12-7 所示。

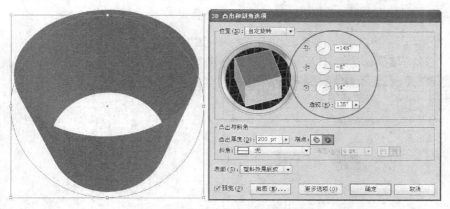

图 12-7　设置垂直状态并关闭端点

步骤 9 设置"斜角"样式为"经典"，并设置倾斜的高度，如图 12-8 所示。

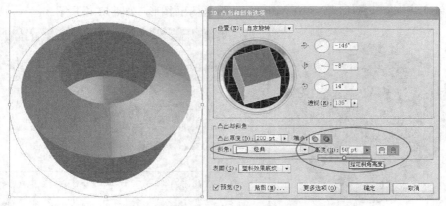

图 12-8　设置"斜角"样式及高度

步骤 10 在"表面"选项右边的下拉菜单中有 4 个表面样式，效果分别如图 12-9 所示。

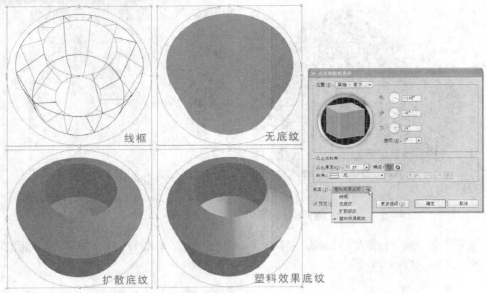

图 12-9　各种表面效果

步骤 ⑪ 单击 贴图(M)... 按钮，弹出如图 12-10 所示的"贴图"面板。

步骤 ⑫ 在"符号"选项右边单击打开下拉菜单，如图 12-11 所示。

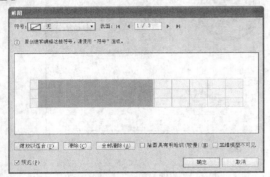

图 12-10　"贴图"面板

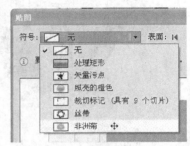

图 12-11　下拉菜单

步骤 ⑬ 选择"非洲菊"符号样式，在立体图形上面即可显示该图形，如图 12-12 所示。

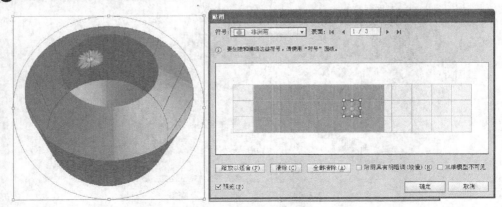

图 12-12　选择的贴图

步骤 ⑭ 单击 缩放以适合(F) 按钮，贴图即可充满立体图形，如图 12-13 所示。

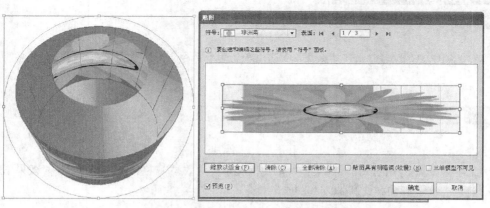

图 12-13　缩放贴图

步骤 ⑮ 当设置"贴图具有明暗调"选项时，贴图就具有了与立体图形相同的明暗变化，如图 12-14 所示。

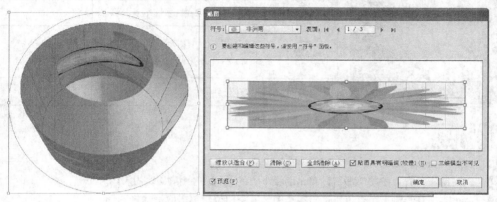

图 12-14　贴图明暗变化

步骤 ⑯ 当设置"三维模型不可见"选项时，此时模型被隐藏，只看到了贴图，如图 12-15 所示。

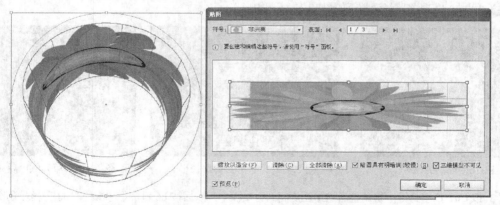

图 12-15　"三维模型不可见"效果

步骤 ⑰ 单击 确定 按钮，完成贴图设置。

提
示　在"3D 凸出和斜角选项"对话框中单击 更多选项(O) 按钮，会显示更多的用于设置立体图形表面光源的选项。读者可以自己实验练习一下。

步骤 (18) 按 Ctrl+S 组合键，将此文件命名为"3D 效果.ai"保存。

实例总结

通过本实例的学习，读者掌握了"效果/3D/凸出和斜角"命令。熟练掌握该命令可以制作各种形态的 3D 立体图形。

Example 实例 **131** 制作爆炸效果

学习目的

本案例来学习爆炸效果的制作，通过该案例使读者掌握"效果/风格化/羽化"命令、"效果/扭曲和变换/粗糙化"命令和"效果/扭曲和变换/收缩和膨胀"命令。

实例分析

作品路径	作品\第 12 章\爆炸效果.ai
视频路径	视频\第 12 章\爆炸效果.avi
知识功能	"效果/风格化/羽化"命令，"效果/扭曲和变换/粗糙化"命令，"效果/扭曲和变换/收缩和膨胀"命令
学习时间	10 分钟

操 作 步 骤

步骤 (1) 启动 Illustrator CS6 软件，按照默认的参数新建文件。

步骤 (2) 按 F7 键，打开"图层"面板，单击面板下方的 按钮，新建"图层 1"。

步骤 (3) 利用 工具绘制一个黑色矩形。在绘图区域空白位置单击取消选择图形。

步骤 (4) 新建"图层 2"，将工具箱中的填色设置为无，描边颜色设置为黑色。利用 工具绘制如图 12-16 所示的路径。

步骤 (5) 利用 工具将路径调整至如图 12-17 所示的形态。

图 12-16　绘制的路径　　　　图 12-17　调整后的路径形态　　　图 12-18　填充颜色后的效果

步骤 (6) 按 Ctrl+C 组合键，将调整后的路径复制到剪贴板中，然后按 F6 键，在"颜色"面板中给图形填充红色（M：100，Y：100），如图 12-18 所示。

步骤 (7) 执行"效果/风格化/羽化"命令，在"羽化"对话框中设置参数，效果如图 12-19 所示。单击 确定 按钮。

步骤 (8) 按 Ctrl+F 组合键，将剪贴板中的图形粘贴到当前图形的前面，并将填充色设置为白色，描边颜色设置为"无"，效果如图 12-20 所示。

步骤 (9) 按住 Shift+Alt 组合键，将图形以中心等比缩小至如图 12-21 所示的大小。

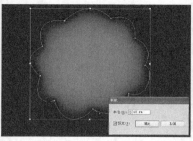

图 12-19　羽化后的效果

图 12-20　贴入的图形

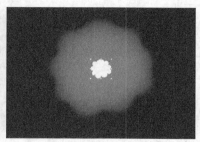

图 12-21　缩小后的图形

步骤 ⑩ 执行"效果/扭曲和变换/粗糙化"命令，在弹出的"粗糙化"对话框中设置各项参数，如图 12-22 所示。单击 确定 按钮，效果如图 12-23 所示。

步骤 ⑪ 执行"效果/扭曲和变换/收缩和膨胀"命令，在弹出的"收缩和膨胀"对话框中设置各项参数，如图 12-24 所示。

图 12-22　"粗糙化"对话框

图 12-23　粗糙化效果

图 12-24　"收缩和膨胀"对话框

步骤 ⑫ 单击 确定 按钮，效果如图 12-25 所示。

步骤 ⑬ 按住 Shift+Alt 组合键，将发射线以中心等比例拖大，如图 12-26 所示。

步骤 ⑭ 双击"混合"工具，在 混合选项"对话框中将"间距"设置为"指定的步数"，"步数"设置为"10"，激活 按钮。

步骤 ⑮ 单击 确定 按钮，然后把发射线和下面的模糊图形制作成混合，效果如图 12-27 所示。

图 12-25　收缩和膨胀效果

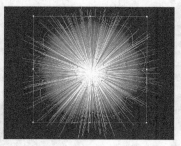

图 12-26　拖大后的线

图 12-27　混合后的效果

步骤 ⑯ 将混合后的效果左右拖大一些，效果如图 12-28 所示。

图 12-28　调整大小后的效果

步骤 ⑰ 按 Ctrl+S 组合键，将此文件命名为"爆炸效果.ai"保存。

实例总结

通过本案例的学习，读者学习了爆炸效果的制作方法，同时掌握了 3 种滤镜命令的组合使用以及所产生的效果。

Example 实例 **132** 绘制菊花图案

学习目的

本案例来绘制菊花图案，通过绘制图案使读者学习"效果/扭曲和变换/变换"命令、"效果/风格化/羽化"命令以及"效果/风格化/内发光"命令的功能。

实例分析

作品路径	作品\第 12 章\菊花图案.ai
视频路径	视频\第 12 章\菊花图案.avi
知识功能	"效果/扭曲和变换/变换"命令，"效果/风格化/羽化"命令，"效果/风格化/内发光"命令
学习时间	20 分钟

操 作 步 骤

步骤 ❶ 启动 Illustrator CS6 软件，按照默认的参数新建文件。

步骤 ❷ 利用 ✎、▷ 和 ▷ 工具绘制调整出如图 12-29 所示的图形。

步骤 ❸ 利用 ▷ 工具把图形选择。执行"效果/扭曲和变换/变换"命令，设置参数，如图 12-30 所示。

步骤 ❹ 单击 确定 按钮，效果如图 12-31 所示。

图 12-29 绘制的图形　图 12-30 "变换效果"对话框　图 12-31 旋转效果　图 12-32 "羽化"对话框

步骤 ❺ 执行"效果/风格化/羽化"命令，设置参数，如图 12-32 所示。

步骤 ❻ 单击 确定 按钮，效果如图 12-33 所示。

步骤 ❼ 利用 ⬭ 工具在花卉中心位置绘制一个黄色的圆形，如图 12-34 所示。

步骤 ❽ 执行"效果/风格化/内发光"命令，设置参数，如图 12-35 所示。

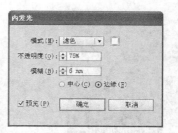

| 图 12-33 羽化效果 | 图 12-34 绘制的黄色圆形 | 图 12-35 "内发光"对话框 | 图 12-36 "内发光"效果 |

步骤 ⑨ 单击 确定 按钮，效果如图 12-36 所示。

步骤 ⑩ 将图形选择按住 Alt 键移动复制，然后把复制出的图形填充成绿色，如图 12-37 所示。

步骤 ⑪ 通过移动复制图形，调整图形的大小并分别设置不同的颜色，组合得到如图 12-38 所示的图案效果。

图 12-37 复制出的图形　　　　　　　　　　图 12-38 图案效果

步骤 ⑫ 按 Ctrl+S 组合键，将此文件命名为"爆炸效果.ai"保存。

实例总结

通过本案例菊花图案的绘制，读者掌握了"效果/扭曲和变换/变换"命令、"效果/风格化/羽化"命令和"效果/风格化/内发光"命令的功能以及所产生的效果。

Example 实例 **133** 制作黑白版画

学习目的

本案例通过制作黑白版画效果，使读者学习"效果"菜单下的"素描/图章"命令。

实例分析

	作品路径	作品\第 12 章\黑白版画.ai
	视频路径	视频\第 12 章\黑白版画.avi
	知识功能	"效果/素描/图章"命令
	学习时间	10 分钟

操 作 步 骤

步骤 ① 启动 Illustrator CS6 软件，置入附盘中"素材\第 12 章\照片 001.jpg"图片，如图 12-39 所示。

步骤 ② 利用 ▶ 工具把图片选择。执行"效果/素描/图章"命令，弹出如图 12-40 所示"图章"对话框。

图 12-39　置入的图片

图 12-40　"图章"对话框

步骤 ③ 按 Ctrl+-键可以把"图章"对话框视图窗口中的图片缩小显示。

步骤 ④ 将鼠标指针放置到对话框的右下角位置或蓝色边框位置，按下鼠标左键拖曳，可以调整对话框的大小，如图 12-41 所示。

图 12-41　调整对话框大小

步骤 ⑤ 在对话框中重新设置"明/暗平衡"和"平滑度"参数，可以看到画面中的黑白面积发生变化，如图 12-42 所示。

图 12-42　重新设置参数

步骤 ⑥ 单击 确定 按钮，版画效果如图 12-43 所示。

步骤 ⑦ 按 Ctrl+S 组合键，将此文件命名为"黑白版画.ai"保存。

图 12-43　版画效果

实例总结

　　本案例黑白版画效果的制作，使读者掌握了"图章"对话框的功能。

Example　实例　134　制作马赛克效果

学习目的

　　本案例通过制作水彩画效果，读者学习"效果"菜单下的"纹理/拼缀图"命令。

实例分析

作品路径	作品\第 12 章\马赛克效果.ai
视频路径	视频\第 12 章\马赛克效果.avi
知识功能	"效果/纹理/拼缀图"命令
学习时间	5 分钟

操　作　步　骤

步骤① 启动 Illustrator CS6 软件，置入附盘中"素材\第 12 章\照片 003.jpg"图片，如图 12-44 所示。

步骤② 利用 ▶ 工具把图片选择。执行"效果/纹理/拼缀图"命令，弹出如图 12-45 所示"拼缀图"对话框。

图 12-44　置入的图片

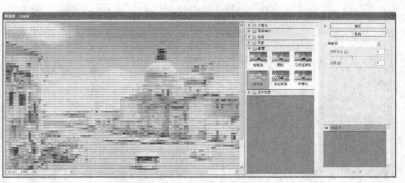

图 12-45　"拼缀图"对话框

步骤③ 在对话框中设置参数，可以看到图片的效果变化，单击 确定 按钮，马赛克效果如图 12-46 所示。

图 12-46 马赛克效果

步骤 ④ 按 Ctrl+S 组合键，将此文件命名为"马赛克效果.ai"保存。

实例总结

通过本案例水彩画效果的制作，读者掌握了"水彩画纸"对话框的功能。

Example 实例 **135** 制作油画效果（一）

学习目的

本案例通过制作油画效果，使读者学习"效果"菜单下的"纹理/纹理化"命令。

实例分析

作品路径	作品\第 12 章\油画效果（1）.ai
视频路径	视频\第 12 章\油画效果（1）.avi
知识功能	"效果/纹理/纹理化"命令
学习时间	5 分钟

操 作 步 骤

步骤 ① 启动 Illustrator CS6 软件，置入附盘中"素材\第 12 章\照片 003.jpg"图片。

步骤 ② 利用 工具选择图片。执行"效果/纹理/纹理化"命令，弹出如图 12-47 所示"纹理化"对话框。

步骤 ③ 在对话框中设置"纹理"样式为"粗麻布"，设置"光照"样式为"左上"，调整"缩放"和"凸现"参数，可以看到图片的效果变化，单击 确定 按钮，油画效果如图 12-48 所示。

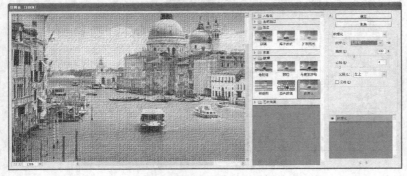

图 12-47 "纹理化"对话框

图 12-48 油画效果

步骤 ④ 按 Ctrl+S 组合键，将此文件命名为"油画效果（1）.ai"保存。

实例总结

通过本案例油画效果的制作，使读者掌握了"纹理化"对话框的功能。

 136 制作油画效果（二）

学习目的

本案例通过制作油画效果，使读者学习"效果"菜单下的"艺术效果/底纹效果"命令。

实例分析

作品路径	作品\第 12 章\油画效果（2）.ai
视频路径	视频\第 12 章\油画效果（2）.avi
知识功能	"效果/艺术效果/底纹效果"命令
学习时间	5 分钟

操作步骤

步骤① 启动 Illustrator CS6 软件，置入附盘中"素材\第 12 章\照片 003.jpg"图片。

步骤② 利用 工具选择图片。执行"效果/艺术效果/底纹效果"命令，弹出如图 12-49 所示"底纹效果"对话框。

步骤③ 在对话框中设置"纹理"样式为"粗麻布"，设置"光照"样式为"左上"，调整"缩放"和"凸现"参数，可以看到图片的效果变化，单击 确定 按钮，油画效果如图 12-50 所示。

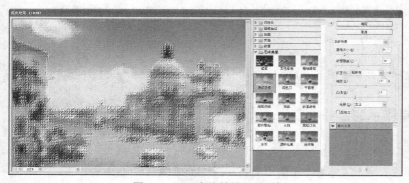

图 12-49 "底纹效果"对话框

图 12-50 油画效果

步骤④ 按 Ctrl+S 组合键，将此文件命名为"油画效果（2）.ai"保存。

实例总结

通过本案例油画效果的制作，读者掌握了"底纹效果"对话框的功能。

 137 制作木刻版画

学习目的

本案例通过制作木刻版画效果，使读者学习"效果"菜单下的"艺术效果/木刻"命令。

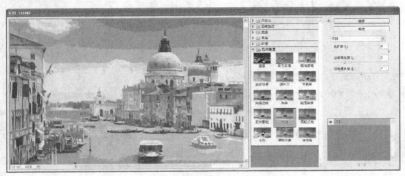

Illustrator CS6 中文版
图形设计实战从入门到精通

实例分析

作品路径	作品\第 12 章\木刻画效果.ai
视频路径	视频\第 12 章\木刻画效果.avi
知识功能	"效果/艺术效果/木刻"命令
学习时间	5 分钟

操 作 步 骤

步骤 ① 启动 Illustrator CS6 软件，置入附盘中"素材\第 12 章\照片 003.jpg"图片。

步骤 ② 利用 ▶ 工具选择图片。执行"效果/艺术效果/木刻"命令，弹出如图 12-51 所示"木刻"对话框。

步骤 ③ 在对话框中设置参数可以看到图片的效果变化，单击 确定 按钮，木刻画效果如图 12-52 所示。

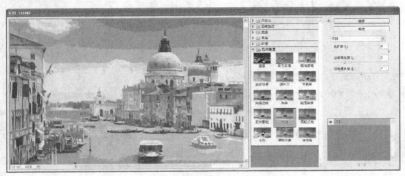

图 12-51　"木刻"对话框　　　　　　　　　　　　　　　　　图 12-52　木刻画效果

步骤 ④ 按 Ctrl+S 组合键，将此文件命名为"木刻画效果.ai"保存。

实例总结

通过本案例木刻版画效果的制作，读者掌握了"木刻"对话框的功能。

Example 实例 **138** 制作水彩画

学习目的

本案例通过制作水彩画效果，使读者学习"效果"菜单下的"素描/水彩画纸"命令。

实例分析

作品路径	作品\第 12 章\水彩画.ai
视频路径	视频\第 12 章\水彩画.avi
知识功能	"效果/素描/水彩画纸"命令
学习时间	5 分钟

操 作 步 骤

步骤 ① 启动 Illustrator CS6 软件，置入附盘中 "素材\第 12 章\照片 002.jpg" 图片，如图 12-53 所示。

步骤 ② 利用 工具选择图片。执行 "效果/素描/水彩画纸" 命令，弹出如图 12-54 所示 "水彩画纸" 对话框。

图 12-53　置入的图片　　　　　　　　　　　　图 12-54　"水彩画纸" 对话框

步骤 ③ 在对话框中设置参数可以看到图片的效果变化，单击 确定 按钮，水彩画效果如图 12-55 所示。

图 12-55　水彩画效果

步骤 ④ 按 Ctrl+S 组合键，将此文件命名为 "水彩画.ai" 保存。

实例总结

通过本案例水彩画效果的制作，使读者掌握了 "水彩画纸" 对话框的功能。

Example 实例 **139** 制作钢笔画效果

学习目的

本案例通过制作钢笔画效果，使读者学习 "效果" 菜单下的 "素描/绘图笔" 命令。

实例分析

	作品路径	作品\第 12 章\钢笔画.ai
	视频路径	视频\第 12 章\钢笔画.avi
	知识功能	"效果/素描/绘图笔" 命令
	学习时间	5 分钟

操作步骤

步骤 ① 启动 Illustrator CS6 软件，置入附盘中"素材\第 12 章\照片 001.jpg"图片，如图 12-56 所示。

图 12-56　置入的图片

步骤 ② 利用 ▶ 工具选择图片。执行"效果/素描/绘图笔"命令，弹出如图 12-57 所示"绘图笔"对话框。

图 12-57　"绘图笔"对话框

步骤 ③ 在对话框中设置参数可以看到图片的效果变化，单击 确定 按钮，钢笔画效果如图 12-58 所示。

图 12-58　钢笔画效果

步骤 ④ 按 Ctrl+S 组合键，将此文件命名为"钢笔画.ai"保存。

实例总结

　　通过本案例钢笔画效果的制作，读者掌握了"绘图笔"对话框的功能。

 140　制作霓虹灯效果

学习目的

　　本案例通过制作霓虹灯效果，使读者学习"效果"菜单下的"风格化/照亮边缘"命令。

实例分析

作品路径	作品\第 12 章\霓虹灯效果.ai
视频路径	视频\第 12 章\霓虹灯效果.avi
知识功能	"效果/风格化/照亮边缘"命令
学习时间	5 分钟

操 作 步 骤

步骤 ① 启动 Illustrator CS6 软件，置入附盘中"素材\第 12 章\照片 001.jpg"图片。

步骤 ② 利用 ▶ 工具选择图片。执行"效果/风格化/照亮边缘"命令，弹出如图 12-59 所示"照亮边缘"对话框。

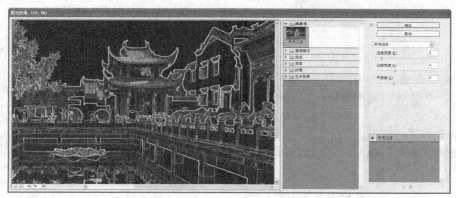

图 12-59　"照亮边缘"对话框

步骤 ③ 在对话框中设置不同选项右边的参数，可以看到照亮边缘的效果变化，单击 确定 按钮，霓虹灯效果
　　　　如图 12-60 所示。

图 12-60　霓虹灯效果

步骤 ④ 按 Ctrl+S 组合键，将此文件命名为"霓虹灯效果.ai"保存。

实例总结

通过本案例霓虹灯效果的制作，读者掌握了"照亮边缘"对话框的功能。

相关知识点——"效果"菜单功能介绍

效果命令的下拉菜单如图 12-61 所示。该菜单下的前两个命令默认情况下分别显示"应用上一个效果操作"和"上一个效果"，当执行了一个效果命令后，这两个命令会根据刚执行的效果命令显示该效果的名称。如对图像执行了"风格化/内发光"命令，再次打开"效果"菜单时，前两个命令将分别显示为应用"内发光"和"内发光"。此时如选择应用"内发光"命令，选择的图像会直接产生内发光效果，参数为上一次应用"内发光"命令时的相同设置；如选择"内发光"命令，会弹出"内发光"对话框，此时用户可根据需要重新设置参数。

图 12-61 "效果"菜单

> **提示** 效果菜单提供的这两个命令有效地提高了用户的工作效率，使用户在连续执行多个相同的效果命令时不必每次都到"效果"菜单下的子菜单中去选择。如果在画面中进行了两步以上的效果操作，效果菜单下的前两个命令将显示为最后一次使用的效果命令。

效果菜单下还有两类菜单组，一类是 Illustrator 效果，另一类是 Photoshop 效果。Illustrator 效果为矢量效果，主要应用于矢量图形，只有部分命令可以应用到位图图像上。Photoshop 效果为位图效果，可以应用到位图图像上，但无法应用到矢量图形或黑白位图对象上。

一、Illustrator 效果

● 3D 效果。3D 效果可以从二维（2D）图形创建三维（3D）对象。用户可以通过高光、阴影、旋转及其他属性来控制 3D 对象的外观，还可以为 3D 对象中的每一个表面贴图。

● SVG 滤镜。此命令是一种综合的效果命令，它可以将图像以各种纹理填充，并进行模糊及阴影效果的添加。

● 变形。使用"变形"效果命令可以对选择的对象进行各种弯曲效果设置。详细功能请参见第 11 章混合和封套的相关知识点。

● 扭曲和变换。在子菜单下包括"变换"、"扭拧"、"扭转"、"收缩和膨胀"、"波纹效果"、"粗糙化"和"自由扭曲"命令。利用这些命令可以完成对图形的缩放、移动、旋转、复制、镜像、涂抹、围绕中心旋转、收缩和膨胀、产生波纹效果、边缘产生粗糙效果以及对图形进行自由变形操作等。

● 栅格化。执行该命令可以将矢量对象转换为位图对象。在栅格化过程中，Illustrator 会将图形路径转换为像素。所设置的栅格化选项将决定结果像素的大小及特征。利用此命令栅格化图形，不会更改对象的底

层结构；如果要永久栅格化对象，可执行"对象/栅格化"命令。

● 裁剪标记。除了指定不同画板以裁剪用于输出的图稿外，还可以在图稿中创建和使用多组裁剪标记。裁剪标记指示了所需的打印纸张剪切位置。需要围绕页面上的几个对象创建标记时，裁剪标记是非常有用的。

● 路径。使用此命令可以把路径扩展、转换为轮廓化对象或给轮廓进行描边。

● 路径查找器。利用路径查找器可以将选择的两个或两个以上的图形进行结合或分离，从而生成新的复合图形。

● 转换为形状。可以将矢量对象的形状转换为矩形、圆角矩形或椭圆。使用绝对尺寸或相对尺寸设置形状的尺寸。对于圆角矩形，请指定一个圆角半径以确定圆角边缘的曲率。使用效果是一个方便的对象改变形状方法，而且它还不会永久改变对象的基本几何形状。效果是实时的，这就意味着您可以随时修改或删除效果。

● 风格化。该菜单下的"风格化"命令与"效果"菜单下的"风格化"命令有所不同。利用该菜单下的命令，可以给图形制作内发光、圆角、外发光、投影、涂抹以及羽化效果。

二、Photoshop 效果

● 效果画廊。执行此命令，弹出"效果库"对话框，在此对话框中可为图像一次应用多种效果。

● 像素化。使用"像素化"效果命令可以使图像的画面分块显示，呈现出一种由单元格组成的效果。

● 扭曲。使用"扭曲"效果命令可以改变图像中的像素分布，从而使图像产生各种变形效果。

● 模糊。使用"模糊"效果命令可以对图像进行模糊处理，去除图像中的杂色，以使图像变得较为柔和平滑。

● 画笔描边。使用"画笔描边"效果命令可以用不同的画笔和油墨笔触效果使图像产生精美的艺术外观，为图像添加颗粒、绘画、杂色等效果。

● 素描。使用"素描"效果命令可以利用前景色和背景色来置换图像中的色彩，从而生成一种更为精确的图像效果。

● 纹理。使用"纹理"效果命令可以在图像上制作出各种特殊的纹理及材质效果。

● 艺术效果。使用该菜单下的子命令，可以使图像产生多种不同风格的艺术效果。

● 视频。使用"视频"效果命令可以将视频与普通图像进行相互转换。

● 风格化。使用"风格化"效果命令可以使图像生成印象派的作品效果，其下的子菜单中只有"照亮边缘"一个命令，它可以搜索图像中对比度较大的颜色边缘，并为此边缘添加类似霓虹灯效果的亮光。

提示
在处理位图图像时，有些效果命令不能够支持 CMYK 颜色模式的文件，所以在使用这些效果命令前，要对文件的颜色模式进行转换。如果要转换文件颜色模式，执行"文件/文档颜色模式/RGB（或CMYK）"命令即可转换。

第 13 章　VI 设计——企业识别基础系统

VI 是英文 Visual Identity 的缩写，直译为企业（团体）标识系统。它将企业的经营观念与精神文化整体传达系统（特别是视觉传达系统）传达给企业周围的团体和个人，反映企业内部的自我认识和公众对企业的外部认识，也就是将现代设计观念与企业管理理论结合起来，刻画企业个性，突出企业精神，使消费者对企业产生形象统一的认同感。

作为企业树立整体形象、拓展市场和提升竞争力的有效工具，VI 的价值已被诸多取得卓越成就的国际化大企业所认同。

VI 手册的设计分为两部分，分别为基础系统和应用系统。基础系统的设计一般包括 VI 图版、标志、标准字体、企业标志标准组合、企业标准色以及辅助色等，应用系统设计一般包括文化办公用品、礼品、服装、标牌、宣传品、交通工具、连锁店以及建筑物等。本章以"大兴商务酒店"为例来学习基础系统部分的设计内容。

本章实例

- 实例 141 绘制 VI 图版
- 实例 142 设置多页面 VI 图版
- 实例 143 绘制标识坐标网格
- 实例 144 绘制标志
- 实例 145 标准字体设计（横式）
- 实例 146 标准字体设计（竖式）
- 实例 147 企业标识组合（横式）
- 实例 148 企业标识组合（竖式）
- 实例 149 标准色与辅助色设计
- 实例 150 辅助图形绘制

Example 实例 141 绘制 VI 图版

学习目的

VI 手册图版是 VI 手册的标准版式，所有 VI 视觉识别系统中的元素都要排放到 VI 图版中进行印制装订成手册。本案例通过绘制"大兴商务酒店"VI 手册图版，使读者掌握绘制方法。

实例分析

作品路径	作品\第 13 章\大兴 VI 基础.ai
视频路径	视频\第 13 章\VI 图版.avi
知识功能	VI 图版的设计方法，VI 图版中基本元素的处理和编排方法
学习时间	30 分钟

操 作 步 骤

步骤 ① 启动 Illustrator CS6 软件，按 Ctrl+N 键，弹出"新建文档"对话框，参数设置如图 13-1 所示，单击 确定 按钮创建图形文件。

步骤 ② 利用 ▢ 工具在页面顶部绘制出如图 13-2 所示的矩形。

步骤 ③ 利用 ▢ 工具给图形填充从深黄色（C：40，M：70，Y：100，K：50）到浅黄色（C：25，M：40，Y：65）的渐变色，把图形轮廓去除，如图 13-3 所示。

步骤 ④ 打开附盘中"素材\第 13 章\大兴标志.ai"文件，如图 13-4 所示。

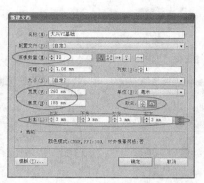

图 13-1 "新建文档"对话框

图 13-2 绘制的矩形

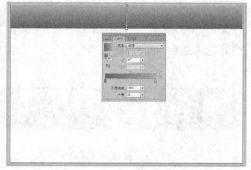

图 13-3 填充渐变颜色

图 13-4 打开的标志

步骤 ⑤ 把标志复制到图版文件中,调整标志大小放置到色条的左边位置,如图 13-5 所示。

图 13-5 放入的标志

步骤 ⑥ 利用 T 工具在标志的右边输入文字,然后利用 / 工具绘制线段,颜色为黄灰色(C:25,M:40,Y:65),如图 13-6 所示。

图 13-6 输入的文字

步骤 ⑦ 利用 □、□、T 和 □ 工具在图版的下边缘绘制渐变色条,然后输入页码文字,如图 13-7 所示。

步骤 ⑧ 在标志的下边位置输入字母"A",在"字符"面板中设置字体和参数,如图 13-8 所示,字母颜色设置为灰色(K:20)。

图 13-7 绘制的色条和输入的页码

图 13-8 输入的字母

步骤 **9** 在字母 "A" 右侧绘制如图 13-9 所示的灰色（K：20）矩形。

步骤 **10** 利用 工具绘制如图 13-10 所示的三角形。

步骤 **11** 执行 "窗口/路径查找器" 命令，打开 "路径查找器" 面板，如图 13-11 所示。

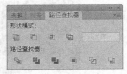

图 13-9　绘制的灰色矩形　　　　图 13-10　绘制的三角形　　图 13-11　"路径查找器" 面板

步骤 **12** 按 Ctrl+C 键，先将三角形图形复制。

步骤 **13** 将三角形与下面的其中一个矩形同时选择，单击该面板中的 "减去顶层" 按钮 ，相减后的图形如图 13-12 所示。

步骤 **14** 按 Ctrl+F 键，把刚才复制的三角形粘贴到原位置。

步骤 **15** 然后选取三角形和另一个图形，继续修剪线条图形，修剪完成的图形形状如图 13-13 所示。

步骤 **16** 在灰色条及右边位置输入如图 13-14 所示的文字。

图 13-12　相减后的图形　　　　图 13-13　修剪完成的图形形状　　　　图 13-14　输入的文字

步骤 **17** 至此，VI 手册图版设计完成。按 Ctrl+S 组合键，将此文件保存。

实例总结

　　通过本案例的学习，读者学习了设计 VI 图版的方法，要注意掌握在 VI 图版中所包含的基本元素，以及这些元素在版面中位置的编排和处理方法。

Example 实例 **142** 设置多页面 VI 图版

学习目的

　　本案例学习如何把设计的图版内容复制粘贴到多个页面之中作为通用 VI 图版，以及修改页码并排列画板的方法。

实例分析

	作品路径	作品\第 13 章\大兴 VI 基础.ai
	视频路径	视频\第 13 章\设置多页面 VI 图版.avi
	知识功能	"编辑/在所有画板上粘贴" 命令，"对象/画板/重新排列" 命令
	学习时间	10 分钟

操 作 步 骤

步骤 **1** 打开附盘中 "作品\第 13 章\大兴 VI 基础.ai" 文件。

步骤 **2** 按 Ctrl+A 组合键将图版中的所有图形选择，按 Ctrl+C 组合键，复制图版中的内容。

步骤 **3** 按 Delete 键，把图版 1 中的所有内容删除。

> 提
> 示
>
> 　　此处删除所选择的内容，是因为当执行"编辑/在所有画板上粘贴"命令后，会把复制的所有内容粘贴在所有的图版中，由于在图版 1 中已经存在内容了，再粘贴后会出现重叠的内容，所以此处先删除所选择的内容。

步骤 4 执行"编辑/在所有画板上粘贴"命令（快捷键 Ctrl+Shift+Alt+V），将复制的 VI 图版粘贴到所有的画板上。

步骤 5 执行"对象/画板/重新排列"命令，弹出"重新排列画板"对话框，设置参数，如图 13-15 所示。

步骤 6 单击　确定　按钮，重新排列后的画板如图 13-16 所示。

步骤 7 把横排的第二个画板激活为工作状态，利用 T 工具修改画板左下角的页码，修改前后对比效果如图 13-17 所示。

图 13-15　"重新排列画板"对话框　　图 13-16　重新排列后的画板　　图 13-17　页码修改前后对比效果

步骤 8 用同样的方法依次修改其他几个画板的页码，顺序为从左到右，再从上到下。

步骤 9 按 Ctrl+S 组合键，保存文件。

实例总结

　　通过本案例的学习，读者学习了如何把一个页面中的素材内容复制粘贴到多个页面之中，以及修改页码的方法。

Example 实例 **143** 绘制标识坐标网格

学习目的

　　本实例的学习，可以使读者学习如何绘制 VI 手册中标识标准制图的坐标网格。

实例分析

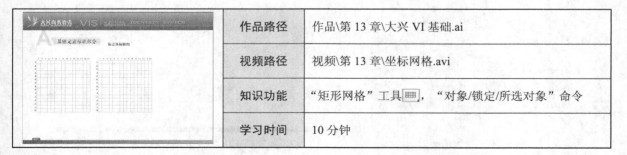

作品路径	作品\第 13 章\大兴 VI 基础.ai	
视频路径	视频\第 13 章\坐标网格.avi	
知识功能	"矩形网格"工具 ▦，"对象/锁定/所选对象"命令	
学习时间	10 分钟	

操 作 步 骤

步骤 1 打开附盘中"作品\第 13 章\大兴 VI 基础.ai"文件。

步骤 ② 单击标有"A-02"页码的画板，将"A-02"画板设置为工作状态。

步骤 ③ 利用 T 工具把图版中"标准图版"文字修改为"标志坐标制图"，如图 13-18 所示。

图 13-18　修改文字

步骤 ④ 选取工具箱中的"矩形网格"工具 ▦，在画板空白处单击，弹出"矩形网格工具选项"对话框，在对话框中设置如图 13-19 所示的参数。

步骤 ⑤ 单击 确定 按钮，按住 Shift 键绘制一个网格图形，如图 13-20 所示。

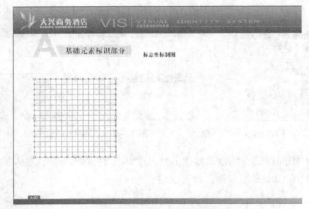

图 13-19　"矩形网格工具选项"对话框　　　　图 13-20　绘制的网格图形

步骤 ⑥ 利用 T 工具在网格的上边和左边分别输入数字，如图 13-21 所示。

步骤 ⑦ 将网格及输入的数字选择，然后按住 Shift 和 Alt 键向右复制一份，如图 13-22 所示。

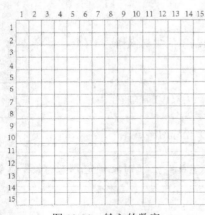

图 13-21　输入的数字　　　　　　　　图 13-22　复制网格

步骤 ⑧ 将两个网格以及数字选择，执行"对象/锁定/所选对象"命令，把网格和数字锁定，这样后面再绘制标志的时候可以保护其不再被选择和移动位置。

步骤 ⑨ 按 Ctrl+S 组合键，保存文件。

实例总结

　　通过本实例的学习，读者学习了如何绘制 VI 手册中标识标准制图的坐标网格，其中"矩形网格工具选项"对话框需要读者自己熟练掌握。该实例中绘制的网格锁定位置的目的是什么，需要读者理解，并学会其使用。

Example　实例　144　绘制标志

学习目的

　　从广义上讲，标志是标志和商标的统称，包括了企业、集团、政府机关、团体、会议和活动等的标志和产品的商标。商标是商品的记号、标记，但标志并不一定都是商标。区分标志是不是商标主要取决于用途：如果标志应用于商品贸易中表示商品的品牌和质量等特征，那么这个标志就是商标；否则，它就是标志。一个企业只能有一个标志，但根据产品的不同种类却可以有多个商标。

　　在设计标志时，要充分考虑标志的用途与场合，要适合不同位置的放置，放大后不能出现空洞，缩小后不会感觉拥挤，所以在制作时要严格按照标志坐标制图的要求来制作。

　　通过本实例"大兴商务酒店"标志的绘制，使读者学习标志绘制的一般方法。

实例分析

	作品路径	作品\第 13 章\大兴 VI 基础.ai
	视频路径	视频\第 13 章\标志绘制.avi
	知识功能	"钢笔"工具，"直接选择"工具，"转换锚点"工具，"渐变"控制面板，"路径查找器"面板
	学习时间	20 分钟

操 作 步 骤

步骤 ① 打开附盘中"作品\第 13 章\大兴 VI 基础.ai"文件。

步骤 ② 单击标有"A-02"页码的画板，将"A-02"画板设置为工作状态。

步骤 ③ 选取工具箱中的"钢笔"工具，在网格图形中绘制如图 13-23 所示的不规则多边形。

步骤 ④ 利用"直接选择"工具和"转换锚点"工具，把多边形调整成如图 13-24 所示的形状。

步骤 ⑤ 利用工具调整图形的位置，如图 13-25 所示。

步骤 ⑥ 按 Ctrl+Shift+F9 组合键打开"路径查找器"面板，把图形进行修剪，然后再调整一下位置，得到如图 13-26 所示的标志形状。

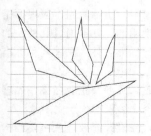 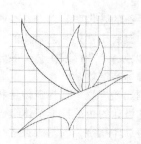 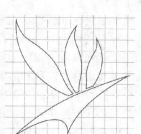

图 13-23　绘制的不规则多边形　　图 13-24　调整后的形状　　图 13-25　调整位置　　图 13-26　修剪并调整位置后的图形

步骤 ⑦ 选择标志图形，按 Ctrl+G 组合键群组。

步骤 8 按 Ctrl+F9 组合键打开"渐变"控制面板，给图形填充从黄色（Y：80）到红色（M：90，Y：100）的渐变色，如图 13-27 所示。

步骤 9 按住 Shift 和 Alt 键，把标志向右移动复制一份，然后把颜色修改为黑色，如图 13-28 所示。

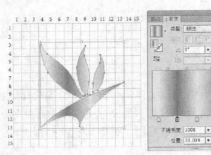
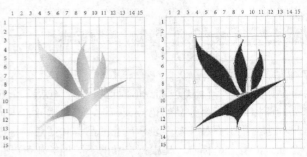

图 13-27　填充渐变颜色　　　　　图 13-28　　复制出的标志

步骤 10 在黑白标志的右边输入"标志释义"文字，并绘制一个黄色（C：25，M：40，Y：65）矩形色条，然后在下面输入标志释义文字内容，如图 13-29 所示。

图 13-29　输入的标志释义文字内容

步骤 11 至此，标志绘制完成，按 Ctrl+S 组合键，保存文件。

实例总结

　　本实例主要讲述了标志的标准制图绘制方法。在绘制标志过程中，主要学习标志绘制的一般步骤及 Illustrator 软件中基本工具的灵活运用。

Example 实例 **145** 标准字体设计（横式）

学习目的

　　标准字是企业形象识别系统的基本要素之一。企业标准字不同于一般视觉语言中的字体应用，应根据企业的精神和文化理念，设计出具有个性化和艺术化的专用字体，要具有可读性和说明性，并能通过其外在的视觉形象给观众留下深刻的印象。企业标准字体一般分为中文全称标准字体、简称标准字体、品牌名称标准字体及英文全称、简称和品牌标准字体。

　　企业标准字体的应用范围比较广泛，在视觉传达和宣传中占有非常重要的位置。凡涉及企业名称、品牌名称的，都应严格按照选定和设计的企业标准字体组合规范进行应用，从而达成企业形象的统一化。

　　企业标准字体一般是在普通印刷字体的基础上进行个性化和艺术化加工处理，在设计时要注意字体结构的严谨性以及字体之间的统一性和规范性。如果是具有历史文化传统的企业，可采用大众认可的企业专用书法艺术字体，以体现企业的历史性和文化性。

实例分析

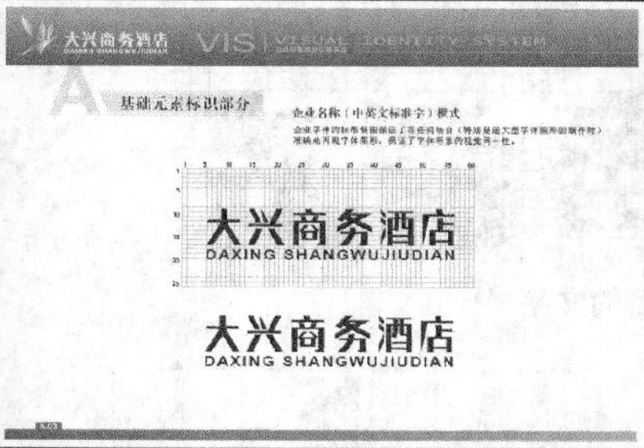

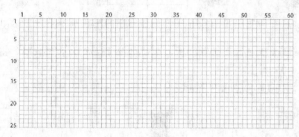

作品路径	作品\第 13 章\大兴 VI 基础.ai
视频路径	视频\第 13 章\标准字.avi
知识功能	"矩形网格"工具▦，T工具，"删除锚点"工具，"直接选择"工具，"转换锚点"工具，"对齐"控制面板
学习时间	40 分钟

操 作 步 骤

步骤 ① 打开附盘中"作品\第 13 章\大兴 VI 基础.ai"文件。

步骤 ② 单击标有"A-03"页码的画板，将"A-03"画板设置为工作状态。

步骤 ③ 利用"矩形网格"工具▦及T工具绘制如图 13-30 所示的网格。

图 13-30　绘制的网格

步骤 ④ 将网格和数字全部选择，然后按 Ctrl+2 组合键锁定位置。

> **提示**　企业标准字体的制作一般都是在计算机系统字体的基础上通过变形归纳后演变而来，本例也是通过此方法来制作企业标准字体。如图 13-31 所示为需要制作的标准字体的最终效果，在 Illustrator 软件的字体列表中安装的系统字体"黑体"字体与需要制作的标准字很相似，所以本例将在"黑体"字体的基础上来制作"大兴商务酒店"的企业标准字（若系统中无此字体，可用其他字体替代）。

步骤 ⑤ 利用T工具在网格上输入黑色的"大兴商务酒店"文字，然后将字体设置为"黑体"字体，如图 13-32 所示。

大兴商务酒店
DAXING SHANGWUJIUDIAN

图 13-31　标准字体的最终效果

大兴商务酒店

图 13-32　输入的文字

步骤 ⑥ 将输入的文字选择，执行"对象/扩展"命令，弹出"扩展"对话框，设置选项如图 13-33 所示，扩展后的文字如图 13-34 所示。

步骤 ⑦ 选取工具箱中的"直接选择"工具，将"大"字单独选择，然后选取工具箱中的"删除锚点"工具，将如图 13-35 所示位置的锚点删除，删除锚点后的文字如图 13-36 所示。

步骤 ⑧ 按住 Shift 键，利用工具选取如图 13-37 所示的锚点。

图 13-33　"扩展"对话框

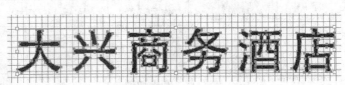

图 13-34　扩展后的文字

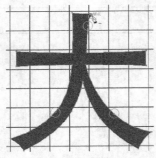

图 13-35　需要删除的锚点

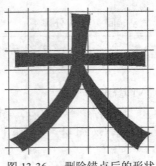

图 13-36　删除锚点后的形状

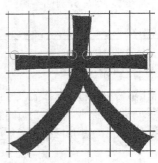

图 13-37　选取的锚点

步骤 ⑨ 按 Shift+F7 组合键调出"对齐"控制面板，单击如图 13-38 所示的按钮，将锚点按照底端对齐，对齐后的笔画形态如图 13-39 所示。

步骤 ⑩ 利用 工具选取如图 13-40 所示的锚点。

图 13-38　"对齐"控制面板

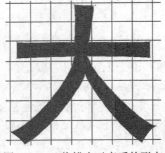

图 13-39　将锚点对齐后的形态

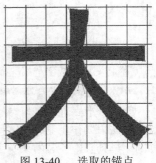

图 13-40　选取的锚点

步骤 ⑪ "对齐"控制面板将锚点按照底端对齐，如图 13-41 所示。

步骤 ⑫ 利用"转换锚点"工具 点选"大"字上的锚点，然后单击属性栏上的"将所选锚点转换为尖角"按钮 ，把"大"字上的所有锚点全部转换成尖角性质，效果如图 13-42 所示。

步骤 ⑬ 选取如图 13-43 所示的锚点，用之前对齐锚点的方法将其垂直对齐，对齐后的效果如图 13-44 所示。

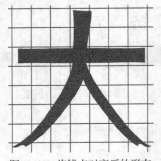

图 13-41　将锚点对齐后的形态

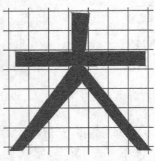

图 13-42　转换尖角后的文字形态

图 13-43　选取的锚点

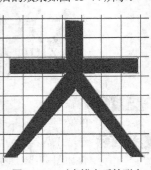

图 13-44　对齐锚点后的形态

步骤 ⑭ 利用▢工具选取"大"字上如图 13-45 所示的锚点，选取工具箱中的"比例缩放"工具▢，按住鼠标左键向右拖拽，拖拽的过程状态如图 13-46 所示，比例缩放后的笔画效果如图 13-47 所示。

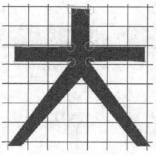
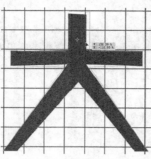
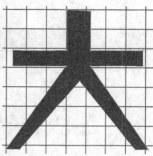

图 13-45　选取的锚点　　　　图 13-46　拖拽时的状态　　　　图 13-47　比例缩放后的效果

步骤 ⑮ 选取如图 13-48 所示的锚点，按住鼠标左键向上拖曳，使其和网格对齐，如图 13-49 所示。

步骤 ⑯ 用同样的方法调整下面的几个锚点，使"大"字横画变细。图 13-50 所示为调整时的状态。

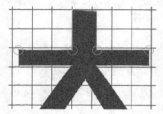
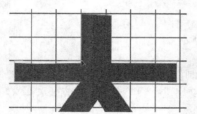

图 13-48　选取的锚点　　　　图 13-49　调整时的状态　　　　图 13-50　调整时的状态

步骤 ⑰ 图 13-51 所示为调整后的形状。

步骤 ⑱ 用同样的调整操作方法，把其他文字的形状调整成统一的视觉形状，如图 13-52 所示。

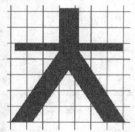

图 13-51　调整后的效果　　　　　　　图 13-52　依次调整出的其他标准字

步骤 ⑲ 选取▢工具，在中文字的下面输入拼音字母，字体属性设置如图 13-53 所示。输入的文字如图 13-54 所示。

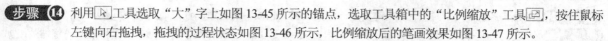

图 13-53　"字符"面板　　　　　　　　　图 13-54　输入的字母

步骤 ⑳ 将标准字选中，同时按住 Alt 键复制一份并放置于画板中的合适位置，如图 13-55 所示。

步骤 ㉑ 修改版面中的文字并输入标准字体规范内容文字。至此，企业标准字体（横式）制作完成，整体效果如图 13-56 所示。

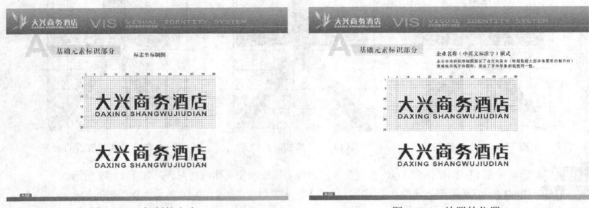

图 13-55　复制的文字　　　　　　　　　　　　　图 13-56　放置的位置

步骤 ㉒ 按 Ctrl+S 键，将此文件保存。

实例总结

本实例主要讲述了企业标准字的制作方法，其中主要学习和巩固如何灵活运用 ▷ 工具和 ▷ 工具对文字进行调整。读者需要注意的是，在对文字进行调整之前，首先要利用菜单栏中的"对象/扩展"命令将文字进行转换。

Example 实例 146　标准字体设计（竖式）

学习目的

通过本实例的学习，读者应掌握如何把横向排列的文字及网格内容编辑修改成竖式排列。

实例分析

（图示）	作品路径	作品\第 13 章\大兴 VI 基础.ai
	视频路径	视频\第 13 章\竖排标准字.avi
	知识功能	"旋转"工具 🔄，"旋转"对话框
	学习时间	20 分钟

操 作 步 骤

步骤 ① 打开附盘中"作品\第 13 章\大兴 VI 基础.ai"文件。

步骤 ② 单击标有"A-03"页码的画板，将"A-03"画板设置为工作状态。

> **提示**　在将横向排列的变形标准字"大兴商务酒店"变成竖向排列时，可利用工具箱中的"旋转"工具 🔄 将其整体顺时针旋转 90 度后，再将其取消群组，依次对每个文字分别进行逆时针旋转 90 度即可。而企业简称的汉语拼音只要整体顺时针旋转 90 度即可。

步骤 ③ 利用 ▶ 工具，将如图 13-57 所示的内容选择。

步骤 ④ 按住 Shift 键和 Alt 键，将选择的内容移动复制到"A-04"画板中，如图 13-58 所示。

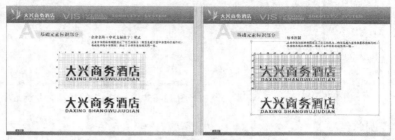

图 13-57　选择内容　　　　　　　　　　　图 13-58　复制内容

步骤 ⑤ 利用 ▶ 工具，选择如图 13-59 所示的内容。

步骤 ⑥ 双击工具箱中的"旋转"工具 ↻，弹出"旋转"对话框，设置参数，如图 13-60 所示。

步骤 ⑦ 单击 确定 按钮，旋转后的内容如图 13-61 所示。

图 13-59　选择内容　　　　　图 13-60　"旋转"对话框　　　　　图 13-61　旋转后的内容

步骤 ⑧ 利用 ▶ 工具，将版面中的文字内容重新排列位置，并把网格两边的数字删除，如图 13-62 所示。

步骤 ⑨ 选取 ▶ 工具，单击"大"字，将其选择，如图 13-63 所示。

步骤 ⑩ 双击工具箱中的"旋转"工具 ↻，弹出"旋转"对话框，设置参数，如图 13-64 所示，单击 确定 按钮。

图 13-62　重新排列内容　　　　图 13-63　选择文字　　　　　图 13-64　旋转文字

步骤 ⑪ 利用"旋转"对话框把其他文字旋转成正常角度，然后再输入数字，至此竖排企业标准字制作完成，如图 13-65 所示。

步骤 ⑫ 按 Ctrl+S 键，将此文件保存。

图 13-65　制作完成的竖排企业标准字

实例总结

　　本实例主要讲述了利用"旋转"工具 ⟳ 如何把横向排列的企业标准字编辑修改成竖向排列的方法。"旋转"工具 ⟳ 的使用以及版面的重新编排是本案例学习的重点内容。

Example 实例 **147** 企业标识组合（横式）

学习目的

　　企业在进行用品、产品包装、连锁店、服装、交通运输等方面的设计时，除了运用单独的标志及标准字外，标志和标准字组合的运用是非常重要的组合形式，本实例来学习企业名称和标志组合方案的制作。

实例分析

作品路径	作品\第 13 章\大兴 VI 基础.ai
视频路径	视频\第 13 章\标准组合（横式）.avi
知识功能	了解企业标识标准组合横向排列的形式
学习时间	10 分钟

操 作 步 骤

步骤 ① 打开附盘中"作品\第 13 章\大兴 VI 基础.ai"文件。

步骤 ② 单击标有"A-05"页码的画板，将"A-05"画板设置为工作状态。

步骤 ③ 利用"矩形网格"工具 ▦ 及 T 工具绘制如图 13-66 所示的网格。

步骤 ④ 将"A-02"和"A-03"中设计完成的标志和标准字复制到"A-05"中，然后进行组合排列，排列出的标识组合如图 13-67 所示。

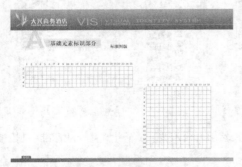

图 13-66　绘制的网格

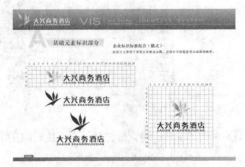

图 13-67　组合排列后的形式

步骤 5 按 Ctrl+S 键，将此文件保存。

实例总结

　　本实例主要讲述了企业名称和标志组合的方法，重点使读者了解和掌握企业标识标准组合的横向排列形式。

Example 实例 148　企业标识组合（竖式）

学习目的

　　本实例的学习使读者掌握企业标识标准组合竖向排列的形式。

实例分析

作品路径	作品\第 13 章\大兴 VI 基础.ai	
视频路径	视频\第 13 章\标准组合（竖式）.avi	
知识功能	了解企业标识标准组合竖向排列的形式	
学习时间	10 分钟	

操 作 步 骤

步骤 1 打开附盘中"作品\第 13 章\大兴 VI 基础.ai"文件。

步骤 2 单击标有"A-04"页码的画板，将"A-04"画板设置为工作状态。

步骤 3 将"A-04"画板中的竖向排列的文字和网格复制到"A-06"画板中，如图 13-68 所示。

步骤 4 将"A-02"中的标志复制到"A-06"中，把标志和企业名称进行组合排列，如图 13-69 所示。

图 13-68　绘制的网格

图 13-69　组合排列后的形式

步骤 5 按 Ctrl+S 键，将此文件保存。

实例总结

　　本实例主要讲述了企业名称标准组合竖向排列的制作过程。其中，主要用到了图形的移动复制操作和大小调整操作，没有复杂的功能和技术。重点是希望读者能够了解企业标识标准组合竖向排列的形式。

Example 实例 149　标准色与辅助色设计

学习目的

　　用于企业的色彩有标准色和辅助色之分。标准色是根据企业的行业特点和经营理念选定的，一般选用 1～

2 种颜色，最多不超过 3 种。企业标准色彩一经确定，应在企业用品、产品包装、连锁店、服装和交通运输等方面应用。企业标准色定位准确，不仅能够树立企业的视觉形象，还可以区别于其他企业，并体现出企业的理念和情感。

企业的辅助色彩是企业标准色运用过程中的补充色，在设计时要充分考虑到辅助色应与标准色有较强的内在联系性，并能体现企业特征及企业文化。

本实例的学习使读者掌握企业标准色与辅助色的设计方法。

实例分析

	作品路径	作品\第 13 章\大兴 VI 基础.ai
	视频路径	视频\第 13 章\标准色.avi
	知识功能	"文字"工具 T，"直线段"工具 ／，"矩形"工具 ▣，"混合"工具 ◪，"吸管" ／ 工具，了解企业标准色的设计方法
	学习时间	20 分钟

操 作 步 骤

图 13-70　输入的文字和绘制的虚线

步骤 ① 打开附盘中"作品\第 13 章\大兴 VI 基础.ai"文件。

步骤 ② 单击标有"A-07"页码的画板，将"A-07"画板设置为工作状态。

步骤 ③ 利用 T 和 ／ 工具在"A-07"图版中输入文字并绘制虚线，如图 13-70 所示。

步骤 ④ 利用 ▣ 工具在虚线下面绘制矩形，并按照标注的颜色数值填充颜色，注意虚线也按照标准色和辅助色分别设置颜色，如图 13-71 所示。

图 13-71　绘制的矩形及设置的颜色数值

下面来绘制标准色与辅助色的过渡色阶。

步骤 ⑤ 将画板"A-02"中的标志图形复制到当前画板中，并将颜色填充为红色（M：90，Y：100）。

步骤 ⑥ 将标志图形向右移动复制，并将复制出的标志颜色修改为黄色（M：10，Y：10），然后将两个标志图形分别放置在页面的左右两边，如图 13-72 所示。

图 13-72　标志放置的位置

步骤 ⑦ 选取工具箱中的"混合"工具 ，在左侧的标志上单击，然后再单击右侧的标志，对两个标志图形进行交互式调和，调和后的形态如图 13-73 所示。

图 13-73　混合后的图形

步骤 ⑧ 双击工具箱中的"混合"工具，弹出"混合选项"对话框，参数设置如图 13-74 所示，单击 确定 按钮，修改混合选项后的图形如图 13-75 所示。

图 13-74　"混合选项"对话框　　　　　图 13-75　修改混合选项后的图形

步骤 ⑨ 利用 T 工具在每一个标注图形的下面分别标注颜色递减数值，如图 13-76 所示。

图 13-76　标注的数值

步骤 ⑩ 将标志和数值同时选择，按住 Shift 键和 Alt 键向下移动复制，如图 13-77 所示。

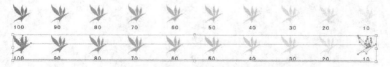

图 13-77　移动复制的标志

步骤 ⑪ 按 Ctrl+D 组合键，重复向下移动复制标志，如图 13-78 所示。

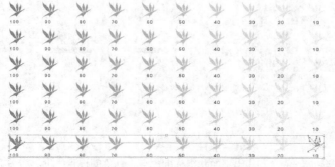

图 13-78　重复复制出的标志

Illustrator CS6

步骤 ⑫ 利用 工具单击第二行左数的第一个标志将其选择，如图 13-79 所示。

图 13-79 选择标志

步骤 ⑬ 选取"吸管" 工具，在如图 13-80 所示的黄色块上单击复制颜色。

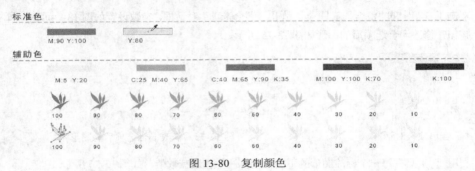

图 13-80 复制颜色

步骤 ⑭ 利用 工具单击第二行右数的最后一个标志将其选择，如图 13-81 所示。

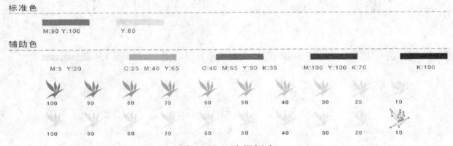

图 13-81 选择标志

步骤 ⑮ 将选择的标志的颜色设置为黄色（Y：10），如图 13-82 所示。

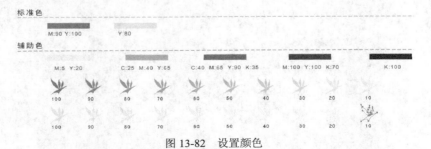

图 13-82 设置颜色

步骤 ⑯ 用上面相同的方法，依次制作出下面几组标准色与辅助色的过渡色阶，如图 13-83 所示。

图 13-83　绘制出的其他颜色的过度色阶

步骤 ⑰ 至此，企业标准色已经设计完成，按 Ctrl+S 组合键，将此文件保存。

实例总结

　　本实例主要讲述了企业标准色与辅助色的制作方法，在制作过程中读者需要注意每一个色块不同颜色参数的比例设置。

Example 实例 **150** 辅助图形绘制

学习目的

　　辅助图形在企业视觉形象宣传中起着非常重要的作用。当辅助图形确定后，在设计一些宣传物品时，就可以优先考虑这些图形的运用。

　　本实例的学习使读者掌握企业辅助图形的绘制方法。

实例分析

作品路径	作品\第 13 章\大兴 VI 基础.ai	
视频路径	视频\第 13 章\辅助图形.avi	
知识功能	✎工具，▷工具，↑工具，了解企业辅助图形的绘制方法	
学习时间	20 分钟	

操 作 步 骤

步骤 ① 打开附盘中"作品\第 13 章\大兴 VI 基础.ai"文件。

步骤 ② 单击标有"A-08"页码的画板，将"A-08"画板设置为工作状态。

步骤 ③ 利用"钢笔"工具✎在画板空白处绘制如图 13-84 所示的几何图形。

步骤 ④ 利用▷和↑工具把几何图形调整为如图 13-85 所示的平滑图形。

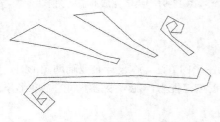

图 13-84　绘制的几何图形

图 13-85　调整形状后的图形

步骤 ⑤ 按 F6 键调出"颜色"控制面板,将几何图形全部选择,在"颜色"面板中将几何图形的填充色设置为辅助色中的粉红色(M:5,Y:20),轮廓色设置为辅助色中的浅黄色(C:25,M:40,Y:65),轮廓宽度为默认"1pt",如图 13-86 所示。

步骤 ⑥ 把几何图形进行组合,组合后的图形如图 13-87 所示。

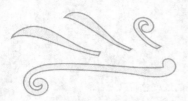

图 13-86　修改属性后的图形

图 13-87　组合后的图形

步骤 ⑦ 将几何图形全部选择,按 Ctrl+Shift+F9 组合键调出"路径查找器"控制面板,单击面板中的 按钮,把图形进行焊接,如图 13-88 所示。

步骤 ⑧ 利用 和 工具,在几何图形中绘制如图 13-89 所示的曲线。

图 13-88　焊接后的图形

图 13-89　绘制的曲线

步骤 ⑨ 将曲线轮廓宽度设置为"0.28pt",轮廓颜色设置为浅黄色(C:25,M:40,Y:65),效果如图 13-90 所示。

步骤 ⑩ 修改版面中的文字,绘制颜色块、颜色参数以及竖线,完成辅助图形的绘制,如图 13-91 所示。

图 13-90　修改属性后的曲线

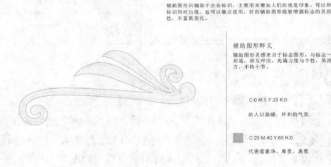

图 13-91　绘制完成的辅助图形

步骤 ⑪ 按 Ctrl+S 组合键,将此文件保存。

实例总结

　　本实例主要讲述了利用 、 和 工具绘制企业辅助图形的方法。在设计企业辅助图形时,要注意与企业标志的联系性。通过本实例的学习,希望读者发挥自己的创造能力,能够根据不同的企业形象设计出更加贴合企业的辅助图形来。

第 14 章　VI 设计——企业识别应用系统

视觉识别系统的基本要素在各种场合的广泛运用形成了视觉识别的完整系统，而应用设计系统的展开设计项目应根据企业的具体行业特点来确定，不同的企业应用设计展开的方面也有所不同。本章我们利用 34 个实例来阐述"大兴商务酒店"VI 手册中应用部分各内容的设计方法。

本章实例

- 实例 151　制作应用系统图版
- 实例 152　名片设计
- 实例 153　贵宾卡设计
- 实例 154　文件袋、档案袋设计
- 实例 155　信封设计
- 实例 156　信纸设计
- 实例 157　圆珠笔设计
- 实例 158　钢笔设计
- 实例 159　手表设计
- 实例 160　笔筒设计
- 实例 161　文化伞设计（一）
- 实例 162　文化伞设计（二）

- 实例 163　礼品袋设计
- 实例 164　钥匙扣设计
- 实例 165　挂历设计
- 实例 166　台历设计
- 实例 167　企业男装设计
- 实例 168　企业女装设计
- 实例 169　指示牌设计（一）
- 实例 170　指示牌设计（二）
- 实例 171　旗帜设计
- 实例 172　刀旗设计
- 实例 173　POP 挂旗设计

- 实例 174　桌旗设计
- 实例 175　灯箱设计
- 实例 176　企业客车设计
- 实例 177　企业货车设计
- 实例 178　水壶设计
- 实例 179　茶杯及碟子设计
- 实例 180　纸杯设计
- 实例 181　烟灰缸设计
- 实例 182　宣传光盘设计
- 实例 183　停车场设计
- 实例 184　大型广告牌设计

Example 实例 151　制作应用系统图版

学习目的

学习把基础系统的图版修改成应用系统图版的方法。

实例分析

	作品路径	作品\第 14 章\大兴 VI 应用系统.ai
	视频路径	视频\第 14 章\应用系统图版.avi
	知识功能	修改图版中的文字内容，修改图形的形状
	学习时间	20 分钟

操 作 步 骤

步骤 ① 打开附盘中"素材\第 14 章\大兴 VI 基础.ai"文件。

步骤 ② 将"A-01"画板设置为工作状态。把该画板中的"A"改成"B"，"基础元素标识部分"修改为"企业识别应用部分"，"A-01"修改为"B-01"，"标准图版"修改为"名片"，如图 14-1 所示。

步骤 ③ 利用 ![箭头]工具，通过框选的方式把该页面中的所有内容全部选择，按 Ctrl+C 组合键复制。

步骤 ④ 按 Ctrl+A 组合键，该文件中 10 个画板中的所有内容全部选择，按 Delete 键，把选择的内容全部删除，删除内容后的画板如图 14-2 所示。

步骤 ⑤ 执行"编辑/在所有画板上粘贴"命令，将"B-01"中复制的内容粘贴到所有的画板中，如图 14-3 所示。

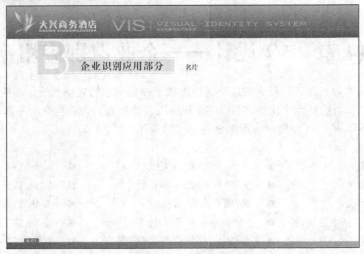

图 14-1 修改后的图版

图 14-2 删除内容后的画板

图 14-3 粘贴到所有画板中的内容

步骤 6 按 Shift+Ctrl+S 组合键，将此文件另命名为"大兴 VI 应用系统.ai"保存。

实例总结

通过本实例的学习，读者学习了如何把现有基础系统图版修改成应用系统图版的操作方法，利用该操作可以为设计者节省很多时间，在将来的应用中，希望读者能够灵活掌握。

Example 实例 **152** 名片设计

学习目的

本实例通过设计名片，读者应掌握标志、辅助图形以及文字内容在名片中的编排方法。

实例分析

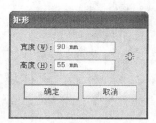

作品路径	作品\第 14 章\大兴 VI 应用系统.ai	
视频路径	视频\第 14 章\名片.avi	
知识功能	掌握名片的尺寸，掌握标志和辅助图形在名片中放置的位置和处理方法，掌握文字大小和素材大小的比例安排	
学习时间	20 分钟	

操 作 步 骤

步骤 ① 打开附盘中"作品\第 14 章\大兴 VI 应用系统.ai"文件。

步骤 ② 单击标有"B-01"页码的画板，将"B-01"画板设置为工作状态。

步骤 ③ 选取 ▭ 工具，在页面中单击弹出"矩形"对话框，设置参数，如图 14-4 所示。

步骤 ④ 单击 确定 按钮，绘制一个名片大小的矩形。

步骤 ⑤ 选取绘制的矩形，按 Ctrl+F9 组合键调出"渐变"控制面板。

步骤 ⑥ 设置为从白色到黄色的渐变色，控制面板中的渐变滑块数值从左到右依次为白色、（M：7，Y：17，K：6）、（M：25，Y：60，K：20）、（M：35，Y：70，K：30），效果如图 14-5 所示。

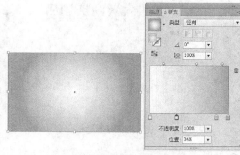

图 14-4 "矩形"对话框   图 14-5 填充渐变色效果

步骤 ⑦ 打开附盘中"素材\第 14 章\大兴 VI 基础.ai"文件。

步骤 ⑧ 把画板"A-05"中的标识图形复制粘贴到当前画板中，调整大小放置于如图 14-6 所示的位置。

到此，名片背面绘制完毕，下面绘制名片正面。

步骤 ⑨ 按住 Alt 键复制名片矩形，然后将填充色设置为浅黄色（M：5，Y：20），如图 14-7 所示。

步骤 ⑩ 把基础系统中的标志和辅助图形复制粘贴到当前画板中，调整大小放置于如图 14-8 所示的位置。

图 14-6 标识放置的位置

步骤 ⑪ 输入人名、通讯地址并绘制上两条线，如图 14-9 所示。

步骤 ⑫ 利用 ✎ 工具在辅助图形上方绘制如图 14-10 所示的不规则图形，填充色为从浅黄色（M：30，Y：60，K：10）到中黄色（M：40，Y：80，K：20）的渐变色。

图 14-7 绘制的矩形

图 14-8 标识和辅助图形放置的位置

步骤 ⑬ 选取不规则图形，按 Ctrl+[组合键，将图形放置在辅助图形的下面，如图 14-11 所示。

图 14-9 输入的人名

图 14-10 绘制的不规则图形

步骤 ⑭ 利用 ▶ 和 ▷ 工具调整图形的形状，设计完成的名片正面如图 14-12 所示。

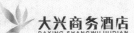

图 14-11 调整图形位置

图 14-12 设计完成的名片正面

步骤 ⑮ 按 Ctrl+S 组合键，将此文件保存。

实例总结

通过本案例的学习，读者学习了名片设计的方法。名片的尺寸大小、标志、辅助图形以及人名和联系方式这些基本素材的大小和位置的编排是学习和掌握的重点。

Example **实例** **153** 贵宾卡设计

学习目的

本实例通过设计如图 14-13 所示的贵宾卡，使读者复习和巩固前面学习的工具和命令，尤其是"对象/剪切蒙版/建立"命令的使用方法。

图 14-13　贵宾卡正面及反面

实例分析

作品路径	作品\第 14 章\大兴 VI 应用系统.ai	
视频路径	视频\第 14 章\贵宾卡.avi	
知识功能	"圆角矩形"工具▢、"渐变"控制面板、"对象/剪切蒙版/建立"命令	
学习时间	30 分钟	

操作提示

- 利用"圆角矩形"工具▢绘制圆角矩形。
- 利用"渐变"控制面板给圆角矩形填充由红色到深红色的渐变颜色。
- 把辅助图形和标志图形复制到卡片中并调整辅助图形的形状。
- 在卡片的左边绘制具有黄色渐变颜色的图形。
- 利用"对象/剪切蒙版/建立"命令，把绘制的图形和辅助图形置入到蒙版中，使图形适合圆角矩形。
- 输入文字内容，完成贵宾卡设计。

Example 实例 154　文件袋、档案袋设计

学习目的

文件袋和档案袋是企业事务的重要用品，通过应用 CI 视觉识别系统的统一性，能够建立职员信赖感。另外，它们也是对外传播企业形象的重要途径之一，其品质直接影响到企业形象的树立，使用时必须严格遵守制作规范。本案例来学习文件袋和档案袋的设计方法。

实例分析

作品路径	作品\第 14 章\大兴 VI 应用系统.ai	
视频路径	视频\第 14 章\文件袋.avi	
知识功能	▢工具、▢工具、"矩形网格"工具▦、▶工具、✎和◣工具以及"对象/变换/缩放"命令	
学习时间	20 分钟	

操 作 步 骤

步骤 1 打开附盘中"作品\第 14 章\大兴 VI 应用系统.ai"文件。

步骤 2 单击画板 3，将"B-01"改为"B-03"。

步骤 ③ 利用 ▣ 工具在页面中绘制出文件袋图形，并将下面的矩形填充色设置为标准色深黄色（C：40，M：65，Y：90，K：35），如图 14-14 所示。

步骤 ④ 打开附盘中"素材\第 14 章\大兴 VI 基础.ai"文件。

步骤 ⑤ 把画板"A-05"中的标识图形复制粘贴到当前画板中，调整大小放置于如图 14-15 所示的位置。

图 14-14　绘制出的图形

图 14-15　标志位置

步骤 ⑥ 利用 ▣ 工具在文件袋的中间输入深黄色（C：40，M：65，Y：90，K：35）名称文字，如图 14-16 所示。

步骤 ⑦ 利用"矩形网格"工具 ▦ 在文件袋中绘制如图 14-17 所示的网格。

图 14-16　输入的文字

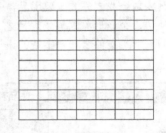

图 14-17　绘制的网格

步骤 ⑧ 选取矩形网格，执行"对象/取消编组"命令将网格取消群组。选取网格边缘的矩形，如图 14-18 所示。

步骤 ⑨ 按 Ctrl+F10 组合键调出"描边"控制面板，在面板中将选择的矩形轮廓加粗，效果如图 14-19 所示。

步骤 ⑩ 利用 ▶ 工具选择网格中间的几条竖线，按 Delete 键删除，效果如图 14-20 所示。

步骤 ⑪ 利用 ▣ 工具在网格上输入如图 14-21 所示的文字，设计完成的文件袋如图 14-22 所示。

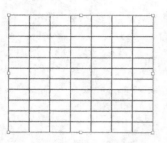

图 14-18　选择图形

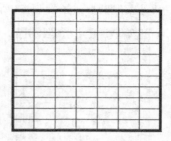

图 14-19　加粗轮廓

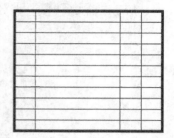

图 14-20　删除线

年 月 日				
编号	文 件 名 称		件数	页数
NO. 1				
NO. 2				
NO. 3				
NO. 4				
NO. 5				
NO. 6				
NO. 7				
NO. 8				
NO. 9				
NO. 10				
			第 号	

图 14-21　输入的文字

图 14-22　设计完成的文件袋正面

下面来设计文件袋的背面图。

步骤 ⑫ 利用工具箱中的□、✐和↖工具，绘制出如图 14-23 所示的文件袋背面图形。

步骤 ⑬ 将上面和下面两个几何图形选中，填充色设置为标准色深黄色（C：40，M：65，Y：90，K：35），效果如图 14-24 所示。

步骤 ⑭ 将标志复制到文件袋中，放置在如图 14-25 所示的位置。

图 14-23　绘制的图形

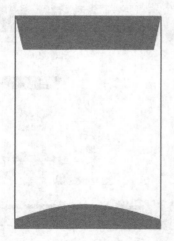

图 14-24　填充颜色

图 14-25　放入的标志

下面来绘制文件袋的纽扣和系绳。

步骤 ⑮ 利用◯工具在文件袋上绘制一个白色圆形，如图 14-26 所示。

步骤 ⑯ 将圆形选取，执行"对象/变换/缩放"命令，弹出"比例缩放"对话框，设置参数，如图 14-27

所示。单击 [复制(C)] 按钮，缩小复制圆形。如图 14-28 所示。

图 14-26 绘制的圆形　　　　图 14-27 "比例缩放"对话框　　　　图 14-28 缩小复制出的圆形

步骤 ⑰ 用同样的方法再缩小复制一个圆形，并将最下面的大圆填充色设置为灰色（K：20），如图 14-29 所示。

步骤 ⑱ 将纽扣选择，同时按住 Shift+Alt 键，按住鼠标左键往下拖拽，垂直向下复制一个纽扣。

步骤 ⑲ 利用 ✎ 工具，在两个纽扣中间绘制出如图 14-30 所示的线段作为纽扣上的线绳。

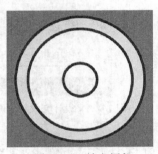
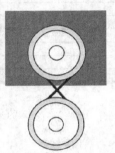

图 14-29 填充颜色　　　　　　　　图 14-30 复制出的纽扣

到此，文件袋背面绘制完毕，整体效果如图 14-31 所示。

步骤 ⑳ 将文件袋正面和背面组合，通过复制及修改文字内容，得到如图 14-32 所示的档案袋。

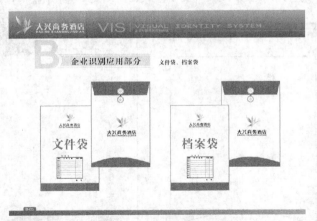

图 14-31 绘制的文件袋背面　　　　图 14-32 复制得到的档案袋

步骤 ㉑ 按 Ctrl+S 组合键，将文件保存。

实例总结

　　通过本案例，读者学习了文件袋的设计方法。在绘制时所用到的工具为 ▢、◉、"矩形网格"工具 ▦、 ▶ 工具、✎ 和 ▷ 工具以及"对象/变换/缩放"命令，这些工具和命令都是最基本的工具，希望读者能够熟练应用。

 **155** 信封设计

学习目的

　　日常生活中所使用的信封和信纸多种多样，不同的企业和人群使用的信封和信纸类型也不相同；而作为企业或集团，可以根据其自身的性质设计制作企业专用的信封和信纸。下面来为"大兴商务酒店"设计企业专用的信封。

实例分析

	作品路径	作品\第 14 章\大兴 VI 应用系统.ai
	视频路径	视频\第 14 章\信封.avi
	知识功能	■工具、▶工具、✑工具、▶工具、↖工具、"镜像"工具▥，"描边"控制面板，利用 Ctrl+7 组合键建立剪切蒙版命令
	学习时间	20 分钟

操 作 步 骤

步骤 ❶ 打开附盘中"作品\第 14 章\大兴 VI 应用系统.ai"文件。

步骤 ❷ 单击画板 4，将"B-01"改为"B-04"。

步骤 ❸ 利用■、✑、▶和↖工具，绘制并调整出如图 14-33 所示的信封图形。

步骤 ❹ 利用▶工具选中上边的图形，把轮廓去除，填充色设置为浅黄色（C：25，M：40，Y：65），如图 14-34 所示。

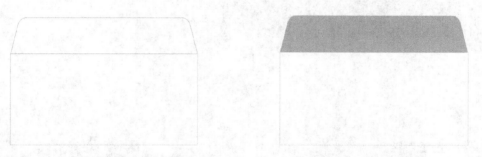

图 14-33　绘制并调整出的信封图形　　　　　　　图 14-34　填充颜色

步骤 ❺ 利用■工具，在信封的上方位置依次绘制出如图 14-35 所示的轮廓色为红色（M：100，Y：100）的矩形图形，作为书写邮政编码和贴邮票的位置。

图 14-35　绘制的矩形

步骤 ❻ 将贴邮票处左侧的矩形选择，按快捷键 Ctrl+F10，在"描边"控制面板中设置选项和参数，如图 14-36 所示，修改属性后的矩形形状如图 14-37 所示。

图 14-36 "描边"控制面板

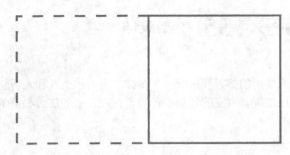

图 14-37 修改后的矩形形态

步骤 ⑦ 利用 T 工具在贴邮票处输入如图 14-38 所示的红色（M：100，Y：100）文字，在信封右下角处输入邮编，如图 14-39 所示。

| 票 | 贴 |
| 处 | 邮 |

图 14-38 输入的红色文字

邮编：000000

图 14-39 输入的邮编文字

步骤 ⑧ 将标志和辅助图形复制粘贴到如图 14-40 所示的信封上面。

步骤 ⑨ 删除辅助图形内部的曲线，然后将轮廓线去除，修改前后的对比效果如图 14-41 所示。

图 14-40 辅助图形和标志放置的位置

图 14-41 图形修改的前后对比

步骤 ⑩ 选取辅助图形，按住 Alt 键拖曳，复制辅助图形，将其放置在如图 14-42 所示的位置，留作下面制作剪切蒙版用。

步骤 ⑪ 选取信封下边的大矩形，按 Ctrl+C 组合键复制，按 Ctrl+F 组合键在其前面粘贴。

步骤 ⑫ 将复制出的矩形选中，按 Ctrl+Shift+] 组合键将其置于顶层，同时选择矩形和辅助图形，选取状态如图 14-43 所示。

步骤 ⑬ 按 Ctrl+7 组合键，建立剪切蒙版，效果如图 14-44 所示。

步骤 ⑭ 选取标识，将其颜色改为白色，效果如图 14-45 所示。

步骤 ⑮ 选取辅助图形，将鼠标指针放置到选择框以外的其中一个角位置，鼠标指针变成旋转符号。然后旋转图形，旋转状态如图 14-46 所示，旋转后的图形如图 14-47 所示。

图 14-42　复制的辅助图形

图 14-43　选取时的状态

图 14-44　建立剪切蒙版后的效果

图 14-45　修改颜色后的标识效果

图 14-46　旋转时的状态

图 14-47　旋转后的图形

步骤 ⑯ 选择辅助图形，双击工具箱中的"镜像"工具 ，弹出"镜像"对话框，具体设置如图 14-48 所示。

步骤 ⑰ 单击 复制(C) 按钮，将镜像复制出的辅助图形向右平移放置于信封的右边缘，如图 14-49 所示。

图 14-48　"镜像"对话框

图 14-49　镜像图形放置的位置

步骤 ⑱ 选取下边浅黄色矩形，选取状态如图 14-50 所示，按 Ctrl+C 组合键将其复制一份，按 Ctrl+F 组合键在其前面粘贴一份。

步骤 ⑲ 将复制出的矩形选中，按 Ctrl+Shift+]组合键将其置于顶层，同时选取复制出的矩形和两个辅助图形，选取状态如图 14-51 所示。

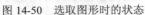

图 14-50　选取图形时的状态　　　　　　图 14-51　选取图形时的状态

步骤 ⑳ 按 Ctrl+7 组合键，建立剪切蒙版，效果如图 14-52 所示。

至此信封绘制完毕，整体效果如图 14-53 所示。

图 14-52　建立剪切蒙版后的效果　　　　图 14-53　信封的整体效果

步骤 ㉑ 用与上面相同的方法绘制信封的背面及其他尺寸的信封，如图 14-54 和图 14-55 所示。

图 14-54　绘制的信封背面　　　　　　图 14-55　绘制的信封

步骤 ㉒ 按 Ctrl+S 组合键，将文件保存。

实例总结

通过本案例操作，读者可以熟练掌握信封的绘制方法，以及对 ▣、▶、✎、▷、◥、"镜像"工具 ▨、"描边"控制面板和建立剪切蒙版命令的应用。

Example 实例 **156** 信纸设计

学习目的

通过本实例的学习，读者应掌握信纸的设计方法，并练习"直线段"工具 ✎，"混合"工具 ▨，"编组选择"工具 ▷ 和"窗口/描边"命令的应用。

实例分析

	作品路径	作品\第 14 章\大兴 VI 应用系统.ai
	视频路径	视频\第 14 章\信纸.avi
	知识功能	"直线段"工具 ✎，"混合"工具 ▨，"编组选择"工具 ▷，"窗口/描边"命令
	学习时间	20 分钟

步骤 ① 启动 Illustrator CS 6 软件，新建一个"大小"为 A4 的文件。

步骤 ② 执行"视图/显示标尺"命令，将标尺显示在文件的左边和上边。

步骤 ③ 在左边的标尺上按下鼠标向画板中拖曳，分别在位置为"20"和"190"的位置添加参考线，如图 14-56 所示。

图 14-56　添加参考线

步骤 ④ 打开附盘中"素材\第 14 章\大兴 VI 基础.ai"文件。

步骤 ⑤ 将文件中的标志复制到信纸文件中，调整大小放置到如图 14-57 所示位置。

步骤 ⑥ 复制标志图形填充上灰色（K：10），调整大小后放置到如图 14-58 所示位置。

图 14-57　标志位置　　　　　　　　图 14-58　标志位置

步骤 ⑦ 选取"直线段"工具，设置属性栏中的 描边 2 pt 参数为"2pt"，绘制一条黄色（C：25，M：40，Y：65）的直线段，然后利用 T 工具在直线段的下面输入文字，如图 14-59 所示。

第 页

地址：山东省青岛市城阳区东南路海洋大厦6-5F　电话：0000-0000000　传真：0000-0000000　手机：00000000000

图 14-59　图片及文字位置

步骤 ⑧ 选取"直线段"工具，设置属性栏中的 描边 1 pt 参数为"1pt"，绘制两条直线，如图 14-60 所示。

步骤 ⑨ 选取"混合"工具，先在其中一条线上单击，然后移动鼠标到另一条线上单击，混合得到如图 14-61 所示的线效果。

图 14-60　绘制的直线　　　　　　　　图 14-61　混合后效果

步骤⑩ 双击 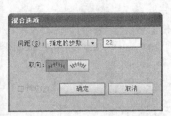工具，在弹出的"混合选项"对话框中设置参数，如图 14-62 所示，单击 确定 按钮，调整混合后的线效果如图 14-63 所示。

图 14-62 "混合选项"对话框   图 14-63 调整混合后的线

步骤⑪ 执行"窗口/描边"命令，在弹出的"描边"对话框中勾选"虚线"选项并设置虚线为"2pt"，如图 14-64 所示，线效果如图 14-65 所示。

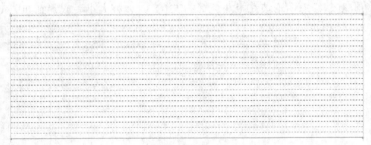

图 14-64 "描边"对话框   图 14-65 设置的虚线效果

步骤⑫ 利用"编组选择"工具 ，将最下面的一条虚线选取，然后按住 Shift 键并连续按下的方向键，调整虚线之间的行距，设计完成的信纸效果如图 14-66 所示。

步骤⑬ 至此，信纸绘制完成，将其复制到"大兴 VI 应用系统.ai"文件的图版中，按 Ctrl+S 键保存文件。

实例总结

通过本案例的学习，读者掌握了信纸的设计方法。在绘制时所用到的工具和命令为"直线段"工具 、"混合"工具 、"编组选择"工具 和"窗口/描边"命令，希望读者能够熟练地应用这些工具。

Example 实例 **157** 圆珠笔设计

学习目的

本实例来设计如图 14-67 所示的圆珠笔，使读者复习和巩固常用工具和命令的使用方法。

图 14-66 设计的信纸   图 14-67 圆珠笔

实例分析

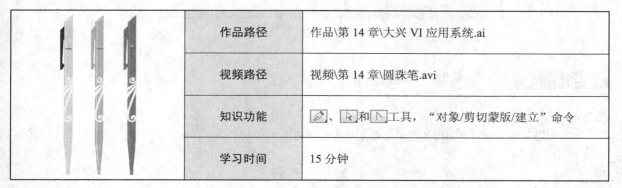

作品路径	作品\第 14 章\大兴 VI 应用系统.ai
视频路径	视频\第 14 章\圆珠笔.avi
知识功能	、 和 工具，"对象/剪切蒙版/建立"命令
学习时间	15 分钟

操作提示

- 利用工具箱中的 、 和 工具，绘制并调整出圆珠笔笔管图形。
- 把企业标识和辅助图形复制粘贴到圆珠笔上面，利用"对象/剪切蒙版/建立"命令把辅助图形贴到圆珠笔上。
- 复制圆珠笔填充不同的颜色。

Example 实例 **158** 钢笔设计

学习目的

本实例综合运用前面绘制其他礼品时所用到的工具和命令，绘制如图 14-68 所示的钢笔。

图 14-68　绘制完成的钢笔

实例分析

作品路径	作品\第 14 章\大兴 VI 应用系统.ai
视频路径	视频\第 14 章\钢笔.avi
知识功能	工具、 工具、 工具、 工具、 工具、 工具和 工具
学习时间	15 分钟

操作提示

- 利用 工具绘制一个矩形，利用 工具填充如图 14-69 所示的渐变色。

图 14-69　填充渐变色后的矩形

- 利用 、 、 、 和 工具分别绘制调整出钢笔上面的结构图形，如图 14-70 所示。

图 14-70　绘制调整出的黑色图形

- 将标志置入，放置在钢笔的主体上，如图 14-71 所示。

图 14-71　绘制完成的钢笔

Example 实例 **159**　手表设计

学习目的

本实例综合运用前面学习过的基本绘图工具来绘制如图 14-72 所示的手表。

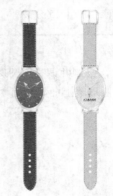

图 14-72　绘制完成的手表

实例分析

	作品路径	作品\第 14 章\大兴 VI 应用系统.ai
	视频路径	视频\第 14 章\手表.avi
	知识功能	▣工具、▣工具、●工具、／工具、✎工具、▶工具
	学习时间	30 分钟

操作提示

- 利用●和▣工具绘制如图 14-73 所示的表盘图形。
- 利用●和／工具绘制出手表中的表针，然后置入标志图形，如图 14-74 所示。

> **提示**
> 在绘制表针时，读者可以选取菜单栏中的"效果/风格化/添加箭头"命令，制作出表针的箭头。

- 利用▣、▣和▣工具绘制如图 14-75 所示连接表带的结构图形。
- 利用路径工具和▣工具绘制并调整出如图 14-76 所示的渐变颜色图形。
- 利用"对象/变换/缩放"命令，将图形缩小复制，轮廓色设置为白色，轮廓宽度设置为"0.5pt"，并在"轮廓"面板中设置虚线，形态如图 14-77 所示。

● 利用  工具绘制圆形作为表带中的扣眼图形，如图 14-78 所示。

图 14-73　绘制的表盘

图 14-74　绘制的手表指针

图 14-75　绘制的结构图形

图 14-76　绘制调整出的图形

图 14-77　制作的虚线

图 14-78　绘制的扣眼

● 再绘制出上边的表带图形，如图 14-79 所示。
● 复制绘制完成的手表然后填充成黄色，如图 14-80 所示。

图 14-79　表带图形

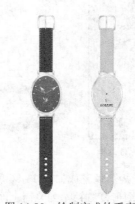
图 14-80　绘制完成的手表

Example 实例 160　笔筒设计

学习目的

通过本实例的学习，读者应掌握笔筒的设计方法，熟练掌握 工具， 工具，"镜像"工具 ， 、 和 工具的应用技巧。

实例分析

	作品路径	作品\第 14 章\大兴 VI 应用系统.ai
	视频路径	视频\第 14 章\笔筒.avi
	知识功能	⬭工具、▣工具、🔲工具、✏️工具、🔍工具和⬆工具
	学习时间	10 分钟

操 作 步 骤

步骤 ① 启动 Illustrator CS 6 软件，新建一个"大小"为 A4 的文件。

步骤 ② 利用 ⬭ 和 ▣ 工具绘制一个白色椭圆形图形和一个红色矩形，如图 14-81 所示。

步骤 ③ 利用 ⬆ 工具把矩形调整成如图 14-82 所示的形状。

图 14-81 绘制的图形

图 14-82 调整的形状

步骤 ④ 利用 ⬆ 工具把图形选择，双击工具箱中的"镜像"工具 🔍，弹出"镜像"对话框，具体设置如图 14-83 所示。

步骤 ⑤ 单击 复制(C) 按钮，将镜像复制出的图形向下平移放置到如图 14-84 所示位置。

步骤 ⑥ 利用 ▣ 工具在椭圆图形下面绘制一个矩形图形，如图 14-85 所示。

图 14-83 "镜像"对话框

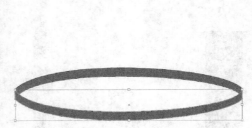

图 14-84 镜像复制出的图形

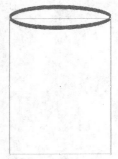

图 14-85 绘制的矩形

步骤 ⑦ 利用 ⬆ 工具把矩形调整成如图 14-86 所示的形状，按 Ctrl+[键把圆柱图形放置到椭圆形的下面。

步骤 ⑧ 把标志和辅助图形复制粘贴到笔筒上面，调整大小后放置到如图 14-87 所示位置。

步骤 ⑨ 利用工具箱中的 ✏️、🔍 和 ⬆ 工具，绘制并调整出笔筒下面的图形，颜色填充为黄色（M：40，Y：80，K：20），如图 14-88 所示。

步骤 ⑩ 至此，笔筒绘制完成，将其复制到"大兴 VI 应用系统.ai"文件的图版中。按 Ctrl+S 键保存文件。

实例总结

通过本案例的学习，读者掌握了笔筒的设计方法。在绘制时所用到的工具为 ⬭ 工具、▣ 工具、"镜像"工具 🔍、✏️ 工具、🔍 工具和 ⬆ 工具，图形的垂直镜像复制操作也是本案例需要掌握的重点内容。

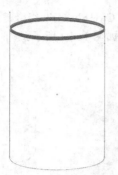

图 14-86　调整后的图形　　　　图 14-87　放入的标志　　　　图 14-88　绘制的图形

Example 实例 161　文化伞设计（一）

学习目的

通过本实例的学习，读者应掌握文化伞的绘制方法，熟练练习"多边形"工具◉、"椭圆"工具◉、"直线段"工具／、"旋转"工具◯、"路径查找器"控制面板、"渐变"控制面板以及旋转复制图形操作。

实例分析

	作品路径	作品\第 14 章\大兴 VI 应用系统.ai
	视频路径	视频\第 14 章\文化伞（1）.avi
	知识功能	"多边形"工具◉、"椭圆"工具◉、"直线段"工具／、"旋转"工具◯，"路径查找器"控制面板，"渐变"控制面板以及旋转复制图形操作
	学习时间	20 分钟

操 作 步 骤

步骤 ❶　启动 Illustrator CS6 软件，按照默认的参数新建文件。

步骤 ❷　选取工具箱中的"多边形"工具◉，在画板空白处单击，弹出"多边形"对话框，参数设置如图 14-89 所示。单击 确定，在页面中绘制一个多边形，如图 14-90 所示。

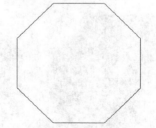

图 14-89　"多边形"对话框　　　　图 14-90　绘制的多边形

步骤 ❸　选取工具箱中的"椭圆"工具◉，绘制一个圆形，并与上个步骤绘制的多边形组合，组合状态如图 14-91 所示，其局部放大显示效果如图 14-92 所示。

步骤 ❹　将圆形选择，按 Ctrl+C 组合键复制圆形以备后用。

步骤 ⑤ 将圆形和多边形一起选择，确保圆形位于多边形图层上面，按 Ctrl+Shift+F9 组合键调出"路径查找器"控制面板，单击如图 14-93 所示的按钮，得到图形效果如图 14-94 所示。

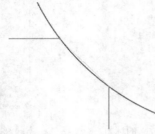

图 14-91　绘制的圆形　　　　图 14-92　放大局部　　　　图 14-93　"路径查找器"控制面板　图 14-94　修剪后的图形

步骤 ⑥ 按 Ctrl+V 组合键将刚才复制的圆形粘贴出来。用同样的方法对多边形其他各边进行修剪，得到如图 14-95 所示的形状。

步骤 ⑦ 按 Ctrl+F9 组合键调出"渐变"控制面板，将多边形填充色设置为从浅黄色到深黄色的渐变色，"渐变"控制面板设置如图 14-96 所示，设置完渐变色的多边形如图 14-97 所示。

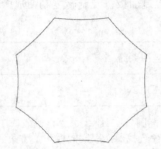

图 14-95　修剪后的形状　　　　图 14-96　"渐变"控制面板　　　　图 14-97　填充渐变颜色

步骤 ⑧ 选取工具箱中的"直线段"工具 ✏，然后在多边形上绘制如图 14-98 所示的深红色（M：100，Y：100，K：70）直线段。

步骤 ⑨ 利用 ◑ 工具，以直线交叉点为中心，同时按住 Alt 和 Shift 键，向外拖拽，绘制一个黑色圆形，如图 14-99 所示。

步骤 ⑩ 打开附盘中"素材\第 14 章\大兴标志.ai"文件。

步骤 ⑪ 把标志复制到画面中，把标志和企业名称分开，分别放置到如图 14-100 所示位置。在调整时结合使用"旋转"工具 ↻。

图 14-98　绘制的深红色直线段　　　　图 14-99　绘制的黑色圆形　　　　图 14-100　标志和企业名称

步骤 ⑫ 选取标志图形，选取工具箱中的"旋转"工具 ↻，将旋转中心放置于黑色圆形的中心点上，如图 14-101 所示。

步骤 ⓭ 按住鼠标左键，并同时按住 Shift 和 Alt 键，往右上方拖拽，直至拖拽到 90 度角时释放鼠标左键，拖拽过程状态如图 14-102 所示，复制出的图形如图 14-103 所示。

图 14-101　旋转中心　　　　　　图 14-102　旋转状态　　　　　图 14-103　旋转复制出的标志

步骤 ⓮ 连续按 Ctrl+D 组合键两次，连续旋转复制的标志图形如图 14-104 所示。
步骤 ⓯ 用复制标志同样的方法将企业名称复制，效果如图 14-105 所示。

图 14-104　复制出的标志图形　　　　　　　　图 14-105　复制出的文字

步骤 ⓰ 至此，顶视图文化伞绘制完成，将其复制到"大兴 VI 应用系统.ai"文件的图版中。按 Ctrl+S 键保存文件。

实例总结

通过本案例学习，读者掌握了文化伞的绘制方法。在绘制时所用到的工具为"多边形"工具、"椭圆"工具、"直线段"工具、"旋转"工具、"路径查找器"控制面板、"渐变"控制面板以及旋转复制图形操作。

Example **实例** **162** 文化伞设计（二）

学习目的

通过本实例的学习，读者应掌握另一种角度文化伞的绘制方法，并练习▢工具、▨工具、▷工具、◣工具、"混合"工具、"吸管"工具和"渐变"工具的使用技巧。

实例分析

	作品路径	作品\第 14 章\大兴 VI 应用系统.ai
	视频路径	视频\第 14 章\文化伞（2）.avi
	知识功能	▢工具、▨工具、▷工具、◣工具、"混合"工具、"吸管"工具和"渐变"工具
	学习时间	20 分钟

操 作 步 骤

步骤① 启动 Illustrator CS6 软件，按照默认的参数新建文件。

步骤② 利用 ▣ 和 ▶ 工具绘制如图 14-106 所示的伞杆，并为其设置从白色到灰色的渐变填充色，"渐变"控制面板中的设置如图 14-107 所示，颜色滑块从左到右颜色值依次为（K：40）、（K：20）、（K：0）、（C：3，K：10）、（C：7，K：30）、（C：15，K：50）、（C：20，K：80），设置完填充色的图形效果如图 14-108 所示。

图 14-106　绘制的图形　　　　图 14-107　"渐变"控制面板　　　图 14-108　渐变颜色效果

步骤③ 利用工具箱中的 ✎ 和 ▶ 工具绘制调整出伞把图形，颜色填充深红色（M：100，Y：100，K：70）和浅黄色（C：25，M：40，Y：65），如图 14-109 所示。

步骤④ 利用"混合"工具 ▣，将两个图形进行混合，效果如图 14-110 所示。

步骤⑤ 利用 ✎、▶ 和 ▶ 工具，在伞杆上方绘制伞体，并为其设置从浅黄色（C：25，M：40，Y：65）到深黄色（C：40，M：70，Y：100，K：50）的径向渐变色，效果如图 14-111 所示。

图 14-109　绘制的伞把图形　　　图 14-110　混合后的效果　　　图 14-111　绘制的图形

步骤⑥ 在伞体上绘制如图 14-112 所示的图形，为绘制的图形设置从浅黄色（C：25，M：40，Y：65）到深黄色（C：40，M：70，Y：100，K：50）径向渐变填充色，轮廓色设置为深红色（M：100，Y：100，K：70），效果如图 14-113 所示。

步骤⑦ 用同样的方法绘制另一个几何图形，如图 14-114 所示。

图 14-112　绘制的图形　　　　图 14-113　填充颜色　　　　图 14-114　绘制的图形

步骤⑧ 把绘制的白色图形选择，利用"吸管"工具 复制渐变填充颜色，如图 14-115 所示。

步骤⑨ 单击鼠标左键复制的颜色如图 14-116 所示。

步骤⑩ 选取"渐变"工具，在图形上出现渐变颜色控制器，如图 14-117 所示。

图 14-115　复制渐变颜色

图 14-116　复制的颜色

图 14-117　编辑渐变颜色

步骤⑪ 通过调整渐变颜色控制器，可以来编辑渐变颜色，如图 14-118 所示。

步骤⑫ 打开附盘中"素材\第 14 章\大兴标志.ai"文件。

步骤⑬ 把标志复制到画面中，调整标志和企业名称文字大小、方向和角度，分别放置在文化伞上面，如图 14-119 所示。

图 14-118　编辑渐变颜色

图 14-119　绘制完成的文化伞

步骤⑭ 至此，前视图文化伞绘制完成，将其复制到"大兴 VI 应用系统.ai"文件的图版中，按 Ctrl+S 键保存文件。

实例总结

通过本案例文化伞绘制，使读者复习了 🔲工具、✏️工具、▶️工具、🔺工具、"混合"工具📍、"吸管"工具✏️和"渐变"工具🔲的使用技巧。其中利用"吸管"工具✏️复制填充颜色，利用"渐变"工具🔲通过调整渐变颜色控制器编辑渐变颜色的位置和方向是本案例要掌握的重点知识内容。

Example 实例 **163** 礼品袋设计

学习目的

通过本实例的学习，读者应学会礼品袋的绘制方法。礼品袋绘制非常简单，用到的工具为🔲工具、✏️工具、⬭工具和🔺工具，命令有"对象/变换/缩放"命令、"对象/变换/倾斜"命令。

实例分析

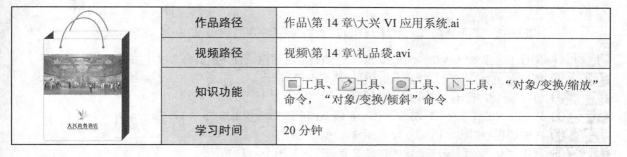

	作品路径	作品\第 14 章\大兴 VI 应用系统.ai
	视频路径	视频\第 14 章\礼品袋.avi
	知识功能	🔲工具、✏️工具、⬭工具、🔺工具，"对象/变换/缩放"命令，"对象/变换/倾斜"命令
	学习时间	20 分钟

操 作 步 骤

步骤 ① 启动 Illustrator CS6 软件，按照默认的参数新建文件。

步骤 ② 利用 ▢ 工具绘制一个矩形，在矩形的下面放置标志图形，如图 14-120 所示。

步骤 ③ 置入附盘中"素材\第 14 章\酒店场景.jpg"图片，如图 14-121 所示。

步骤 ④ 选择矩形图形，执行"对象/变换/缩放"命令，弹出"比例缩放"对话框，参数和选项设置如图 14-122 所示。

图 14-120　绘制的矩形及放置的标志　　图 14-121　图片放置的位置　　图 14-122　"比例缩放"对话框

步骤 ⑤ 单击　复制(C)　按钮，矩形在垂直方向上被缩放并复制一份。按 Ctrl+]组合键将复制出的矩形移动到图片的上面。

步骤 ⑥ 同时按住 Shift 键将复制出的矩形垂直向上移动到如图 14-123 所示的位置。

步骤 ⑦ 同时按住 Shift 键，用鼠标左键先后单击置入的图片和复制出的矩形，将其同时选择。按 Ctrl+7 组合键建立剪切蒙版，效果如图 14-124 所示。

步骤 ⑧ 利用 ▢ 工具在右边绘制一个填充色为深红色（M：100，Y：100，K：70）的矩形，如图 14-125 所示。

图 14-123　矩形位置　　　　图 14-124　建立剪切蒙版后的图形　　　图 14-125　绘制的矩形

步骤 ⑨ 执行"对象/变换/倾斜"命令，弹出"倾斜"对话框，设置参数和选项，如图 14-126 所示。

步骤 ⑩ 单击　确定　按钮，倾斜后的图形如图 14-127 所示。

步骤 ⑪ 再绘制一个矩形，如图 14-128 所示。

步骤 ⑫ 连续按 Ctrl+[组合键，将位置移动至倾斜图形后面，效果如图 14-129 所示。

步骤 ⑬ 在左边再绘制出如图 14-130 所示深红色的图形。

步骤 ⑭ 利用 ✐、▶ 和 ◉ 工具给手提袋绘制线绳，如图 14-131 所示。

图 14-126　"倾斜"对话框

图 14-127　倾斜后的矩形

图 14-128　绘制的矩形

图 14-129　图形放置的位置

图 14-130　绘制的图形

图 14-131　绘制完成的手提袋

步骤 ⑮ 至此，礼品袋绘制完成，将其复制到"大兴 VI 应用系统.ai"文件的图版中，按 Ctrl+S 键保存文件。

实例总结

　　本案例的礼品袋绘制非常简单，其难点是对透视的掌握，对于没有美术透视基础的读者来说，需要好好体会立体物体每一个面的透视关系。

Example 实例 **164**　钥匙扣设计

学习目的

　　通过本实例的学习，读者应学会钥匙扣的绘制方法。在绘制钥匙扣时，给图形填充渐变颜色、把轮廓线转换成图形然后再和线制作混合效果，是需要读者认真学习和体会的知识内容。

实例分析

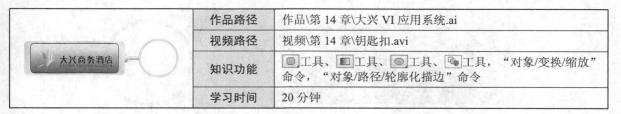

作品路径	作品\第 14 章\大兴 VI 应用系统.ai	
视频路径	视频\第 14 章\钥匙扣.avi	
知识功能	▣工具、▣工具、▣工具、▣工具，"对象/变换/缩放"命令，"对象/路径/轮廓化描边"命令	
学习时间	20 分钟	

操 作 步 骤

步骤 ❶ 启动 Illustrator CS6 软件，按照默认的参数新建文件。

步骤 **2** 选择"圆角矩形"工具，在属性栏中将轮廓设置为无。在画板空白处单击鼠标左键，弹出"圆角矩形"对话框，参数设置如图 14-132 所示。

步骤 **3** 单击 确定 按钮，绘制一个圆角矩形，如图 14-133 所示。

图 14-132 "圆角矩形"对话框

图 14-133 绘制的圆角矩形

步骤 **4** 选择"渐变"工具，在"渐变"控制面板中设置如图 14-134 所示的渐变颜色，颜色条上的色标颜色值从左到右依次为（C：5，K：30）、（C：3，K：10）、（C：5，K：30）、（C：3，K：10）、（C：5，K：30）、（C：3，K：10）。添加渐变色后的图形如图 14-135 所示。

图 14-134 "渐变"控制面板

图 14-135 添加渐变色后的图形

步骤 **5** 执行"对象/变换/缩放"命令，将圆角矩形等比例缩小复制，如图 14-136 所示。

步骤 **6** 给图形填充从黄色（Y：80）到褐色（C：40，M：70，Y：100，K：50）的渐变色，并设置黑色轮廓，如图 14-137 所示。

图 14-136 添加渐变色后的图形

图 14-137 设置黑色轮廓

步骤 **7** 将标志复制粘贴到当前画板中，放置于如图 14-138 所示的位置。

步骤 **8** 选取工具箱中的"椭圆"工具，在属性栏中设置描边为"3 pt"。绘制一个圆形，如图 14-139 所示。

图 14-138 放入的标志

图 14-139 绘制的圆形

步骤 **9** 执行"对象/路径/轮廓化描边"命令，将圆形路径转化为图形，并填充为灰色（K：50），如图 14-140 所示。

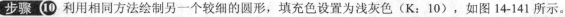
步骤 ⑩ 利用相同方法绘制另一个较细的圆形，填充色设置为浅灰色（K：10），如图 14-141 所示。

步骤 ⑪ 利用"混合"工具，把细的圆形和粗的圆形创建为混合效果，如图 14-142 所示。

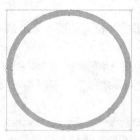
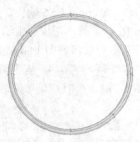

图 14-140　填充颜色后的图形　　　图 14-141　绘制的图形　　　图 14-142　创建的混合效果

步骤 ⑫ 选中混合图形，将其与前面绘制的图形组合，如图 14-143 所示。

步骤 ⑬ 利用□工具、○工具和□工具，绘制出如图 14-144 所示的矩形和圆形渐变色图形。把这两个图形放置到右面位置。

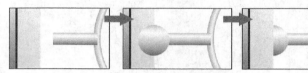

图 14-143　组合后的图形　　　　　　　　　图 14-144　绘制的图形

步骤 ⑭ 至此，钥匙扣绘制完成，效果如图 14-145 所示。

步骤 ⑮ 将其复制到"大兴 VI 应用系统.ai"文件的图版中，按 Ctrl+S 键保存文件。

图 14-145　绘制完成的钥匙扣

实例总结

对于本案例钥匙扣的绘制，需要读者灵活掌握利用□工具给图形设置渐变颜色的操作。把轮廓线转换成图形的技巧，也需要读者好好掌握，在绘制一些特殊造型的图形时会经常用到。

Example 实例 **165** 挂历设计

学习目的

通过本实例的学习，读者应学会挂历的绘制方法。如何绘制挂历的转轴以及排列数字日期是需要读者掌握和学习的重要内容，通过本例的学习之后，读者就可以来设计任何形式的挂历或台历了。

实例分析

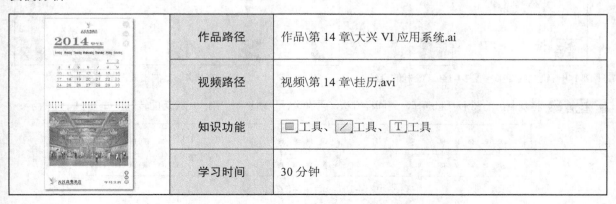

作品路径	作品\第 14 章\大兴 VI 应用系统.ai	
视频路径	视频\第 14 章\挂历.avi	
知识功能	□工具、╱工具、T工具	
学习时间	30 分钟	

操 作 步 骤

步骤① 启动 Illustrator CS6 软件，按照默认的参数新建文件。

步骤② 选取■工具，在页面中绘制矩形，然后利用╱工具在矩形中间位置绘制一条直线，制作出挂历的基本形状，如图 14-146 所示。

> 提
> 示　　读者在绘制矩形时，最好绘制一个长宽比为 1：2 的矩形，这样添加线形后可以将矩形分为两个正方形。

步骤③ 选取绘制的矩形，执行"效果/风格化/投影"命令，给矩形添加投影效果，使矩形产生立体感，效果如图 14-147 所示。

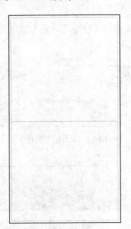
图 14-146　绘制出的矩形

图 14-147　添加投影后的矩形

步骤④ 选取■工具，在矩形中间的线形两侧绘制黑色的小矩形，如图 14-148 所示。

步骤⑤ 利用╱工具，在小矩形的中间位置绘制一条灰色直线，如图 14-149 所示。

步骤⑥ 将矩形与直线一起选择，然后移动复制出如图 14-150 所示的图形。

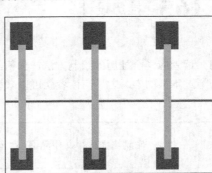

图 14-148　绘制的矩形　图 14-149　绘制的直线　　　　图 14-150　移动复制出的图形

步骤⑦ 将复制出的图形一起选择，用同样方法，再次进行移动复制，制作出挂历的转轴，如图 14-151 所示。

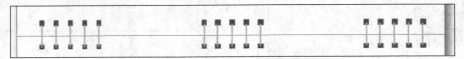
图 14-151　制作出的挂历转轴

步骤 8 利用 ⊤ 工具在挂历上方的画面中间输入灰色的"马"字，如图 14-152 所示。

步骤 9 利用 ▢ 工具绘制出如图 14-153 所示深红色（C：40，M：100，Y：100，K：10）线条和浅黄色（Y：20）的色块。

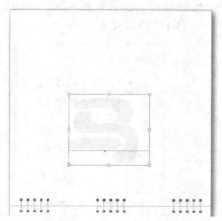

图 14-152 输入的"马"字

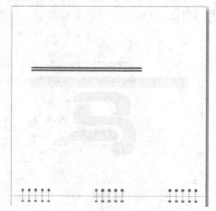

图 14-153 绘制的线条和色块

步骤 10 利用 ⊤ 工具输入如图 14-154 所示的文字。"2014"、"Sunday、Saturday"的颜色为红色（M：100），"甲午年"文字颜色为深红色（C：40，M：100，Y：100，K：10）。

步骤 11 在右上角位置绘制灰色圆形，然后输入白色文字，如图 14-155 所示。

图 14-154 输入文字

图 14-155 绘制的圆形及输入的文字

步骤 12 利用 ╱ 工具，在英文的下面绘制 5 条直线，直线的颜色设置为绿色（C：85，Y：100），如图 14-156 所示。

步骤 13 利用 ⊤ 工具，在直线上输入数字日期，利用"字符"面板设置文字行距，形态如图 14-157 所示。

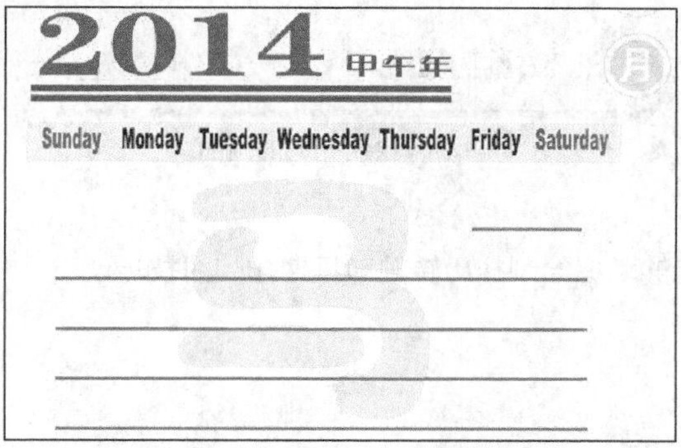

图 14-156 绘制的直线

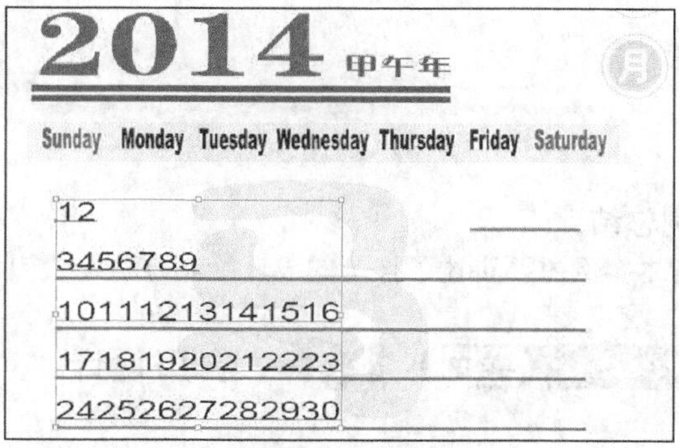

图 14-157 输入的数字日期

步骤 14 在每一个数字日期之间添加空格，选取"3、10、17、24、2、9、16、30"，将颜色设置为红色（M：100），如图 14-158 所示。

步骤⑮ 把标志图形复制粘贴到画面中，调整大小放置在如图 14-159 所示位置。

图 14-158 调整后的日期

图 14-159 放入的标志

至此，挂历上方的画面绘制完成。接下来绘制挂历下方的画面。

步骤⑯ 利用 工具在挂历下方的画面中绘制矩形。

步骤⑰ 置入附盘中"素材\第 14 章\酒店场景.jpg"图片，调整大小后放置到如图 14-160 所示位置。

步骤⑱ 把标志图形复制粘贴到画面中，调整大小后放置在画面的左下角。

步骤⑲ 在画面的右下角输入文字以及月份，完成挂历下方画面的绘制，如图 14-161 所示。

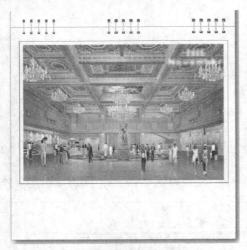

图 14-160 图片放置的位置

图 14-161 绘制完成的画面

实例总结

本实例主要讲述了挂历的设计绘制方法，希望读者能够掌握绘制挂历转轴和日期排列的技巧。

Example 实例 **166** 台历设计

学习目的

通过挂历实例的学习，读者自己动手来绘制如图 14-162 所示的台历，绘制方法和上一个实例的绘制方法基本相同。

图 14-162　绘制完成的台历

实例分析

	作品路径	作品\第 14 章\大兴 VI 应用系统.ai
	视频路径	视频\第 14 章\台历.avi
	知识功能	▢工具、▤工具、◯工具、／工具、🖊工具、�工具
	学习时间	30 分钟

操作提示

- 利用▢工具、�工具和路径工具绘制台历的基本形状。
- 利用◯工具、▢工具、路径工具及移动复制的方法制作出台历的转轴。
- 将图片置入后调整大小放置在台历中，然后利用T工具制作台历的日期。

Example 实例 **167** 企业男装设计

学习目的

　　通过本实例的学习，读者应学会工作服的绘制方法。工作服的结构虽然比较复杂，但在绘制时并没有很难的操作过程，只要读者掌握好服装的结构，利用基本的绘图工具和命令，认真仔细地来绘制，是很容易绘制出来的。

实例分析

	作品路径	作品\第 14 章\大兴 VI 应用系统.ai
	视频路径	视频\第 14 章\企业男装.avi
	知识功能	◯工具、↻工具、🖊工具、k工具、↖工具
	学习时间	40 分钟

操 作 步 骤

步骤 ① 启动 Illustrator CS6 软件，按照默认的参数新建文件。

步骤 ② 利用"椭圆形"工具 ⊚ 绘制一个椭圆图形，"描边"宽度为 0.5pt，描边颜色为黑色，填充色为浅黄灰色（M：3，Y：10，K：5），利用 ↻ 工具将椭圆形稍微转换点角度，如图 14-163 所示。

步骤 ③ 利用 ✐ 和 ↖ 工具，绘制出如图 14-164 所示的脖颈和领子图形。

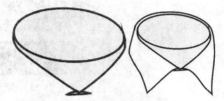

图 14-163 绘制的椭圆图形　　　　　　图 14-164 绘制的脖颈和领子图形

步骤 ④ 利用 ✐、▸ 和 ↖ 工具，绘制工作服的上衣轮廓，如图 14-165 所示。

步骤 ⑤ 为上衣轮廓设置填充色深红色（M：100，Y：100，K：70），效果如图 14-166 所示。

步骤 ⑥ 利用 ✐、▸、↖ 和 ⊚ 工具，绘制上衣的衣领、口袋和扣子等图形，如图 14-167 所示。

图 14-165 绘制的工作服上衣轮廓　　图 14-166 填充颜色后的图形　　　图 14-167 绘制的图形

步骤 ⑦ 利用 ✐ 工具绘制领带图形，填充色设置为（C：35，M：55，Y：95），如图 14-168 所示。

步骤 ⑧ 继续利用 ✐ 工具绘制领带打结处的下边缘线，如图 14-169 所示。

步骤 ⑨ 将辅助图形复制粘贴到当前画板中，并放置于如图 14-170 所示的位置。

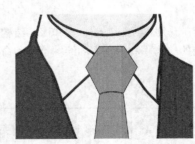

图 14-168 绘制的领带　　　　图 14-169 绘制的线　　　图 14-170 辅助图形放置的位置

步骤 ⑩ 按 Ctrl+Shift+F10 组合键调出"透明度"控制面板，在面板中设置"不透明度"选项参数值为"20%"，添加透明度后的图形如图 14-171 所示。

步骤 ⑪ 将领带轮廓图形，按 Ctrl+C 组合键复制，按 Ctrl+F 键在前面原位置粘贴。然后按 Ctrl+Shift+] 组合键，将位置置于顶层。

步骤 ⑫ 同时按住 Shift 键，依次单击复制出的领带图形和辅助图形，将其选择。按 Ctrl+7 组合键建立剪切蒙版，效果如图 14-172 所示。

步骤 13 将绘制的领带选择，按 Ctrl+G 组合键群组，连续按 Ctrl+[组合键将位置下调，把领带放置到衣服下面，如图 14-173 所示。

图 14-171　添加透明度后的图形

图 14-172　建立剪切蒙版后的图形

图 14-173　调整位置后的领带

步骤 14 利用 和 工具，绘制出如图 14-174 所示的裤子图形。

步骤 15 将标志图形复制粘贴到当前画板中，填充色设置为白色，然后放置于上衣如图 14-175 所示的位置。

图 14-174　绘制的裤子

图 14-175　标志图形放置的位置

步骤 16 至此，红色男装工作服已经绘制完，整体效果如图 14-176 所示。

步骤 17 将红色男装工作服全选，复制一份，并填充成黄色，如图 14-177 所示。

步骤 18 至此，男士工作服绘制完成，将其复制到"大兴 VI 应用系统.ai"文件的图版中，按 Ctrl+S 键保存文件。

图 14-176　整体效果

图 14-177　黄色男装工作服

实例总结

本案例男士工作服的绘制，需要读者重点掌握服装的结构，只要把结构分析明白，利用基本绘图工具是很容易就能绘制出来的。读者学会本案例的服装绘制，可以自己来设计其他款式和造型的企业服装。

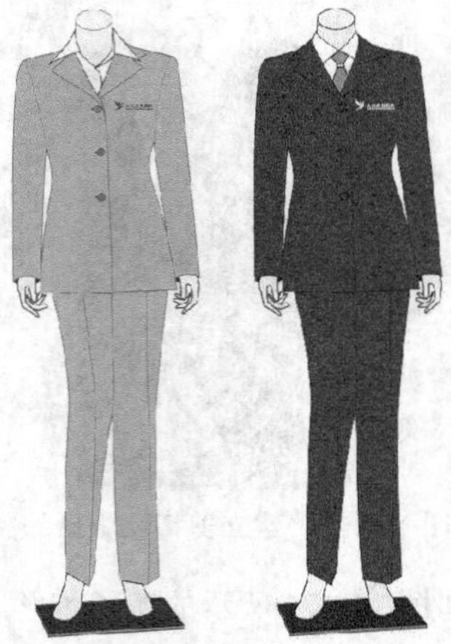

图 14-178　绘制的女装工作服

Example 实例 168 企业女装设计

学习目的

通过企业男装实例的学习，读者自己动手来绘制如图 14-178 所示的企业女装的绘制，以便更加熟练地掌握服装效果图的绘制方法。

实例分析

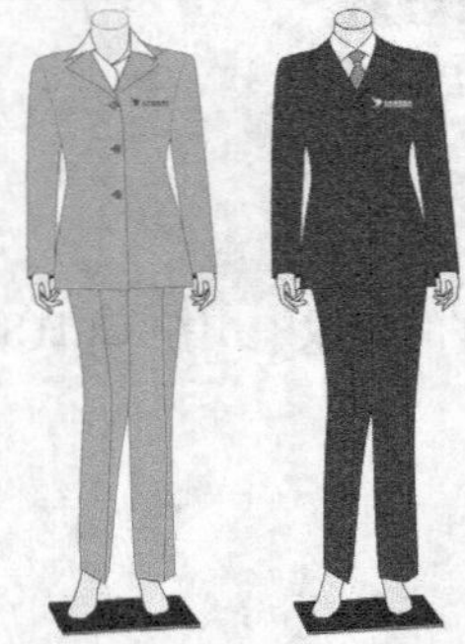	作品路径	作品\第 14 章\大兴 VI 应用系统.ai
	视频路径	视频\第 14 章\企业女装.avi
	知识功能	工具、工具、工具、工具、工具
	学习时间	45 分钟

操作提示

- 利用工具箱中的工具、工具、和工具，绘制并调整出服装的结构图形。
- 给服装填充颜色。
- 绘制纽扣、领带并放入标志图形。
- 绘制模特的手、脚图形。

Example 实例 169 指示牌设计（一）

学习目的

学习和掌握利用基本绘图工具绘制企业指示牌的方法。

实例分析

作品路径	作品\第 14 章\大兴 VI 应用系统.ai	
视频路径	视频\第 14 章\指示牌（一）.avi	
知识功能	🖊工具、🔲工具、Ｔ工具、／工具	
学习时间	15 分钟	

操 作 步 骤

步骤 ① 启动 Illustrator CS6 软件，按照默认的参数新建文件。

步骤 ② 利用🖊工具同时按住 Shift 键，绘制出如图 14-179 所示的路径。

步骤 ③ 按 Ctrl+V 组合键将路径复制一份，按 Ctrl+F 原位置粘贴。

步骤 ④ 在属性栏中把路径设置得细一些，将描边颜色值设置为灰色（K：10），如图 14-180 所示。

步骤 ⑤ 利用"混合"工具🔲，把两条路径进行混合，效果如图 14-181 所示。

图 14-179　绘制的路径　　　　图 14-180　复制出的路径　　　　图 14-181　混合后的图形

步骤 ⑥ 使用相同的绘制方法，再绘制出横向圆管图形及填充色为黄褐色（C：40，M：65，Y：90，K：35）的矩形，如图 14-182 所示。

步骤 ⑦ 将标志图形复制粘贴到当前画板中，并将其填充色设置为黄褐色（C：40，M：65，Y：90，K：35），然后放置在如图 14-183 所示位置。

步骤 ⑧ 利用Ｔ工具输入文字"前行 100 米"，并利用"直线段"工具／绘制箭头，如图 14-184 所示。

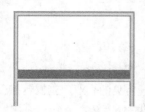

图 14-182　绘制的图形　　　　图 14-183　标识放置的位置　　　　图 14-184　输入的文字及绘制的箭头

步骤 ⑨ 至此，指示牌绘制完成，将其复制到"大兴 VI 应用系统.ai"文件的图版中，按 Ctrl+S 键保存文件。

实例总结

通过本实例的学习读者掌握了企业指示牌的绘制方法，利用"混合"工具🔲绘制不锈钢材质的钢管图形是需要读者掌握的重点内容。

Example 实例 170 指示牌设计（二）

学习目的

通过企业指示牌设计（一）实例的学习，读者自己动手来绘制如图 14-185 所示企业放置在其他位置的指示牌，以便掌握企业不同放置位置和造型的指示牌的绘制方法。

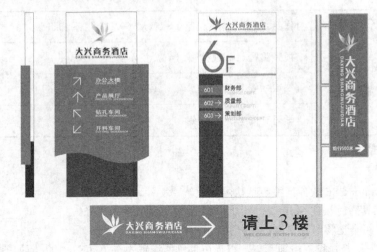

图 14-185　其他造型的指示牌

实例分析

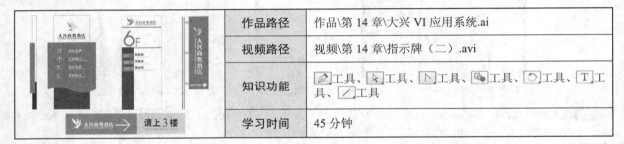

作品路径	作品\第 14 章\大兴 VI 应用系统.ai
视频路径	视频\第 14 章\指示牌（二）.avi
知识功能	✐工具、▶工具、↖工具、▦工具、↻工具、T工具、✎工具
学习时间	45 分钟

操作提示

通过企业指示牌设计（一）实例的学习，绘制本案例的作品并不难，在绘制时需要灵活掌握通过复制的方法得到不同方向的指示箭头，然后利用↻工具旋转角度。

Example 实例 171 旗帜设计

学习目的

旗帜是国家或机关单位团体精神的象征，是组成企业文化的一部分，常见的企业用旗帜包括台旗、POP挂旗、横幅、司旗、刀旗等。通过本实例的学习，读者应掌握企业旗帜的绘制方法。

实例分析

作品路径	作品\第 14 章\大兴 VI 应用系统.ai
视频路径	视频\第 14 章\旗帜.avi
知识功能	▢工具、◉工具、▤工具、↻工具，建立剪切蒙版
学习时间	20 分钟

操 作 步 骤

步骤 1 启动 Illustrator CS6 软件，按照默认的参数新建文件。

步骤 2 利用 ▣ 工具、◉ 工具和 ▣ 工具，绘制出如图 14-186 所示的具有灰色渐变颜色的圆管图形，用于悬挂旗帜。

步骤 3 利用 ▣ 工具绘制旗帜形状矩形，给矩形从上到下填充上深红色（C：45，M：100，Y：100，K：20）到红色（C：30，M：90，Y：90）的渐变色，如图 14-187 所示。

步骤 4 把辅助图形复制粘贴到当前画板中，利用这个 ↻ 工具旋转角度，然后缩放大小后放置于如图 14-188 所示的位置。

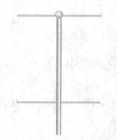
图 14-186　绘制的矩形

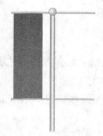
图 14-187　添加渐变色

图 14-188　辅助图形位置

步骤 5 将辅助图形的颜色设置为（M：100，Y：100，K：70），效果如图 14-189 所示。

步骤 6 在属性栏中将 不透明度 30% 参数设置为 30%，效果如图 14-190 所示。

步骤 7 把下面的红色矩形图形选择，按 Ctrl+C 组合键复制，然后按 Ctrl+Shift+] 组合键将矩形置于顶层，如图 14-191 所示。

图 14-189　辅助图形放置的位置

图 14-190　设置不透明度效果

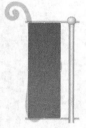
图 14-191　调整图形位置

步骤 8 把辅助图形和红色矩形同时选择，按 Ctrl+7 组合键建立剪切蒙版，效果如图 14-192 所示。

步骤 9 按 Ctrl+F 组合键，粘贴出刚才复制的矩形，如图 14-193 所示。

步骤 10 将标志复制粘贴到当前画板中，并填充成白色，如图 14-194 所示。

图 14-192　建立蒙版效果

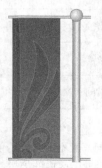
图 14-193　粘贴出的矩形

图 14-194　放入的标志

步骤 ⑪ 把绘制完成的旗帜向右复制，放置到如图 14-195 所示位置。

步骤 ⑫ 修改复制出的旗帜中矩形的颜色、辅助图形的颜色和标志的颜色，如图 14-196 所示。

图 14-195　复制出的旗帜

图 14-196　修改颜色

步骤 ⑬ 至此，旗帜绘制完成，将其复制到"大兴 VI 应用系统.ai"文件的图版中，按 Ctrl+S 键保存文件。

实例总结

　　通过本实例的学习读者掌握了企业旗帜的绘制方法，按 Ctrl+7 组合键建立剪切蒙版，给图形设置不透明度是需要掌握的重点内容。

Example 实例 **172** 刀旗设计

学习目的

　　通过上一个案例旗帜设计的学习，读者自己动手来绘制如图 14-197 所示刀旗，以便认识企业用不同的旗帜。

图 14-197　刀旗

实例分析

		作品路径	作品\第 14 章\大兴 VI 应用系统.ai
		视频路径	视频\第 14 章\刀旗.avi
		知识功能	▣工具、▣工具、↻工具，建立剪切蒙版
		学习时间	10 分钟

操作提示

　　本案例与上一个实例旗帜的绘制几乎相同，其不同之处是使用的场地有所区别，上一个案例的旗帜是悬挂在马路边灯杆上的旗帜，而本实例的旗帜是企业园区内的护栏或草坪上的旗帜，形状相同，但旗杆有所变化。

Example 实例 173　POP 挂旗设计

学习目的

POP 挂旗是企业开业、庆典和节日活动不可缺少的视觉宣传内容之一。通过前面两种旗帜的绘制学习，读者自己动手绘制如图 14-198 所示的 POP 挂旗，以便掌握该旗帜的绘制方法。

图 14-198　POP 挂旗

实例分析

作品路径	作品\第 14 章\大兴 VI 应用系统.ai	
视频路径	视频\第 14 章\POP 挂旗.avi	
知识功能	工具、工具、工具、工具、工具，建立剪切蒙版	
学习时间	20 分钟	

操作提示

- 利用工具绘制矩形，然后利用工具选取锚点移动位置，得到矩形的斜边。
- 利用工具给图形填充渐变颜色。
- 利用剪切蒙版命令，把辅助图形放置到图形的顶部。
- 把标志图形放到图形中，修改颜色。

Example 实例 174　桌旗设计

学习目的

桌旗是摆设在领导办公室或会议室桌上的旗帜，有包含企业形象的旗帜，有的还包含国旗。读者自己动手来为"大兴商务酒店"设计如图 14-199 所示的桌旗。

图 14-199　桌旗

实例分析

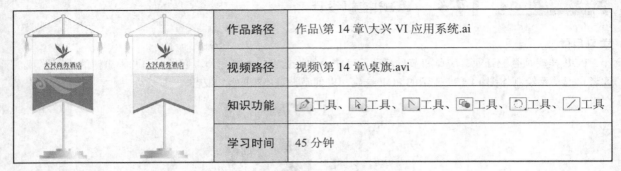

作品路径	作品\第 14 章\大兴 VI 应用系统.ai
视频路径	视频\第 14 章\桌旗.avi
知识功能	⬜工具、🖊工具、🖊工具、🖊工具、🔄工具、✏工具
学习时间	45 分钟

操作提示

- 利用⬜工具、⬛工具、⬤工具绘制桌旗的支架，如图 14-200 所示。
- 利用✏工具绘制如图 14-201 所示的线绳。

图 14-200 绘制的支架

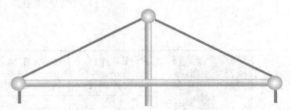

图 14-201 绘制线绳

- 利用✏工具绘制如图 14-202 所示的路径。
- 在"画笔"面板中选择画笔，生成的效果及选择的画笔样式如图 14-203 所示。

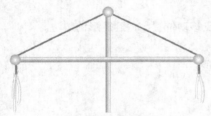

图 14-202 绘制的路径

图 14-203 设置画笔

- 利用✏工具及复制等操作得到如图 14-204 所示的图形。
- 置入辅助图形和标志，调整大小并设置颜色，完成桌旗设计，如图 14-205 所示。
- 复制桌旗并填充成黄色。

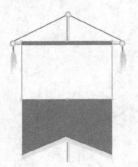

图 14-204 绘制的图形

图 14-205 设计完成的桌旗

Example 实例 **175** 灯箱设计

学习目的

　　本实例利用 、▣和▣工具来绘制简单的灯箱造型，使读者学会灯箱的绘制方法。

实例分析

	作品路径	作品\第 14 章\大兴 VI 应用系统.ai
	视频路径	视频\第 14 章\灯箱.avi
	知识功能	▣工具、◉工具、▣工具
	学习时间	15 分钟

操 作 步 骤

步骤 ① 启动 Illustrator CS6 软件，按照默认的参数新建文件。

步骤 ② 选择 ◉工具，按住 Shift 键，绘制圆形图形。

步骤 ③ 利用 ▣工具给圆形填充渐变颜色，描边宽度为 "8 pt"，如图 14-206 所示。

步骤 ④ 将圆形选择后执行 "对象/扩展" 命令，弹出如图 14-207 所示的 "扩展" 对话框，单击 [确定] 按钮，将圆形扩展。

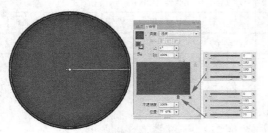

图 14-206　绘制的圆形

图 14-207　"扩展" 对话框

步骤 ⑤ 执行 "对象/取消编组" 命令，将圆形的描边分离，然后利用 "渐变" 面板为分离出的描边图形添加渐变色，效果如图 14-208 所示。

步骤 ⑥ 将圆形缩小复制，并将复制出的圆形颜色修改为淡黄色（Y：20），效果如图 14-209 所示。

图 14-208　填充渐变颜色

图 14-209　复制出的图形

步骤 ⑦ 用与绘制旗帜支架相同的方法，绘制出灯箱的支架，效果如图 14-210 所示。

步骤 ⑧ 把标志图形置入，修改颜色并调整大小后放置到圆形中。然后利用 T工具输入如图 14-211 所示的黑色文字。

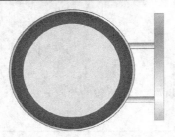

图 14-210　绘制的支架　　　　　　　　　图 14-211　输入的文字

步骤 ⑨ 至此，灯箱绘制完成，将其复制到"大兴 VI 应用系统.ai"文件的图版中，按 Ctrl+S 键保存文件。

实例总结

　　通过本实例的学习读者掌握了圆形灯箱的绘制方法，该灯箱形状非常简单，也很容易绘制。希望读者在生活中多观察和留意城市环境中各种灯箱的造型和结构。

Example 实例 **176**　企业客车设计

学习目的

　　交通工具是企业形象设计的延续，是一种流动的、多为人的视觉所接触的宣传媒体。通过本实例的企业客车设计的学习，读者应掌握并了解企业交通工具在 VI 视觉系统中的应用。

实例分析

	作品路径	作品\第 14 章\大兴 VI 应用系统.ai
	视频路径	视频\第 14 章\客车.avi
	知识功能	✒️工具、▢工具、◙工具、⬚工具、⬤工具和▣工具
	学习时间	40 分钟

操 作 步 骤

步骤 ① 启动 Illustrator CS6 软件，按照默认的参数新建文件。

步骤 ② 利用✒️、▢、◙和⬚工具绘制如图 14-212 所示的客车头部图形。

步骤 ③ 给图形设置相同粗细的描边，并填充不同的颜色，如图 14-213 所示。

步骤 ④ 为车窗和反光镜分别设置从白色到灰色（C：10，K：30）渐变填充色，为车灯填充从白色到红色（M：100，Y：100）的渐变填充色，并相应调整轮廓线的粗细，如图 14-214 所示。

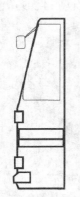

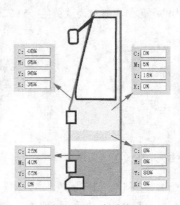

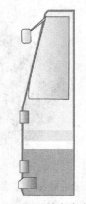

图 14-212　绘制的客车头部图形　　　　图 14-213　填充颜色　　　　图 14-214　填充渐变色

步骤 5 利用 工具绘制车体形状，设置填充色为（M：5，Y：18），轮廓色为（C：40，M：60，Y：90，K：35），如图 14-215 所示。

步骤 6 继续绘制如图 14-216 所示的图形，填充色分别为黄色（Y：8）、白色、褐色（C：25，M：40，Y：65）。

图 14-215　绘制的车体形状

图 14-216　绘制的图形

步骤 7 利用 工具，绘制轮胎图形，填充色为灰色（K：60），如图 14-217 所示。

步骤 8 把轮胎圆形按照等比例缩小复制的方法，缩小复制一个，将颜色设置为灰色（K：30），效果如图 14-218 所示。

图 14-217　绘制的轮胎图形

图 14-218　复制出的图形

步骤 9 将轮胎图形的两个灰色圆形选中，按 Ctrl+G 组合键群组。

步骤 10 按 Ctrl+C 组合键将图形复制一份，按 Ctrl+F 组合键在前面原位置粘贴。同时按住 Shift 键将图形水平移动至如图 14-219 所示的位置。

步骤 11 利用 、 和 工具绘制如图 14-220 所示的结构图形。

图 14-219　复制出的轮胎图形

图 14-220　绘制的车门等图形

步骤 12 利用 工具绘制如图 14-221 所示的车窗图形。

步骤 13 利用"对象/变换/缩放"命令，把圆角矩形缩小复制一个，将复制出的图形设置从白色到灰色（C：10，K：30）的渐变填充色，效果如图 14-222 所示。

图 14-221　绘制的车窗图形

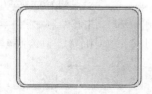

图 14-222　设置渐变填充色后的图形

步骤 14 将两个圆角矩形选中，执行"对象/变换/移动"命令，在弹出的"移动"对话框中设置选项和参数，如图 14-223 所示。

步骤 15 连续单击 4 次 复制(C) 按钮，复制出的图形如图 14-224 所示。

步骤 16 利用 工具绘制出三个后车灯，如图 14-225 所示，填充颜色时可以直接利用 工具复制前面车灯的渐变颜色，放大后的显示效果如图 14-226 所示。

图 14-223 "移动"对话框

图 14-224 复制出的图形

图 14-225 绘制的三个后车灯

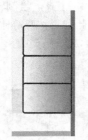

图 14-226 局部放大效果

步骤 ⑰ 将辅助图形和标志图形复制粘贴到客车的车体上面。在车体后半部分绘制一个矩形，把矩形和辅助图形同时选择，然后利用剪切蒙版把辅助图形放置在矩形中，使其适合车体。至此，完成客车的绘制，整体效果如图 14-227 所示。

图 14-227 绘制完成的客车整体效果

下面绘制客车后视图。

步骤 ⑱ 利用□工具和▶工具绘制并调整出客车后视车身图形。描边颜色为黑色和褐色（C：40，M：60，Y：90，K：35），填充颜色为黄色（M：5，Y：18）和灰色，效果如图 14-228 所示。

步骤 ⑲ 利用□和▣工具绘制如图 14-229 所示的后车窗图形。

步骤 ⑳ 利用✐、□和□工具绘制车窗中间的间隙及反光镜，如图 14-230 所示。

图 14-228 绘制的图形

图 14-229 绘制的后车窗图形

图 14-230 绘制的图形

步骤 ㉑ 利用 ✐ 工具绘制座椅图形，填充色为（C：25，M：40，Y：65），无描边，如图 14-231 所示。

步骤 ㉒ 利用 ✐ 和 ▢ 工具绘制如图 14-232 所示的结构图形，填充色为灰色（K：20）。

步骤 ㉓ 利用 ✐、⬭ 和 ▢ 工具绘制车灯图形，填充色为从白色到红色（M：100，Y：100）的渐变色，效果如图 14-233 所示。

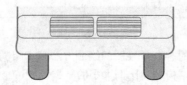

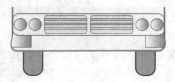

图 14-231　绘制的座椅图形　　　　图 14-232　绘制的图形　　　　图 14-233　绘制的车灯图形

步骤 ㉔ 利用 ✐ 和 ⬭ 工具绘制如图 14-234 所示的图形，圆角矩形的填充色为（C：25，M：40，Y：65），圆形的填充色为（M：5，Y：18）。

步骤 ㉕ 将标志图形复制粘贴到画面中，调整大小放置于如图 14-235 所示的位置。

步骤 ㉖ 至此，客车后视图绘制完成，整体效果如图 14-236 所示。将其复制到"大兴 VI 应用系统.ai"文件的图版中，按 Ctrl+S 键保存文件。

图 14-234　绘制的图形　　　　图 14-235　标识放置的位置　　　　图 14-236　客车后视图整体效果

实例总结

通过本实例的学习读者掌握了客车效果图的绘制方法。绘制客车所使用的工具为 ✐ 工具、▢ 工具、⬭ 工具、▷ 工具、⬭ 工具和 ▢ 工具，这些都是常用的基本绘图工具，把这些工具掌握熟练，可以来绘制任意题材的效果图。

Example 实例 **177** 企业货车设计

学习目的

用前面绘制客车效果图相同方法，读者自己动手练习绘制如图 14-237 所示的企业用货车效果图。

图 14-237　企业货车效果图

实例分析

作品路径	作品\第 14 章\大兴 VI 应用系统.ai
视频路径	视频\第 14 章\货车.avi
知识功能	⬚工具、⬚工具、⬚工具、⬚工具、⬚工具和⬚工具
学习时间	45 分钟

操作提示

本案例货车效果图与上一个实例学习的客车效果图的绘制方法基本相同，所使用的工具也完全一样，难点是读者对货车各个部分结构的理解以及结构之间比例大小的掌握。

Example 实例 178 水壶设计

学习目的

通过水壶绘制，使读者熟练掌握⬚、⬚和⬚工具的使用方法，对于利用"渐变"控制面板设置渐变颜色是本案例学习的重点内容，希望读者熟练掌握设置渐变颜色的技巧。

实例分析

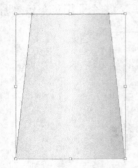

作品路径	作品\第 14 章\大兴 VI 应用系统.ai
视频路径	视频\第 14 章\水壶.avi
知识功能	⬚工具、⬚工具和⬚工具
学习时间	20 分钟

操作提示

- 利用⬚、⬚和⬚工具绘制出如图 14-238 所示的图形。
- 利用⬚和⬚工具绘制水壶嘴图形。利用⬚工具复制填充的渐变颜色，然后再绘制出如图 14-239 所示的水壶把手图形。
- 绘制出水壶的瓶口图形，设置的渐变颜色为褐色（C：40，M：70，Y：100，K：50）到黄色（C：25，M：40，Y：65）到褐色（C：40，M：70，Y：100，K：50）的渐变色。
- 再绘制出水壶的瓶盖和底座图形，最后在水壶上面添加上标志，水壶绘制完成，整体效果如图 14-240 所示。

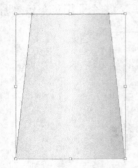

图 14-238 绘制的图形　　　图 14-239 绘制的图形　　　图 14-240 绘制完成的水壶

Example 实例 **179**　茶杯及碟子设计

学习目的

通过对绘制水壶的学习和掌握，读者自己动手再来绘制如图 14-241 所示的茶杯及碟子。在该实例绘制中，对于同心圆的绘制以及图形的修剪技巧，是读者需要掌握的重点操作。

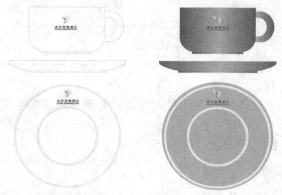

图 14-241　茶杯及碟子图形

实例分析

作品路径	作品\第 14 章\大兴 VI 应用系统.ai	
视频路径	视频\第 14 章\茶杯.avi	
知识功能	▣工具、▣工具、✐工具、⊼工具、▣工具和✐工具	
学习时间	20 分钟	

操作提示

利用 ◉ 和 ▣ 工具以及"路径查找器"面板来绘制茶杯和碟子的形状。利用 ▣ 工具给茶杯设置渐变颜色，也可以利用 ✐ 工具直接复制上面绘制的水壶的渐变颜色。

Example 实例 **180**　纸杯设计

学习目的

本实例带领读者来绘制如图 14-242 所示的纸杯，造型非常简单，也很容易绘制。

图 14-242　纸杯

实例分析

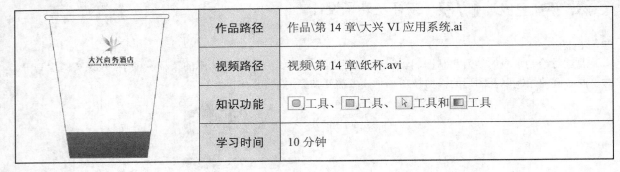

作品路径	作品\第 14 章\大兴 VI 应用系统.ai	
视频路径	视频\第 14 章\纸杯.avi	
知识功能	⬛工具、⬛工具、↖工具和⬛工具	
学习时间	10 分钟	

操作提示

　　纸杯的造型非常简单，利用⬛工具、⬛工具、↖工具和⬛工具来绘制完成。

Example 实例 **181** 烟灰缸设计

学习目的

　　本实例的学习读者应掌握烟灰缸的绘制方法。在本实例中"路径查找器"面板的作用是非常大的，在绘制时希望读者好好体会。

实例分析

作品路径	作品\第 14 章\大兴 VI 应用系统.ai	
视频路径	视频\第 14 章\烟灰缸.avi	
知识功能	⬛工具、⬛工具，"路径查找器"面板，属性栏中的⬛和⬛按钮	
学习时间	20 分钟	

操 作 步 骤

步骤 ① 启动 Illustrator CS6 软件，按照默认的参数新建文件。

步骤 ② 利用⬛工具绘制一个大小为"100mm"的圆形。

步骤 ③ 执行"对象/变换/缩放"命令，缩小复制出如图 14-243 所示圆形。

步骤 ④ 将两个圆形选取，在"路径查找器"面板中单击⬛按钮，利用小圆形修剪大圆形。

步骤 ⑤ 利用⬛工具绘制一个如图 14-244 所示的矩形，

步骤 ⑥ 选择圆形，按住 Alt 键复制一个以备后用，如图 14-245 所示。

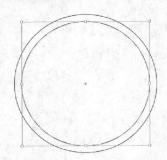　　　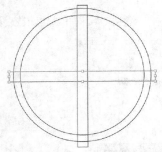　　　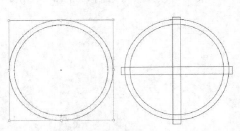

图 14-243　绘制的圆形　　　　图 14-244　绘制的矩形　　　　图 14-245　复制出的圆形

步骤 ⑦ 将矩形和圆形同时选取，在"路径查找器"面板中单击□按钮，利用矩形修剪圆形，得到如图 14-246 所示的形态。执行"对象/扩展"命令，将图形扩展并填充上白色。

步骤 ⑧ 将备用的圆形图形调整得细一些并填充上灰色（K：50），然后将其与修剪后的圆形同时选取，如图 14-247 所示。

步骤 ⑨ 分别单击属性栏中的□和□按钮，对齐后的图形如图 14-248 所示。

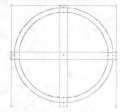 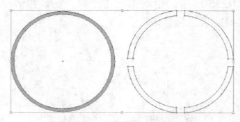 

图 14-246　修剪后的图形　　　　图 14-247　选取的图形　　　　图 14-248　对齐后的形态

步骤 ⑩ 利用□和○工具绘制如图 14-249 所示的图形。

步骤 ⑪ 将三个图形同时选取，在"路径查找器"面板中单击□按钮，修剪得到如图 14-250 所示的形态。

 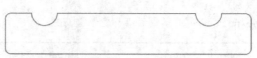

图 14-249　绘制的图形　　　　　　　　　图 14-250　修剪后形态

步骤 ⑫ 利用□工具在下面绘制出如图 14-251 所示小的圆角矩形，将图形选取后在"路径查找器"面板中单击□按钮，将图形焊接得到如图 14-252 所示形态。

图 14-251　绘制的图形　　　　　　　　　图 14-252　焊接后形态

步骤 ⑬ 利用□工具绘制两个褐色图形，如图 14-253 所示，颜色填充分别为褐色（M：50，Y：50，K：35）和深红色（M：100，Y：100，K：70）。

步骤 ⑭ 在烟灰缸上添加标志图形，设计完成的烟灰缸如图 14-254 所示。

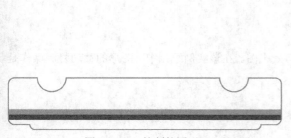 

图 14-253　绘制的图形　　　　　　图 14-254　设计完成的效果

步骤 ⑮ 至此，烟灰缸绘制完成。将其复制到"大兴 VI 应用系统.ai"文件的图版中，按 Ctrl+S 键保存文件。

实例总结

在复杂形状的图形绘制中，灵活掌握好"路径查找器"面板中各按钮的功能，可以给读者带来很大的方便。在本案例的烟灰缸绘制中就灵活运用了"路径查找器"面板中的□按钮和□按钮来修剪和焊接图形，才得到了需要的烟灰缸图形，希望读者熟练掌握好该面板中各按钮的功能。

Example 实例 **182** 宣传光盘设计

学习目的

　　读者自己动手再来绘制如图 14-255 所示的企业用宣传光盘。在该实例绘制中，利用"对象/变换/缩放"命令缩小复制同心圆是读者需要掌握的重点操作。

图 14-255　光盘

实例分析

	作品路径	作品\第 14 章\大兴 VI 应用系统.ai
	视频路径	视频\第 14 章\光盘.avi
	知识功能	◉工具，"对象/变换/缩放"命令
	学习时间	15 分钟

操作提示

- 利用◉以及"对象/变换/缩放"命令，缩小复制同心圆图形。
- 置入附盘中"素材\第 14 章\光盘图.psd"图片。
- 置入标志图形并绘制直线，完成光盘绘制。

Example 实例 **183** 停车场设计

学习目的

　　读者自己动手再来绘制如图 14-256 所示的停车场入口效果图。在该实例绘制中，图形的移动复制操作是读者需要掌握的重点内容。

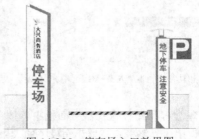

图 14-256　停车场入口效果图

实例分析

	作品路径	作品\第 14 章\大兴 VI 应用系统.ai
	视频路径	视频\第 14 章\停车场入口.avi
	知识功能	■工具、↖工具、✎工具和↖工具
	学习时间	20 分钟

操作提示

- 利用■、✎和↖工具绘制图形形状。
- 利用↖工具选取矩形图形的锚点，通过按键盘上的方向键可以把矩形调整成其他形状。
- 置入标志图形并输入文字内容。

 184　大型广告牌设计

学习目的

　　通过如图 14-257 所示的大型广告牌，读者了解和认识这种安装在郊区马路边，尤其是高速路边的大型广告牌。这种广告牌的特点是适合远距离观看，所以这种广告画面内容要求简洁、醒目，使观看者远远望去，一眼就能看明白所宣传的内容，以及标志所体现的企业形象。

图 14-257　大型广告牌

实例分析

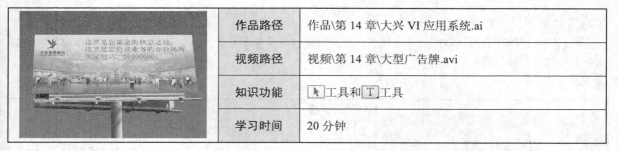	作品路径	作品\第 14 章\大兴 VI 应用系统.ai
	视频路径	视频\第 14 章\大型广告牌.avi
	知识功能	↖工具和 T 工具
	学习时间	20 分钟

操作提示

　　对于这种广告牌效果图的绘制，如果利用 Photoshop 软件来绘制是最为理想的选择，尤其是画面图像的处理与合成，非 Photoshop 软件莫属。而本例的广告画面，同样是选取了一副相机拍摄的实景照片，然后利用 Photoshop 软件把效果图照片做了虚化处理，最后把图片置入 Illustrator 软件中进行排版，输入文字内容，置入标志来完成的。

第 15 章　包装设计

包装是商品不可缺少的重要组成部分。每个国家对商品包装都有不同的要求和设计风格，如英国认为"包装是为货物的运输和销售所作的艺术、科学和技术上的准备工作"，美国认为"包装是为商品的运出和销售所作的准备行为"，加拿大认为"包装是将商品由供应者送达顾客或消费者手中而能保持商品完好状态的工具"。而我国对包装下的定义是为在流通过程中保护商品、方便储运、促进销售，按一定技术方法而采用的容器、材料及辅助物等的总称。

在人们的生活消费中，约有六成以上的消费者是根据商品的包装来选择购买商品的。由此可见，有商品"第一印象"之称的包装，在市场销售中发挥着越来越重要的作用。

随着市场竞争的日益激烈，包装对一个企业而言，已经不再是为单纯的包装而包装了，而是含有了其实现商业目的、使商品增值的一系列经济活动。

在包装设计运作之前，首先应完成一系列的市场调查，进行消费对象及其心理分析，完成对整个商品的企划及投资分析，通过包装树立企业品牌，促进商品的销售，提高其在同类商品中的竞争优势，增加商品的附加值。这种包装设计前的市场调查是一种前包装意识上的理念，它将会指导包装设计的整个过程，避免包装设计中的随意性，避免企业盲目的经济上的投资。包装从设计、印刷、制作到成品包装完成，称之为有形的功能包装。包装之后的商品不但需要尽快地投入到市场中，而且通过大量的商业活动去宣传商品，也是实现包装理念的重要环节。其宣传包括各类广告媒体、营销、服务、信息、网络等各种商业活动手段，整个包装之后的宣传称之为商品的后包装。因此，一个完整的包装概念由商品的前包装、功能包装和商品的后包装3 个过程组成，任何一个环节都是决定包装成败的关键。

因此，目前市场上的包装不再是原有单一的功能包装，而是包含有科技、文化、艺术和社会心理、生态价值等多种因素的一个"包装系统工程"，更是一种科学的、现代的、商品经济意识的理念。

本章利用 6 个案例来介绍各类形式包装的设计方法。

本章实例

- 实例 185 蜂蜜包装设计
- 实例 186 假睫毛包装设计
- 实例 187 手雷瓶瓶标设计
- 实例 188 香烟包装设计
- 实例 189 饼干包装设计
- 实例 190 瓜子包装设计

Example 实例 **185** 蜂蜜包装设计

学习目的

通过本案例蜂蜜食品包装的设计，读者应掌握常规包装造型的设计方法，在设计时读者要注意理解包装盒各个面的尺寸及结构。

实例分析

作品路径	作品\第 15 章\蜂蜜包装.ai
视频路径	视频\第 15 章\蜂蜜包装.avi
知识功能	"视图/显示标尺"命令，"对象/变换/缩放"命令，"视图/智能参考线"命令，Ctrl+2 组合键，▣工具，▱工具，▸工具，▨工具，◉工具，▩工具，▮T工具，↻工具
学习时间	90 分钟

 操 作 步 骤

步骤 ❶ 执行"文件/新建"命令，新建一个"宽度"为 670mm，"高度"为 420mm，"取向"为横向的新文件。

步骤 ❷ 按照文件的大小，利用□工具绘制一个灰色（K：60）的矩形。

步骤 ❸ 为防止绘制图形的过程中受到背景图形的干扰，按 Ctrl+2 组合键将灰色矩形锁定。

步骤 ❹ 执行菜单栏中的"视图/显示标尺"命令，将标尺显示在窗口中。

步骤 ❺ 将光标放置在标尺上，按下鼠标左键向页面中拖曳，添加参考线，用此方法添加的参考线如图 15-1 所示。

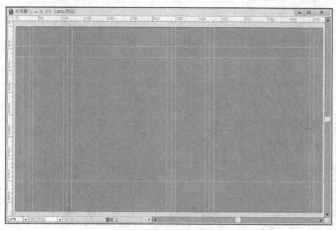

图 15-1　添加的参考线

> 提示　读者在添加参考线时，如果需要将添加的参考线删除，可以先执行菜单栏中的"视图/参考线/锁定参考线"命令，取消对参考线的锁定，然后选择要删除的参考线，按 Delete 键即可删除。当读者再次执行菜单栏中的"视图/参考线/锁定参考线"命令时，可以将参考线锁定，被锁定的参考线是无法进行删除的。

步骤 ❻ 利用□、✐和▶工具，根据添加的参考线绘制包装盒的平面展开图形状，如图 15-2 所示。

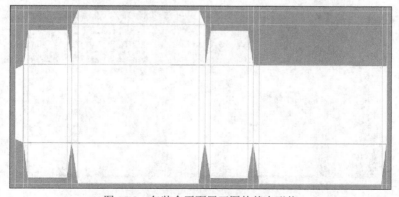

图 15-2　包装盒平面展开图的基本形状

> 提示　在利用▶工具调整矩形时，有些地方需要添加或删除锚点，此时可以利用"添加锚点"工具✐和"删除锚点"工具✐来完成。

步骤 7 选择包装盒的正面，然后将选择的正面矩形添加白黄相间的渐变色，添加的渐变色效果和在"渐变"控制面板中设置的颜色如图 15-3 所示，"渐变"控制面板中的颜色条上的色标色值从左到右依次为（Y：40）、（M：15，Y：100）、（Y：40）、（M：15，Y：100）、（Y：25）、（M：15，Y：100）、（Y：40）。

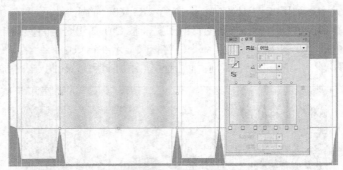

图 15-3　添加的渐变色

步骤 8 将填充颜色后的矩形左边的矩形及右边的两个矩形选择，选择 ✎ 工具，在填充渐变颜色后的矩形上单击，复制填充的渐变颜色，效果如图 15-4 所示。

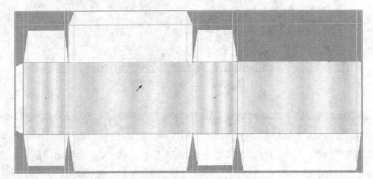

图 15-4　添加的渐变色

步骤 9 给其他几个面分别填充黄色，如图 15-5 所示。

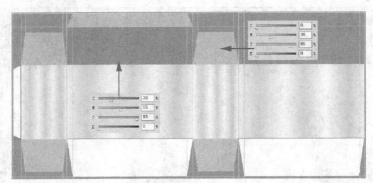

图 15-5　填充颜色

步骤 10 选取包装盒正面的矩形，按 Ctrl+C 组合键复制，以备后用。

步骤 11 执行"文件/置入"命令，将"素材/第 15 章"目录下的"花纹.ai"文件置入，放置在包装盒正面，如图 15-6 所示。

步骤 12 按 Ctrl+F 组合键，把刚才复制的正面矩形在前面原位置粘贴。然后按 Ctrl+Shift+]组合键将图形置于顶层。

步骤 ⑬ 将复制出的矩形和置入的花纹同时选择，按 Ctrl+7 组合键建立剪切蒙版，此时为包装盒正面创建的花纹底图效果如图 15-7 所示。

图 15-6　置入的花纹

图 15-7　建立剪切蒙版后的图形

步骤 ⑭ 利用相同的方法，在左边的包装盒侧面也制作图案，如图 15-8 所示。

步骤 ⑮ 利用 ✐、▶ 和 ▷ 工具，绘制如图 15-9 所示的图形，颜色填充为黄色（M：40，Y：100）。

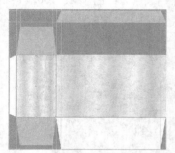

图 15-8　添加的图案

图 15-9　绘制的图形

步骤 ⑯ 将"素材/第 15 章"目录下的"图片.psd"文件置入，调整大小放置在如图 15-10 所示的位置。

步骤 ⑰ 按住 Shift 键，利用 ⬭ 工具在包装盒正面绘制一个圆形。

步骤 ⑱ 利用 ▥ 工具给图形填充渐变颜色，在"渐变"控制面板中设置的色标色值从左到右依次为（M：40，Y：100，K：15）、（M：5，Y：70）、（M：40，Y：100，K：15）、（M：5，Y：70），添加渐变色后的图形和渐变色设置如图 15-11 所示。

图 15-10　置入的图片

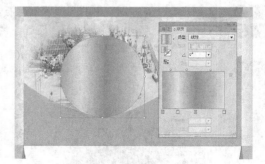

图 15-11　绘制的圆形

步骤 ⑲ 执行"对象/变换/缩放"命令，弹出"比例缩放"对话框，在对话框中设置选项和参数，如图 15-12 所示。

步骤 ⑳ 单击 复制(C) 按钮，将圆形缩放并复制一份。

步骤 ㉑ 在属性栏中将复制出的圆形填充设置为无，将轮廓粗细设置为"1.5pt"，轮廓颜色设置为红色（C：20，M：100，Y：100，K：20），效果如图 15-13 所示。

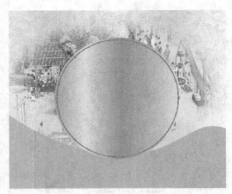

图 15-12 "比例缩放"对话框　　　　　　图 15-13 复制出的图形

步骤 ㉒ 用相同方法再次将圆形缩放并复制出一个同心圆，缩放比例为"80%"。

步骤 ㉓ 将复制出的圆形填充色设置为从红色（M：100，Y：100）到深红色（C：15，M：100，Y：100，K：65）的径向渐变色，设置轮廓粗细为"0.75pt"，轮廓颜色为红色（M：100，Y：100），效果如图 15-14 所示。

步骤 ㉔ 将"素材/第 15 章"目录下的"花朵.ai"文件置入，如图 15-15 所示。

图 15-14 复制出的图形　　　　　　图 15-15 置入文件

步骤 ㉕ 利用 ▶ 工具选取后面填充渐变颜色的圆形，按 Ctrl+C 组合键复制一份，按 Ctrl+F 组合键在前面原位置粘贴。

步骤 ㉖ 按 Ctrl+]组合键将复制出的圆形置于顶层，并将其和置入的花朵图形同时选择。

步骤 ㉗ 按 Ctrl+7 组合键创建剪切蒙版，最后在"透明度"控制面板中将建立剪切蒙版后的图形不透明度设置为"23%"，效果如图 15-16 所示。

步骤 ㉘ 将"素材/第 15 章"目录下的"蜂蜜瓶.ai"文件置入，利用剪切蒙版把蜂蜜瓶放置在如图 15-17 所示的位置。

图 15-16 创建剪切蒙版后的图形　　　　　　图 15-17 创建剪切蒙版后的图形

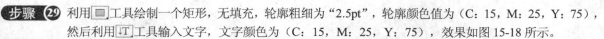

步骤 ㉙ 利用▣工具绘制一个矩形，无填充，轮廓粗细为"2.5pt"，轮廓颜色值为（C：15，M：25，Y：75），然后利用 T 工具输入文字，文字颜色为（C：15，M：25，Y：75），效果如图 15-18 所示。

步骤 ㉚ 将"素材/第 15 章"目录下的"花边.ai"文件置入，放置在如图 15-19 所示的位置。

图 15-18　输入的文字

图 15-19　置入的图形

步骤 ㉛ 执行"视图/智能参考线"命令，启动智能参考线功能。

步骤 ㉜ 选取"旋转"工具 ○，将鼠标指针移动到圆形的中心位置，在鼠标指针的右下角会出现"中心点"提示文字，此时单击把旋转中心设置在圆形的中心点位置，如图 15-20 所示。

步骤 ㉝ 将鼠标指针放置到图形的右上角位置按下，然后再同时按住 Alt 键并向右下方拖曳，如图 15-21 所示，释放鼠标左键后即可旋转复制出一个图形。

图 15-20　旋转中心放置的位置

图 15-21　旋转复制时的状态

步骤 ㉞ 连续按 Ctrl+D 组合键，将图形连续复制，最终效果如图 15-22 所示。

步骤 ㉟ 将"素材/第 15 章"目录下的"花朵 02.ai"文件置入，放置在如图 15-23 所示的位置。

图 15-22　连续复制出的图形

图 15-23　置入的图形

步骤 ㊱ 将"素材/第 15 章"目录下的"云纹.ai"文件置入，放置在如图 15-24 所示位置。

步骤 ㊲ 利用 T 工具输入文字，如图 15-25 所示。

图 15-24　置入的图形

图 15-25　输入的文字

步骤 **38** 将"素材/第 15 章"目录下的"蜂蜜标志.ai"文件置入，放置在右上角位置。然后利用 T 工具输入如图 15-26 所示的文字。

图 15-26　输入的文字

步骤 **39** 将设计完成的正面图形中的素材内容以及左边侧面的花纹图形同时选择，然后复制到右边的两个面上面，效果如图 15-27 所示。

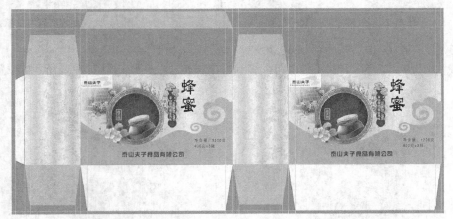

图 15-27　复制出的图形

步骤 **40** 利用 T 工具在包装的两个侧面输入文字内容，如图 15-28 所示。

步骤 **41** 利用 T 工具在包装的顶面输入文字，如图 15-29 所示。

步骤 **42** 利用 🔄 工具，将文字旋转角度，如图 15-30 所示。

步骤 **43** 利用前面讲过的方法为包装盒的顶面制作花纹底图，效果如图 15-31 所示。

图 15-28　输入的文字　　　　　　　　图 15-29　输入的文字

图 15-30　文字旋转角度　　　　　　　图 15-31　制作的花纹底图

步骤 **44** 至此，包装盒平面展开图设计完成，整体效果如图 15-32 所示。按 Ctrl+S 组合键，将此文件保存。

图 15-32　设计完成的包装

实例总结

　　通过本案例的制作，读者学习了包装盒的设计方法。包装盒的结构、各个面的尺寸以及各个面所展示的内容是本案例学习的重点，希望读者能够在实际设计应用时灵活掌握。

Example 实例 **186** 假睫毛包装设计

学习目的

　　本实例来设计一个尺寸为宽 84mm、高 105mm、厚度 14mm 的假睫毛包装。通过本实例的学习读者应掌握带有开窗造型包装盒的设计方法。

实例分析

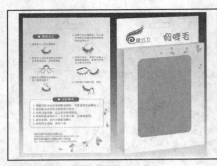

作品路径	作品\第 15 章\假睫毛包装.ai
视频路径	视频\第 15 章\假睫毛包装.avi
知识功能	⬜工具、▦工具、✎工具、▷工具、▦工具，"图层"面板，"文件/导出"命令
学习时间	45 分钟

操　作　步　骤

步骤 ❶ 执行"文件/新建"命令，按照默认参数新建文件。

步骤 ❷ 利用⬜工具、▦工具、✎工具和▷工具绘制如图 15-33 所示包装盒的外形。

步骤 ❸ 利用▦工具给两个正面图形及顶面图形填充上从白色到紫色（C：20，M：20）的渐变颜色，如图 15-34 所示，其他侧面填充紫色。

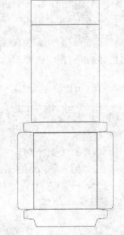

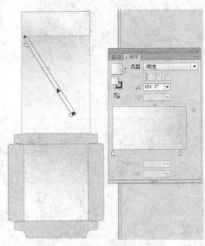

图 15-33　绘制的包装盒外形　　　　　　　　图 15-34　填充渐变色

步骤 ❹ 利用⬜工具在正面绘制一个圆角矩形，如图 15-35 所示。

步骤 ❺ 按住 Shit 键，把下面的图形同时选择，然后单击"路径查找器"面板中的▣按钮，利用刚绘制的圆角矩形修剪下面的填充颜色的矩形，得到如图 15-36 所示的镂空图形。

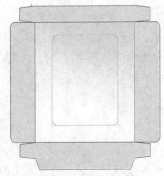

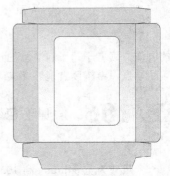

图 15-35　绘制的圆角矩形　　　　　　　　图 15-36　修剪后形状

步骤 6 按 Ctrl+A 组合键把所有图形选择，然后去除轮廓线。

步骤 7 打开附盘中"素材\第 15 章\眼睫毛素材.ai"文件，如图 15-37 所示。

步骤 8 把小花图形复制到包装盒文件中，调整大小及角度放置在包装盒如图 15-38 所示的位置。

图 15-37　打开的素材文件　　　　图 15-38　小花图形位置

步骤 9 打开"图层"面板，单击"创建新图层"按钮 ▣，新建图层，把图层的名称修改为"刀版"，如图 15-39 所示。

步骤 10 利用 ▣ 工具以及复制图形操作，在包装盒上面绘制裁切刀版以及包装盒折叠成型时的压痕，如图 15-40 所示。

步骤 11 在包装盒的下面再绘制一个稍微大一点尺寸的紫色图形，这样在包装盒裁切成型时有多余的空间，就不会出现裁切不准边缘留白现象，如图 15-41 所示。

图 15-39　新建图层　　　图 15-40　绘制的刀版及压痕　　　图 15-41　绘制的图形

步骤 12 利用 ▣ 和 ▣ 工具以及"路径查找器"面板中的 ▣ 按钮，绘制出如图 15-42 所示的挖孔图形。

步骤 13 把准备的素材文件中的眼睛图形以及标志图形复制到包装盒的背面图形中，调整大小和角度放置在各自的位置，把标志的颜色填充成紫色（C：75，M：100），如图 15-43 所示。

步骤 14 利用 ▣ 工具在包装盒的背面绘制圆角矩形，填充颜色为紫色（C：75，M：100，Y：20），然后输入 "假睫毛"文字，把文字旋转角度后放置在如图 15-44 所示位置。

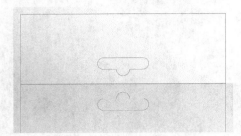

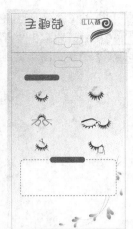

图 15-42 绘制的挖孔形状　　　图 15-43 放入的图形　　图 15-44 绘制的图形及输入的文字

步骤 ⑮ 利用 T 工具，在背面输入产品文字内容，如图 15-45 所示。

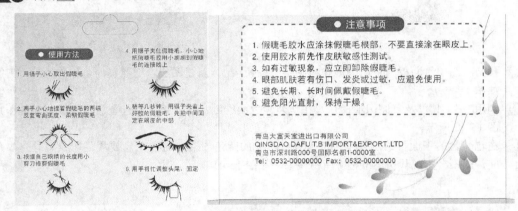

图 15-45 输入的文字

步骤 ⑯ 执行"文件/导出"命令，弹出如图 15-46 所示的"导出"对话框。

步骤 ⑰ 单击 保存(S) 按钮，弹出如图 15-47 所示的"JPEG 选项"对话框。

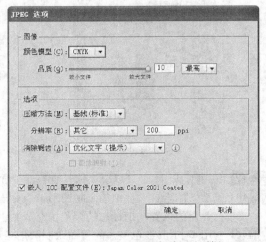

图 15-46 "导出"对话框　　　　图 15-47 "JPEG 选项"对话框

步骤 ⑱ 单击 [确定] 按钮，把包装盒平面图导出为"*.JPG"格式。

步骤 ⑲ 读者如果会使用 Photoshop 软件的话，可以把导出的平面展开图制作成如图 15-48 所示的立体效果图。

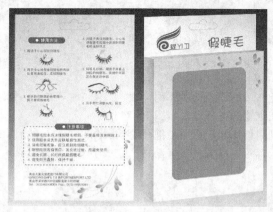

图 15-48 立体效果图

步骤 ⑳ 按 Ctrl+S 组合键，将此文件命名为"假睫毛包装.ai"保存。

实例总结

通过本案例，读者学习了带有开窗包装盒的设计方法。本案例的重点内容是包装盒尺寸的设置以及刀版线和压痕线的添加方法。

Example 实例 **187** 手雷瓶瓶标设计

学习目的

本实例通过设计如图 15-49 所示的手雷瓶瓶标，读者应掌握梯形瓶标设计的方法。

图 15-49 手雷瓶瓶标

实例分析

作品路径	作品\第 15 章\手雷瓶包装.ai
视频路径	视频\第 15 章\手雷瓶包装.avi
知识功能	▭工具、▯工具，"效果/变形/拱形"命令，剪切蒙版
学习时间	45 分钟

操作提示

● 利用▭工具绘制一个圆角矩形，在属性栏中设置 宽 ⬍ 180 mm 高 ⬍ 70 mm 参数。

● 执行"效果/变形/拱形"命令，设置参数如图 15-50 所示。

● 利用▯工具选择如图 15-51 所示的锚点。

● 按住 Shift 键，连续按 5 次向右的方向键，效果如图 15-52 所示。

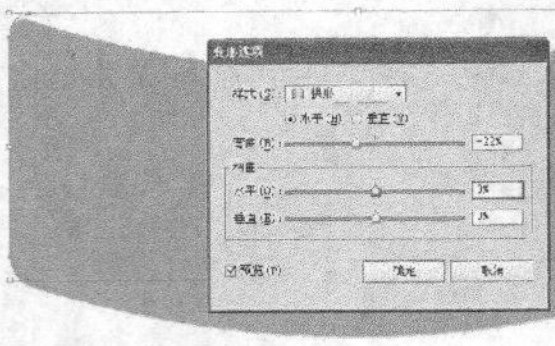

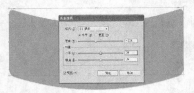

图 15-50 “变形选项”对话框

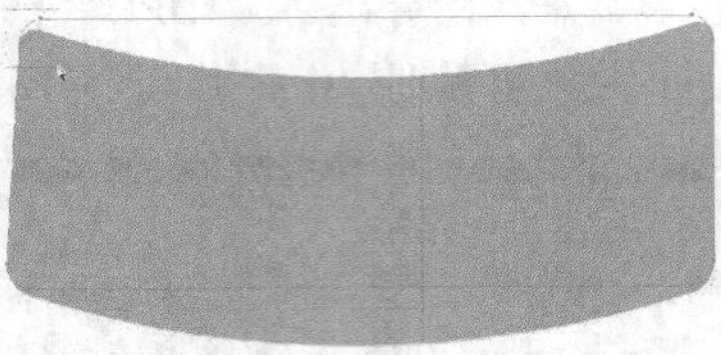

图 15-51 选择锚点

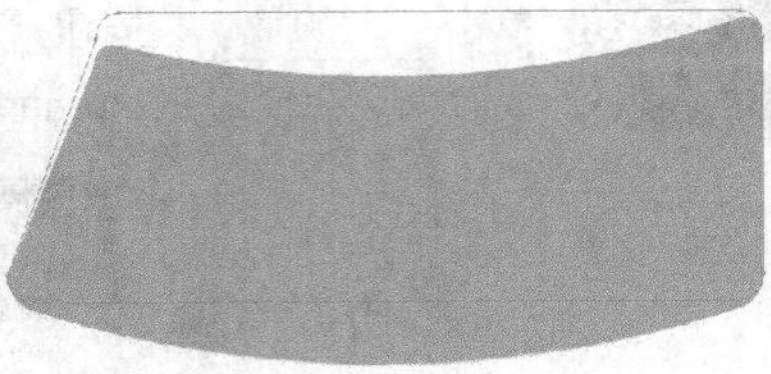

图 15-52 图形形状

- 使用相同的操作，把右边的锚点向左移动位置，如图 15-53 所示。
- 将标志置入，放置在钢笔的主体上，如图 15-54 所示。
- 打开准备的素材，利用剪切蒙版命令，把蔬菜放置到瓶标内，然后再绘制两个图形。
- 输入文字内容并放入标签、商品名字等素材，完成手雷瓶瓶标设计，如图 15-55 所示。

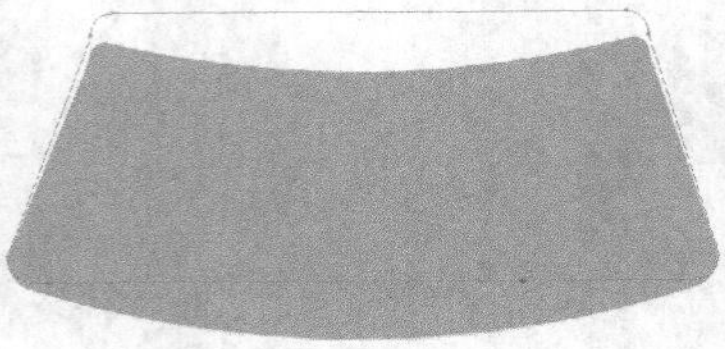

图 15-53 图形形状

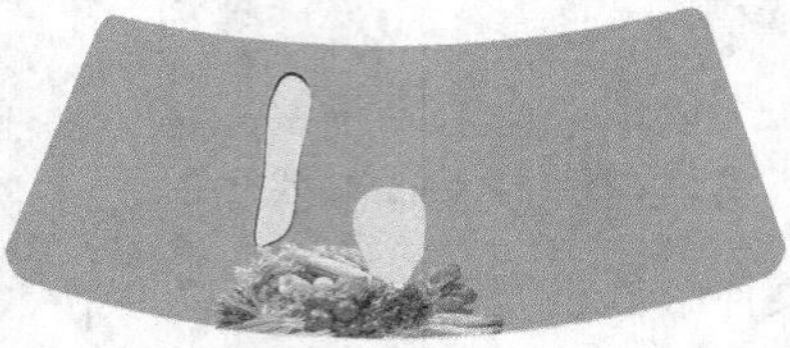

图 15-54 放入的图片及绘制的图形

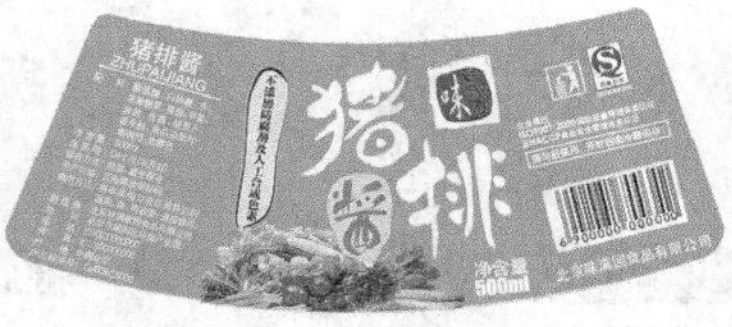

图 15-55 添加素材及文字

Example 实例 188 香烟包装设计

学习目的

本节来设计“黄龙叶”香烟的包装。该包装结构看似很简单，但把一包香烟的烟盒拆开后会发现形状很复杂，所以设计香烟包装盒需要读者把尺寸掌握好，每一个面和每一个结构的尺寸必须要严格计算好。

实例分析

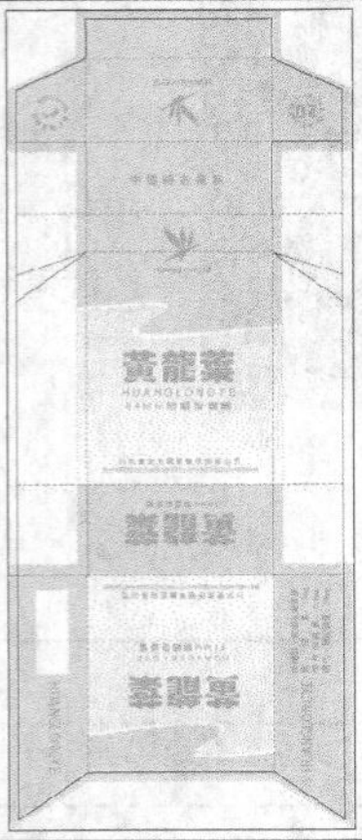	作品路径	作品\第 15 章\香烟包装.ai
	视频路径	视频\第 15 章\香烟包装.avi
	知识功能	✒工具、▷工具、↖工具、▣工具、↻工具、“路径文字”工具⤳、▭工具、⬭工具、╱工具，“图层”面板，“窗口/符号库/地图”命令
	学习时间	90 分钟

操作步骤

步骤 1 执行“文件/新建”命令，新建一个“宽度”为 104mm、“高度”为 254mm 的新文件。

步骤 2 按 Ctrl+R 键，将标尺显示在页面中。

步骤 3 将鼠标光标放置到标尺上，按住鼠标左键向页面中拖曳，依次添加如图 15-56 所示的参考线。

步骤 4 按 F6 键打开“颜色”面板，设置颜色参数，如图 15-57 所示。利用✒工具，根据添加的参考线，绘制出香烟包装平面展开图的基本形状，如图 15-58 所示。

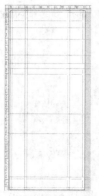

图 15-56　添加的参考线　　　　图 15-57　"颜色"面板　　　　图 15-58　平面展开图基本形状

步骤 5 利用 ⃝ 和 ⌐ 工具，绘制出如图 15-59 所示的白色图形。

步骤 6 选择图形，按住 Shift 和 Alt 键，将白色图形垂直向下移动复制，状态如图 15-60 所示。

步骤 7 利用 ▣ 工具，给图形填充由白色到黄色（Y：70）的渐变颜色，如图 15-61 所示。

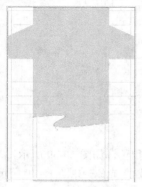

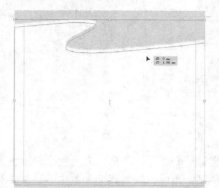

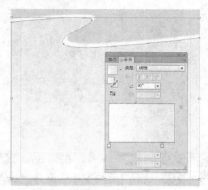

图 15-59　绘制的图形　　　　图 15-60　移动复制图形　　　　图 15-61　填充渐变颜色

步骤 8 打开附盘中"素材\第 15 章"目录下名为"黄龙叶标志.ai"的图形文件。将标志图形复制到包装平面展开图中，如图 15-62 所示。

步骤 9 在展开图中依次输入如图 15-63 所示的文字。

步骤 10 将如图 15-64 所示的标志、白色图形、渐变颜色图形以及文字内容选择。

图 15-62　置入的标志图形　　　　图 15-63　输入的文字　　　　图 15-64　选择内容

步骤 11 按 Ctrl+G 组合键，将选择的内容编组。

步骤 12 双击"旋转"工具 ⟳，弹出"旋转"对话框，设置参数，如图 15-65 所示，单击 复制(C) 按钮，将复制出的图形及文字放置到如图 15-66 所示的位置。

Illustrator CS6

步骤 ⑬ 利用 ▨工具将渐变颜色图形和白色图形进行调整,都向内移动到内部的参考线位置,如图 15-67 所示。

图 15-65 "旋转"对话框   图 15-66 图形放置的位置   图 15-67 向内缩放图形

步骤 ⑭ 利用 ▢工具和 T工具在画面中依次绘制图形,并输入相关的文字内容,如图 15-68 所示。

图 15-68 输入文字内容

步骤 ⑮ 选择 ◉工具,按住 Shift 键绘制一个圆形,填充色为无色,轮廓色为黑色,如图 15-69 所示。

步骤 ⑯ 选择"路径文字"工具 ✑,将鼠标光标放置到圆形上单击,插入文本输入光标,如图 15-70 所示。沿圆形路径输入如图 15-71 所示的黑色文字。

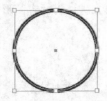

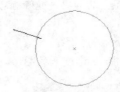

图 15-69 绘制的圆形   图 15-70 插入光标   图 15-71 输入文字

步骤 ⑰ 利用 ↺工具将文字旋转角度,旋转后的文字形态如图 15-72 所示。

步骤 ⑱ 执行"窗口/符号库/地图"命令,打开"地图"面板,然后在面板中如图 15-73 所示的"电话"符号上,按住鼠标左键并向页面中拖曳,当鼠标光标显示为 ▨ 形状时释放鼠标左键,将选择的符号插入到页面中,如图 15-74 所示。

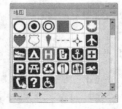

图 15-72 旋转文字角度   图 15-73 "地图"面板   图 15-74 插入的符号

步骤⑲ 执行"对象/扩展"命令，将插入的电话符号转换为图形。

步骤⑳ 连续执行两次"对象/取消编组"命令，将电话符号的编组取消，然后将电话的颜色修改为深黄色（M：50，Y：100），并将黑色的背景删除。

步骤㉑ 利用🔄工具旋转电话至合适的角度，把电话图形放置到客户电话组成的圆圈里面，再将文字的颜色修改为深黄色（M：50，Y：100），如图 15-75 所示。

步骤㉒ 将电话符号和文字同时选择，调整至合适的大小后放置到如图 15-76 所示的位置。

步骤㉓ 用与步骤 15～22 相同的方法，制作出如图 15-77 所示的旋转文字效果。

图 15-75　文字和图形组合

图 15-76　图形放置的位置

图 15-77　制作的旋转文字

步骤㉔ 至此，香烟包装平面展开图已设计完成，整体效果如图 15-78 所示，下面再为其添加折痕和裁切线。

步骤㉕ 打开"图层"面板，单击"创建新图层"按钮🔲，新建图层，把图层的名称修改为"刀版"。

步骤㉖ 选择✏工具，将"描边"颜色设置为黑色，然后依次绘制出如图 15-79 所示的直线。

步骤㉗ 选择部分直线，打开"描边"面板，设置部分直线为虚线，如图 15-80 所示。

图 15-78　设计完成平面展开图

图 15-79　绘制的直线

图 15-80　设置部分直线为虚线

提示　在包装平面展开图中，黑色实线是包装盒印刷完成后的刀版，是需要裁切的位置。虚线是折痕，是包装盒折叠成型的痕迹。

步骤 ㉘ 按 Ctrl+S 组合键，将此文件命名为"香烟包装.ai"保存。

实例总结

通过本案例的制作，读者学习了香烟包装盒的设计方法。该类型的包装盒结构比较复杂，希望读者好好学习并熟练掌握，以便在将来的实际工作中设计香烟包装盒时能够熟练上手。

Example 实例 **189** 饼干包装设计

学习目的

本实例来设计如图 15-81 所示的饼干包装，读者应掌握常见饼干包装设计的方法。

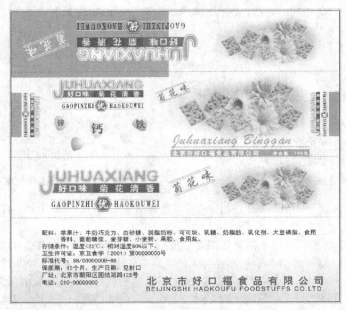

图 15-81 饼干包装设计

实例分析

作品路径	作品\第 15 章\饼干包装.ai	
视频路径	视频\第 15 章\饼干包装.avi	
知识功能	▢工具、T工具、●工具、/工具、▷工具、▣工具	
学习时间	45 分钟	

操作提示

● 利用▢工具按照饼干包装的印刷尺寸绘制矩形，然后利用/工具绘制线形，分割出包装平面展开图的各个面，并将线形设置为虚线。

● 在包装的三个面中置入图片，调整位置和各自的大小，然后利用▣工具填充渐变颜色，如图 15-82 所示。

- 利用 T 工具、▣ 工具、● 工具和 ╱ 工具制作包装中的文字和图形组合，如图 15-83 所示。

图 15-82 制作的各个面　　　　　　　　　　图 15-83 制作的文字组合

- 在各个面中绘制图形并输入安排上相关的文字内容，完成包装设计。

Example 实例 190 瓜子包装设计

学习目的

本实例来设计如图 15-84 所示的瓜子包装，读者应掌握瓜子包装设计的方法。重点学习利用"画笔"面板设置画笔来绘制特殊图形的方法。

图 15-84 瓜子包装

实例分析

作品路径	作品\第 15 章\瓜子包装.ai
视频路径	视频\第 15 章\瓜子包装.avi
知识功能	▣工具、T工具、╱工具、✎工具、▸工具、▣工具，"画笔"面板，"对象/扩展"命令，"对象/路径/偏移路径"命令
学习时间	60 分钟

操作提示

- 利用路径工具绘制并调整出如图 15-85 所示的路径。

- 在"画笔"面板中设置如图 15-86 所示的画笔，设置路径，调整路径后的形态如图 15-87 所示。
- 水平移动复制路径，分别在路径上输入文字，如图 15-88 所示。

图 15-85　绘制的路径

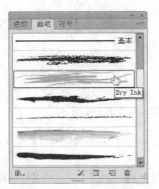
图 15-86　"画笔"面板

图 15-87　设置后的路径

图 15-88　输入文字

- 利用□工具绘制一个正方形，将填充色设置为红色（M：100，Y：100）。
- 利用○工具将正方形进行旋转，旋转角度设置为"45°"。
- 将正方形旋转后，在"画笔"面板中选择如图 15-89 所示的笔头。
- 利用✐工具在旋转后的正方形上绘制一些黄色颜色点，如图 15-90 所示。
- 利用T工具输入"味满家园"文字。
- 执行"对象/扩展"命令，将文字转换。
- 执行"对象/路径/偏移路径"命令，将转换后的文字进行偏移，然后将偏移出的文字颜色设置为白色，再给文字填充渐变颜色，制作出的文字效果如图 15-91 所示。

图 15-89　"画笔"面板

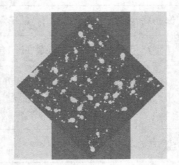
图 15-90　绘制的色点

图 15-91　制作出的文字效果

- 利用路径工具绘制并调整出类似于瓜子形状的图形，此时需要设置不同的轮廓宽度。

●　利用 工具将瓜子图形进行旋转复制，在"画笔"面板中设置笔头，将瓜子图形进行调整，完成瓜子的绘制。瓜子的绘制调整过程示意图如图 15-92 所示。

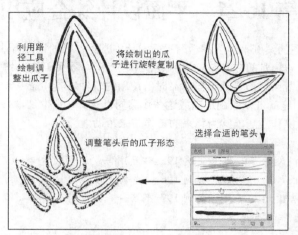

图 15-92　瓜子的绘制调整过程示意图

●　将绘制完成的图形进行组合，然后输入文字，完成瓜子包装设计。

第16章　平面设计综合应用

本章通过 10 个不同类型的案例来了解和学习平面设计中常见作品的设计方法。其中包括音乐会海报、促销广告、活动广告、地产广告、灯箱广告、广告标签、市场商业分布图、食品海报、招生简章等。本章案例相对前面章节内容的案例要复杂，但设计这些作品时所使用的软件工具和命令都比较简单，只要读者掌握了 Illustrator CS6 软件的 60%功能就可以顺利地完成这些作品的设计。本章也是本书的最后一章内容，希望读者通过学习这些工具和命令的操作技巧能够为将来的工作带来帮助。

本章实例

- 实例 191 音乐会海报设计
- 实例 192 促销广告设计
- 实例 193 圣诞节广告设计
- 实例 194 地产活动广告设计
- 实例 195 灯箱广告设计
- 实例 196 广告标签设计
- 实例 197 市场分布图设计
- 实例 198 食品海报设计
- 实例 199 地产广告设计
- 实例 200 招生简章设计

Example 实例 191 音乐会海报设计

学习目的

通过本案例音乐盛宴海报的设计，读者应掌握如何制作带有小方块拼贴图案的背景，以及音乐会海报设计方法。

实例分析

作品路径	作品\第 16 章\音乐会海报.ai
视频路径	视频\第 16 章\音乐会海报.avi
知识功能	▢工具、▢工具、▸工具，"变换"控制面板，"对象/变换/旋转"命令，"对象/变换/对称"命令，"透明度"面板
学习时间	60 分钟

操 作 步 骤

步骤 ① 启动 Illustrator CS6 中文版软件，建立一个新文档。

步骤 ② 利用▢工具绘制一个矩形，利用▢工具给矩形填充渐变颜色，在"渐变"面板给图形设置渐变颜色，如图 16-1 所示。颜色条上的渐变滑块颜色值从左到右依次为（C：25，M：85，Y：100）、（C：5，M：45，Y：80）、（C：5，M：35，Y：70）、（C：40，M：90，Y：100），添加渐变色后的图形如图 16-2 所示。

步骤 ③ 同时按住 Shift 键，利用▢工具在画板空白处绘制一个填充颜色为绿色（C：25，M：5，Y：85）的正方形。

步骤 ④ 执行"对象/变换/旋转"命令，弹出"旋转"对话框，设置参数，如图 16-3 所示。

步骤 ⑤ 单击 确定 按钮，旋转后的图形如图 16-4 所示。

步骤 ⑥ 利用▸工具选取图形，在正方形上按住鼠标左键不放，然后再按住 Shift 键往右上方沿 45°方向拖曳，拖曳到如图 16-5 所示的位置后释放鼠标左键，移动复制出的图形如图 16-6 所示。

图 16-1 "渐变"面板　　　图 16-2 添加渐变色后的图形　　　图 16-3 "旋转"对话框

图 16-4 旋转后的图形　　　图 16-5 拖曳到的位置　　　图 16-6 移动复制出的图形

步骤 7 连续按 Ctrl+D 键多次，重复执行再次变换命令，连续复制出的图形如图 16-7 所示。

步骤 8 利用 ▶ 工具将小正方形全选，利用相同的移动复制的方法将选中的图形向左上方沿 45°角方向复制一份，如图 16-8 所示。

步骤 9 连续按 Ctrl+D 键多次，重复执行再次变换命令，连续复制出的图形如图 16-9 所示。

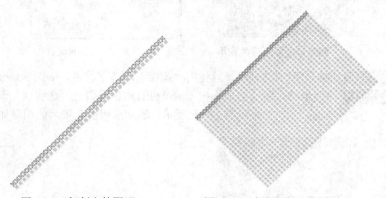

图 16-7 连续复制出的图形　　　图 16-8 复制出的图形　　　图 16-9 连续复制出的图形

步骤 10 利用 ▶ 工具将所有小正方形选择，然后将其移动至如图 16-10 所示的位置。

步骤 11 选取渐变色矩形，按 Ctrl+C 键复制一份，按 Ctrl+F 键在前面原位置粘贴。然后按 Ctrl+Shift+[键将复制出的矩形置于顶层，效果如图 16-11 所示。

步骤 12 按 Shift+F8 键调出"变换"控制面板，在面板中将矩形的长和宽值分别设置为原先的 1/2，并将参考点设置于左上角，具体设置如图 16-12 所示。

步骤 13 将缩小后的矩形及所有的绿色小矩形选择。按 Ctrl+7 键建立剪切蒙版，建立剪切蒙版后的图形如图 16-13 所示。

图 16-10　图形移动的位置　　图 16-11　复制出的矩形　　图 16-12　"变换"控制面板　　图 16-13　建立剪切蒙版后的图形

步骤 ⑭ 利用 ▶ 工具在建立剪切蒙版后的图形上双击鼠标左键，进入剪切蒙版编辑内容状态。选取一部分小矩形，按 Delete 键删除，然后按 Esc 键退出剪切蒙版编辑内容状态，删除部分矩形后的图形如图 16-14 所示。

步骤 ⑮ 利用 ▶ 工具重新选取删除部分矩形后的图形，然后执行"对象/变换/对称"命令，弹出"镜像"对话框，设置参数和选项，如图 16-15 所示。

步骤 ⑯ 单击 复制(C) 按钮，镜像并复制出一组小矩形。同时按住 Shift 键，将其向右水平调整到如图 16-16 所示位置。

图 16-14　删除部分矩形后的图形　　图 16-15　"镜像"对话框　　图 16-16　调整位置后的图形

步骤 ⑰ 将两组图形同时选择，使用"镜像"对话框，再复制图形，然后调整到如图 16-17 所示位置。

步骤 ⑱ 将四组绿色矩形全选。按 Ctrl+Shift+F10 键调出"透明度"面板，在面板中设置图层混合模式和不透明度选项，如图 16-18 所示，添加透明度效果后的图形如图 16-19 所示。

图 16-17　复制出的图形　　图 16-18　"透明度"面板　　图 16-19　添加透明度后效果

步骤 ⑲ 利用 ▢ 工具绘制一个白色无轮廓矩形，然后输入标题文字"音乐盛宴"，如图 16-20 所示。

步骤 ㉕ 按 Ctrl+Shift+O 键将文字创建轮廓。按 Ctrl+F9 键调出"渐变"面板，在面板中设置渐变色，如图 16-21 所示。

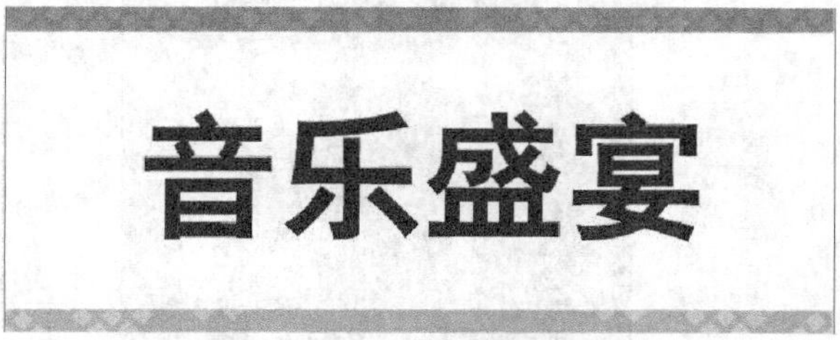

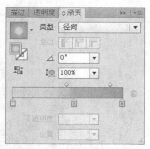

图 16-20　输入的海报标题文字

图 16-21　"渐变"面板

步骤 ㉑ 颜色条上的渐变滑块颜色值从左到右依次为（C：5，M：15，Y：90）、（C：5，M：50，Y：90）、（C：10，M：65，Y：100），添加渐变色后的文字如图 16-22 所示。

步骤 ㉒ 执行"效果/风格化/投影"命令，给文字添加如图 16-23 所示的投影效果。

图 16-22　添加渐变色后的文字

图 16-23　添加投影后的文字

步骤 ㉓ 打开附盘中"素材\第 16 章\花簇.ai"和"人物剪影.ai"文件。

步骤 ㉔ 把小花图形和人物剪影复制粘贴到当前文件中，调整大小并放置于合适的位置，如图 16-24 所示。

步骤 ㉕ 利用▢工具绘制三个填充色为黄色（C：5，M：25，Y：50）的矩形，如图 16-25 所示。

步骤 ㉖ 将三个矩形选择，按 Ctrl+Shift+F10 键调出"透明度"面板，在面板中设置图层混合模式和不透明度选项，如图 16-26 所示。

图 16-24　复制粘贴进的素材

图 16-25　绘制的矩形

步骤 ㉗ 利用▣工具分别在三个矩形条上输入文字，字体设置为"方正小标宋"。至此，音乐会海报全部绘制完成，整体效果如图 16-27 所示。

步骤 ㉘ 按 Ctrl+S 键将文件命名为"音乐会海报.ai"存储。

图 16-26 "透明度"面板　　　　　　　　　　图 16-27 整体效果

实例总结

　　通过本案例的制作，读者学习了音乐会海报的设计方法。在该案例中制作背景中的小方格色块是需要掌握的重点内容，希望读者将其掌握。

Example 实例 192 促销广告设计

学习目的

　　通过本案例促销广告的设计，读者应掌握如何制作偏移路径效果文字，如何利用"符号"面板在画面中添加符号等知识内容。

实例分析

作品路径	作品\第 16 章\5.1 促销广告.ai
视频路径	视频\第 16 章\5.1 促销广告.avi
知识功能	▢工具、✐工具、▣工具、↺工具、☑工具、☑和 ▷工具，"选择/相同/填充颜色"命令，"对象/路径/偏移路径"命令，"符号"面板，"对象/扩展"命令，"效果/风格化/投影"命令
学习时间	45 分钟

操 作 步 骤

步骤❶ 启动 Illustrator CS6 中文版软件，建立一个新文档。

步骤❷ 利用▢工具绘制一个矩形。按 Ctrl+F9 键调出"渐变"面板，在面板中设置渐变色，如图 16-28 所示。渐变滑块颜色值从左到右依次为白色、橘红色（M：75，Y：90）、深红色（C：30，M：100，Y：70，K：40），添加渐变色后的图形如图 16-29 所示。

步骤❸ 利用✐工具绘制一个长三角形，如图 16-30 所示。

步骤❹ 在"渐变"面板中重新设置其渐变色，如图 16-31 所示，颜色条上的渐变滑块颜色值从左到右依次为白色、红色（M：75，Y：90）、红色（C：30，M：100，Y：70，K：40），效果如图 16-32 所示。

步骤❺ 选取▣工具，此时三角形上出现渐变控制器。

步骤❻ 在如图 16-33 所示的控制器位置按住鼠标左键不放拖拽。

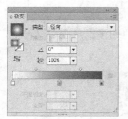

图 16-28　"渐变"面板

图 16-29　添加渐变色后的图形

图 16-30　绘制的长三角形

图 16-31　"渐变"面板

图 16-32　添加渐变色后的图形

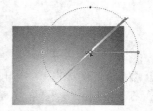

图 16-33　渐变控制器

步骤 7 拖拽到如图 16-34 所示的位置释放鼠标左键，将渐变色进行调整。

步骤 8 选取 🔄 工具，将旋转中心设置到如图 16-35 所示位置。

步骤 9 同时按住 Alt 键，在三角形的末端按住鼠标左键不放向左拖拽，将三角形复制一份，如图 16-36 所示。

图 16-34　渐变控制器位置

图 16-35　旋转中心放置的位置

图 16-36　复制出的三角形

步骤 10 连续按 Ctrl+D 键，重复复制出多个三角形，效果如图 16-37 所示。

步骤 11 选取其中一个三角形，执行"选择/相同/填充颜色"命令，将所有三角形全部选中，按 Ctrl+G 键群组图形。

步骤 12 选取前面绘制的矩形，按 Ctrl+C 键复制一份，按 Ctrl+F 键在前面原位置粘贴，按 Ctrl+Shift+]键将复制出的矩形置于顶层。

步骤 13 同时按住 Shift 键，将群组后的三角形和复制出的矩形同时选中，按 Ctrl+7 键建立剪切蒙版，效果如图 16-38 所示。

步骤 14 按 Ctrl+Shift+F10 键调出"透明度"面板，在面板中设置"不透明度"参数为 50%，设置不透明度后的图形如图 16-39 所示。

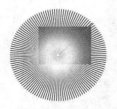

图 16-37　复制出的三角形

图 16-38　建立剪切蒙版

图 16-39　设置透明效果

步骤 15 打开附盘中"素材\第 16 章\花纹.ai"文件，将花纹图形复制到当前文件，调整大小后放在如图 16-40

所示的位置。

步骤 ⑯ 利用 ▣ 工具绘制一个白色正方形，然后为其填充上由黄色到绿色的渐变颜色。设置正方形的描边颜色为白色，描边粗细为"5pt"，如图 16-41 所示。

图 16-40 添加的素材

图 16-41 绘制的正方形

步骤 ⑰ 复制一个正方形，并利用 ⟳ 工具旋转角度，如图 16-42 所示。

步骤 ⑱ 打开附盘中"素材\第 16 章\礼品盒.ai"文件，将礼品盒复制到当前文件，调整大小后放在如图 16-43 所示的位置。

步骤 ⑲ 利用 T 工具输入如图 16-44 所示的蓝色（C：75，M：30）文字。

图 16-42 复制出的正方形

图 16-43 添加的素材

图 16-44 输入文字

步骤 ⑳ 按 Ctrl+Shift+O 键将文字创建轮廓，然后执行"对象/路径/偏移路径"命令，弹出"偏移路径"对话框，设置参数和选项，如图 16-45 所示。

步骤 ㉑ 单击 确定 按钮，偏移路径后的效果如图 16-46 所示。

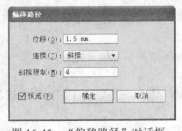
图 16-45 "偏移路径"对话框

图 16-46 偏移路径后的效果

步骤 ㉒ 在窗口左上角单击 ▣▾ 位置，在颜色面板中把偏移后的路径填充为白色，效果如图 16-47 所示。

图 16-47 设置白色

步骤 ㉓ 利用"倾斜"工具 ，把文字制作成如图 16-48 所示的倾斜形态。

步骤 ㉔ 使用相同的方法，再制作出"回馈送好礼！"文字，颜色填充为黑色和红色，如图 16-49 所示。

图 16-48 倾斜后的文字

图 16-49 制作的其他文字

步骤 ㉕ 利用 和 工具在正方形的左下角绘制一个三角形，如图 16-50 所示。

步骤 ㉖ 按 Ctrl+Shift+F11 键调出"符号"面板，如图 16-51 所示。

步骤 ㉗ 单击面板左下角的 按钮，在弹出的菜单中选择"庆祝"选项，此时弹出"庆祝"符号面板，将面板中如图 16-52 所示的"焰火"、"气球 1"、"五彩纸屑"、"气球簇"符号拖至画板中。

图 16-50 绘制的三角形

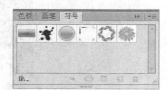

图 16-51 "符号"面板

步骤 ㉘ 选取符号，执行"对象/扩展"命令，将符号扩展成可编辑性质，然后调整符号大小和位置并填充上不同的颜色，效果如图 16-53 所示。

图 16-52 "庆祝"符号面板

图 16-53 添加的符号

步骤 ㉙ 利用"对象/路径/偏移路径"命令、 工具以及"效果/风格化/投影"命令，在画面中再制作出"5.1"文字，效果如图 16-54 所示。

步骤 ㉚ 打开附盘中"素材\第 16 章\苹果标志.ai"文件，将标志复制到当前文件，调整大小后放在如图 16-55 所示的位置。至此，促销广告设计完成。

步骤 ㉛ 按 Ctrl+S 键将文件命名为"5.1 促销广告.ai"存储。

实例总结

通过本案例的制作，读者学习了促销海报的设计方法。在该案例中利用"对象/路径/偏移路径"命令制作文字的描边效果以及利用"符号"面板添加符号并编辑符号是重点学习的内容，希望读者好好掌握。

图 16-54　制作的文字效果　　　　　　　　图 16-55　添加标志

Example 实例 **193**　圣诞节广告设计

学习目的

　　本实例来设计如图 16-56 所示的圣诞节活动广告，读者应掌握各种形状图形的绘制方法。

图 16-56　圣诞节活动广告

实例分析

	作品路径	作品\第 16 章\圣诞节活动广告.ai
	视频路径	视频\第 16 章\圣诞节活动广告.avi
	知识功能	▣工具、✐工具、▣工具、★工具、◉工具、T工具、✎工具、▣工具、▶工具
	学习时间	45 分钟

操作提示

- 利用▣和✐工具绘制如图 16-57 所示的图形。
- 利用✐、▣和▣工具绘制如图 16-58 所示具有渐变颜色的混合图形。
- 利用✐、★、◉和▣工具绘制出画面中的装饰图形，如图 16-59 所示。

图 16-57　绘制的图形　　　　图 16-58　绘制的混合图形　　　　图 16-59　绘制的图形

● 利用 🖊 和 ↖ 工具绘制图形，利用 ⤳ 工具沿路径输入文字，并放入准备的卡通图形，如图 16-60 所示。

● 打开素材图形，将其复制到画面中进行组合，如图 16-61 所示。

图 16-60　绘制的图形及输入的文字　　　　　　　图 16-61　置入的素材图形

● 在画面中输入文字内容，并制作出文字的特殊效果。

Example 实例 194　地产活动广告设计

学习目的

本实例来设计如图 16-62 所示的地产广告，主要使读者学习地产广告中版面的编排设计、文字效果的处理以及图片的处理方法。

图 16-62　地产广告

实例分析

作品路径	作品\第 16 章\地产广告.ai
视频路径	视频\第 16 章\地产广告.avi
知识功能	▣工具、T工具、▣工具，不透明度，剪切蒙版，"效果/风格化/投影"命令
学习时间	45 分钟

操作提示

● 　置入准备的草坪素材，调整大小。然后利用▣工具根据草坪大小绘制一个绿色（C：100，Y：100，K：50）矩形。

● 　在属性栏中设置 不透明度 60% ▼ 参数，得到透明的绿色图形，如图 16-63 所示。将绿色图形和草坪重叠。

● 　利用剪切蒙版功能在画面的右边制作出五张效果图拼贴图片，如图 16-64 所示。

图 16-63　制作的透明度图形效果　　　　　　图 16-64　制作的图片效果

● 　在画面中添加标志、文字内容、地图以及电器图片等宣传内容，完成地产海报设计。

Example 实例 195 灯箱广告设计

学习目的

　　通过本案例灯箱广告设计，读者应掌握灯箱架的绘制方法，在绘制时给图形制作透视效果是需要掌握的重点内容。

实例分析

作品路径	作品\第 16 章\灯箱广告.ai
视频路径	视频\第 16 章\灯箱广告.avi
知识功能	▣工具、▣工具、✐工具、▚工具、▣工具，"效果/风格化/外发光"命令，"外观"面板
学习时间	30 分钟

操 作 步 骤

步骤 ① 启动 Illustrator CS6 中文版，建立一个新文档。

步骤 ② 利用 ▣ 工具绘制一个圆角矩形，如图 16-65 所示。

步骤 ③ 选取"自由变换"工具 ▦，在圆角矩形变换框的右上角位置按下鼠标左键，如图 16-66 所示。

步骤 ④ 同时按住 Ctrl+Shift+Alt 键并往下拖拽鼠标对圆角矩形添加透视，如图 16-67 所示。

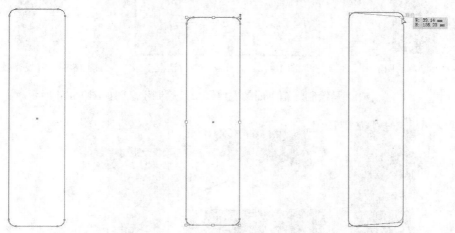

图 16-65　绘制的图形　　　　图 16-66　鼠标按下位置　　　　图 16-67　添加透视

步骤 ⑤ 释放鼠标左键后，将圆角矩形的填充色设置为深灰色（K：80），效果如图 16-68 所示。

步骤 ⑥ 按 Ctrl+C 组合键复制图形，按 Ctrl+B 组合键在后面原位置粘贴图形。

步骤 ⑦ 连续按键盘上向左和向下方向键，将复制出的图形向左下方稍微移动距离，并将颜色重新填充为灰色（K：50），如图 16-69 所示。

步骤 ⑧ 利用 ✐ 工具绘制灯箱的侧面图形，如图 16-70 所示。

  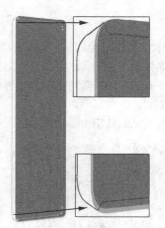

图 16-68　填充颜色　　　　图 16-69　复制出的图形　　　　图 16-70　绘制的侧面图形

步骤 ⑨ 将侧面图形填充色设置为灰色（K：70），按 Ctrl+Shift+［键，将图形放置到后面。

步骤 ⑩ 利用前面绘制圆角矩形并添加透视的方法，绘制如图 16-71 所示的圆角矩形，填充颜色设置为（K：50）。

步骤 ⑪ 执行"效果/风格化/外发光"命令，弹出"外发光"对话框，设置颜色及参数，如图 16-72 所示。

步骤 ⑫ 单击 确定 按钮，外发光效果如图 16-73 所示。

图 16-71　绘制的图形

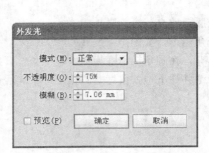

图 16-72　"外发光"对话框

图 16-73　外发光效果

步骤 13 利用 ✐、▷、▣ 工具绘制灯箱下面的底座图形，绘制示意图如图 16-74 所示。

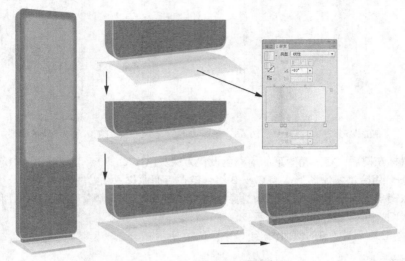

图 16-74　绘制底座图形示意图

步骤 14 利用 ✐ 工具绘制矩形，设置填充色为绿色（C：100，Y：100），然后输入黄色（Y：100）文字，如图 16-75 所示。

步骤 15 打开附盘中"素材\第 16 章\古韵.ai"文件，将画面复制到当前文件中，放置在如图 16-76 所示的位置。

步骤 16 向右复制灯箱中添加光晕的图形，如图 16-77 所示。

图 16-75　绘制的图形和输入的文字

图 16-76　置入的图片

图 16-77　复制的图形

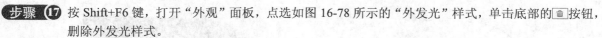

步骤 17 按 Shift+F6 键，打开"外观"面板，点选如图 16-78 所示的"外发光"样式，单击底部的 🗑 按钮，删除外发光样式。

步骤 18 将画面和上面的图形同时选择，然后按 Ctrl+7 键，创建剪切蒙版，效果如图 16-79 所示。

步骤 19 将制作的灯箱画面移动到绘制的灯箱架中，效果如图 16-80 所示。

图 16-78　"外观"面板　　　　图 16-79　创建蒙版效果　　　图 16-80　绘制完成的灯箱效果

步骤 20 按 Ctrl+S 键将文件命名为"灯箱广告.ai"存储。

实例总结

通过本案例的制作，读者学习了灯箱广告的设计方法。给图形制作透视效果以及制作外发光效果是需要重点学习的知识内容，希望读者将其灵活掌握。

Example 实例 **196** 广告标签设计

学习目的

通过本案例化妆品广告标签的设计，读者应掌握不规则标签图形的绘制方法，其中利用"对象/路径/轮廓化描边"命令给图形制作具有渐变颜色的描边轮廓是重点学习的知识内容。

实例分析

作品路径	作品\第 16 章\广告标签.ai
视频路径	视频\第 16 章\广告标签.avi
知识功能	✒工具、🖊工具、▣工具、◉工具，"对象/变换/缩放"命令，"对象/路径/偏移路径"命令
学习时间	30 分钟

操 作 步 骤

步骤 1 启动 Illustrator CS6 中文版软件，建立一个新文档。

步骤 2 利用 ✒ 和 🖊 工具绘制调整出如图 16-81 所示的图形。

步骤 3 给图形填充上黑色，在属性栏中设置 描边 ⬚ 3 pt ▼ 参数。

步骤 4 执行"对象/路径/轮廓化描边"命令，效果如图 16-82 所示。

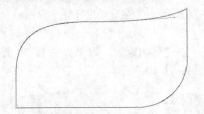

图 16-81 绘制的图形

图 16-82 轮廓化描边效果

步骤 5 执行"对象/取消编组"命令，将轮廓化后的描边与图形取消编组，然后选择轮廓。

步骤 6 选取 工具，给轮廓填充上渐变颜色，如图 16-83 所示。颜色数值设置从左到右依次为棕色（Y：60）、橘黄色（M：30，Y：100）、黄色（Y：100）、黄色（M：30，Y：100）。

步骤 7 选取 工具，在图形中再绘制出如图 16-84 所示的不规则图形。

图 16-83 填充渐变颜色

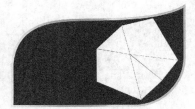

图 16-84 绘制的图形

步骤 8 在属性栏中给图形设置不透明度 不透明度：30% 参数，效果如图 16-85 所示。

步骤 9 选取 工具，绘制如图 16-86 所示的白色圆形。

图 16-85 设置不透明度效果

图 16-86 绘制的圆形

步骤 10 在工作区的空白位置再绘制一个圆形。

步骤 11 执行"对象/变换/缩放"命令，弹出"比例缩放"对话框，参数设置如图 16-87 所示。

步骤 12 单击 复制(C) 按钮，将圆形缩小复制，如图 16-88 所示。

步骤 13 将复制出的圆形往左上方挪动一定距离，放置位置如图 16-89 所示。

图 16-87 "比例缩放"对话框

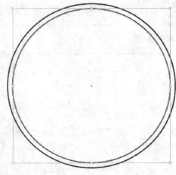

图 16-88 缩小复制出的圆形

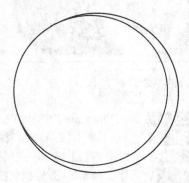

图 16-89 移动位置

步骤 ⑭ 选取两个圆形，按 Ctrl+Shift+F9 组合键调出"路径查找器"控制面板，在面板中单击"减去顶层"按钮□，得到如图 16-90 所示的图形。

步骤 ⑮ 将图形填充绿色（C：75，Y：100），去除轮廓描边后放置在如图 16-91 所示位置。

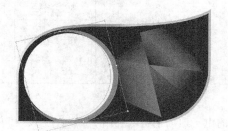

图 16-90　修剪后的图形　　　　　　　　　图 16-91　图形放置的位置

步骤 ⑯ 打开附盘中"素材\第 16 章\化妆品.ai"文件，将化妆品复制到当前文件中，放置在如图 16-92 所示的位置。

步骤 ⑰ 在画面中输入宣传文字内容，利用"对象/路径/偏移路径"命令给文字制作描边效果，利用□工具给文字填充渐变颜色，设计完成的广告标签如图 16-93 所示。

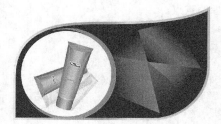

图 16-92　化妆品放置的位置　　　　　　　　图 16-93　输入的文字

步骤 ⑱ 按 Ctrl+S 键将文件命名为"广告标签.ai"存储。

实例总结

通过本案例的制作，读者学习了不规则广告标签的设计方法。给图形制作具有渐变颜色的轮廓化描边，以及制作月牙图形是需要重点学习的知识内容。

Example 实例 197　市场分布图设计

学习目的

本实例来设计如图 16-94 所示的市场分布图，读者应掌握分布图的绘制方法。

图 16-94　市场分布图

实例分析

作品路径	作品\第 16 章\农超市场分布图.ai
视频路径	视频\第 16 章\农超市场分布图.avi
知识功能	▭工具、T工具、▭工具，不透明度，剪切蒙版，"效果/风格化/投影"命令
学习时间	45 分钟

操作提示

置入准备的电子地图素材，利用✎和⬉工具绘制调整出商业辐射的区域位置图形，然后在主要的小区位置绘制图形并标注上文字。

Example 实例 198 食品海报设计

学习目的

本实例来设计如图 16-95 所示的食品海报，读者主要应了解食品海报的设计方法。该案例中绘制画面中的白色图形、小星星图形，以及沿路径输入文字是需要掌握的重点。

图 16-95　食品海报

实例分析

作品路径	作品\第 16 章\食品海报.ai
视频路径	视频\第 16 章\食品海报.avi
知识功能	▭工具、✎工具、⬉工具、T工具、✍工具、◉工具，"对象/路径/偏移路径"命令
学习时间	30 分钟

操作提示

　　新建文件置入准备的素材图片，利用和　工具绘制画面中的白色图形，利用　工具绘制小星星和小圆形图形，最后输入文字内容并制作文字的描边效果。

Example 实例 199　地产广告设计

学习目的

　　本实例来设计如图 16-96 所示的科达荷兰假日地产广告，该案例设计操作非常简单，只需要把准备的素材图片置入文件中，再输入文字进行排版即可。

图 16-96　地产广告

实例分析

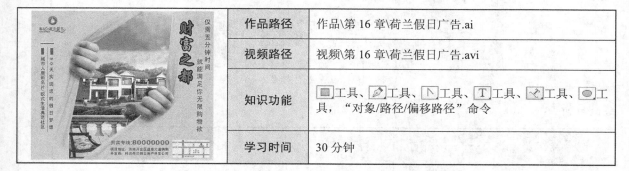

作品路径	作品\第 16 章\荷兰假日广告.ai
视频路径	视频\第 16 章\荷兰假日广告.avi
知识功能	工具、　工具、　工具、 T 工具、　工具、　工具，"对象/路径/偏移路径"命令
学习时间	30 分钟

操作提示

　　置入准备的广告背景素材、标志及地图。利用 T 工具输入文字，并利用"对象/路径/偏移路径"命令制作出文字描边效果。

Example 实例 200　招生简章设计

学习目的

　　本实例来设计如图 16-97 所示的招生简章，该招生简章要求 A3 幅面、双面彩色印刷。该案例中的素材内容很多，画面设计比较复杂，画面中的所有元素都存储成了素材，读者可以根据光盘中提供的素材来自己组织排版设计，这样可以很好地来锻炼自己的排版设计能力。需要读者注意的问题是，该作品中的素材内容虽然比较复杂，但并没有操作上的技术难度，只要读者认真仔细地来编排，相信都能够完成该作品的最终效果。

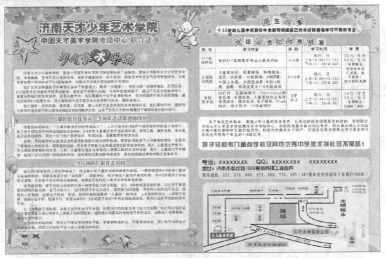

图 16-97　招生简章

实例分析

作品路径	作品\第 16 章\招生简章 001.ai、招生简章 002.ai
视频路径	视频\第 16 章\招生简章 001.avi、招生简章 002.avi
知识功能	各种工具和命令的综合运用
学习时间	180 分钟

操作提示

　　打开准备的招生简章版式 001.ai、招生简章版式 002.ai 以及绘画作品.ai 文件，利用本书所学习的基本绘图工具来编排设计，在排版时注意文字的字号大小设置以及字体和颜色的设置。招生简章中的地图，读者感兴趣的话，可以自己来绘制，这样可以有效地锻炼自己的绘图技巧和检查自己对本书所学知识内容的掌握情况。